高等教育工程造价系列规划教材

建筑工程施工

主　编　房树田
副主编　马　哲　罗　章
参　编　董艳秋　金景慧　崔燕伟
　　　　满　媛　李冠鹏
主　审　何　建

机械工业出版社

本书包括土方工程、地基与基础工程、砌体工程、钢筋混凝土工程、预应力混凝土工程、结构吊装工程、钢结构工程、防水工程、装饰工程、冬期与雨期施工共十章。

本书注重培养应用型人才，强调实践性、实用性。系统介绍了建筑施工中各主要工种工程的施工工艺、技术和方法，特别增加了当前正推广应用的新材料、新工艺、新技术等方面的内容。

本书为工程造价系列教材之一，可作为高等院校应用型本科及高职高专层次的工程造价、工程管理、建筑工程专业教材，也可供土木工程施工技术人员学习参考。

图书在版编目（CIP）数据

建筑工程施工/房树田主编．—北京：机械工业出版社，2009.12（2025.7 重印）
（高等教育工程造价系列规划教材）
ISBN 978-7-111-28596-0

Ⅰ．建…　Ⅱ．房…　Ⅲ．建筑工程-工程施工-高等学校-教材
Ⅳ．TU7

中国版本图书馆 CIP 数据核字（2009）第 193286 号

机械工业出版社（北京市百万庄大街 22 号　邮政编码 100037）
策划编辑：冷　彬　责任编辑：冷　彬　版式设计：霍永明
封面设计：张　静　责任校对：李秋荣　责任印制：常天培
河北虎彩印刷有限公司印刷
2025 年 7 月第 1 版第 9 次印刷
169mm×239mm · 19 印张 · 1 插页 · 368 千字
标准书号：ISBN 978-7-111-28596-0
定价：48.00 元

电话服务　　网络服务
客服电话：010-88361066　　机　工　官　网：www.cmpbook.com
010-88379833　　机　工　官　博：weibo.com/cmp1952
010-68326294　　金　书　网：www.golden-book.com
封底无防伪标均为盗版　　机工教育服务网：www.cmpedu.com

高等教育工程造价系列规划教材
编 审 委 员 会

序

伴随着人类社会经济的发展和物质文化生活水平的提高，一方面人们对工程项目的功能和质量要求越来越高，另一方面又体现在期望工程项目建设投资尽可能少、效益尽可能好。随着经济体制改革和经济全球化进程的加快，现代工程项目建设呈现出投资主体多元化、投资决策分权化、工程发包方式多样化、工程建设承包市场国际化以及项目管理复杂化的发展态势。而工程项目所有参建方的根本目的都是追求自身利益的最大化。因此，工程建设领域对具有合理的知识结构、较高的业务素质和较强的实作技能，胜任工程建设全过程造价管理的专业人才需求越来越大。

高等院校肩负着培养和造就大批满足社会需求的高级人才的艰巨任务。目前，全国300多所高等院校开设的工程管理专业几乎都设有工程造价专业方向，并有近50所院校独立设置工程造价（本科）专业。要保证和提高专业人才培养质量，教材建设是一个十分关键的因素。但是，由于高等院校的工程造价（本科）专业教育才刚刚起步，尽管许多专家、学者在工程造价教材建设方面付出了大量心血，但现有教材仍存在诸多不尽如人意之处，并且均未形成能够满足工程造价专业人才培养需要的系列教材。

机械工业出版社审时度势，于2007年下半年在全国范围内对工程造价专业教学和教材建设的现状进行了广泛的调研，并于年底在北京召开了“工程造价系列规划教材编写研讨会”，成立了“高等教育工程造价系列规划教材编审委员会”。本人同与会的各位同仁就该系列教材的体系以及每本教材的编写框架进行了讨论。随后的两三个月内，详细研读了陆续收到的各位作者提供的教材编写大纲，并提出自己的修改意见和建议。许多作者在教材编写过程中与我进行了较为充分的沟通。

通过作者们一年多的辛勤劳动，“高等教育工程造价系列规划教材”的撰写工作即将全面告竣，并将陆续正式出版。该套系列教材是作者们在广泛吸纳各方面意见，认真总结以往教学经验的基础上编写的，充分体现了以下特色：

（1）强调知识体系的系统性。工程项目建设全过程造价管理是一个十分复杂的系统工程，要求其专业人才具有较为扎实的工程技术、管理、经济和法律四大平台知识。该套系列教材注重四大平台知识的融汇、贯通，构建了全面、完整、系统的专业知识体系。

（2）突出教材内容的实践性。近年来，我国建设工程计价模式、方法和管理体制发生了深刻的变化。该套系列教材紧密结合我国现行工程量清单计价和定额计价并存的特点，注重以定额计价为基础，突出工程量清单计价方法，并对《建设工程工程量清单计价规范》（GB 50500—2008）在工程造价专业教学与工程实践中的应用与执行进行了较好的诠释；同时，教材内容紧密结合我国造价工程师等执业资格考试和注册制度的要求，较好地体现出培养工程造价专业应用型人才的特色。

（3）注重编写模式的创新性。作者们结合多年对该学科领域的理论研究与教学和工程实践经验，在该套系列教材中引入和编写了大量工程造价案例、例题与习题，力求做到理论联系实际、深入浅出、图文并茂和通俗易懂。

（4）兼顾学生就业的广泛性。工程造价专业毕业生可以广泛地在国内外土木建筑工程项目建设全过程的投资估算、经济评价、造价咨询、房地产开发、工程承包、招标代理、建设监理、项目融资与项目管理等诸多岗位从业，同时也可以在政府、行业、教学和科研单位从事教学、科研和管理工作。该套系列教材所包含的知识体系较好地兼顾了不同行业各类岗位工作所需的各方面知识，同时也兼顾了本专业课程与相关学科课程的关联与衔接。

在本套系列教材即将面世之际，我谨代表高等教育工程造价系列规划教材编审委员会，向在教材撰写中付出辛劳和心血的同仁们表示感谢。还要向机械工业出版社高等教育分社的领导和编辑表示感谢，正是他们的适时策划和精心组织，为我们教学一线上的同仁们创建了施展才能的平台，也为我国高等院校工程造价专业教育做了一件好事。

工程造价在我国还是一个年轻的学科领域，其学科内涵和理论与实践知识体系尚在不断发展之中，加之时间有限，尽管作者们作出了极大努力，但该套系列教材仍难免存在不妥之处，恳请各高校广大教师和读者对此提出宝贵意见。我坚信，该套系列教材在大家的共同呵护下，一定能够成为极具影响力的精品教材，在高等院校工程造价专业人才培养中起到应有的作用。

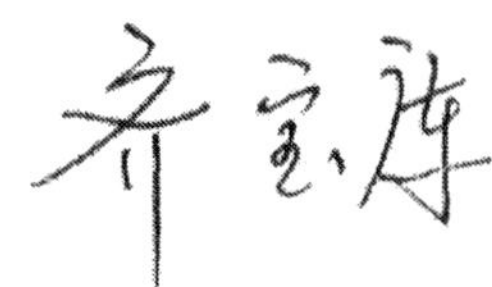

2009年4月于沈阳

前言

本书的编写以注重培养应用型人才为目标，强调实践性、实用性。全书系统介绍了建筑施工中各主要工种工程的施工工艺、技术和方法。同时，介绍了国内外在施工技术方面的新工艺和科研成果，力求科学地反映当前建筑工程施工的高科技水平。

本书由黑龙江工程学院房树田任主编，并编写第四章；河南城建学院马哲和湖南工程学院罗章任副主编，并分别编写第三章和第二章；河南城建学院李冠鹏编写第一章和第九章；长春工程学院金景慧编写第六章；河南城建学院满媛编写第五章；河南城建学院崔燕伟编写第七章；黑龙江工程学院董艳秋编写第八章和第十章。全书由哈尔滨工程大学何建教授主审。

由于编者水平有限，书中缺点和不当之处在所难免，敬请读者批评指正。

编　者

目录

第一章 土方工程

1

土方工程是建筑工程施工中的主要分部工程之一。土方工程包括土的分类、土的挖掘、填筑和运输等过程以及排水、降水等准备。在土木工程当中，常见的土方工程有场地平整、基坑（槽）及管沟开挖与回填、地坪填土与碾压及路基填筑等。

土方工程施工受气候、地质、水文等因素的影响较大，而且往往工程量大，不确定因素多。需周密地进行组织安排，详细分析与核对各项技术资料，制定出技术可行经济合理的施工方案，以便经济而又快速地完成施工，为后续工程创造有利的条件。

第一节　土的种类和性质

一、土的分类与现场鉴别方法

土是岩石经风化、搬运和沉积之后，所形成的粗细颗粒堆积在一起的散粒体。粗至粒径大于200mm的块石，细至粒径小于0.005mm的粘土颗粒，统称为土。土的种类很多，其分类方法也很多。按土的基本物质组成分类有岩石、碎石、砂土、粘性土和特殊土；岩石按坚固性分类可分为硬质岩石和软质岩石；按风化程度又可分为微风化、中等风化、强风化、全风化和残积土；碎石土又有漂石、块石、卵石、碎石、圆砾和角砾。砂土可分为砾砂、粗砂、中砂、细砂和粉砂；按密实度又分为松散、稍密、中密和密实的砂土；粘性土可分为粘土和粉质粘土两种；并根据其状态可分为坚硬、硬塑、可塑、软塑和流塑的粘性土。

在建筑施工中，根据开挖的难易程度将土分为：松软土、普通土、坚土、砂砾坚土、软石、次坚石、坚石、特坚石等八类。松软土和普通土可直接用铁锹开挖，或用铲运机、推土机、挖土机施工；坚土、砂砾坚土和软石要用镐、撬棍开挖，或预先松土，部分用爆破的方法施工；次坚石、坚石和特坚石一般要用爆破方法施工。前四类属于一般土，后四类属于岩石。土的这八类分类法及现场鉴别方法见表1-1。

表1-1 土的工程分类与现场鉴别方法

土的分类	土的名称	可松性系数		现场鉴别方法
		K_s	K_s'	
一类土（松软土）	砂，亚砂土，冲积砂土层，种植土，泥炭（淤泥）	1.08～1.17	1.01～1.03	能用锹、锄头挖掘
二类土（普通土）	亚粘土，潮湿的黄土，夹有碎石、卵石的砂，种植土，填筑土及亚砂土	1.14～1.28	1.02～1.05	用锹、锄头挖掘，少许用镐翻松
三类土（坚土）	软及中等密实粘土，重亚粘土，粗砾石，干黄土及含碎石、卵石的黄土、亚粘土，压实的填筑土	1.24～1.30	1.04～1.07	要用镐，少许用锹、锄头挖掘，部分用撬棍
四类土（砂砾坚土）	重粘土及含碎石、卵石的粘土，粗卵石，密实的黄土，天然级配砂石，软泥灰岩及蛋白石	1.26～1.32	1.06～1.09	整个用镐、撬棍，然后用锹挖掘，部分用楔子及大锤
五类土（软石）	硬石炭纪粘土，中等密实的页岩、泥灰岩、白垩土，胶结不紧的砾岩，软的石炭岩	1.30～1.45	1.10～1.20	用镐或撬棍、大锤挖掘，部分使用爆破方法
六类土（次坚石）	泥岩，砂岩，砾岩，坚实的页岩，泥灰岩，密实的石灰岩，风化花岗岩，片麻岩	1.30～1.45	1.10～1.20	用爆破方法开挖，部分用风镐
七类土（坚石）	大理岩，辉绿岩，玢岩，粗、中粒花岗岩，坚实的白云岩、砂岩、砾岩、片麻岩、石灰岩，风化痕迹的安山岩、玄武岩	1.30～1.45	1.10～1.20	用爆破方法开挖
八类土（特坚石）	安山岩，玄武岩，花岗片麻岩，坚实的细粒花岗岩、闪长岩、石英岩、辉长岩、辉绿岩、玢岩	1.45～1.50	1.20～1.30	用爆破方法开挖

注：K_s——最初可松性系数，K_s'——最终可松性系数。

二、土的工程性质

1. 土的可松性

自然状态下的土，经过开挖后，其体积因松散而增大，以后虽经回填压实，仍不能恢复。土方工程量是以自然状态的体积来计算的，所以在土方调配、计算土方机械生产率及运输工具数量等的时候，必须考虑土的可松性。

土的可松程度用可松性系数表示。土的可松性系数可分为最初可松性系数和最终可松性系数。

最初可松性系数：土经开挖后的松散体积与原自然状态下的体积之比。它是选用挖土机械和运输机械的重要参数。

$$K_s = \frac{V_2}{V_1} \tag{1-1}$$

式中　K_s——最初可松性系数；

V_1——天然状态下土的体积（m^3）；

V_2——开挖后松散土的体积（m^3）。

最终可松性系数：土经回填压实后的体积与自然状态下的体积之比。它是决定取土体积的重要参数。

$$K_s' = \frac{V_3}{V_1} \tag{1-2}$$

式中　K_s'——最终可松性系数；

V_3——经回填压实后土的体积（m^3）。

土的可松性系数是挖填土方时，计算土方机械生产率、回填土方量、运输机具数量、场地平整规划竖向设计、土方调配的重要参数。

2. 土的透水性

土的透水性是指水流通过土中空隙的难易程度。地下水的流动以及在土中的渗透速度都与土的透水性有关。

地下水在土中的渗透速度一般可按达西定律计算（见图 1-1）。

$$v = Ki \tag{1-3}$$

式中　v——水在土中的渗透速度（m/d）；

i——水力梯度，$i = \frac{H_1 - H_2}{l}$，即 A、B 两点水头差与水平距离之比；

K——土的渗透系数（m/d）。

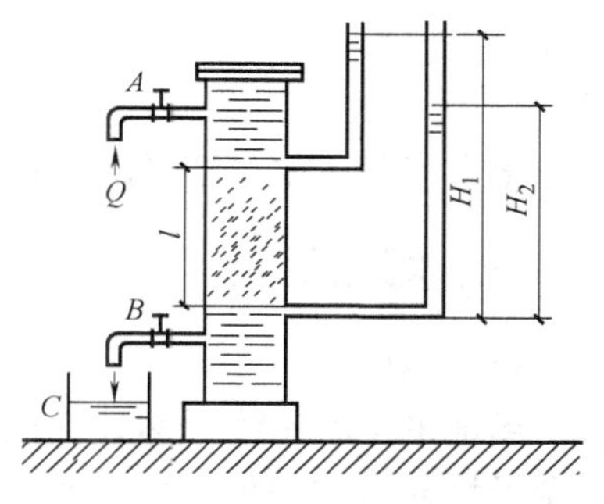

图 1-1　水的渗流

K 值的大小反映土透水性的强弱。土的渗透系数可以通过室内渗透试验或现场抽水试验测定。一般土的渗透系数见表 1-2。

表 1-2 土的渗透系数

土的种类	渗透系数 K/（m/d）	土的种类	渗透系数 K/（m/d）
粘土、亚粘土	<0.1	含粘土的中砂及纯细砂	20～25
亚砂土	0.1～0.5	含粘土的纯细砂及纯中砂	35～50
含粘土的粉砂	0.5～1.0	纯粗砂	50～75
纯粉砂	1.5～5.0	粗砂加鹅卵石	50～100
含粘土的细砂	10～15	卵石	100～200

3. 土的含水量

土的含水量（w）是土中水的质量与固体颗粒质量之比，以百分数表示，即：

$$w = \frac{m_w}{m_s} \times 100\% \tag{1-4}$$

式中 m_w——土中水的质量；

m_s——土中固体颗粒经温度为 105℃烘干后的质量。

一般土的干湿程度，用含水量表示。含水量在 5% 以下称为干土；在 5%～30% 以内称为潮湿土；大于 30% 称为湿土。含水量越大，土就越潮湿，对施工就越不利。含水量对挖土的难易、施工时的放坡、回填土的夯实等均有影响。在一定含水量的条件下，用同样的夯实机具，可使回填土达到最大的密实度，此含水量称为最佳含水量。各类土的最佳含水量如下：砂土为 8%～12%；粉土为 9%～12%；粉质粘土为 12%～15%。

第二节 土方施工

土方工程主要包括场地平整、基坑（槽）及管沟开挖、土方填筑等。

一、场地平整

（一）概述

场地平整就是将天然地面改造成工程上所要求的设计平面。由于场地平整时全场地兼有挖和填，而挖和填的体形常常不规则，所以在场地平整前要确定场地设计标高、土方开挖和回填的工程量以及土方的调配方案。一般采用方格网方法分块计算。

选择场地设计标高的原则是：

1）在满足总平面设计的要求，并与场外工程设施的标高相协调的前提下，考虑挖填平衡，以挖作填。

2）如挖方少于填方，则要考虑土方的来源；如挖方多于填方，则要考虑弃土堆场。

3）场地设计标高要高出区域最高洪水位，在严寒地区，场地的最高地下水位应在土壤冻结深度以下。

平整场地前应先做好各项准备工作，如清除场地内所有地上、地下障碍物，排除地面积水，铺筑临时道路等。

（二）场地设计标高的确定

场地设计标高是进行场地平整和土方量计算的依据，也是总图规划和竖向设计的依据。

1. 初步确定场地设计标高 H_0

对于场地比较平缓，设计标高无特殊要求，可按下述方法确定：将场地划分成边长为 a 的若干方格，并将方格网角点的原地形标高标在图上。原地形标高可利用等高线，用插入法（见图1-2）求得或在实地测量得到。

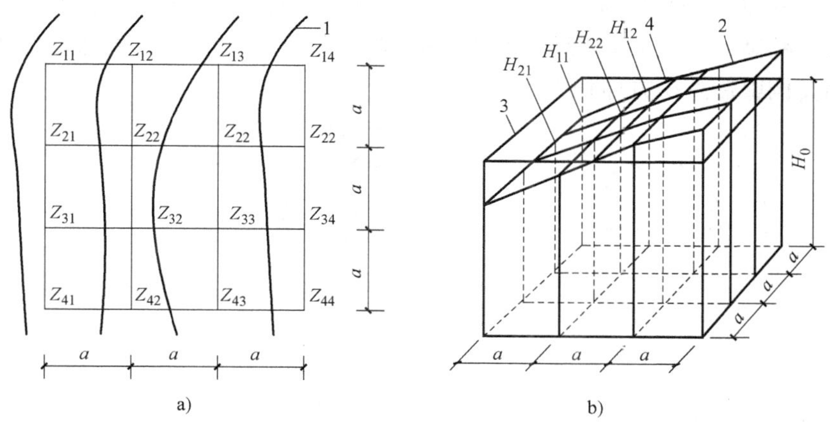

图1-2 场地设计标高简图

a）地形图上划分方格 b）设计标高示意图

1—等高线 2—自然地面 3—设计地面 4—零线

按照挖填土方量相等的原则，场地设计标高 H_0 可按下式计算：

$$H_0 na^2 = \sum_{i=1}^{n}\left(a^2 \frac{z_{i1} + z_{i2} + z_{i3} + z_{i4}}{4}\right) \tag{1-5}$$

即
$$H_0 = \frac{1}{4n}\sum_{i=1}^{n}(z_{i1} + z_{i2} + z_{i3} + z_{i4})$$

式中 H_0——所计算场地的设计标高（m）；

n——方格数；

z_{i1}、z_{i2}、z_{i3}、z_{i4}——第 i 个方格四个角点的原地形标高（m）。

由图 1-2 可见，11 号角点为一个方格所有，而 12、13、21、24 号角点为两个方格共有，22、23、32、33 号角点为四个方格共有。在用式（1-5）计算 H_0 的过程中类似 11 号角点的标高仅加一次，类似 12 号角点的标高加两次，类似 22 号角点的标高则加四次，这种在计算过程中被应用的次数 P_i，反映了各角点标高对计算结果的影响程度，测量上的术语称为"权"。考虑各角点的标高的"权"，式（1-5）可改写成更便于计算的形式：

$$H_0 = \frac{1}{4n}\left(\sum z_1 + 2\sum z_2 + 3\sum z_3 + 4\sum z_4\right) \tag{1-6}$$

式中 z_1——一个方格独有的角点标高；

z_2、z_3、z_4——二、三、四个方格所共有的角点的标高。

2. 场地设计标高的调整

初步确定场地设计标高（H_0）为理论值，实际上，还需考虑以下因素对初步场地设计标高（H_0）值进行调整。

（1）土的可松性影响　由于土具有可松性，会造成填土的多余需要相应地提高设计标高，如图 1-3 所示，设 Δh 为土的可松性引起设计标高的增加值，则设计标高调整后总挖方体积 V_w' 应为：

$$V_w' = V_w - F_w\Delta h \tag{1-7}$$

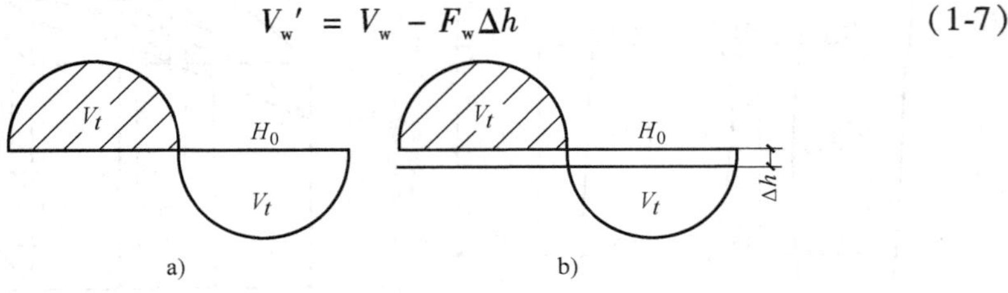

图 1-3　设计标高调整示意图

a）理论设计标高　b）调整设计标高

总填方体积为：

$$V_t' = V_w'K_s' = (V_w - F_w\Delta h)K_s' \tag{1-8}$$

填方区的标高应与挖方区的相同，提高 Δh，即：

$$\Delta h = \frac{V_t' - V_t}{F_t} = \frac{(V_w - F_w\Delta h)K_s' - V_t}{F_t} \tag{1-9}$$

移项整理简化得

$$\Delta h = \frac{V_wK_s' - V_t}{F_t + F_wK_s'} \tag{1-10}$$

式中 V_w、V_t——按初定场地设计标高（H_0）计算得出的总挖方、总填方体积；

F_w、F_t——按初定场地设计标高（H_0）计算的出的挖方区、填方区总面积；

K_s'——土的最终可松性系数。

故考虑土的可松性后场地设计标高应调整为：

$$H_0' = H_0 + \Delta h \tag{1-11}$$

（2）借土或弃土的影响　由于场地内有大型基坑挖出的土方、修筑路堤填高的土方，还有时将部分挖方就近弃于场外（弃土）或将部分填方就近取土于场外等原因，均会引起挖填方量的变化。必要时，亦需重新调整设计标高。

场地设计标高的调整可按以下近似公式确定，即：

$$H_0'' = H_0' \pm \frac{Q}{na^2} \tag{1-12}$$

式中　Q——假定按初步场地设计标高（H_0）平整后多余或不足的土方量；

n——场地方格数；

a——方格边长。

（3）考虑泄水坡度的影响　按调整后的同一设计标高进行场地平整时，整个场地表面将处于统一水平面。但实际上由于排水的要求，场地表面需要有一定的泄水坡度。因此，还需要根据场地泄水坡度的要求，计算场地内各方格角点实际施工所用的设计标高。

1）单向泄水时的设计标高计算。将已调整的设计标高（H_0''）作为场地中心线的标高（见图 1-4），场地内任意一点的设计标高为：

$$H_{ij} = H_0'' \pm li \tag{1-13}$$

式中　H_{ij}——场地内任一点的设计标高；

l——该点至 $H_0''-H_0''$中心线的距离；

i——场地单向泄水坡度（≥2‰）。

2）双向泄水时设计标高计算。将已调整的设计标高（H_0''）作为场地纵横方向的中心点（见图 1-5）。

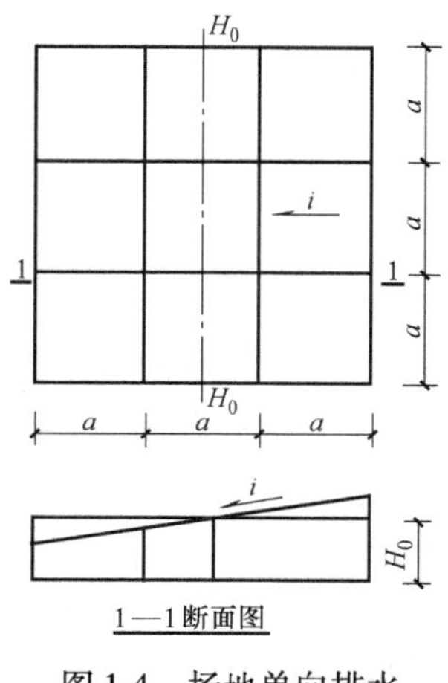

图 1-4　场地单向排水

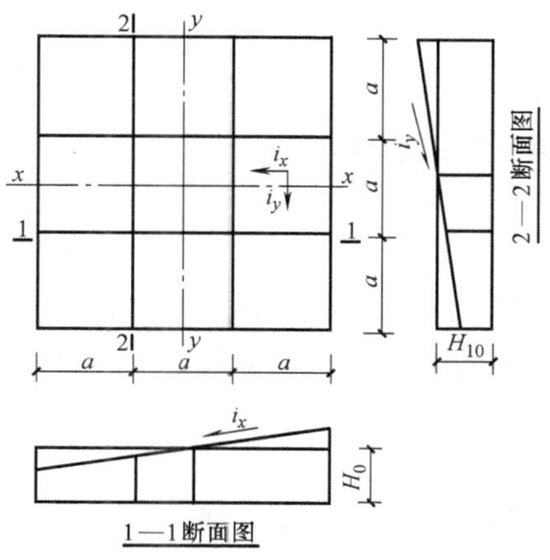

图 1-5　场地双向排水

场地内任一点的设计标高为：

$$H_{ij} = H_0'' \pm l_x i_x \pm l_y i_y \tag{1-14}$$

式中 l_x、l_y——该点沿 $x—x$、$y—y$ 方向距场地中心线的距离；

i_x、i_y——该点沿 $x—x$、$y—y$ 方向的泄水坡度。

（三）场地及边坡土方量计算

在场地设计标高确定后，需平整的场地各角点的施工高度可求得，然后按每个方格角点的施工高度算出填、挖土方量，并计算场地边坡的土方量，这样即得整个场地的填、挖土方总量。计算前先确定“零线”的位置，有助于了解整个场地的挖、填区域。零线的确定方法是：在相邻角点施工高度为一挖一填的方格线上，用插入法求出零点的位置，将各相邻的零点连接起来即为零线。零线确定后，即可进行土方量的计算。方格中土方量的计算有四方棱柱体法和三角棱柱体法两种方法。

1. 四方棱柱体的体积计算方法

1）如图1-6a所示，方格四个角点全部为挖方或全部为填方时，其挖方或填方的体积为：

$$V = \frac{a^2}{4}(h_1 + h_2 + h_3 + h_4) \tag{1-15}$$

式中 V——挖方或填方的体积（m^3）；

h_1、h_2、h_3、h_4——方格四个角点的填挖高度，均取绝对值（m）；

a——方格边长（m）。

2）如图1-6b所示，方格四个角点，部分是挖方，部分是填方时，其零线将三角形分成两部分，一个是底面为三角形的锥体，一个是底面为四边形的楔体，其挖方土方量为：

$$V_{1,2} = \frac{a^2}{4}\left(\frac{h_1^2}{h_1 + h_4} + \frac{h_2^2}{h_2 + h_3}\right) \tag{1-16}$$

其填方土方量为：

$$V_{3,4} = \frac{a^2}{4}\left(\frac{h_3^2}{h_2 + h_3} + \frac{h_4^2}{h_1 + h_4}\right) \tag{1-17}$$

3）如图1-6c所示，方格的三个角为挖方，另一个角为填方时（或方格的三个角为填方，另一个角为挖方时），其填方部分土方工程量为：

$$V_4 = \frac{a^2 h_4^3}{6(h_1 + h_4)(h_3 + h_4)} \tag{1-18}$$

其填方部分土方工程量为：

$$V_{1,2,3} = \frac{a^2(2h_1 + h_2 + 2h_3 - h_4)}{6} + V_4 \tag{1-19}$$

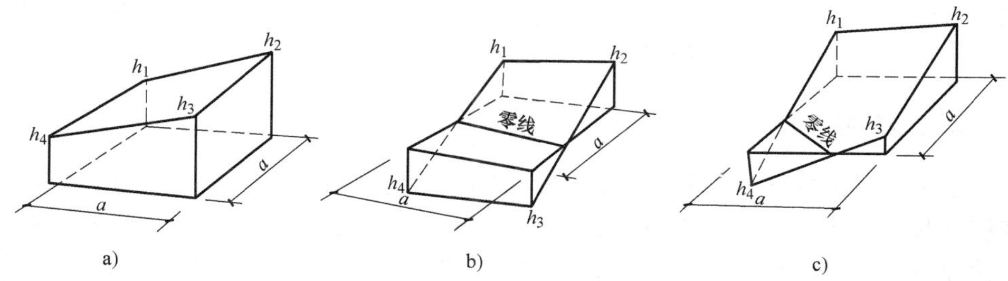

图 1-6 四方棱柱体的体积计算

a）角点全填或全挖 b）角点二填二挖 c）角点一填（挖）三挖（填）

2. 三角棱柱体的体积计算方法

计算时，先把方格网顺地形等高线将各个方格划分成三角形。

每个三角形的三角点的填挖施工高度，用 h_1、h_2、h_3 表示。当三角形三个角点全部为填方或全部为挖方时（见图 1-7）：

$$V = \frac{a^2}{6}(h_1 + h_2 + h_3) \tag{1-20}$$

式中 a——方格边长（m）；

h_1、h_2、h_3——三角形各角点的施工高度（m），用绝对值代入。

三角形三个角点有填方有挖方时，零线将三角形分成两部分，一个是底面为三角形的锥体，一个是底面为四边形的楔体（见图 1-8）。

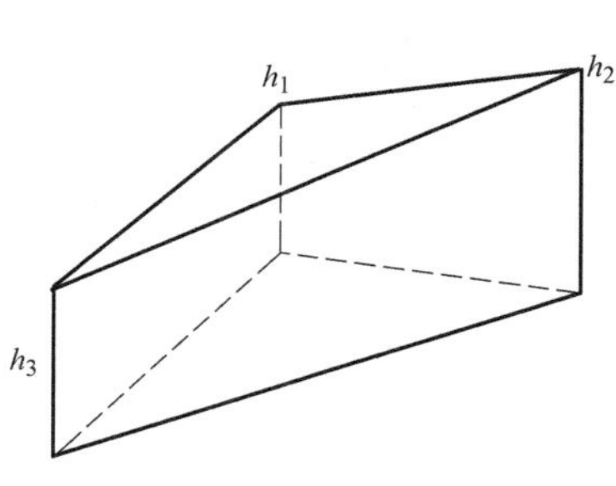

图 1-7 三角棱柱体三个角全填或全挖的体积计算

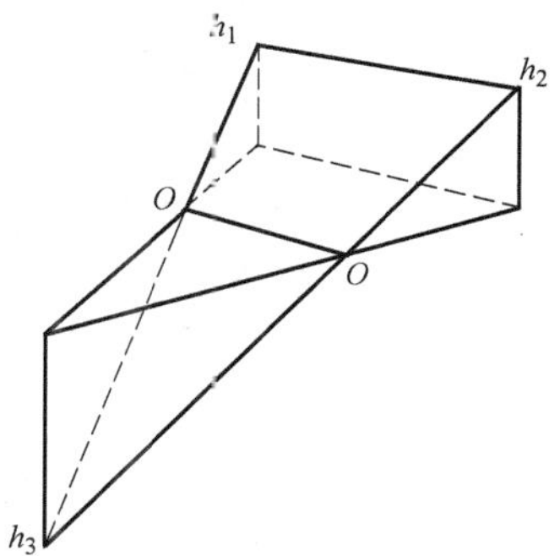

图 1-8 三角棱柱体部分为填方时的体积计算

其中锥体部分的体积为：

$$V_{锥} = \frac{a^2}{6} \frac{h_3^3}{(h_1 + h_2)(h_2 + h_3)} \tag{1-21}$$

楔体部分体积为：

$$V_{楔} = \frac{a^2}{6}\left[\frac{h_3^3}{(h_1 + h_2)(h_2 + h_3)} - h_3 + h_2 + h_1\right] \tag{1-22}$$

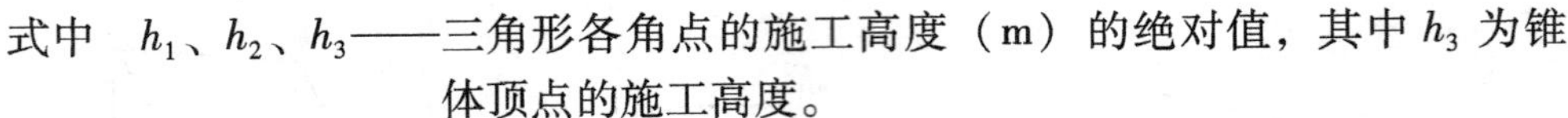

式中 h_1、h_2、h_3——三角形各角点的施工高度（m）的绝对值，其中 h_3 为锥体顶点的施工高度。

二、基坑、基槽开挖

在平整过的场地上，利用设计提供的基点坐标经过定位放线后，就可进行基坑（槽）及管沟开挖。开挖方法取决于基坑的深度、周围环境、土的物理力学性能等，尽可能利用机械开挖，以缩短工期。尤其在多雨季节，尽量缩短挖土时间对工程非常有利。

在地下水位高的地区开挖深基坑，需要事先降低地下水位以利施工。对设有支护结构的深基坑，为降低土壤含水量以利机械下坑挖土，也需降水疏干土壤。

当周围允许且基坑不太深时，基坑宜放坡开挖，较为经济。此时需要注意边坡的稳定，尤其对于较深的基坑。当基坑深度较大且周围环境不允许放坡时，则需事先施工好支护结构后再进行开挖。施工支护结构费用较大，需进行详细合理的计算和设计。

对大型基坑事先要制定详细的挖土方案，要全面考虑挖土顺序、挖土方法、运土方法和与支护结构施工的配合。

如图 1-9 所示，基坑土方量可按立体几何中的拟柱体（由两个平行的平面做底的一种多面体）体积公式计算：

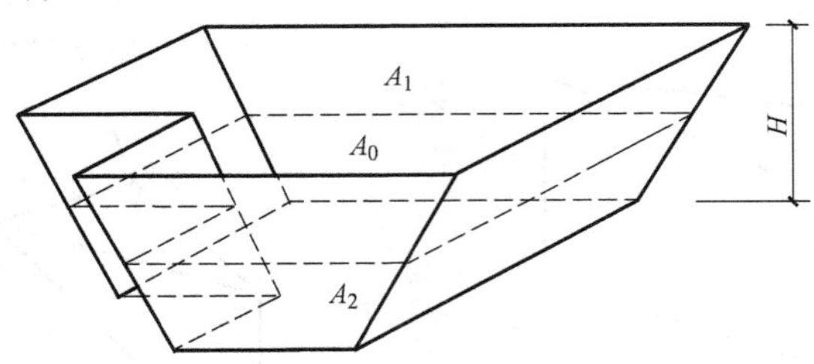

图 1-9　基坑土方量计算

$$V = \frac{H}{6}(A_1 + 4A_0 + A_2) \tag{1-23}$$

式中 H——基坑深度（m）；

A_1、A_2——基坑上、下两底面的面积（m^2）；

A_0——基坑中截面面积（m^2）。

槽和路堤的土方量可以沿长度方向分段后，再用同样的方法计算（见图 1-10），即：

$$V_1 = \frac{L_1}{6}(A_1 + 4A_0 + A_2) \tag{1-24}$$

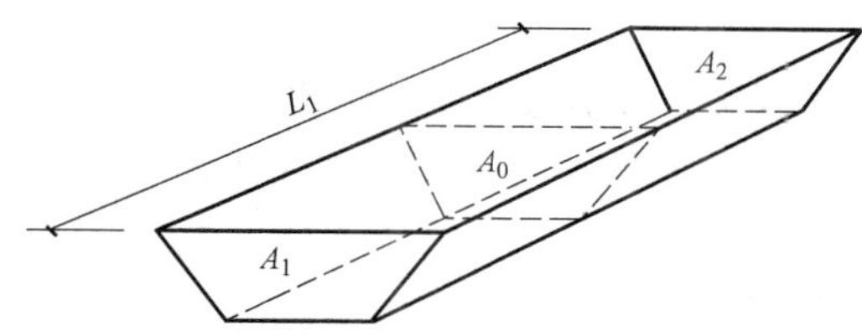

图 1-10 基槽土方量计算

式中 V_1——第一段的土方量（m^3）；

L_1——第一段的长度（m）。

将各段土方量相加，即得总土方量：

$$V = V_1 + V_2 + \cdots + V_n \tag{1-25}$$

式中 V_1、V_2、…、V_n——各分段的土方量。

三、土方填筑

1. 土料选择

填方土料应符合设计要求，如设计无要求时，应符合下列规定：

1）碎石类土、砂土和爆破石渣（粒径不大于每层铺厚的2/3）可用于表层下的填料。

2）含水量符合压实要求的粘性土，可用作各层填料。

3）碎块草皮和有机质含量大于8%（质量分数）的土，仅用于无压实要求的填方。

4）淤泥和淤泥质土一般不能用作填料，但在软土或沼泽地区，经过处理使含水量符合压实要求后，可用于填方中的次要部位。

5）有水溶性硫酸盐大于5%（质量分数）的土，不能用作回填土，在地下水作用下，硫酸盐会逐渐溶解流失，形成孔洞，影响土的密实性。

6）冻土、膨胀性土等不应作为填方土料。

2. 填筑要求与方法

（1）填筑要求　填土应分层进行，尽量采用同类土回填，换土回填时，必须将透水性较小的土层置于透水性较大的土层之上，不得将各类土料任意混杂使用。填方土层应接近水平的分层压实。

（2）填筑方法　填土可采用人工填土和机械填土。

人工填土一般用手推车运土，人工用锹、耙、锄等工具进行填筑，从最低部分开始由一端向另一端自下而上分层铺填。机械填土可用推土机、铲运机或自卸汽车进行。用自卸汽车填土，需用推土机推开推平．采用机械填土时，可利用行驶的机械进行部分压实工作。机械填土，不得居高临下，不分层次，一次倾倒填筑。

3. 填土压实方法

填土压实方法有碾压法、夯实法和振动压实法。

平整场地等大面积填土工程采用碾压法，较小面积的填土工程采用夯实法和振动压实法。

4. 影响填土压实的主要因素

影响填土压实效果的因素有：压实功、含水量、每层铺土厚度。

（1）压实功的影响　填土压实后的密度与压实机械在其上所施加的功有一定的关系。

土的密度与所耗的功的关系如图1-11所示。当土的含水量一定，在开始压实时，土的密度急剧增加，待到接近土的最大密度时，压实功虽然增加许多，但土的密度则变化甚小。实际施工中，在压实机械和铺土厚度一定的条件下，压实一定的遍数即可，过多的增加压实遍数对提高土的密度作用不大。

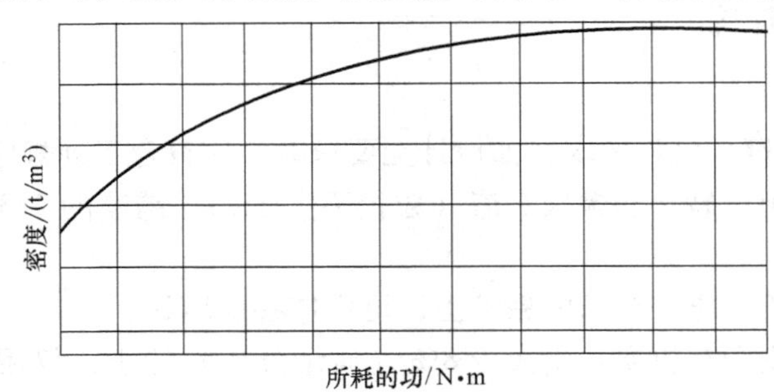

图1-11　土的密度与压实功的关系示意图

（2）含水量的影响　在同一压实功条件下，填土的含水量对压实质量有直接影响。较为干燥的土颗粒之间的摩阻力较大，因而不易压实。当含水量超过一定限度时，土颗料之间孔隙由水填充而呈饱和状态，也不能压实。当土的含水量适当时，水起了润滑作用，土颗粒之间的摩阻力减少，压实效果好。每种土都有其最佳含水量，土在这种含水量的条件下，使用同样的压实功进行压实，所得到的密度最大（见图1-12）。施工现场简单检验粘性土含水量的方法一般是以手握成团落地开花为适宜。

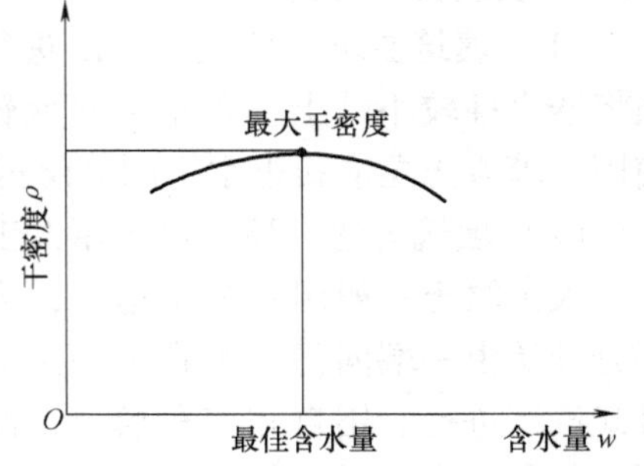

图1-12　土的干密度与含水量关系

（3）每层铺土厚度的影响　土在压实功的作用下，其应力随深度增加而逐渐减小，其影响深度与压实机械、土的性质和含水量等有关。铺土厚度应小于压实机械压土时的作用深度，但其中还有最优土层厚度问题。铺土过厚，下部土体所受压实作用力小于土体本身的粘结力和摩擦力，土颗粒不能相互移动，无论压实多少遍，填方也不能被压实；铺土过薄，则下层土体压实次数过多，而受剪切破坏。最优的铺土厚度应能使填方压实而机械的功耗费最小，可按照表1-3中的数据选用。在表1-3中规定压实遍数范围内，轻型压实机械取大值，重型的取小值。

表1-3　填方每层的铺土厚度和压实遍数

压实机具	分层厚度/mm	每层压实遍数
平碾	250～300	6～8
振动压实机	250～350	3～4
柴油打夯机	200～250	3～4
人工打夯机	<200	3～4

上述三方面因素之间是互相影响的。为了保证压实质量，提高压实机械的生产率，重要工程应根据土质和所选用的压实机械在施工现场进行压实试验，以确定达到规定密实度所需的压实遍数，铺土厚度及最优含水量。

第三节　土方施工机械

土的开挖、运输、填筑、压实等施工过程应尽量采用机械施工，以减轻体力劳动的强度，加快施工进度。土方施工当中常用到的机械有推土机、铲运机，单斗挖掘机，压实机械等。

一、推土机

推土机是土方工程施工的主要机械之一，它是在履带式拖拉机上安装推土板等工作装置而成的机械。常用推土机的发动机功率有45kW、75kW、90kW、120kW等。

按推土机铲刀的操纵机构不同，可分为索式和液压式两种。索式推土机的铲刀借其本身自重切入土中，在硬土中切土深度较小。液压式推土机的铲刀系液压操纵，强制切入土中，切土较深，且可以调升铲刀的高度和调整铲刀的角度，因此具有更大的灵活性。

推土机操纵灵活，运转方便，所需工作面小，易于转移，行驶速度快，能爬30°左右的缓坡，因此应用范围较广。

推土机适于推挖一～三类土。多用于场地清理和平整、开挖深度1.5m以内的基坑，填平沟坑，配合铲运机、挖土机工作等。推土机后面可安装松土装置，破、松硬土和冻土；也可拖挂羊足碾进行土方压实工作。

推土机作业以切土和推运土为主。切土时应根据土质情况，尽量采用最大切土深度在最短距离（6～10m）内完成，以便缩短低速行进的时间。上、下坡

的坡度不得超过35°，横坡坡度不得超过10°。几台推土机同时作业时，前后距离应大于8m。

推土机的生产效率主要决定于推土刀推移土的体积及切土、推土、回程等工作循环时间。为了提高推土机的生产效率，缩短推土时间和减少土的失散，常用以下几种施工方法：

1. 下坡推土

如图1-13所示，推土机顺地面坡度沿下坡方向切土和推土，以借助机械本身的重力作业，以增加推土能力和缩短推土时间。一般可提高生产效率30%～40%，推土坡度应小于15°。

2. 并列推土

如图1-14所示，平整场地的面积较大时，可用2～3台推土机并列作业。铲刀相距15～30cm。一般两机并列推土可增大推土量15%～30%，但运距不宜超过50～70m，不宜小于20m。

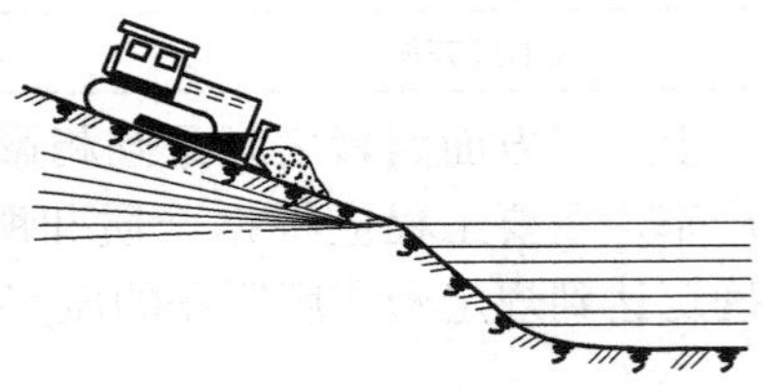

图1-13　下坡推土

3. 槽形推土

如图1-15所示，推土机重复多次在一条作业线上切土和推土，使地面逐渐形成一条浅槽，以减少土从铲刀两侧流散，可以增加推土量10%～30%。

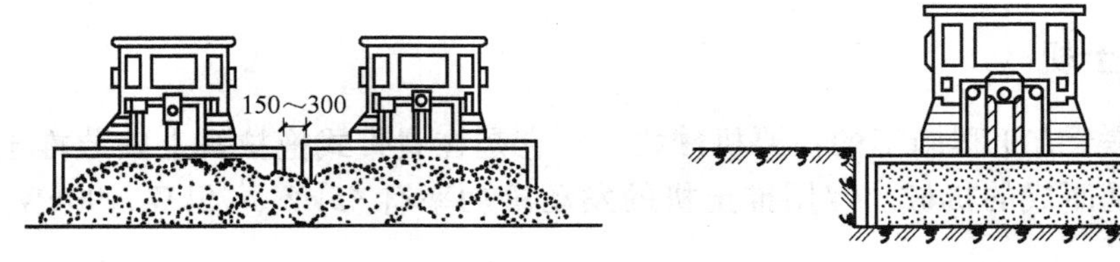

图1-14　并列推土　　图1-15　槽形推土

4. 多铲集运

如图1-16所示，在硬质土中，切土深度不大，可以采用多次铲土，分批集中，一次推送的方法，缩短运土时间。

图1-16　多铲集运

二、铲运机

铲运机能独立完成铲土、运土、填筑、整平的土方机械。按行走方式分为自行式和拖式铲运机。按铲斗的操作系统分为索式和液压式。后者可以强制切土，能切较硬的土壤，液压强制关闭斗门减小漏土，操纵机构轻便灵活。常用的铲运机机斗容量为 $2m^3$、$5m^3$、$6m^3$、$7m^3$ 等数种。

铲运机对行驶的道路要求较低，操纵灵活，行驶速度快，生产率高，费用低。在土方工程中常用于大面积场地平整，开挖大型基坑、填筑堤坝和路基等。宜于开挖含水量不超过27%的一～三类土。对于硬土需用松土机预松后才能开挖。

1. 铲运机的路线

应根据填方、挖方区的分布情况并结合当地的具体条件进行合理的安排。一般有以下两种形式：

（1）环形路线　当施工地段较短，地形起伏不大时，多采用环形路线，如图1-17a、b所示。环形路线每一循环只完成一次铲土和卸土，挖土和填土交替；挖填之间距离较短时，可采用大循环路线，如图1-17c所示，一个循环能完成多次铲土和卸土，减少铲运机的转弯次数，提高工作效率。采用环形路线，每隔一定时间按顺、反时针方向交换行驶，防止机件单侧磨损。

（2）"8"字形路线　施工地段较长或地形起伏较大时，多采用"8"字形路线，如图1-17d所示。铲运机在上、下坡时斜向行驶，每一循环完成两次作业（两次铲土和卸土），比环形路线减少空驶距离和转弯，节省时间，提高工作效率。

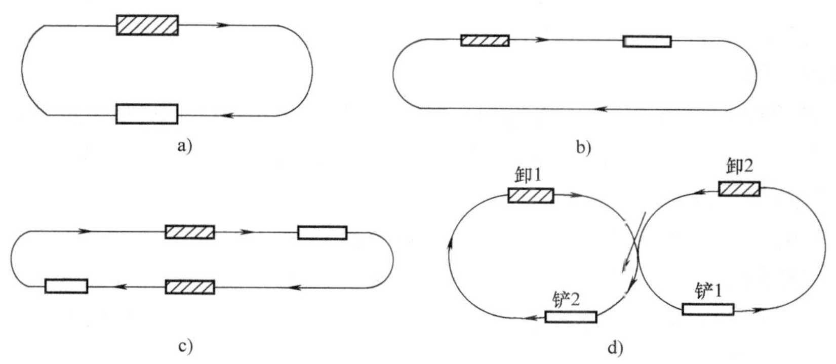

图1-17　铲运机运行路线

a)、b) 环形路线　c) 大环形路线　d) "8"字形路线

2. 提高铲运机生产效率的措施

（1）下坡铲土法　铲运机借助自身的重力，利用地形进行下坡铲土，加深切土深度，缩短铲土时间。

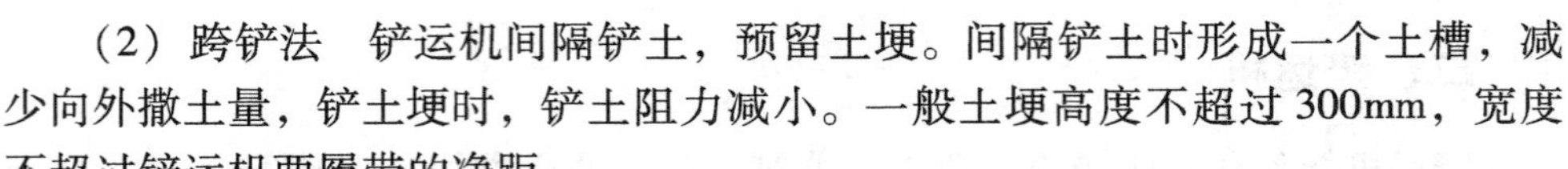

(2) 跨铲法 铲运机间隔铲土，预留土埂。间隔铲土时形成一个土槽，减少向外撒土量，铲土埂时，铲土阻力减小。一般土埂高度不超过300mm，宽度不超过铲运机两履带的净距。

(3) 助铲法 土质坚硬地势平坦时，可采用推土机在铲运机后面顶推，加大铲刀切土能力，缩短铲土时间，提高生产效率。推土机在助铲的空隙可兼作松土或平整工作，为铲运机创造作业条件。

三、单斗挖掘机

单斗挖掘机在土方工程施工中应用较广，按其工作装置的不同，分为正铲、反铲、拉铲和抓铲等。按其操纵机构的不同，可分为液压式（见图1-18）和机械式（见图1-19）。

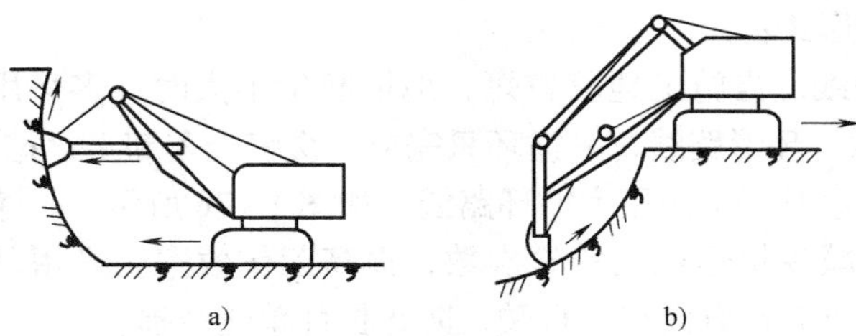

图1-18 液压式挖掘机

a）正铲挖掘机 b）反铲挖掘机

1. 正铲挖掘机

正铲挖掘机的挖土特点：前进向上，强制切土。适于开挖停机面以上的土方，且需与汽车配合完成整个挖运工作。正铲式挖掘机挖掘力大，适用于开挖含水量较小的一～四类土。

正铲的挖掘方式根据开挖的路线与汽车的相对位置的不同分为正向开挖、侧向装土，如图1-20a、b所示；以及正向开挖、后方装土，如图1-20c所示。前者生产效率较高。

正铲的生产效率主要决定于每斗的装土量和每斗作业的循环延续时间。为了提高工作效率，除了工作面高度必须满足装满土斗的要求外，还要考虑开挖方式和运土机械的配合，尽量减少回转角度，缩短每个循环的延续时间。

2. 反铲挖掘机

反铲挖掘机的挖土特点：后退向下，强制切土。反铲适用于开挖一～三类土，主要用于开挖停机面以下的土方，一般反铲最大挖土深度4～6m，经济合理的挖土深度为3～5m。反铲挖土机可以与自卸汽车配合，装土运走，也可弃土于坑槽附近。

反铲挖掘机的挖土方式有沟端开挖和沟侧开挖。

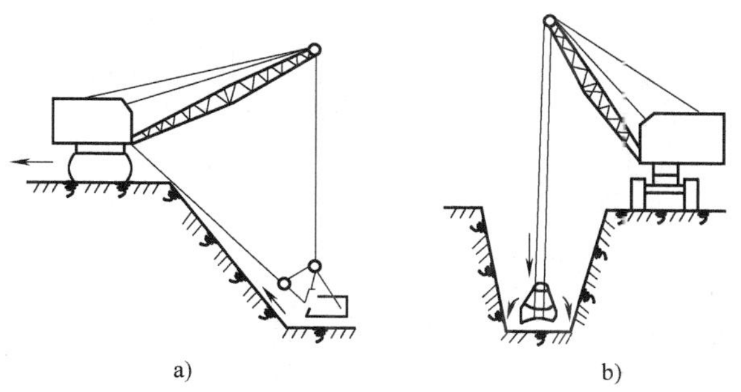

图 1-19 机械式挖掘机
a）拉铲挖掘机 b）抓铲挖掘机

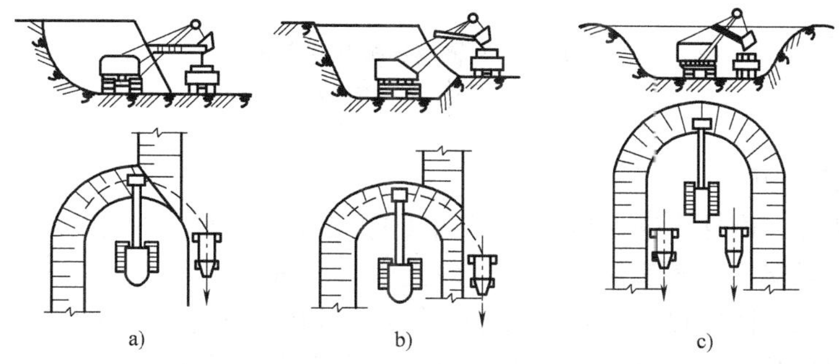

图 1-20 正铲挖掘机开挖方式
a）、b）正向开挖、侧向装土 c）正向开挖、后方装土

沟端开挖就是反铲挖掘机停于沟端，后退挖土，向沟一侧弃土或装汽车运走（如图 1-21a）。此法挖土方便，开挖的深度可以达到最大挖土深度。

沟侧开挖就是挖土机沿沟槽一侧直线行走，沿沟边开挖，可将弃土弃于距沟边较远的地方（如图 1-21b）。此法挖土宽度和深度较小，边坡不易控制，机身停在沟边工作，边坡稳定性差，因此在无法采用沟端开挖时采用。

3. 抓铲挖掘机

抓铲挖掘机根据操纵方式分为自重式和液压式。自重式挖掘机是在挖掘机的臂端用钢丝绳吊装一个抓斗，其挖土特点是：直上直下，自重切土。抓铲挖土机适于开挖停机面以下的一～二类土，适于开挖狭窄而较深的基坑、深井、深槽，还可用于挖去水中淤泥、装卸碎石等松软材料。

四、压实机械

压实机械根据工作原理不同可分为碾压机械，振动压实机械，冲击式压实机械。

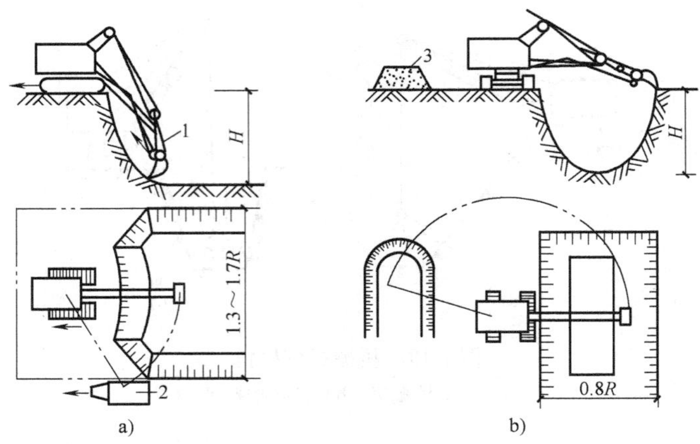

图 1-21 反铲挖掘机开挖方式
a）沟端开挖 b）沟侧开挖
1—反铲挖掘机 2—自卸汽车 3—弃土堆

1. 碾压机械

碾压机械有刚性平碾（压路机）、羊足碾和气胎碾等。羊足碾需要较大的牵引力，而且只能用于压实粘性土，在砂土中碾压时，土的颗粒受到羊足较大的单位压力后会向四面移动，而使土的结构受到破坏。气胎碾在工作时是弹性体，给土的压力较均匀，填土质量较好。刚性平碾适用于碾压粘性土和非粘性土，应用普遍。

2. 振动压实机械

振动压实机械有振动平碾、振动凸块碾等。振动平碾适用于填料为爆破碎石渣、碎石类土、杂填土或粉土的大型填方；振动凸块碾适用于粉质粘土或粘土的大型填方。

3. 冲击夯实机械

冲击夯实机械类型较多，有木夯、蛙式打夯机、火力夯以及利用挖土机或起重机装上夯板后的夯土机。其中蛙式打夯机轻巧灵活，构造简单，在小型的土方工程中应用最广。

第四节 基坑排水、降水方法

在开挖基坑或沟槽时，土壤的含水层常被切断，地下水将会不断地渗入坑内。雨期施工时，地面水也会流入坑内。为了保证基坑能在干燥的条件下正常施工，防止边坡失稳、基坑流砂、坑底隆起、坑底管涌和坑底地基承载力下降，必须做好基坑的降水工作。基坑排水的方法有明排水法、井点排水法。

一、明排水法

这种排水方法是在基坑或沟槽开挖时，在坑底设置集水井，并沿坑底的周围或中央开挖排水沟，使水在重力作用下由排水沟流入集水井区，然后用水泵抽出坑外（见图1-22）。

四周的排水沟及集水井应设置在基础范围以外、地下水流的上游，基坑面积较大时，可在基础范围内设置盲沟排水。根据地下水量、基坑平面形状及水泵能力，集水井每隔20~40m设置一个。

集水井的直径或宽度一般为0.6~0.8m。井壁可用竹、木或砌筑等简易加固。排水沟底宽一般不小于300mm，沟底纵向坡度一般不小于3%，排水沟比基坑底低0.3~0.4m，集水井底比排水沟底低0.6m以上。随着基坑开挖加深，沟底和井底应保持这一高度差。

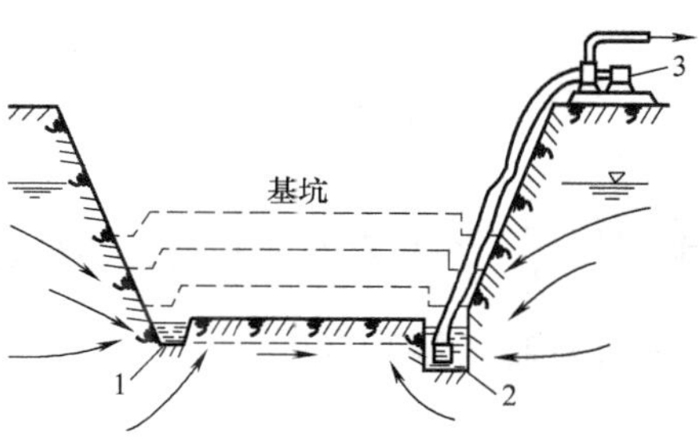

图1-22 集水井降水
1—排水沟 2—集水井 3—水泵

当基坑挖至设计标高后，井底应低于坑底1~2m，并铺设0.3m的碎石滤水层，以免在抽水时将泥砂抽出，防止井底的土被搅动，做好较坚固的井壁。明排水法简单、经济，对周围影响小，应用较广。

二、流砂的形成与防治

流动中的地下水对土颗粒产生的压力称为动水压力。流砂现象的产生就是地下水流动时所产生的动水压力对土体作用的结果。

有关动水压力的性质，可通过水在土中流动的力学现象来说明。如图1-23所示，水由左端高水位（水头为h_1），经过长度为L、截面面积为F的土体，流向右端低水位（水头为h_2）。计算动水压力时，考虑到地下水的渗流加速度很小（$a \approx 0$），因而忽略惯性力。土柱体内饱和土柱中孔隙水的重力与土骨架所受浮力的反力之和为$\gamma_w LF$（γ_w为水的重度）；土柱体中骨架对渗漏水的总阻力TLF（水在土中渗流时受到土颗粒的阻力为T）。

由静力平衡条件得：

$$\gamma_w h_1 F - \gamma_w h_2 F - TLF + \gamma_w LF\cos\alpha = 0$$

将$\cos\alpha = \dfrac{Z_a - Z_b}{L}$代入上式可得：

$$T = \gamma_w \left[\frac{(h_1 - h_2) + (Z_a - Z_b)}{L} \right] \tag{1-26}$$

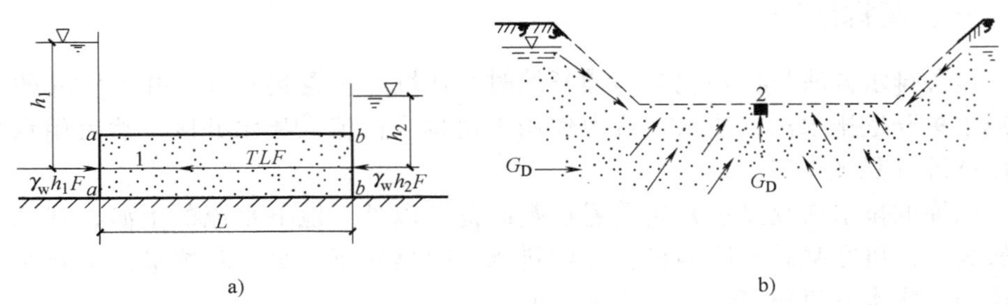

图 1-23 动水压力原理图

a）水在土中渗流时的力学现象 b）动水应力对地基土的影响

1、2—土粒

其中，$\frac{(h_1-h_2)}{L}$为水头差与渗透路程之比，称为水力坡度，以 i 来表示，于是当（Z_a-Z_b）趋于零时有：

$$T=i\gamma_w$$

$$G_D=-T=-i\gamma_w \tag{1-27}$$

式中 G_D——称为动水压力（N/cm^3 或 N/m^3）。

负号表示与所设水渗流时的总阻力 T 的方向相反，即与水的渗流方向一致。

由上式可知，动水压力 G_D 的大小与水力坡度成正比，即水位差 H_a-H_b 越大，则 G_D 越大；而渗透路程 L 越长，则 G_D 越小。当水流在水位差的作用下对土颗粒产生向上压力时，动水压力不但使土粒受到了水的浮力，而且还使土粒受到向上推动的压力。如果动水压力等于或大于土的浸水浮重度 γ'_w，即

$$G_D\geqslant\gamma'_w \tag{1-28}$$

则土粒失去自重，处于悬浮状态，土的抗剪强度等于零，土粒能随着渗流水一起流动，这种现象称为“流砂现象”。

细颗粒、颗粒均匀、松散、饱和土容易发生流砂现象。是否出现流砂现象的重要条件是动水压力的大小。常用降低地下水水位的方法有，使动水压力方向向下，增大土颗粒间的压力。另外还有水下挖土法、冻结法、枯水期施工、加设支护结构及井点降水法等。

三、井点降水

井点降水法就是在基坑开挖前，预先在基坑四周埋设一定数量的滤水井（管），通过抽水泵抽出地下水，使地下水位降低到坑底以下，从根本上解决地下水涌入坑内的问题。井点降水还可防止边坡由于受地下水流的冲刷而引起的塌方；使坑底的土层消除地下水位差引起的压力，防止坑底土的上冒；因为水

压消失，支护结构减小水平荷载；由于没有地下水的渗流，也可消除流砂现象；降低地下水位后，由于土体固结，使土层密实，增加地基土的承载能力。

井点降水有两大类：轻型井点和管井井点。井点降水方法一般根据基坑规模、土的渗透性、降水深度、设备条件及经济性选用，可参照表1-4中各种井点的适用范围选择，其中轻型井点应用最为广泛。

表1-4 各种井点的适用范围

井点类别		土层渗透系数/（m/d）	降低水位深度/m	适用土质
轻型井点	一级轻型井点	0.1～50	3～6	粘质粉土，砂质粉土，粉砂
	多级轻型井点	0.1～50	视井点级数而定	
	喷射井点	0.1～50	8～20	
	电渗井点	<0.1	视选用的井点而定	粘土，粉质粘土
管井井点	管井井点	20～200	3～5	砂质粉土，粉砂，各类砂土，砾砂
	深井井点	10～150	>5	

1. 一般轻型井点设备

轻型井点设备由管路系统和抽水设备组成，如图1-24所示。管路系统包括井点管（下端为滤管）、弯联管及总管。

滤管（见图1-25）为进水设备，通常采用长1.0～1.5m、直径38mm或50mm的无缝钢管，管壁钻有直径为12～19mm的滤孔，滤孔呈星状排列，滤孔面积为滤管表面积的20%～25%。骨架管外面包以两层孔径不同的生丝布或塑料布滤网。为使流水畅通，在骨架与滤网之间用塑料管或梯形铁丝隔开，塑料管沿骨架绕成螺旋形。滤网外面再绕一层8号粗铁丝保护网，滤管下端为一锥形铸铁头，滤管上端与井点管连接。

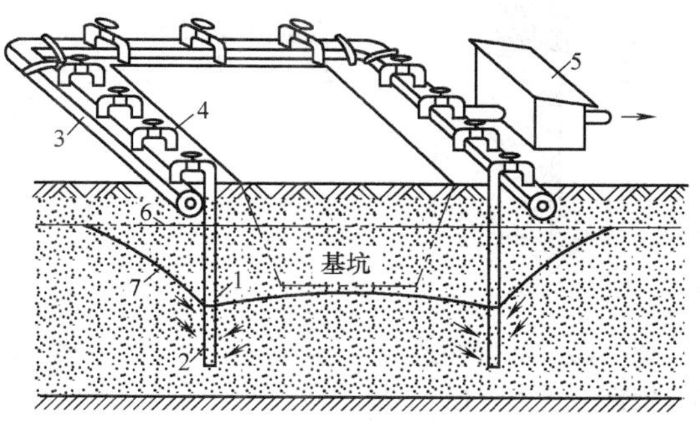

图1-24 轻型井点降低地下水位示意图

1—井点管 2—滤管 3—总管 4—弯联管 5—水泵房
6—原地下水位线 7—降低后地下水位线

井点管为直径38mm或50mm、长5～7m的钢管。井点管上端用弯联管与总管相连。集水总管为直径100～127mm的无缝钢管，每段长4m，装有与井点管连接的短接头，间距0.8m或1.2m。

根据水泵和动力设备的不同，轻型井点分为干式真空泵、射流泵和隔膜泵三种。三种设备所配用的功率和负担的总管长度见表1-5。

表 1-5　各种轻型井点的配用功率和井点根数与总管长度

轻型井点类别	配用功率/kW	井点根数/根	总管长度/m
干式真空泵井点	18.5～22	70～100	80～120
射流泵井点	7.5	25～40	30～50
隔膜泵井点	3	30～50	40～60

干式真空泵如图 1-26 所示，抽水设备由真空泵、离心泵和水气分离器等组成。抽水时先开动真空泵，将水气分离器内部形成一定程度的真空，使土中的水分和空气受真空吸引力作用而吸出，进入水气分离器。当进入水气分离器内的水达到一定高度，即可开动离心泵。水气分离器内的水和空气向两个方向流去：水经离心泵排出，空气集中在上部由真空泵排出。

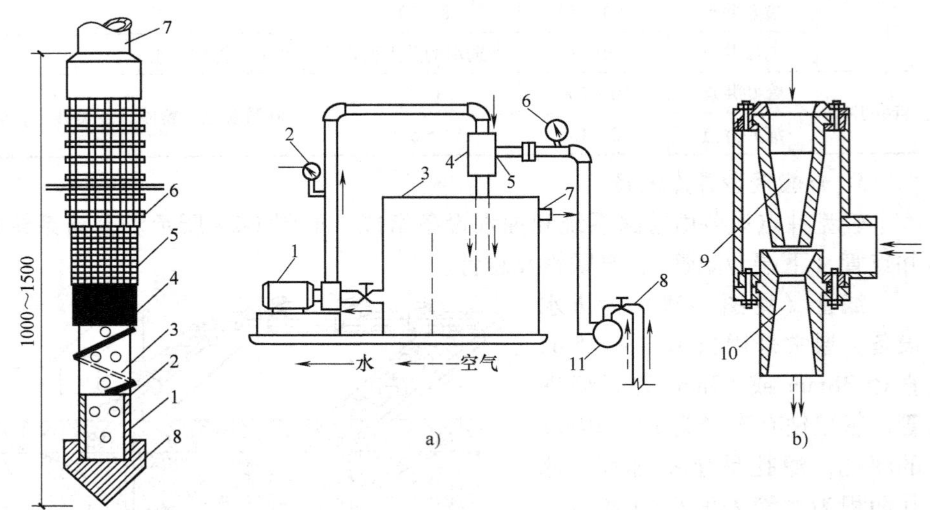

图 1-25　滤管构造

1—钢管　2—管壁上的小孔　3—缠绕的塑料管　4—细滤网　5—粗滤网　6—粗铁丝保护网　7—井点管　8—铸铁头

图 1-26　射流泵抽水设备工作示意图

a) 总图　b) 射流器剖面图

1—离心泵　2—压力计　3—循环水箱　4—射流器　5—进水管　6—真空表　7—泄水口　8—井点管　9—喷嘴　10—喉管　11—总管

干式真空泵和离心泵根据土的涌水量和渗透系数选用。常用的干式真空泵为 W_1、W_3 型，其抽气速率分别为 $370m^3/h$、$200m^3/h$。常用离心泵为 BA 型水泵。射流泵抽水机组由喷射扬水器、BA 型离心泵和循环水箱组成。射流泵产生的真空度较高，但排气量小，稍有漏气会导致真空度下降，带动的井点数较少。

2. 轻型井点的布置和计算

井点系统布置应根据地下水含水层厚度、承压或非承压水及地下水变化情况、土质、土的渗透系数、不透水层位置、基坑大小与深度、井管长度和泵的抽吸能力的要求而定。

平面布置：当基坑或沟槽宽度小于6m，降水深度不超过5m时，可采用单排线状井点布置在地下水流的上游一侧（见图1-27），两端延伸长度不小于槽宽。宽度大于6m或不良土质，采用双排线状井点（见图1-28）。面积较大的基坑采用环状井点（见图1-29）。

高程布置：轻型井点降水深度，一般不大于6m，井点管埋设深度H按下式计算：

$$H \geqslant H_1 + h + iL \tag{1-29}$$

式中　H_1——井点管埋埋设地面至基坑底的距离（m）；

h——基坑中心处基坑底面（单排井点时，为远离井点一侧坑底边缘）至降低后地下水位的距离，一般取0.5～1.0m；

i——水力坡度，根据实测：单排井点为1/4～1/5，双排线状和环状井点为1/10；

L——井点管至水井中心的水平距离，当井点管为单排布置时，L为井点管至对边坡脚的水平距离（m）。

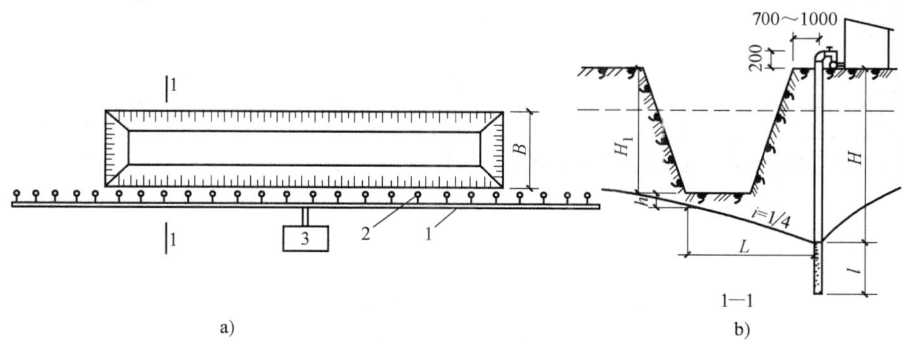

图1-27　单排线状井点布置
a）平面布置　b）高程布置
1—总管　2—井点管　3—抽水设备

计算结果应满足下式：

$$h \leqslant h_{pmax} \tag{1-30}$$

式中　h_{pmax}——抽水设备的最大抽吸高度，一般轻型井点为6～7m。

当一级井点系统达不到降水深度要求时，可采用二级井点，即先挖去第一级井点所疏干的土，然后在其底部装设第二级井点。

3. 总管及井点管数量的计算

根据基坑上口尺寸或基槽长度确定总管长度，根据选用的水泵负荷长度确定水泵数量。

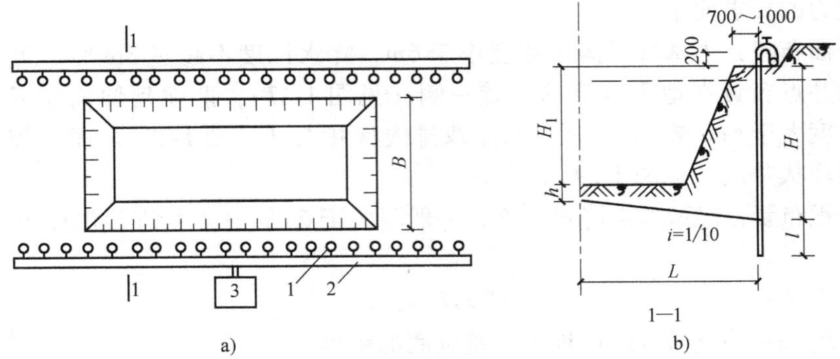

图 1-28 双排线状井点布置

a）平面布置 b）高程布置

1—井点管 2—总管 3—抽水设备

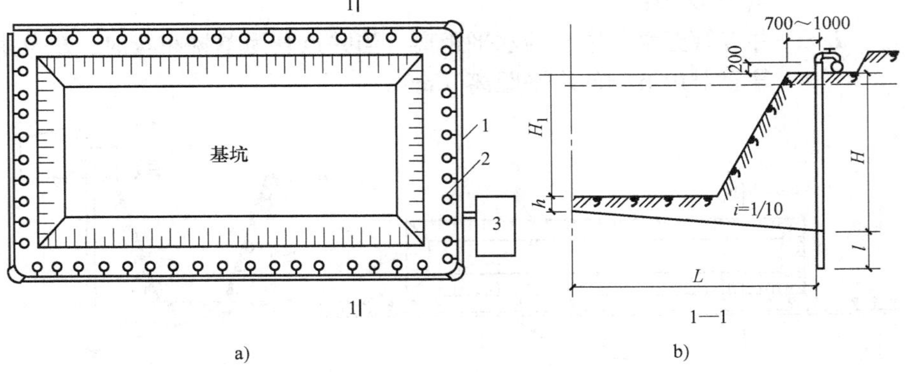

图 1-29 环状井点布置

a）平面布置 b）高程布置

1—总管 2—井点管 3—抽水设备

根据井底是否达到不透水层，水井可分为完整井与不完整井。井底到达含水层下面的不透水层顶面的井称为完整井，否则称为不完整井。根据地下水是否有压力，分为无压井与承压井。各类井的涌水量计算方法都不同。

现在采用的计算方法，是以裘布仪（Dupuit）的水井理论为基础，无压整井单井的涌水量计算式为：

$$Q = \pi K \frac{H^2 - l'^2}{\ln R - \ln r} \qquad (1\text{-}31)$$

式中 K——土的渗透系数（m/d）；

H——含水层厚度（m）；

R——单井的降水影响半径（m）；

r——单井半径（m）。

设水井水位降落值为 S，$l' = H - S$，则

$$Q = \pi K \frac{(2H - S)S}{\ln R - \ln r} \tag{1-32}$$

对于完整井的环状井点系统，各井点管是布置在基坑周围，可把由各井点组成的群井系统看作大的圆形单井，涌水量计算式为：

$$Q = \pi K \frac{(2H - S)S}{\ln(R + x_0) - \ln x_0} \tag{1-33}$$

式中　R——抽水影响半径（m），常用下式计算：

$$R = 1.95S\sqrt{HK}$$

x_0——环状井点系统管围成的水井的半径（m），对于矩形基坑，其长度与宽度之比不大于5时，按下式计算：

$$x_0 = \sqrt{\frac{F}{\pi}}$$

式中　F——环状井点系统包围的面积（m^2）。

在实际工程中往往遇到无压非完整井的井点系统，这时地下水不仅从井的侧面流入，还从井底渗入，涌水量比完整井大。为了简化计算，对群井仍可采用式（1-3）。此时式中 H 换成有效含水深度 H_0。

H_0 可按表1-6确定有效深度值，当算得的 H_0 大于实际含水层的厚度时，取 $H_0 = H$。

表1-6　有效深度 H_0 值

$S/(S+l)$	0.2	0.3	0.5	0.8
H_0	$1.3(S+l)$	$1.5(S+l)$	$1.7(S+l)$	$1.84(S+l)$

注：l 为滤管长度（m）；$S/(S+l)$ 的中间值采用插入法求得。

有效含水深度 H_0 的意义：抽水时在 H_0 范围内受到抽水的影响，而假设在 H_0 以下的水不受影响。

单根井管的最大出水量 q（m^3/d），由下式确定：

$$q = 65\pi dl\sqrt[3]{K} \tag{1-34}$$

式中　d——滤管直径（m）。

井点管最少数量 n'（根）由下式确定：

$$n' = \frac{Q}{q} \tag{1-35}$$

式中　Q——涌水量（m^3/d）。

井点管最大间距 D' 为：

$$D' = \frac{L}{n'} \tag{1-36}$$

式中 L——总管长度（m）。

复 习 题

1. 试述土的组成。

2. 试述土的可松性及其对土方施工的影响。

3. 试述基坑及基槽土方量的计算方法。

4. 试述场地平整土方量计算的步骤和方法。

5. 为什么对场地设计标高要进行调整？

6. 试述土方工程的特点。进行土方规划时应考虑什么原则？

7. 土方开挖机械有哪些？适用于什么情况？

8. 什么是最佳含水量？最佳含水量对填方有何影响？

9. 确定场地设计标高应考虑哪些因素？如何确定？

10. 产生流砂的原因是什么？如何防治流砂？

11. 排水降水方法有哪些？如何选择排水方法？

12. 井点降水的作用是什么？井点降水的方法有哪些？

13. 轻型井点系统的组成、布置的依据是什么？需要计算哪些内容？

14. 某场地平整有 $3000m^3$ 的填方量需从附近取土填筑，其土质为密实的砂粘土，计算填土的挖方量。

15. 某土方工程挖方量为 $10000m^3$，已知该土的 $K_s=1.25$，$K_s'=1.05$，计算实际运走的土方量。

16. 某建筑基坑底面积为 40m×25m，深 5.5m，边坡系数为 1:0.5，设天然地面相对标高为 ±0.000，天然地面至 -1.000 为亚粘土，-1.000 至 -9.5 为砂砾层，下部为粘土层（可视为不透水层）；地下水为无压水，渗透系数 $K=25m/d$。现拟用轻型井点系统降低地下水位，试：

（1）绘制井点系统的平面布置图和高程布置图。

（2）计算涌水量、井点管数量和间距（井点管直径为 38mm）。

2

第二章

地基与基础工程

第一节　地基处理与加固

一、概述

随着施工技术的提高，建设场地的工程地质情况逐渐向过去认为不宜利用的场地拓展，城市高层建筑、重型建筑和有特殊要求的建筑物逐渐增多，对地基的要求越来越高。在工程建设过程中，当遇到浅层土质不良，采用天然地基不能满足结构物基础对地基的要求时，常需要对浅层土质进行处理，形成人工地基，以满足结构物基础对地基的要求，保证结构物的安全和正常使用。结构物的地基问题主要有下列四个方面。

（1）强度与稳定性问题　当地基抗剪强度较低，不足以支撑上部结构传来的荷载时，地基就会产生局部或整体剪切破坏。这将影响建筑物的正常使用，严重时可引起结构开裂或破坏。

（2）变形问题　当地基在上部结构的荷载作用下产生过大的沉降或不均匀沉降时，就会影响建筑物的正常使用；当超过建筑物所能容许的不均匀沉降时，结构就可能开裂。沉降量较大，不均匀沉降亦相应较大。湿陷性黄土遇水湿陷、膨胀土的遇水膨胀、失水收缩也属于这类问题。

（3）渗漏与溶蚀问题　渗漏（seepage）是由于地下水在土中运动时出现的问题（地基的渗漏量或水力梯度超过容许值时），会产生水量损失、潜蚀、管涌及流砂问题，可能导致建筑物发生事故。地基溶蚀也会使地面塌陷，造成事故。

（4）液化与振沉问题　在动力荷载（地震、机器及车辆振动、波浪和爆炸等）作用下，会引起饱和粉、细砂及粉土产生液化（liquefaction），它是使土体失去抗剪强度，近似液体特性的一种现象，并会造成地基失稳而使结构物显著陷落。强烈地震又会使软弱粘性土产生振沉，造成事故。

当天然地基出现上述四种情况之一或其中几个时，就需要采取地基处理与加固措施。以保证结构物的安全与正常使用。地基处理与加固的目的是改变原有地基的物理力学性能，提高地基承载力，以满足建筑物对地基变形和稳定性的要求。

据调查统计，世界各国各种土木、水利、道路及桥梁等类工程事故中，地基问题是主要原因。地基问题处理恰当与否，关系到整个工程的质量、投资和进度，其重要性已日益为人们所认识。地基处理与加固的设计和施工必须认真贯彻执行国家的各项经济政策，做到技术先进、经济合理、安全适用、确保质量。同时，应做到因地制宜、就地取材、保护环境和节约资源。

二、地基处理与加固

地基处理的目的是对地基进行必要的加固或改良，提高地基土承载力，保证地基稳定，减少房屋的沉降或不均匀沉降，消除湿陷性黄土的湿陷性，提高抗液化能力等。地基处理可适用于拟建建筑物，也可用于已建工程的地基加固。常用的人工地基处理方法有换土垫层法、重锤表层夯实、强夯、振冲、砂桩挤密、深层搅拌、预压法、化学加固等方法。地基处理的基本方法及适用范围见表2-1。

表2-1 地基处理方法

<table>
<tr><th>序号</th><th colspan="2">处理方法</th><th>适用地基类型</th><th>说明</th></tr>
<tr><td>1</td><td colspan="2">机械压实法</td><td>含水量在一定范围的粘性土、填土等</td><td>浅层处理</td></tr>
<tr><td>2</td><td colspan="2">换土垫层法</td><td>淤泥、淤泥质土、湿陷性黄土、素填土、杂填土</td><td>浅层处理</td></tr>
<tr><td rowspan="2">3</td><td rowspan="2">预压法</td><td>堆载预压法</td><td rowspan="2">淤泥质土、淤泥、冲填土等饱和粘性土</td><td rowspan="2">浅层处理</td></tr>
<tr><td>真空预压法</td></tr>
<tr><td>4</td><td colspan="2">强夯法</td><td>碎石土、砂地、低饱和度粉土和粘性土、湿陷性黄土、素填土和杂填土等</td><td>深层处理</td></tr>
<tr><td>5</td><td colspan="2">振冲法</td><td>不排水抗剪强度不小于20kPa的粘性土、粉土、饱和黄土和人工填土等</td><td>深层处理</td></tr>
<tr><td>6</td><td colspan="2">土或灰土挤密桩</td><td>地下水以上的湿陷性换土、素填土和杂填土等</td><td>深层处理</td></tr>
<tr><td>7</td><td colspan="2">砂石桩法</td><td>松散砂土、素填土和杂填土等</td><td>深层处理</td></tr>
<tr><td>8</td><td colspan="2">深层搅拌法</td><td>淤泥、淤泥质土、粉土和含水量高且地基承载力不大于120kPa的粘性土等</td><td>深层处理</td></tr>
<tr><td>9</td><td colspan="2">化学加固法</td><td>淤泥、淤泥质土、粘性土、粉土、黄土、砂土、人工填土和碎石土等</td><td>深层处理</td></tr>
</table>

1. 换土垫层法

当建筑物基础下的持力层比较软弱，不能满足上部荷载对地基的要求时，

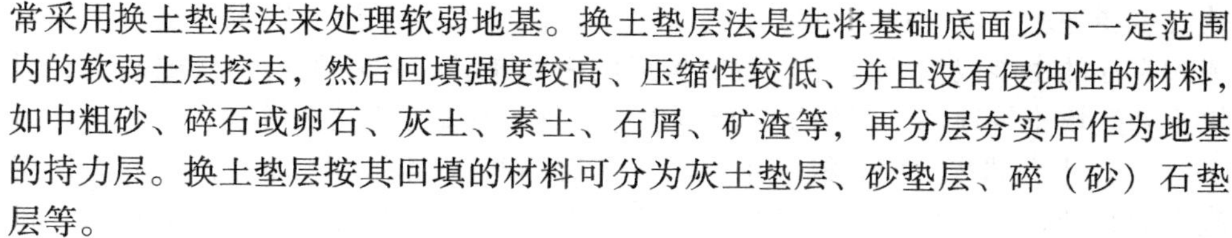

常采用换土垫层法来处理软弱地基。换土垫层法是先将基础底面以下一定范围内的软弱土层挖去，然后回填强度较高、压缩性较低、并且没有侵蚀性的材料，如中粗砂、碎石或卵石、灰土、素土、石屑、矿渣等，再分层夯实后作为地基的持力层。换土垫层按其回填的材料可分为灰土垫层、砂垫层、碎（砂）石垫层等。

（1）灰土垫层 灰土垫层是将基础底面下一定范围内的软弱土层挖去，用按一定体积比配合的石灰和粘性土拌合均匀后，在最佳含水量情况下，分层回填夯实或压实而成。其适用于地下水位较低，基槽经常处于较干燥状态下的一般粘性土地基的加固。

（2）砂垫层和砂石垫层 砂垫层和砂石垫层是将基础下面一定厚度软弱土层挖除，然后用强度较高的砂或碎石等回填，并经分层夯实至密实，作为地基的持力层，以起到提高地基承载力、减少沉降、加速软弱土层排水固结、防止冻胀和消除膨胀土的胀缩等作用。

2. 夯实地基法

锤击加固土层的厚度与单击夯击能有关，重锤夯实法由于锤轻、落点底，只能加固基土表面，而强夯法根据锤重和落点距，可以加固 5 ~ 10m 深的基土。其可分为：

（1）重锤夯实法 重锤夯实是用起重机械将夯锤提升到一定高度后，利用自由下落时的冲击能重复夯打击实基土表面，使其形成一层比较密实的硬壳层，从而使地基得到加固。其适用于处理高于地下水位 0.8m 以上稍湿的粘性土、砂土、湿陷性黄土、杂填土和分层填土地基的加固处理。

（2）强夯法 强夯法是用起重机械将重锤（一般 8 ~ 30t）吊起从高处（一般 6 ~ 30m）自由落下，对地基反复进行强力夯实的地基处理方法。其适用于处理碎石土、砂土、低饱和度的粘性土、粉土、湿陷性黄土及填土地基等的深层加固。

强夯所产生的振动和噪声很大，对周围建筑物和其他设施有影响，在城市中心不宜采用，必要时应采取挖防振沟（沟深要超过建筑物基础深）等防振、隔振措施。

3. 挤密桩施工法

（1）灰土挤密桩 灰土挤密桩是利用锤击将钢管打入土中，侧向挤密土体形成桩孔，将管拔出后，在桩孔中分层回填 2:8 或 3:7 灰土并夯实而成，与桩间土共同组成复合地基以承受上部荷载。其适用于处理地下水位以上、天然含水量 12% ~25%、厚度 5 ~ 15m 的素填土、杂填土、湿陷性黄土以及含水率较大的软弱地基等。

（2）砂石桩 砂桩和砂石桩统称砂石桩，它是指用振动、冲击或水冲等方

式在软弱地基中成孔后，再将砂或砂卵石（或砾石、碎石）挤压入土孔中，形成大直径的由砂或砂卵（碎）石所构成的密实桩体，适用于挤密松散砂土、素填土和杂填土等地基，起到挤密周围土层、增加地基承载力的作用。

（3）水泥粉煤灰碎石桩　水泥粉煤灰碎石桩（简称 CFG 桩），是近年发展起来的处理软弱地基的一种新方法。它是在碎石桩的基础上掺入适量石屑、粉煤灰和少量水泥，加水拌合后制成的具有一定强度的桩体。

4. 深层密实法

（1）振冲法　又称振动水冲法，它是以起重机吊起振冲器，起动潜水电动机带动偏心块，使振冲器产生高频振动，同时开动水泵，通过喷嘴喷射高压水流成孔，然后分批填以砂石骨料，借振冲器的水平及垂直振动，振密填料，形成的砂石桩体与原地基构成复合地基，以提高地基的承载力，减少地基的沉降和沉降差的一种快速、经济有效的加固方法。振冲桩适用于加固松散的砂土地基。

（2）深层搅拌法　深层搅拌法是利用水泥浆做固化剂，采用深层搅拌机在地基深部就地将软土和固化剂充分拌合，利用固化剂和软土发生一系列物理、化学反应，使之凝结成具有整体性、水稳性好和较高强度的水泥加固体，与天然地基形成复合地基。

深层搅拌法适于加固较深、较厚的淤泥、淤泥质土、粉土和承载力不大于 0.12 MPa 的饱和粘土和软粘土、沼泽地带的泥炭土等地基。

5. 预压法——砂井堆载预压法

砂井堆载预压是在含饱和水的软土或杂填土地基中用钢管打孔，灌砂设置一群排水砂桩（井）作为竖向排水通道，并在桩顶铺设砂垫层作为水平排水通道，先在砂垫层上分期加荷预压，使土中孔隙水不断通过砂井上升至砂垫层，排出地表，从而在建筑物施工之前，地基土大部分先期排水固结，减少了建筑物沉降，提高了地基的稳定性。它适用于处理深厚软土和冲填土地基，多用于处理机场跑道、水工结构、道路、路堤、码头、岸坡等工程地基，对于泥炭等有机质沉积地基则不适用。

选定适当的基础形式，不需改变地基的工程性质就可满足要求的地基称为天然地基；反之，已进行加固后的地基称为人工地基。地基处理工程的设计和施工质量直接关系到建筑物的安全，如处理不当，往往发生工程事故，且事后补救困难。因此，对地基处理要求实行严格的质量控制和验收制度，以确保工程质量。

基础工程措施：通常把埋置深度不大，只需经过挖槽、排水等普通施工工程序就可以建造起来的基础称为浅基础，它可扩大建筑物与地基的接触面积，使上部荷载扩散。浅基础主要有：独立基础（如大部分柱基）、条形基础（如墙基）、筏形基础（如水闸底板）。

三、地基液化处理

地基液化处理一直是土动力学的主要研究课题之一。液化一词最早见于1920年Hazen. A的《动力冲填坝》用来说明卡拉弗拉斯冲填坝的毁坏。1936年Casagrande首先给出了砂土液化的判别方法——临界孔隙比法。20世纪50年代，各国学者对砂土液化进行了广泛研究，它主要包括：砂土液化的机理，砂土液化的预估方法，砂土液化的地基处理等。

所谓液化是指由于孔隙水压增加及有效应力降低而引起粒状材料（砂土、粉土甚至包括砾石）由固态转变成液态的过程。

影响液化的因素有：颗粒级配，包括粘粒、粉粒含量，平均粒径；透水性能；相对密度；结构；饱和度；动荷载。

我国《工业与民用建筑抗震设计规范》（TJ 11—1978）根据1971年以前8次大地震的数据，参考美国、日本的有关研究成果给出了以临界标准贯入击数为指标的砂土液化判别公式。《建筑抗震设计规范》（GB 50011—2001）通过对海城、唐山地震的系统研究，结合国外大量资料，对原规范进行了修改，采用了两步评判原则，并对临界标准贯入击数公式进行了修改，使之更符合工程实际。《岩土工程勘察规范》（GB 50021—2001）中，对此又进行了补充，给出了液化比贯入阻力临界值和液化剪切波速临界值公式，用来进行液化判别。在公路工程中，基本上沿用上述两步评判原则，采用了临界标准贯入击数判别方法，并根据公路工程中的研究成果，给出了临界标准贯入击数的计算公式。

液化地基处理恰当与否，关系到整个工程的质量、投资和进度。其重要性已越来越多地被人们所认识。对于高速公路这样大面积处理可液化土而言，强夯法和干振碎石桩法是首选的处理手段。如当全液化地基路段较长，需处理面积大，公路沿线外缘较近范围内无村庄、无重要构造物时，强夯法是非常有效的。

强夯法处理地基是20世纪60年代末Menard技术公司首先创立的，该方法将80~400kN重锤从落距6~40m处自由落下，给地基以冲击和振动，从而提高地基土的强度并降低其压缩性。图2-1所示为一地基强夯处理工程。

强夯法常用来加固碎石、砂土、粘性土、杂填土、湿陷性黄土等各类地基土。由于其具有设备简单、施工速度快、适用范围广、节约“三材”、经济可行、效果显著等优点，经过40多年的应用与发展，强夯法处理地基受到各国工程界的重视，并得以迅速推广，取得了较大的经济效益和社会效益。

由于强夯处理的对象（地基土）非常复杂，一般认为不可能建立对各类地基土均适合的具有普遍意义的理论。实践证明，用强夯法加固地基，一定要根据现场的地质条件和工程作用要求，正确选用强夯参数，一般通过试验来确定以下强夯参数：

图 2-1 地基强夯处理

（1）有效加固深度 有效加固深度既是选择地基处理方法的重要依据，又反映了处理效果。

（2）单击夯击能 单击夯击能=锤重×落距。

（3）最佳夯击能 可根据最大孔隙水压力增量与夯击次数关系来确定最佳夯击能。从理论上讲，在最佳夯击能作用下，地基土中出现的孔隙水压力达到土的自重压力。在砂性土中，孔隙水压力增长及消散过程仅为几分钟，因此孔隙水压力不能随夯击能增加而叠加，夯点的夯击次数，可按现场试夯得到的夯击次数和夯沉量关系曲线确定，应同时满足下列条件：

1）夯坑周围地面不应发生过大隆起。

2）不因夯坑过深而发生起锤困难。

3）每击夯沉量不能过小，过小无加固作用。

夯击次数也可参照夯坑周围土体隆起的情况予以确定，就是当夯坑的竖向压缩量最大，而周围土体的隆起最小时的夯击数。对于饱和细粒土，击数可根据孔隙水压力的增长和消散来决定，当被加固的土层将发生液化时的击数即为该遍击数，以后各遍击数也可按此确定。

（4）夯击遍数 夯击遍数应根据地基土的性质确定，地基土渗透系数低，含水量高，需分 3～4 遍夯击，反之可分 2 遍夯击，最后再以低能量"搭夯"一遍，其目的是将松动的表层土夯实。

（5）间歇时间 所谓间歇时间，是指相邻夯击两遍之间的时间间隔。Menard 指出，一旦孔隙水压力消散，即可进行新的夯击作业。

（6）夯点布置和夯点间距 为了使夯后地基比较均匀，对于较大面积的强夯处理，夯击点一般可按等边三角形或正方形布置夯击点，这样布置比较规整，也便于强夯施工。由于基础的应力扩散作用，强夯处理范围应大于基础范围，其具体放大范围，可根据构筑物类型和重要性等因素考虑确定。

夯点间距可根据所要求加固的地基土性质和要求处理深度而定。当土质差、软土层厚时应适当增大夯点间距，当软土层较薄而又有砂类土夹层或土夹石填土等时，可适当减少夯距。夯距太小，相邻夯点的加固效应将在浅处叠加而形成硬层，影响夯击能向深部传递。

第二节 条形基础施工

条形基础是房屋建筑工程中采用较多的一种基础形式，以钢筋混凝土条形基础为例，如图 2-2 所示。

一、工艺流程

清理→做混凝土垫层→清理→钢筋绑扎→支模板→相关专业施工→清理→混凝土搅拌→混凝土浇筑→混凝土振捣→混凝土找平→混凝土养护。

二、操作工艺

1. 清理及垫层浇筑

地基验槽完成后，清除表层浮土及扰动土，不得积水，立即进行垫层混凝土施工，混凝土垫层必须振捣密实，表面平整，严禁晾晒基土。

2. 钢筋绑扎

垫层浇筑完成达到一定强度后，在其上弹线、支模、铺放钢筋网片。上、下部垂直钢筋绑扎牢，将钢筋弯钩朝上，按轴线位置校核后用方木架成井字形，将插筋固定在基础外模板上；底部钢筋网片应用与混凝土保护层同厚度的水泥砂浆或塑料垫块垫塞，以保证位置正确，表面弹线进行钢筋绑扎，钢筋绑扎不允许漏扣，柱插筋除满足冲切要求外，应满足锚固长度的要求。当基础高度在 900mm 以内时，插筋伸至基础底部的钢筋网上，并在端部做成直弯钩；当基础高度较大时，位于柱子四角的插筋应伸到基础底部，其余的钢筋只需伸至锚固长度即可。插筋伸出基础部分长度应按柱的受力情况及钢筋规格确定。与底板筋连接的柱四角插筋必须与底板筋成 45°绑扎，连接点处必须全部绑扎，距底板 5cm 处绑扎第一个箍筋，距基础顶 5cm 处绑扎最后一道箍筋，作为标高控制筋及定位筋，柱插筋最上部再绑扎一道定位筋，上、下箍筋及定位箍筋绑扎完成后将柱插筋调整到位并用井字木架临时固定，然后绑扎剩余箍筋，保证柱插筋不变形走样。

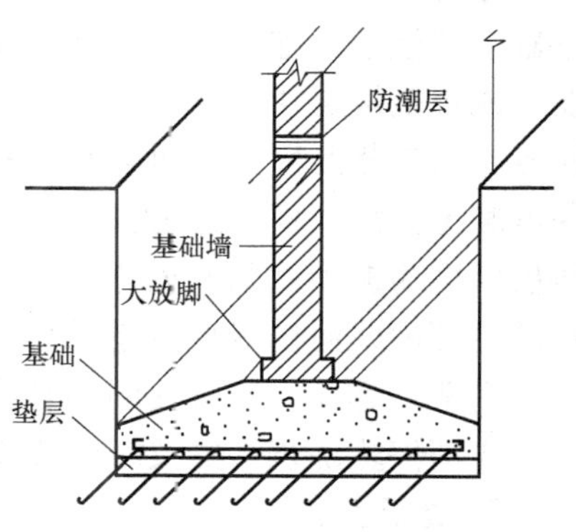

图 2-2 钢筋混凝土条形基础

3. 模板安装

钢筋绑扎及相关专业施工完成后立即进行模板安装，模板采用小钢模或木模，利用架子管或木方加固。锥形基础坡度 >30°时，采用斜模板支护，利用螺

栓与底板钢筋拉紧，防止上浮，模板上部设透气及振捣孔，坡度≤30°时，利用钢丝网（间距30cm），防止混凝土下坠，上口设井字木控制钢筋位置。不得用重物冲击模板，应保证模板的牢固和严密。

4. 清理

清除模板内的木屑、泥土等杂物，木模浇水湿润，堵严板缝及孔洞，清除积水。

5. 混凝土搅拌

根据配合比及砂石含水率计算出每盘混凝土材料的用量。认真按配合比用量投料，严格控制用水量，搅拌均匀，搅拌时间不少于90s。

6. 混凝土浇筑

浇筑现浇柱下条型基础时，注意柱子插筋位置的正确，防止造成位移和倾斜。在浇筑开始时，先满铺一层5～10cm厚的混凝土并捣实，使柱子插筋下段和钢筋网片的位置基本固定，然后对称浇筑。对于锥形基础，应注意保持锥体斜面坡度的正确，斜面部分的模板应随混凝土浇捣分段支设并顶压紧，以防模板上浮变形；边角处的混凝土必须捣实。严禁斜面部分不支模，用铁锹拍实。基础上部柱子后施工时，可在上部水平面留设施工缝。施工缝的处理应按设计要求或规范规定执行。条形基础根据高度分段分层连续浇筑，不留施工缝，各段各层间应相互衔接，每段长2～3m，做到逐段逐层呈阶梯形推进。浇筑时先使混凝土充满模板内边角，然后浇注中间部分，以保证混凝土密实。分层下料，每层厚度为振动棒的有效振动长度。防止由于下料过厚，振捣不实或漏振、吊帮的根部砂浆涌出等原因造成蜂窝、麻面或孔洞。浇筑混凝土时，经常观察模板、支架、螺栓、预留孔洞和管有无走动情况，一经发现有变形、走动或位移时，立即停止浇筑，并及时修整和加固模板，然后再继续浇筑。

7. 混凝土振捣

采用插入式振捣器，插入的间距不大于振捣器作用部分长度的1.25倍。上层振捣棒插入下层3～5cm。尽量避免碰撞预埋件、预埋螺栓，防止预埋件移位。

8. 混凝土找平

混凝土浇筑后，表面比较大的混凝土，使用平板振捣器振一遍，然后用木杠刮平，再用木抹子搓平。收面前必须校核混凝土表面标高，不符合要求处立即整改。

9. 混凝土养护

已浇筑完的混凝土，常温下，应在12h左右覆盖和浇水。一般常温养护不得少于7天，特种混凝土养护不得少于14天。养护设专人检查落实，防止由于养护不及时而造成混凝土表面裂缝。

10. 模板拆除

侧面模板在混凝土强度能保证其棱角不因拆模板而受损坏时方可拆模，拆模前设专人检查混凝土强度，拆除时采用撬棍从一侧顺序拆除，不得采用大锤砸或撬棍乱撬，以免造成混凝土棱角破坏。

三、地下连续墙的工艺原理

地下连续墙是在地面上采用一种挖槽机械，沿着需要深开挖工程的周边轴线，在泥浆护壁条件下，开挖一条狭长的深槽，清槽后在槽内吊放钢筋笼，然后用导管法浇筑水下混凝土，筑成一个单元槽段，如此逐段进行，在地下筑成一道连续的钢筋混凝土墙壁，它可作成水工建筑物的混凝土防渗墙；也可作一般土木建筑的挡土墙、地下工程的侧墙等。墙厚一般为40～130cm。世界上最深的混凝土防渗墙达131m（加拿大马尼克三级坝）。图2-3所示为一地下连续墙施工过程。

图2-3　地下连续墙施工过程图

1. 地下连续墙的施工工艺

工艺过程如图2-4所示。

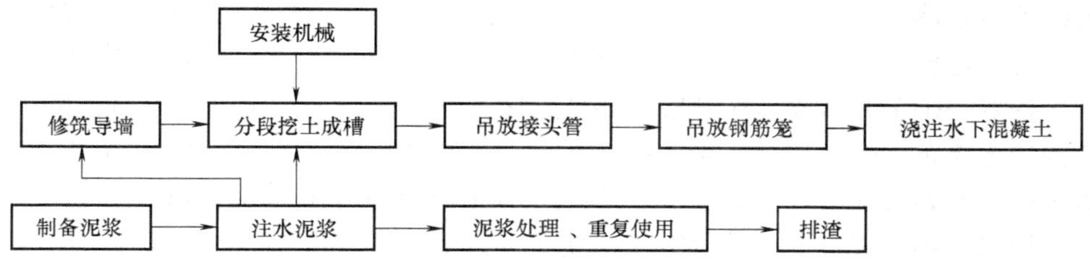

图2-4　地下连续墙的施工工艺

2. 修筑导墙

导墙作用：挡土作用；作为测量的基准；作为重物的支撑；维持稳定液面的作用。

现浇钢筋混凝土导墙施工顺序为：平整场地→测量定位→挖槽及处理弃土→绑扎钢筋→支模板→浇筑混凝土→拆模并设置横撑→导墙外侧回填土（如无

外侧模板，可不进行此项工作）。

3. 槽段划分

挖槽机最小挖掘长度为一挖掘段单元，一般采用两个挖掘段单元或三个挖掘段单元组成一个槽段，长度为4～8m。

4. 槽段开挖

使用钻机挖槽，有“分层平挖法”和“分层直挖法”两种方法；

使用抓斗挖槽，有“分条抓”、“分块抓”或“两钻一抓”等方法。

5. 泥浆护壁

泥浆作用：护壁；携渣；冷却和润滑作用。

泥浆制备：泥浆搅拌时间常用的为4～7min。搅拌后宜贮存3h以上再使用。

泥浆循环：分正循环与反循环。

6. 清槽

一般采用吸力泵法、压缩空气法和潜水泥浆泵法排渣。

7. 钢筋笼的加工和吊放

最好按单元槽段做成一个整体。钢筋笼之间在槽段上口采用帮条焊焊接。钢筋保护层应符合规范规定。钢筋笼端部与接头管或混凝土接头面间应留有15～20cm空隙。

钢筋笼的起吊、运输和吊放应制定周密的施工方案，不允许在此过程中产生不能恢复的变形。

8. 混凝土的浇筑

垂直导管法浇筑水下混凝土。导管间距一般在3m以下，最大不得超过4m。

9. 槽段接头施工

地下连续墙的接头分两类，即施工接头和结构接头。施工接头是浇筑地下连续墙时在墙的纵向连接两相邻单元墙段的接头；结构接头是地下连续墙在水平向与其他构件相连接的接头。常用的施工接头为接头管（也称锁口管）接头。

挖好一个单元槽段后在槽段端部吊入接头管，然后吊放钢筋笼浇筑混凝土，待混凝土浇筑后强度达到0.05～0.20MPa，开始拔出接头管。一般在混凝土浇筑后2～4h开始拔管，在混凝土浇筑结束后8h以内将接头管全部拔出。

按以上程序进行下一槽段施工，直至施工完全部地下连续墙。

第三节　桩基础施工

桩基础是一种古老的地基处理方式。中国隋朝的郑州超化寺塔和五代的杭州湾海堤工程都采用了桩基。按施工方法不同，桩可分为预制桩和灌注桩。预制桩是将事先在工厂或施工现场制成的桩，用不同沉桩方法沉入地基；灌注桩是直接在设计桩位开孔，然后在孔内浇灌混凝土而成。

一、钢筋混凝土预制桩基础施工工艺和技术要求

钢筋混凝土预制桩基础施工多采用锤击沉桩法，锤击沉桩法也称打入桩，是利用桩锤下落产生的冲击能克服土对桩的阻力，使桩沉到预定深度或达到持力层。

1. 施工工艺

确定桩位和沉桩顺序→打桩机就位→吊桩→校正→锤击沉桩→接桩→再锤击沉桩→送桩+收锤→切割桩头。

2. 技术要求

打桩时，应用导板夹具或桩箍将桩嵌固在桩架内。将桩锤和桩帽压在桩顶，经水平和垂直度校正后，开始沉桩。开始沉桩时应短距轻击，当入土一定深度并待桩稳定后，再按要求的落距沉桩。正式打桩时宜用“重锤低击”，“低提重打”，可取得良好效果。桩身入土深度的控制，对于承受轴向荷载的摩擦桩（由于它承受的是桩体的摩擦力），以标高为主，贯入度作为参考；端承桩（它承受的是桩端力）则以贯入度为主，以标高作为参考。施工时，应注意做好记录。打桩时应注意观察：打桩入土的速度；打桩架的垂直度；桩锤回弹情况；贯入度变化情况等。此外，预制桩的接桩工艺主要有硫磺胶泥浆锚法接桩、焊接法接桩和法兰螺栓接桩三种。前一种适用于软弱土层，后两种适用于各类土层。

二、静力压桩法施工工艺和技术要求

静力压桩利用压桩架的自重和配重，通过卷扬机牵引，由钢丝绳、滑轮和压梁，将整个桩机的重力（800～1500kN）反压在桩顶上，以克服桩身下沉时与土的摩擦力，迫使预制桩下沉。静力压桩机示意图如图2-5所示。

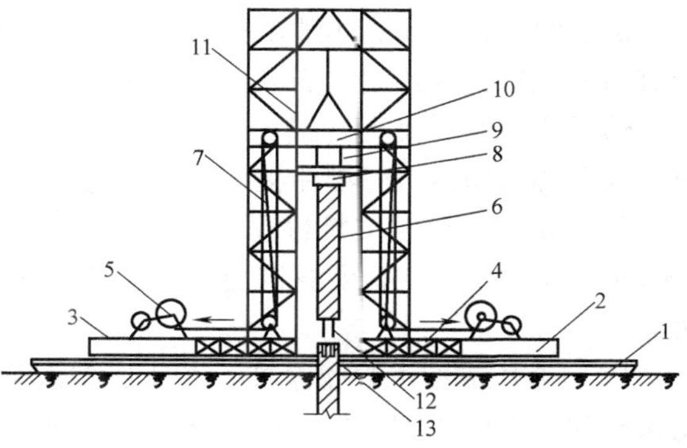

图2-5　静力压桩机

1—垫板　2—底盘　3—操作平台　4—配重　5—卷扬机　6—桩段　7—加压钢丝绳　8—桩帽　9—压力计　10—活动压梁　11—桩架　12—上段接桩钢筋　13—下段桩

静力压桩的施工一般采取分段压入，逐段接长的方法。施工程序为：测量定位→压桩机就位→吊桩插桩→桩身对中调直→静压沉桩+接桩+再静压沉桩→终止压桩→切割桩头。

压桩时，用起重机将预制桩吊运或用汽车运至桩机附近，再

利用桩机自身设置的起重机将其吊入夹持器中，夹持油缸将桩从侧面夹紧，即可开动压桩油缸。先将桩压入土中1m左右后停止，矫正桩在互相垂直的两个方向的垂直度后，压桩油缸继续伸程动作，把桩压入土层中。伸长完后，夹持油缸回程松夹，压桩油缸回程。重复上述动作，可实现连续压桩操作，直至把桩压入预定深度土层中。压同一根（节）桩时应连续进行，在压桩过程中要认真记录桩入土深度和压力表读数的关系，以判断桩的质量及承载力，当压力表数值达到预先规定值，便可停止压桩。

三、混凝土灌注桩的种类和施工工艺

混凝土灌注桩是一种直接在现场桩位上就地成孔，然后在孔内浇筑混凝土或安放钢筋笼再浇筑混凝土而成的桩。按其成孔方法不同，可分为钻孔灌注桩、沉管灌注桩、人工挖孔灌注桩等。

1. 钻孔灌注桩

钻孔灌注桩（见图2-6）是指利用钻孔机械钻出桩孔，并在孔中浇筑混凝土（或先在孔中吊放钢筋笼）而成的桩。根据钻孔机械的钻头是否在土的含水层中施工，又分为泥浆护壁成孔和干作业成孔两种施工方法。

（1）泥浆护壁成孔灌注桩施工工艺流程　测定桩位→埋设护筒→制备泥浆→成孔→清孔→下钢筋笼→水下浇筑混凝土。

（2）干作业成孔灌注桩施工工艺流程　测定桩位→钻孔→清孔→下钢筋笼→浇筑混凝土。

图2-6　钻孔灌注桩施工图

2. 沉管灌注桩

沉管灌注桩是指利用锤击打桩法或振动打桩法，将带有活瓣式桩尖或预制钢筋混凝土桩靴的钢套管沉入土中，然后边浇筑混凝土（或先在管内放入钢筋笼）边锤击或振动边拔管而成的桩。前者称为锤击沉管灌注桩，后者称为振动沉管灌注桩。

（1）沉管灌注桩成桩过程　桩机就位→锤击（振动）沉管→上料→边锤击（振动）边拔管，并继续浇筑混凝土→下钢筋笼，继续浇筑混凝土及拔管→成桩。

（2）夯压成型沉管灌注桩　夯压成型沉管灌注桩简称夯压桩，是在普通锤击沉管灌注桩的基础上加以改进发展起来的一种新型桩。它是利用打桩锤将内、外钢管沉入土层中，由内夯管夯扩端部混凝土，使桩端形成扩大头，再灌注桩身混凝土，用内夯管和桩锤顶压在管内混凝土面形成桩身混凝土。

四、人工挖孔灌注桩

人工挖孔灌注桩（见图 2-7）是指桩孔采用人工挖掘方法进行成孔，然后安放钢筋笼，浇筑混凝土而成的桩。

为确保人工挖孔桩施工过程中的安全，施工时必须考虑预防孔壁坍塌和流砂现象发生，制定合理的护壁措施。护壁方法可以采用现浇混凝土护壁、喷射混凝土护壁、砖砌体护壁、沉井护壁、钢套管护壁、型钢或木板桩工具式护壁等多种。下面以应用较广的现浇混凝土分段护壁为例说明人工挖孔桩的施工工艺流程。

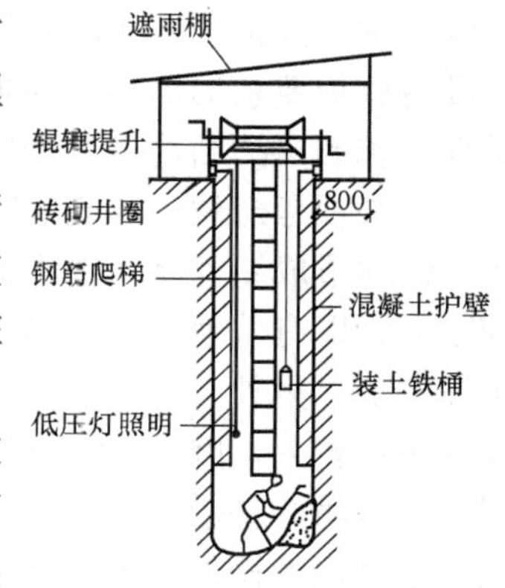

图 2-7　人工挖孔灌注桩示意图

人工挖孔灌注桩的施工程序是：场地整平→放线、定桩位→挖第一节桩孔土方→支模浇筑第一节混凝土护壁→在护壁二次投测标高及桩位十字轴线→安装活动井盖、垂直运输架、起重卷扬机或电动葫芦、扩底吊土桶、排水、通风、照明设施等→第二节桩身挖土→清理桩孔四壁，校核桩孔垂直度和直径→拆上节模板，支第二节模板，浇筑第二节混凝土护壁→重复第二节挖土、支模、浇筑混凝土护壁工序，循环作业直至设计深度→进行扩底（当需扩底时），清理虚土、排除积水，检查尺寸和持力层→吊放钢筋笼就位→浇筑桩身混凝土。

第四节　其他形式深基础施工

本节主要介绍高层建筑深基础施工支护结构问题研究的历史与现状、结构设计的选型、优化和特点。

在软土地基中进行基础或地下工程施工是一个传统的施工问题。随着城市建筑用地日趋紧张，基础深度的不断增加，地下工程体量的不断变大，这个传统的施工问题又成为一个综合性很强的施工难题。它既有土的强度、变形和稳定问题，土与支护结构的共同作用问题，又有支护结构与基础施工工艺的配合问题，支护结构与为施工目的而构筑的栈桥、车道、起重机平台、轨道梁等的综合设计问题，同时还必须考虑施工过程中对周围环境的保护。图 2-8 所示为一软土地基处理工程。

最简单的基坑开挖方式是采取放坡形式，这时的施工不用对基坑壁采取支护措施，但在软土地基中这仅适用于较浅的基础施工，如果基坑深度增加，放坡就会延伸到周围很大的范围，而且由于地下水的影响，边坡还会因渗水而塌方，对周围的环境会产生较大的影响。所以在城市工程施工中，深基础施工的地下空间往往是由支护结构的构筑而逐渐形成的，有时也称支护结构为基坑的围护结构。同时，随着城市环境保护要求的提高，为施工深基础而构筑的支护结构在逐步形成的过程中还必须考虑软土的流变特征，需要尽快地形成结构体系中支撑的强度和刚度，以有效地控制受施工扰动的土体变形。另外，由于现代化建筑物的深基础和市政地铁管线都比较深，平面尺寸也比较大，因此为施工目的必须在基坑内设置一些运土车辆下坑的栈桥、固定式塔吊的基础或行走式塔吊轨道梁，在坑边设置一些周边的车行道和起重机、挖掘机的操作平台。从而使施工技术方案设计中的深基础施工方案成为一个综合了施工工艺、结构工程、岩土工程等多学科内容的技术问题。将为施工目的而构筑的基坑内的各类结构在设计中统一考虑，优化设计，形成最经济合理安全的施工方案是施工技术方案设计的原则，可以将这些为施工目的而构筑的结构统称为深基础的施工结构。

图 2-8　软土地基处理

Terzaghi 和 Peck 等人在 20 世纪 40 年代提出的基坑施工中的边坡土方稳定和荷载大小的预先估计的总应力法一直沿用至今，其间得到了许多改进和修正。20 世纪 60 年代开始有学者在软土地基深基础施工中使用仪器进行施工过程监测，这种现场监测数据经过反馈分析，提高了预测方法的准确性，之后各国逐渐制定可指导相应土方开挖施工的规程。

20 世纪 80 年代，我国现代化建筑和地铁、隧道施工进入高潮，鉴于我国沿海地区软土地基的特殊性，国内学者就适合中国国情的深基础施工基坑开挖提出了诸多理论分析和计算方法。随着施工技术的进一步发展，在深基础的施工设计问题上，对结构在软土地基中所受的土压力问题，深基础施工结构的变形问题，深基坑的整体稳定、施工方案选择以及施工过程对环境的影响，结构分析中土的本构关系等方面，国内外取得了一些有实用价值的成果。

一、关于深基础施工结构上作用的土压力研究

在深基础施工结构体系的围护壁上的土压力，工程上一般采用传统的库仑土压力理论和朗肯土压力理论。对于公式中的土的强度指标，由于试验方法不同，所得的结果会有较大的差异，而实际上作用于围护壁上的土压力介于静止土压力和极限状态下的主、被动土压力之间。对于悬臂的围护壁结构，其土压

力通常可以按主动土压力计算，但对于有支撑或锚杆的围护壁，由于其变形受到支撑或锚杆结构的约束，其土压力实际上未进入主动或被动状态，通常处于静止与主动或被动状态之间。传统理论无法考虑结构变形对土压力的影响以及土压力分布的空间效应，无法考虑土体固结、蠕变及开挖施工对土扰动的影响，也无法考虑施工过程延续中土体会产生的时间效应。

20 世纪 70 年代，Lambe 等人在分析与总结经验公式的基础上，认为深基础施工中土方开挖对周围土体变形影响的因素有八个：基坑的规模、土的性质、降水条件、时间、支撑系统、开挖和支撑的顺序、邻近基坑的结构和设施、外加活动荷载。这种观点已经很接近施工技术发展研究的现状，其影响因素的后半部正是深基础施工结构要系统分析的问题。对于深基坑实际土压力的分析，因涉及到结构物的存在及与土体介质的相互影响，土体所处的状态无法简单地用主动、静止、被动三种情况来判别。大量的研究工作表明，土体的实际状态与挡墙的位移大小之间有密切关系。目前分析作用在施工结构上的土压力，一般采用有限元法，但计算工作较传统的极限状态的结果要复杂。目前已有利用有限元方法对基坑支护结构进行平面和空间分析的方法。

二、关于深基础施工结构的变形

深基础施工结构在周围土压力的作用下产生变形。桩体围护壁暴露时间的长短对于侧移的影响是一个重要的因素，挖土施工程序对控制变形也很重要；此外，地下连续墙作围护壁，施工中对控制变形是有效的。控制结构的变形就涉及结构系统的布置和设计优化，Brand 等于 20 世纪 90 年代初总结了影响挖方附近地面的支撑系统位移的主要因素，包括：①支撑系统的类型；②支撑系统的刚度；③挡墙的埋置深度；④预加荷载的大小；⑤支撑系统的刚度；⑥施工期限的长短；⑦挖方内部结构的施工方法；⑧超载的大小；⑨气候；⑩地基土的特性；⑪周围建筑物；⑫挖方的形状和深度。

上述因素在工程实践中是施工结构变形的主要影响因素，例如气候因素，在气温变化时可使支撑轴力增加 20% ~30%，从而对结构变形产生不可忽略的影响。

复 习 题

1. 地基处理的目的是什么？有哪些基本方法？
2. 地基土加固有哪些基本方法？
3. 简述液化地基的研究概况。
4. 简述条形基础施工的操作工艺。
5. 简述地下连续墙的工艺原理和施工工艺。

6. 简述钢筋混凝土预制桩基础施工工艺和技术要求。
7. 简述静力压桩法施工工艺和技术要求。
8. 简述混凝土灌注桩的种类和施工工艺。
9. 简述人工挖孔灌注桩的施工工艺。
10. 试论高层建筑深基础施工支护结构问题研究的历史与现状。

第三章 3

砌 体 工 程

以砖、石和各类块体为材料的砌体结构施工在我国有悠久历史，它具有取材方便、施工工艺简单、造价低廉的特点，且保温、隔热、耐火，同时具备承重和围护双重功能。现今阶段，砌体工程仍然是建筑行业中最重要、最常见的施工内容之一，砖、石材、中小型砌块等砌体工程广泛应用于砖混结构和其他结构中，如以墙体承重为主的住宅楼墙体，以及钢筋混凝土框架结构的填充墙等。

砌体工程所需的主要材料是块体和砂浆。砌体施工中常用的砌筑块体包括砖、石材、中小型砌块等；砂浆根据不同的组分进行分类。

第一节 砌体材料

一、砌块材料

砌块材料主要有砖、石材、砌块等。

1. 砖

常用的砖有烧结普通砖、烧结多孔砖、烧结空心砖、蒸压灰砂空心砖、蒸压粉煤灰砖等。

（1）烧结普通砖　烧结普通砖为实心砖，是以粘土、页岩、煤矸石或粉煤灰为主要原料，经压制焙烧而成。按原料不同，可分为烧结粘土砖、烧结页岩砖、烧结煤矸石砖和烧结粉煤灰砖。

烧结普通砖外形尺寸为长 240mm × 宽 115mm × 高 53mm。根据规范，抗压强度分为 MU30、MU25、MU20、MU15、MU10 五个等级。烧结普通实心粘土砖占用和毁坏农田，目前已经被国家禁用。

（2）烧结多孔砖　烧结多孔砖使用的原材料和生产工艺与烧结普通砖基本相同，其孔洞率不小于 25%，多用于承重部位的砖。

多孔砖分为 P 型砖与 M 型砖，其常用规格有：KP1—240mm × 115mm ×

90mm，PK2—240mm × 180mm × 115mm，KM1—190mm × 190mm × 90mm，以及相应的配砖。K 表示“空心”，P 表示“普通”，M 表示“模数”。

根据规范，抗压强度分为 MU30、MU25、MU20、MU15、MU10 五个等级。

（3）烧结空心砖　烧结空心砖的烧制、外形、尺寸要求与烧结多孔砖一致，其孔洞率不小于 35%，多用于砌筑围护结构或结构非承重部位的砖。

根据规范，抗压强度分为 MU5、MU3、MU2 三个等级。

（4）蒸压灰砂空心砖　蒸压灰砂砖是以石英砂和石灰为主要原料，配料制备，压制成型，经蒸压养护而制成的孔洞率大于 15% 的空心砖。

其外形规格与烧结普通砖一致，根据规范，抗压强度分为 MU25、MU20、MU15、MU10、MU7. 5 五个等级。

（5）蒸压粉煤灰砖　蒸压粉煤灰砖是以粉煤灰为主要原料，掺配适量的石灰、石膏或其他碱性激发剂，再加入一定数量的炉渣作为骨料，经配料制备，压制成型，高压蒸汽养护而成的实心砖，简称粉煤灰砖。

其外形规格与烧结普通砖一致，根据规范，抗压强度、抗折强度分为 MU20、MU15、NU10、MU7. 5 四个等级。

2. 石材

砌筑用的石材可分为毛石和料石两类。选用石材应质地坚硬，无风化剥落和裂纹。用于清水墙、柱子表面的石材，尚应色泽均匀。

毛石分为乱毛石和平毛石。乱毛石是指形状不规则的石块；平毛石是指形状不规则，但有两个平面大致平行的石块。毛石应呈块状，其中部厚度不宜小于 150mm。

料石按其加工面的平整度分为细料石、粗料石、毛料石三种，料石的宽度和厚度不宜小于 200mm，长度不宜大于厚度的 4 倍。

根据规范，抗压强度分为 MU100、MU80、MU60、MU50、MU40、MU30、MU20、MU15、MU10 九个等级。

3. 砌块

砌块的种类较多，按形状分为实心砌块和空心砌块。按尺寸大小可分为小型、中型、大型三种，我国通常把砌块高度为 180 ~ 350mm 的称为小型砌块，高度为 360 ~ 900mm 的称为中型砌块，高度大于 900mm 的称为大型砌块。

常用的有普通混凝土小型空心砌块、轻集料混凝土小型空心砌块、蒸压加气混凝土砌块、粉煤灰砌块。普通混凝土小型空心砌块以水泥、砂、碎石或卵石加水预制而成。其规格尺寸为 390mm × 190mm × 190mm，一般有两个方孔，空心率不小于 25%。

根据规范，抗压强度分为 MU20、MU15、MU10、MU7. 5、MU5、MU3. 5 六个等级。

（1）轻集料混凝土小型空心砌块　轻集料混凝土小型空心砌块以水泥、砂、轻集料加水预制而成，其主要规格尺寸为 390mm × 190mm × 190mm。按其孔的排数分为单排孔、双排孔、三排孔等三类。

根据规范，抗压强度分为 MU10、MU7.5、MU5、MU3.5、MU2.5、MU1.5 六个等级。

（2）蒸压加气混凝土砌块　蒸压加气混凝土砌块以水泥、矿渣、砂、石灰等为主要原料，加入发气剂，经搅拌成型、蒸压养护而成的实心砌块。其主要规格尺寸为 600mm×250mm×250mm。

根据规范，抗压强度分为 A10、A7.5、A5、A3.5、A2.5、A2、A1 七个等级。

（3）粉煤灰砌块　粉煤灰砌块以粉煤灰、石灰、石膏和轻集料，加水搅拌，振动成型，蒸汽养护而成的密实砌块。其主要规格尺寸为 880mm×380mm×240mm，880mm×430mm×240mm。砌块面应加灌浆槽，坐浆面宜设抗剪槽，可在工地进行锯切。

根据规范，抗压强度分为 MU10、MU13 两个等级。

二、砌筑砂浆

将砖、石材、砌块等块体材料粘结成砌体的砂浆即砌筑砂浆，它由胶结料、细集料和水拌制而成，为改善其性能，常在其中加掺入料和外加剂。

砌筑砂浆按材料组成不同分为水泥砂浆（水泥、砂、水）、混合砂浆（水泥、砂、石灰膏、水）、石灰砂浆（石灰膏、砂、水）、石灰粘土砂浆（石灰膏、粘土、砂、水）、粘土砂浆（粘土、水）。

石灰砂浆、石灰粘土砂浆、粘土砂浆强度较低，只用于临时设施的砌筑。建筑工程常用的砌筑砂浆为水泥砂浆、混合砂浆。根据规范，其强度等级为 M15、M10、M7、M5、M2.5。其中 M 表示砂浆（mortar），其后数据表示砂浆的强度（单位为 MPa）。混凝土小型空心砌块砌筑的砂浆强度等级用 Mb 标记（b 表示 block），以区别其他砌筑砂浆，根据规范，其强度等级有 Mb30、Mb25、Mb20、Mb15、Mb10、Mb7.5、Mb5，其数据同样表示砂浆的强度大小（单位为 MPa）。

水泥砂浆可用于潮湿环境中的砌体，混合砂浆宜用于干燥环境中的砌体。为便于操作，砌筑砂浆应有较好的和易性，即良好的流动性（稠度）和保水性。和易性好的砂浆能保证砌体灰缝饱满、均匀、密实，并能提高砌体强度。砌筑砂浆的稠度见表 3-1。

表 3-1　砌筑砂浆的稠度　（单位：mm）

砌体种类	砂浆稠度	砌体种类	砂浆稠度
烧结普通砖砌体	70～90	普通混凝土小型空心砌块砌体	50～70
轻集料混凝土小型空心砌块砌体	60～90	加气混凝土小型空心砌块砌体	50～70
烧结多孔砖、空心砖砌体	60～80	石砌体	30～50

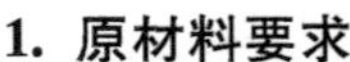

1. 原材料要求

水泥的强度等级应根据设计要求进行选择。水泥砂浆采用的水泥，其强度等级不宜大于32.5级；混合砂浆采用的水泥，其强度不宜大于42.5级。

水泥进场使用前，应对其强度、安定性进行复验。检验批次以同一生产厂家、同一编号为一批次。当在使用中对水泥质量有怀疑或水泥出厂超过3个月（快硬硅酸盐水泥超过1个月）时，应复查试验，并按其结果使用。不同品种的水泥，不得混合使用。

砂宜用中砂，并应过筛，其中毛石砌体宜用粗砂。砂的含泥量：对于水泥砂浆和强度等级不小于M5的混合砂浆，不应超过5%；强度等级小于M5的混合砂浆，不应超过10%。

生石灰熟化成石灰膏时，应用孔径不大于3mm×3mm的网过滤，生石灰熟化时间不得少于7天；磨细生石灰粉的熟化时间不得少于2天。沉淀池中储存的石灰膏，应采取防止干燥、冻结和污染的措施，严禁使用脱水硬化的石膏粉。

凡在砂浆中掺入有机塑化剂、早强剂、缓凝剂、防冻剂等，应经检验和试配符合要求，方可使用。有机塑化剂应有砌体强度的形式检验报告。

除上述掺和料外，目前还采用有机微沫剂（如松香热聚物）来改善砂浆的和易性。微沫剂的掺量应通过试验确定，一般为水泥用量的（0.5～1.0）/10000（微沫剂按100%纯度计）。水泥石灰砂浆中掺入微沫剂时，石灰用量最多减少一半。水泥粘土砂浆中不得掺入微沫剂。

2. 制备与使用

砌筑砂浆应通过试配确定配合比。各组分材料应采用重量计量。施工中如用水泥砂浆代替同强度等级的水泥混合砂浆砌筑砌体时，因水泥砂浆的和易性差，砌体强度会有所下降（一般考虑下降15%），因此，应提高水泥砂浆的配制强度（一般提高一级）。水泥砂浆中掺入微沫剂（简称微沫砂浆）时，砌体抗压强度较水泥混合砂浆砌体降低约10%，故用微沫砂浆代替水泥混合砂浆使用时，微沫砂浆的配置强度也应提高一级。

砌筑砂浆应采用砂浆搅拌机进行拌制。拌合时间自投料完算起，应符合下列规定：水泥砂浆和混合砂浆不得少于2min；掺用外加剂的砂浆不得少于3min；掺入微沫剂时，宜用不低于70℃的水稀释至5%～10%，稀释后的微沫剂溶液存放时间不宜超过7天，溶液投入搅拌机的拌合时间自投料完算起应为3～5min。

砂浆应具有良好的保水性，水泥砂浆分度层不应大于30mm，水泥混合砂浆分层度不应大于20mm。如砂浆出现泌水现象，应在砌筑前再次拌合。砂浆的稠度（沉入度）应符合规范的规定。砂浆应随伴随用，水泥砂浆和水泥混合砂浆必须分别在拌合后3h和4h内使用完毕；如施工期间最高气温超过30℃，必须分别在拌合后2h和3h内使用完毕。

根据规范，砂浆立方体抗压强度应以标准养护龄期为28天的试块抗压试验结果为准。养护时，每一检验批且不超过250m^{3}砌体的各种类型及强度等级的砌筑砂浆，每台搅拌机至少抽检一次，每次至少应制作一组试块（每组6块）。

3. 干拌砂浆使用

干拌砂浆又称干混砂浆、干粉砂浆、干砂浆，是将水泥、砂、矿物掺合料和功能性添加剂按一定比例，在专业生产厂于干燥状态下均匀拌制，混合成的一种颗粒状或粉状混合物，然后以干粉包装或散装的形式运至工地，按规定比例加水拌合后即可直接使用的干粉砂浆材料。干拌砂浆分为普通干拌砂浆和特种干拌砂浆。普通干拌砂浆又分为：干拌砌筑砂浆、干拌抹灰砂浆和干拌地面砂浆；特种干拌砂浆又分为：干拌防水砂浆、干拌界面处理砂浆、干拌直流平地面砂浆、干拌外墙保温砂浆、干拌修补砂浆等。干拌砂浆按包装形式又分为：散装和袋装两种。干拌砂浆减少了施工现场材料堆积占地，计量准确，质量有保证，目前正在推广使用。

袋装干拌砂浆在施工现场储存应采取防雨、防潮措施，并按不同品种、编号分别堆放，严禁混用。干拌砂浆宜采用机械搅拌，应搅拌均匀，搅拌时间不宜少于3~5min。除水外不得添加其他成分，应按产品说明书的规定加水，稠度应满足施工规范的要求。干拌砌筑砂浆可用原浆对墙面勾缝，但必须随砌随勾；现场施工应随拌随用，搅拌好的砂浆拌合物应在使用说明书规定的时间内用完。在炎热或大风天气应采取措施防止水分过快蒸发，超过初凝时间严禁二次加水搅拌。当气温或施工基面的温度低于5℃时，无有效的保温、防冻措施不得施工。干拌砂浆的储存期为3个月，超过储存期应经复验合格后方可使用。

第二节 砌体施工工艺

一、砖砌体施工

1. 砖砌体施工的基本要求

砌体所用的材料应有产品合格证书、产品性能检验报告。块材、水泥、钢筋、外加剂等材料应附有主要性能的进场复检报告。严禁使用国家明令淘汰的材料。

砖的品种、强度等级必须符合设计要求，并应规格一致。用于清水墙、柱表面的砖，应边角整齐，色泽均匀。常温下砌砖，对于普通砖、空心砖含水率宜在10%~15%，一般提前1天应将砖浇水润湿，避免砖吸收砂浆中过多的水分，使砂浆流动性降低，造成砌筑困难，影响粘结力和强度；并可除去砖表面上的粉末。但也要注意不能将砖浇得过湿而使砖不能吸收砂浆中的多余水分，影响砂浆的密实性、强度和粘结力，而且还会产生灰和砖块滑动现象，影响墙面外观。

砖砌体的组砌要求：上下错缝、内外搭接，以保证砌体的整体性；同时组砌要有规律，少砍砖，提高效率，节约材料。砌筑形式可采用一顺一丁、三顺一丁、梅花丁的砌筑方法，如图 3-1 所示。

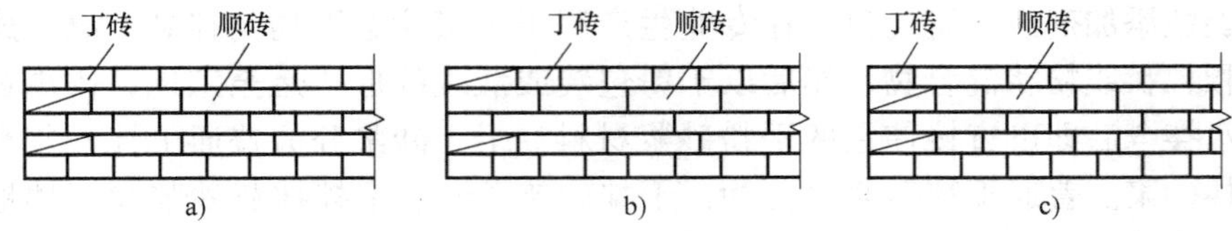

图 3-1 砖砌体砌筑形式
a）一顺一丁 b）三顺一丁 c）梅花丁

砖砌体的砌筑宜采用“三一”法砌筑，即一铲灰、一块砖、一揉压的砌筑方法。当采用铺浆法砌筑时，铺浆长度不得超过 750mm，施工期间气温超过 30℃时，铺浆长度不得超过 500mm。

2. 砖砌体施工程序

砌砖施工程序通常包括抄平、放线、摆砖样、立皮数杆、盘角、挂线、砌砖、勾缝、清理等工序。

（1）抄平、放线 具体如下：

1）基础抄平、放线。将基础垫层表面清扫干净，用水准仪复核垫层顶表面标高。如垫层顶标高误差不大于 30 mm，可用水泥砂浆找平，若垫层顶标高误差大于 30 mm，宜采用细石混凝土找平。

依据龙门板或轴线定位桩，在基础垫层上表面放出基础中心线，并以经纬仪进行校正轴线转角，然后根据设计图放出基础宽度线。

2）底层抄平、放线。当基础砌筑至 ±0.000 标高以下 60 mm（一皮砖厚）时，再次用水准仪检测砖基础的标高。可通过局部增加防潮层厚度来调整墙体标高；然后用经纬仪将龙门板、轴线定位桩上的轴线用墨线弹放到防潮层上面（若基础圈梁顶标高在 -0.060m 处，在基础圈梁施工时应严格控制基础圈梁的梁顶标高，并用墨线弹放）。经认真核查符合轴线尺寸无误后，根据轴线位置再确定弹出上部墙体的边墨线，并根据设计图确定出相应的门窗洞口位置，如图 3-2 所示。

标高符合及轴线放出经检查无误后，可以将相对标高 ±0.000 及各轴线引测到该建筑物的外墙上，画上特定的符号，以作为向上控制标高和引测轴线的依据。当底层砌筑一定的高度时，以 ±0.000 标高向上用水准仪量出 500mm 确定 50 线。

3）轴线的引测。楼层的轴线控制一般可以利用经纬仪或铅锤，将底层的控

制轴线引到各楼层墙上。轴线引测是放线的关键，必须按照设计图要求尺寸，在楼层上用钢尺复核各控制轴线间的尺寸。

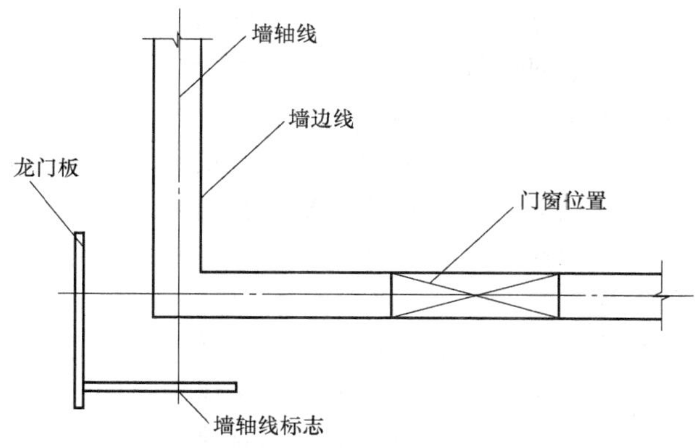

图 3-2 墙身放线

4）楼层抄平、放线。楼层的标高抄平控制一般利用钢尺从下层的 50 线向上引测确定本层的 50 线；通过本层的 50 线来控制本层各构件的标高；也可用皮数杆进行传递。

将底层的控制轴线引到各楼层墙上后，按照设计图要求尺寸，在楼层上用钢尺复核各控制轴线间的尺寸；准确无误后根据各控制轴线放出各墙、柱的定位轴线，然后放出墙、柱边缘线，划出门窗洞口位置等。

（2）摆砖样 摆砖样是指在墙身基面上，按墙身长度和砌筑方式先在墙基顶面放线位置试摆砖样（生摆，不铺设砂浆）。摆砖样的目的是在规范允许的范围内，通过调整砖的竖向灰缝厚度，尽量使门窗垛符合砖的模数，以尽量减少砍砖数量（对设计尺寸与实际砖模数偏差较小的，可以通过调整砖竖缝）并保证砖及砖缝排列整齐、均匀。如有混凝土构造柱时，要注意先退后进摆砖样。摆砖样对于清水墙砌筑尤为重要。

（3）立皮数杆 皮数杆是一种用于控制每皮砖砌筑时的竖向尺寸以及各构件标高的方木标志杆，如图 3-3 所示。皮数杆上应根据现场所用砖的标准厚度画出标准每皮砖和灰缝的厚度；另外还可以表示出门窗洞口、过梁、楼板、梁底、预埋件等构件的标高，以控制本层构件的标高。

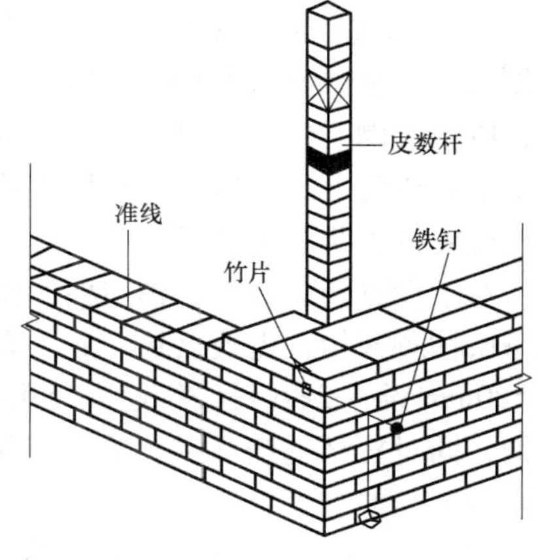

图 3-3 皮数杆示意图

皮数杆的长度应有一层楼高（不小于 2m），一般立于墙的转角处、内外墙的交接处、楼梯间及洞口处，如果墙体过长，可每隔 10 ~ 15 m 再多立一根。立皮数杆时，应使皮数杆上 ±0.000 的线与房屋的标高起点线相吻合。皮数杆设立时需用水准仪测定控制、校正标高，并应由两个方向斜撑或锚钉加以固定，以保证其牢靠和垂直，每次开始砌砖前应检查皮数杆的垂直度和牢靠程度。

（4）盘角　砌墙前应先盘角。盘角又可称为立头角、砌头角等，即对照皮数杆的砖层和标高，先砌筑墙角。每次盘角砌筑的砖墙高度不超过五皮砖，并应及时进行吊靠，如发现偏差及时修正。根据盘角将准线挂在墙侧，作为墙身中部砌筑的依据。在盘角时，应特别注意砖的竖向灰缝应错开，严禁砌成通缝墙体。盘角应随砌随盘。

（5）挂线　挂线是盘角后结合皮数杆连接墙体两端的连线，施工中一般采用麻绳线或棉线等。挂线的目的是使墙体两端的同一皮砖顶面处于同一标高。挂线后，可以保证墙体中间的同一皮砖的顶面标高相同。因此可以控制每皮砖的标高和每道水平灰缝的厚度，使得铺灰厚度一致，做到砖体排列均匀，砂浆灰缝厚薄一致，提高砖砌体的砌筑质量。对于一砖墙，一般采用单边挂线砌筑；对于一砖半以上的墙体，则采用双面挂线砌筑。通常墙体将挂线的一面叫做正手面，墙体不挂线的一面叫被手面。一般正手面墙体的砌筑效果会好于被手面的砌筑效果。

墙体挂线时，应依据皮数杆每砌筑一皮向上提一次。

在控制某一道墙体灰缝和标高的同时，应注意建筑物同层其他各墙体同一皮砖也应控制在同一标高上。同一层墙体、同一层砖的标高不能在同一高度处交圈则称为“螺丝”墙。在施工时应减少出现螺丝墙的概率。为预防出现“螺丝”墙，在砌筑前应首先测定所砌筑部位基面标高误差，通过调整灰缝厚度来调整墙体标高。操作挂线时，两端应相互呼应，并经常检查与皮数杆是否对应。

（6）砌筑　依据盘角、挂线进行墙身的砌筑，应做到“三皮一吊”、“五皮一靠”。在砌筑时随时用线锤和托线板进行检查。240mm 厚承重墙的最上一皮砖，应用丁砌层砌筑。梁及梁垫的下面，砖砌体的阶台水平面上以及砖砌体的挑檐，腰线的下面，应用丁砌层砌筑。对于多孔砖和空心砖竖缝宜采用刮浆法，竖缝应先批砂浆后再砌筑。

对于设置钢筋混凝土构造柱的砌体，构造柱与墙体的连接处应砌成马牙槎，从每层柱脚开始，先退后进，每一马牙槎沿墙体高度不宜超过 300mm。沿墙高每 500mm 设置 2ϕ6 拉结钢筋，每边深入墙内的长度不小于 1m，末端应有 90°的弯钩，同时拉结钢筋必须符合设计要求。预埋伸出的拉结钢筋，不得在施工中任意弯折，如有歪斜、弯曲，在浇筑混凝土前，应校正到正确位置并绑扎牢靠。

填充墙、隔墙应分别采取措施与周边构件可靠连接。必须将预埋在柱中的拉结钢筋砌筑入墙内，拉结钢筋的规格、数量、间距、长度必须符合设计要求。

填充墙砌至接近梁、板底时，应留一定空隙，待填充墙砌筑完成并应至少7天后，再采用侧砖或立砖斜砌挤紧，其倾斜度宜为60°左右。当该层砖砌体砌筑完毕后，应进行墙面、柱面和落地灰的清理。

（7）勾缝　清水墙砌筑应随砌随勾缝，一般深度以6～8mm为宜，缝深浅应一致，清扫干净。勾缝的作用是使砖灰缝饱满、均匀，使墙面清洁、整齐美观。勾缝的方法一般包括原浆勾缝和加浆勾缝两种：原浆勾缝是利用原砌筑墙体用砂浆随砌随勾；加浆勾缝是墙体砌筑完成，用1:1水泥砂浆勾缝，也有采用加色砂浆勾缝的。砌筑混水墙应随砌随将溢出的灰浆刮除，不得擦涂。

（8）安装楼板　搁置预制梁、板的砌体顶面应用水泥砂浆找平，安装时采用1:2.5水泥砂浆坐浆。

3. 砖砌体质量要求

砌体的施工质量控制等级分为三级，见表3-2。

表3-2　砌体施工质量控制等级表

项目	施工质量控制等级		
	A	B	C
现场质量管理	制度健全，并严格执行；非施工方质量监督人员经常到现场，或现场设有常驻代表；施工方有在岗专业技术管理人员，人员齐全，并持证上岗	制度基本健全，并能执行；非施工方质量监督人员间断地到现场进行质量控制；施工方有在岗专业技术管理人员，并持证上岗	有制度；非施工方质量监督人员很少作现场质量控制；施工方有在岗专业技术管理人员
砂浆、混凝土强度	试块按规定制作，强度满足验收规定，离散性小	试块按规定制作，强度满足验收要求，离散性较小	试块强度满足验收规定，离散性大
砂浆拌合方式	机械拌合；配合比计量控制严格	机械拌合；配合比计量控制一般	机械或人工拌合；配合比计量控制较差
砌筑工人	中级工以上，其中高级工不少于20%	高、中级工不少于70%	初级工以上

在墙上留置临时施工洞口，其侧边离交接处墙面不应小于500mm，洞口净宽度不应超过1000mm。临时洞口应做好补砌。

不得在下列墙体或部位设置脚手眼：半砖厚墙；过梁成60°角的三角形范围及过梁净跨1/2的高度范围内；宽度小于1000mm的窗间墙；墙体门窗洞口两侧200mm和转角处450mm范围内；梁或梁垫下及其左右500mm范围内。施工脚手眼补砌时，灰缝应填满砂浆，不得用干砖填塞。

设计要求的洞口、管道、沟槽应于砌筑时留出或预埋，未经设计同意，不得打凿墙体和在墙体上开凿水平沟槽。宽度超过300mm的洞口上部，应设置过

梁。

砖墙每日砌筑高度不得超过1.8m。砖墙分段砌筑时，分段位置宜设在变形缝、构造柱或门窗洞口处；相邻工作段的砌筑高度不得超过一个楼层高度，也不宜大于4m。尚未施工楼板或屋面的墙或柱，当可能遇到大风时，其允许自由高度不得超过表3-3的规定。如超过表3-3中的限值时，必须采取临时支撑等有效措施。

表3-3　墙和柱的允许自由高度　　（单位：mm）

墙（柱）厚/mm	砌体密度 > 1600kg/m³			砌体密度 1300～1600kg/m³		
	风载/（kN/m²）			风载/（kN/m²）		
	0.3（约7级风）	0.4（约8级风）	0.5（约9级风）	0.3（约7级风）	0.4（约8级风）	0.5（约9级风）
190				1.4	1.1	0.7
240	2.8	2.1	1.4	2.2	1.7	1.1
370	5.2	3.9	2.6	4.2	3.2	2.1
490	8.6	6.5	4.3	7.0	5.2	3.5
620	14.0	10.5	7.0	11.4	8.6	5.7

注：1. 本表适用于施工处相对标高（H）在1m范围内的情况。如10m > H ≥ 15m时，15m > H ≥ 20m时，表中的允许自由高度应分别乘以0.9、0.8的系数；如H > 20m时，应通过抗倾覆验算确定其允许自由高度。

2. 当所砌筑的墙有横墙或与其他结构连接，而且间距小于表中所列限值的2倍时，砌筑高度可不受本表的限值的规定。

砖砌体砌筑质量的基本要求是：横平竖直、厚薄均匀，砂浆饱满，上下错缝、内外搭接，组砌得当，接槎牢固，保证墙体有足够的强度与稳定性 。

（1）横平竖直、厚薄均匀　砖砌的灰缝应横平竖直，厚薄均匀。这既可保证砌体表面美观，也能保证砌体均匀受力。水平灰缝和竖向灰缝厚度宜为10mm，但不应小于8mm，也不应大于12mm。过厚的水平灰缝容易使砖块浮滑，且降低砌体抗压强度；过薄的水平灰缝会影响砌体之间的粘结力。竖向灰缝应垂直对齐，如不对齐为游丁走缝，将影响砌体外观质量。

（2）砂浆饱满　砌体水平灰缝的砂浆饱满度不得小于80%。砌体的受力主要通过砌体之间的水平灰缝传递到下层面，水平灰缝不饱满将影响砌体的抗压强度。竖向灰缝不得出现透明缝、瞎缝和假缝。竖向灰缝的饱满程度将影响砌体抗透风、抗渗、保温和砌体的抗剪强度。

（3）上下错缝、内外搭接　上下错缝是指砖砌体上、下两皮砖的竖缝应当错开，以避免上下通缝。当上、下两皮砖搭接长度小于25mm时，即为通缝。在垂直荷载作用下，砌体会由于“通缝”而丧失整体性，影响砌体强度。内外搭接是指同皮的里外砌体通过相邻上、下皮的砖块搭接而组砌的牢固。目的就是加强内外砖块的搭接，使整个墙体形成统一受力的整体。因此，用于搭接砌筑的砖应采用整砖。

（4）接槎牢固 接槎是指先砌筑的砌体与后砌筑的砌体之间的结合。接槎方式的合理与否对砌体的整体性影响很大，特别在地震区，接槎的质量直接影响到房屋的抗震能力，故应予以足够的重视。

砌筑基础时，内、外墙的砖基础应同时开始砌筑。如因特殊情况不能同时砌筑时，应留置斜槎。斜槎的长度不应小于斜槎的高度。这种留设方法操作方便，接槎时砂浆饱满，易保证工程质量。

砖墙的转角处和交接处应同时开始砌筑，严禁无可靠措施的内、外墙分砌施工。对于不能同时砌筑而必须留置的临时间断处应砌成斜槎，斜槎的长度不应小于斜槎高度的2/3，如图3-4a所示；如临时间断处留斜槎有困难时，除转角处外也可留直槎，但必须做成阳槎，并加设拉结筋；拉结筋的数量为120mm墙厚放置1根$\phi6$的钢筋，间距沿墙高不得超过500mm，埋入深度从墙的留槎处算起，每边不应小于500mm，末端应有90°弯钩，如图3-4b所示。

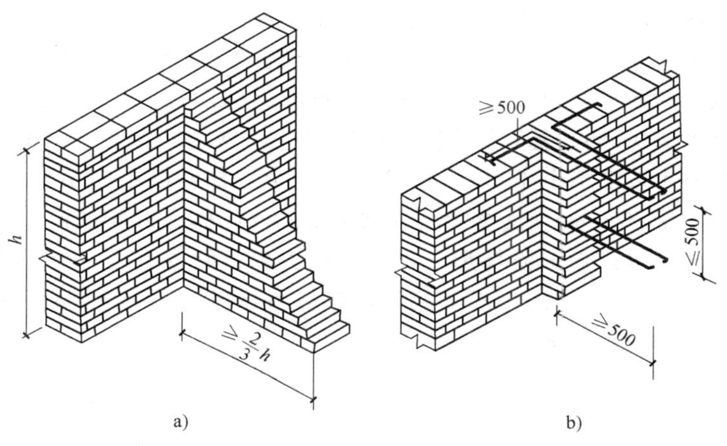

图3-4 接槎
a） 斜槎 b）直槎

二、石砌体施工

石砌体是良好的天然建筑材料，用石砌体砌筑的房屋既有古朴庄重的气势，又具有冬暖夏凉的优势，石材较砖砌块具有强度高、耐腐蚀等优点，又容易就地取材，因此在砌体结构中也广泛采用。但由于石砌体的材料形状不太规则，材料质量、强度等不容易控制，使用时相对受到一定的限制，因此石砌块多使用在墙体基础、挡土墙、桥梁墩台等建筑物或构筑物中，砌筑时应注意清除石

块表面的泥土等杂质，以利于石块与砂浆的粘接。

砌筑用石块，应首先选择那些质地坚硬、没有裂纹、无风化的石块；石砌块的强度等级应不低于 MU20。砂浆应采用水泥砂浆或水泥混合砂浆。砂浆强度等级的选择原则是：石基础应不低于 M5，墙体应不低于 M2.5，根据石块的尺寸，合理搭配使用。

建筑中常用的石材包括毛石和料石。

1. 毛石

毛石是指爆破后直接得到，或稍作平整加工得到的形状不规则的块石。块石按照其平整度可分为乱毛石（形状不规则）和平毛石（有两个及以上面大致平整）。砌筑用毛石的外形尺寸一般在 200～400mm，其中部厚度要求不小于 200 mm，质量为 20～30kg，主要用于砌筑毛石基础和毛石挡土墙等。

毛石基础一般采用 M5 水泥砂浆铺灰法砌筑。砌筑基础前，必须首先放出石砌体的中心线及边线且复核准确，并复核各砌筑部分原有标高，如存在高低不平，应采用细石混凝土填平。一般砌筑毛石基础应双边拉准线砌筑；基础大放脚第一层及转角处应首先坐浆，然后选择大而平的石块，大面朝下平放安砌，砌好后要以双脚左右晃摇不动为好，使地基受力均匀，基础稳固；否则应采用石块加浆填塞密实或更换石块。毛石基础可作为墙下条形基础和柱下独立基础；毛石基础按其断面形状可以分为矩形、梯形和阶梯形等。基础顶面宽度应比墙体底面宽度大 200 mm，基础底面宽度根据设计计算确定。如采用梯形基础，应注意基础的斜边坡度不小于 60°。阶梯基础每个阶梯厚度不应小于 300 mm，挑出宽度应不大于 200 mm，使整个石基础满足刚性砌体大放脚的砌筑要求。毛石基础扩大部分一般都做成阶梯形，每阶内至少砌筑两皮毛石。上级阶梯的石块至少应压砌下级阶梯石块的 1/2。相邻阶梯的毛石应相互错缝搭砌。如图 3-5 所示为某砌体结构的毛石基础。

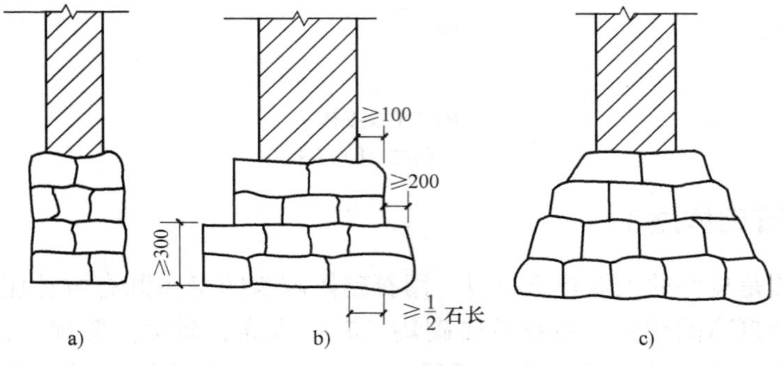

图 3-5　毛石基础

a）矩形　b）阶梯形　c）梯形

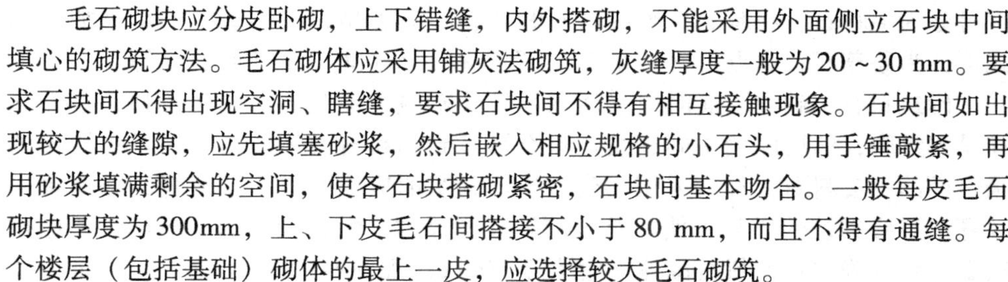

毛石砌块应分皮卧砌，上下错缝，内外搭砌，不能采用外面侧立石块中间填心的砌筑方法。毛石砌体应采用铺灰法砌筑，灰缝厚度一般为20～30 mm。要求石块间不得出现空洞、瞎缝，要求石块间不得有相互接触现象。石块间如出现较大的缝隙，应先填塞砂浆，然后嵌入相应规格的小石头，用手锤敲紧，再用砂浆填满剩余的空间，使各石块搭砌紧密，石块间基本吻合。一般每皮毛石砌块厚度为300mm，上、下皮毛石间搭接不小于80 mm，而且不得有通缝。每个楼层（包括基础）砌体的最上一皮，应选择较大毛石砌筑。

砌筑毛石砌体前，应根据不同的砌筑部位选择适当大小的石块，应注意选一个面作为墙面，原则是“有面取面，无面取凸”，对凸面可将不需要的部分用手锤找平然后再上墙砌筑。

毛石砌体的转角和交接处应同时砌筑，否则应留踏步槎，但踏步槎的高度不应超过一步架。为了增强毛石墙体的整体稳定性，应根据规定设置拉接石（顶头石）。顶头石是长条形石块，如基础宽度或墙体厚度不大于400mm，拉接石的长度一般与墙或基础的厚度相同。如果基础宽度大于400mm，可以有两块拉接石内外搭接，搭接长度不小于150mm，且其中任一块长度不小于基础宽度或墙体厚度的2/3。上下层拉接石应均匀分布，相互错开，在立面上分布呈梅花状。毛石基础的拉接石中距不应大于2000mm，毛石墙体一般每0.7m^2墙面至少应设置一块，且同皮内拉接石的中距不应大于2m。

在进行毛石砌筑施工过程中，毛石间的灰缝一般应进行勾缝处理。灰缝勾缝时一般应先剔缝，即首先将墙面表层的灰缝间浮灰渣、碎石片、垃圾等杂物彻底清除干净，一般需将灰缝向墙内刮深20～30 mm，以便进行勾缝处理，墙面用水喷洒湿润，不整齐的地方加以修整。可采用1:1水泥砂浆统一勾缝，也可以用青灰或石灰浆加入麻刀、纸筋等砂浆进行勾缝，应注意勾缝的线条均匀一致，深浅相同；勾缝可采用平缝或凸缝，但应尽量保持砌筑缝隙的自然性。

如毛石砌体与砖墙相接时应同时砌筑，两种材料间的空隙应用砂浆和小石头填满。如利用毛石砌筑挡土墙时，挡土墙的基础、主动面土和被动面土的密实度都应满足规范要求，防止出现挡土墙四周土体滑动。应特别注意在挡土墙上留设泄水孔；泄水孔的设置一般按每米高度上间隔2 m设置一个。并在泄水孔与土体间设置碎石作为疏水层，便于挡土墙后土体内的水可以轻松地排出挡土墙外。另外在砌筑毛石挡土墙时，要求每砌筑3～4层为一个分层高度，应找平一次。

考虑到砌筑时砂浆的强度很低、毛石几何形状的不规则和整个墙体的稳定性，毛石砌体每日砌筑的高度不应超过1.2 m。

2. 料石

毛石经过加工后，外形有一定规则的石材叫料石。料石根据加工的精细程

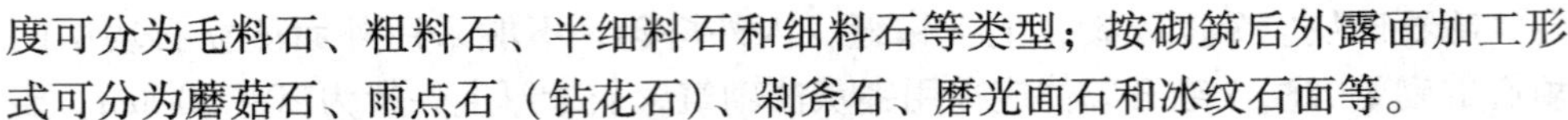

度可分为毛料石、粗料石、半细料石和细料石等类型；按砌筑后外露面加工形式可分为蘑菇石、雨点石（钻花石）、剁斧石、磨光面石和冰纹石面等。

砌筑料石基础或墙面时应采用双面拉线砌筑，砌筑方法同砖砌体，首先同样是先盘脚，然后向墙中间砌筑。料石墙基础和料石墙体的第一皮及每层楼的最上面的一皮料石，都应采用丁砌方式。砌筑前应根据料石及灰缝的厚度预先计算出需要砌筑的层数，使其符合砌体竖向尺寸。料石砌体的灰缝厚度，应按料石的种类确定：粗料石砌体不宜大于20mm，细料石砌体不宜大于5 mm。图3-6所示为料石墙体的砌筑形式。

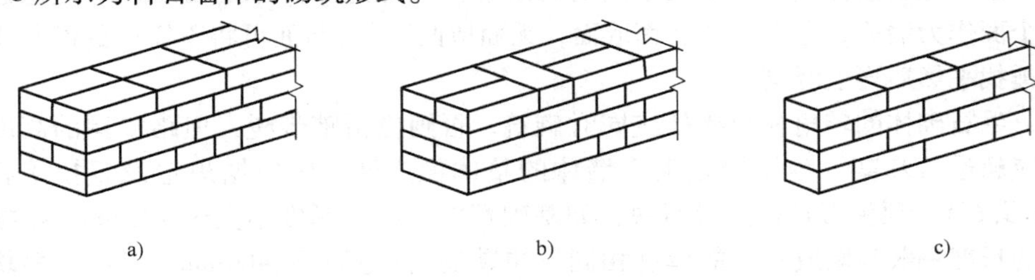

a)　　b)　　c)

图3-6　料石墙砌筑形式

a）丁顺叠砌　b）丁顺组砌　c）全顺叠砌

在料石砌体施工时，应将料石放置平稳，铺设砂浆厚度应略高于规定灰缝厚度：细料石、半细料石宜高出3～5 mm；粗料石、毛料石宜高出6～8 mm。料石墙体砌筑时也应注意灰缝上下错缝搭接；墙体厚度大于或等于两块料石宽度时，如同皮料石全部顺砌，则应砌一皮丁砌层，如同皮内采用丁顺组合，丁砌石应交错设置，其中距应不大于2m。砌体应采用铺浆法砌筑，垂直灰缝应填满砂浆并插捣至溢出。砌体转角处或交接处，应用石块相互搭接砌筑。

在料石和毛石或砖组合砌筑时，各种砌块应同时砌筑，并每隔2～3皮料石用丁砌层与毛石砌体或砖砌体拉接组砌，丁砌料石的长度宜与组合墙体厚度相同。

料石砌体亦应上下错缝搭砌，砌体厚度大于或等于两块料石宽度时，如同皮内全部采用顺砌，每砌两皮后，应砌一皮丁砌层；如同皮内采用丁顺组砌，丁砌石应交错设置，丁砌石中距不应大于2 m。

同毛石墙体原理，料石墙每天的砌筑高度不宜超过1.2 m。如果是砌筑料石清水墙，在墙面上不得留设脚手架眼。

三、砌块砌体施工

砖砌体施工的优点是操作简单，施工方便，但生产普通实心粘土砖需要大量的农田土；另外，砖墙砌筑时工艺麻烦，施工速度慢。为了缓解这些矛盾，可以利用砌块代替普通粘土砖砌筑墙体。

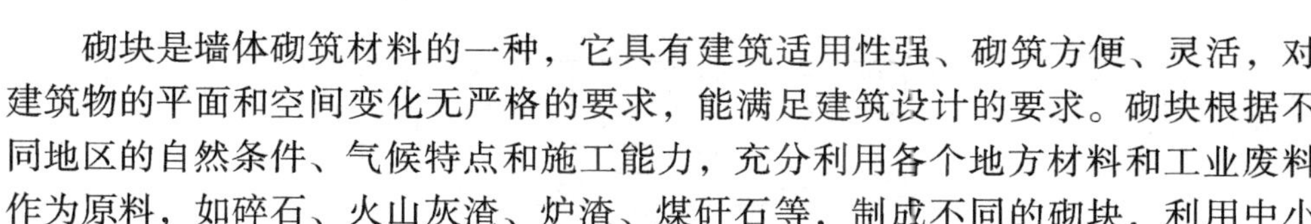

砌块是墙体砌筑材料的一种，它具有建筑适用性强、砌筑方便、灵活，对建筑物的平面和空间变化无严格的要求，能满足建筑设计的要求。砌块根据不同地区的自然条件、气候特点和施工能力，充分利用各个地方材料和工业废料作为原料，如碎石、火山灰渣、炉渣、煤矸石等，制成不同的砌块，利用中小型施工机械进行施工。

按照所用材料分，常用的砌块有加气混凝土砌块，粉煤灰硅酸盐砌块，混凝土空心中、小型砌块，废煤矸石空心砌块，粉煤灰硅酸盐空心砌块等。通常将 180 ~350 mm 高的砌块称为小型砌块，350 ~950mm 高的砌块称为中型砌块。砌块的长度一般为高度的 1.5 ~2.5 倍，厚度为 180 ~300 mm，每块砌块质量为 50 ~200kg。

在砌块进场前，堆放场地应进行平整。对于土质较差的地方还应该打夯，并做好地面的排水工作。由于砌块规格型号比较多、尺寸有差别，因此砌块进入施工现场前应首先规划好不同材料的堆放位置，既节省现场平面位置，也要注意现场运输、安装方便。现场布置时，应根据砌块的规格、标号等分别整齐堆放，方便施工。

小型砌块的堆放高度不宜超过 1.6 m。混凝土空心中型砌块堆放高度以一皮为宜。不宜超过二皮，开口面应向下布置。粉煤灰砌块应上、下皮交叉叠放，堆置高度不宜超过 3.0 m。

（一）砌块施工

1. 砌块的排列

由于中、小型砌块体积较大，比较重，施工现场不如砖砌块可以随意搬运，砌块较重时多采用专用的设备进行吊装砌筑，要求必须准确安装就位，因此在吊装前必须事先确定好砌块的安装位置，这就需要在施工前应首先绘制砌块排列设计施工图。图 3-7 所示为某砌体结构的砌块排列图。

砌块排列图应按每片纵、横墙体分别绘制。砌块排列设计施工图要求在立面图中绘制出纵、横墙，标出楼板、主梁、楼梯、孔洞等的位置。做到：

1）应尽量采用主规格砌块，减少镶砖。

2）砌块应错缝搭接，小型砌块上下搭接长度不得小于 90mm；中型砌块上下搭接长度不得小于块高的 1/3，且不应小于 150 mm；如搭接长度不足时，应在水平灰缝内设置 2ϕ 4 的钢筋网片，但竖向通缝仍不得超过 2 皮砌块。

3）外墙转角处及纵横墙体交接处，应交错搭砌；局部必须镶砖时，应尽量使砖的数量最少，且镶砖位置应分散布置。

4）水平灰缝一般为 10 ~20mm，有配筋的水平灰缝为 20 ~25mm；竖向灰缝宽度一般为 15 ~20mm，当竖向灰缝的宽度大于 40 mm 时，应用与砌块同强度的细石混凝土填实，当竖向灰缝大于 130mm 时，应用普通粘土砖镶砌。

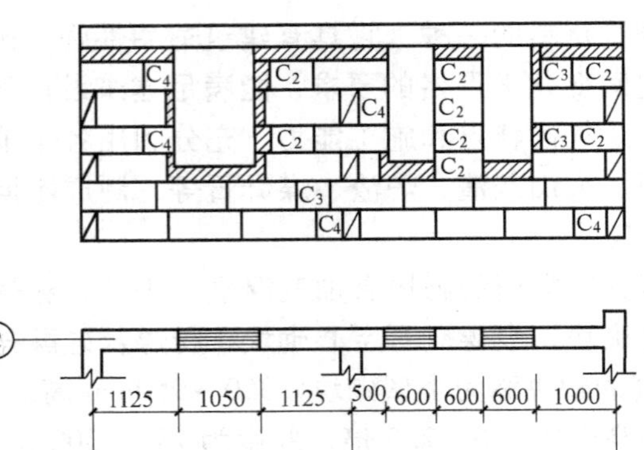

图 3-7　砌体结构的砌块排列图

5）当楼层高度不是砌块与灰缝厚度之和的整数倍时，应采用普通粘土砖镶砌。

2. 砌块安装的方法

由于砌块体积较大，重量较重，砌块的安装方式在施工前应首先确定。砌块的安装通常采用的方式有以下两种。

1）用轻型塔式起重机完成砌块和预制构件的垂直和水平运输，用台灵架将运至工作面的砌块安装就位。此方法施工速度较快，适用于工程量大的建筑。砌块吊装如图 3-8 所示。

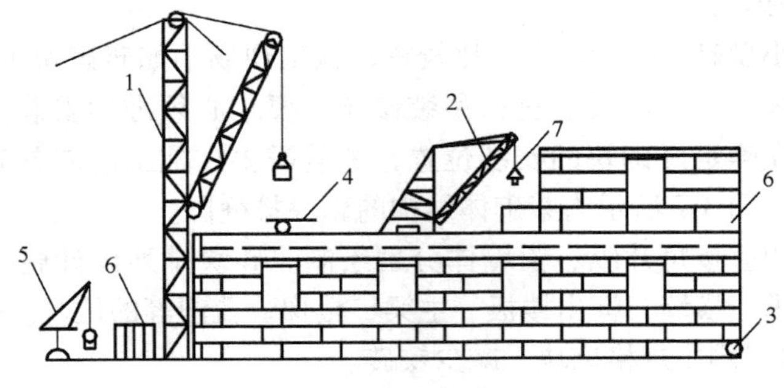

图 3-8　砌块吊装示意图

1—井架　2—台灵架　3—杠杆车　4—砌块车　5—少先吊　6—砌块　7—砌块夹

2）用带起重臂的井架进行砌块和预制构件的垂直运输，用砌块车进行水平运输，用台灵架安装砌块。此方案适用于工程量小的建筑。

3. 砌块砌筑施工

砌块砌筑前应清除砌块表面的污物及杂质，并对砌块的外观进行检查。砌块砌筑时应从转角处或定位砌块处开始，按照施工段依次进行，应遵循先远后近、先下后上、先外后内的施工原则，在相邻施工段间留阶梯形斜槎。

砌块砌筑的主要工序包括：铺灰、砌块安装就位、校正、灌浆、镶砖等。

（1）铺灰　由于砌块的体积较大、重量较重，铺设砂浆时，一般可以采用50～70 mm的稠度良好的水泥砂浆，并保证铺灰厚度。对铺设的砂浆应注意平整饱满。铺灰可先铺3～5 m长的水平灰缝隙，如果天气炎热或天气寒冷，应适当缩短铺灰长度。铺灰的厚度如前所述。

（2）砌块安装就位　砌块安装时应首先根据已经设计好的砌块排列图，选择适当的砌块安装就位，安装时宜采用摩擦式夹具。应注意砌块安装就位时，尽量做到一次成功，这样不但可以减少校正的时间和工作量，而且有利于砂浆灰缝的饱满度，有利于砌块砌筑的质量控制。

砌块砌筑时应横平竖直、表面清洁。设计规定的洞口、沟槽、管道预留洞、预埋件等，一般应在砌筑时预留或预埋。

小型砌块用于砌筑框架填充墙时，应与框架结构中预埋的拉接钢筋连接牢固。对于砌块砌筑到框架梁底时应采取的砌筑方案同砖砌块，采用斜砌顶砖的方法（塞实）。

（3）校正　在安装就位后首先应根据挂的基准线检查砌块的水平度，用托线板检查其垂直度。在校正时注意砂浆灰缝的厚度应满足施工规范要求。

（4）灌浆　砌筑砌块时应注意砂浆的饱满性。要求砌块的水平灰缝砂浆的饱满度不得低于90%，竖向灰缝的砂浆饱满度不得低于80 %。在砌块就位、校正完毕后，应注意竖向灰缝的灌缝。两侧用夹板夹紧砌块，灌入砂浆，严禁用水冲浆灌缝，砌筑中不得出现瞎缝、透明缝。当竖向灰缝的宽度大于40 mm时，应用与砌块同强度的细石混凝土填实。

当砂浆或混凝土收水后，即可对水平缝和竖缝进行原浆勾缝，勾缝的深度一般为3～5mm。当勾缝完成后，不得再撬动该砌块，以防止破坏砂浆或混凝土的粘结力。

（5）镶砖　当竖向灰缝较大时，应采用镶砌普通粘土砖的方法来调整砌块的缝隙。镶砌的粘土砖强度等级一般不低于MU10，粘土砖的砌筑方法不得采用竖向砌筑或斜向砌筑。镶砖砌体的竖向灰缝和水平灰缝应控制在15～30 mm以内。

镶砖的最后一皮砖和安放在梁、楼板等构件下的砖层，均需用顶砖镶砌。顶砖必须用无裂缝的完整砖。

每个楼层砌筑完成后应复合标高，如有误差必须进行找平校正。如需要移动已经砌好的砌块时，应清除原有的砂浆，重新铺设砂浆砌筑。

4. 质量要求

中小型砌块在砌筑时，与砖砌体砌筑方法相似，但也存在不同，即使同样都属于砌块，由于型号、材料不相同，其施工工艺既具有相同点也有各自不同

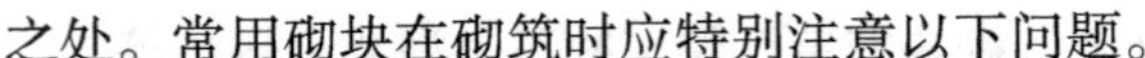

之处。常用砌块在砌筑时应特别注意以下问题。

1）小型混凝土空心砌块的生产龄期不应少于28天。

2）砌块砌筑时一般可不需浇水，如果天气炎热、干燥，可提前喷水湿润。

3）砌块必须反砌，每皮砌块应使其底面朝上砌筑；砌筑时应对孔错缝搭砌。

4）空心砌块墙面不得预留或打凿水平沟槽，对设计规定的洞口、管道、沟槽和预埋件，应在砌筑墙体时预留或预埋。

5）需要在墙体上留脚手架眼时，可用辅助规格的单孔砌块侧砌，利用其孔洞作为脚手架眼，墙体完工后用不低于C15的混凝土灌实。

6）墙体中作为施工通道的临时洞口，其侧边距交接处的墙面不小于600 mm，并在顶部设过梁。填砌临时洞口的砌筑砂浆强度等级宜提高一级。

7）在墙体的下列部位，应采用C15混凝土灌实砌块的孔洞（先灌孔洞后砌在墙体上）：①底层室内地面以下或防潮层以下的砌体；②无圈梁的楼板支撑面下的一皮砖砌块；③没有设置混凝土垫块的次梁支撑处，灌实宽度不应小于600 mm，高度不应小于一皮砌块；④挑梁的悬挑长度不小于1.2 m时，其支撑部位的内外墙体交接处，纵横应各灌实3个孔洞，灌实高度不小于3皮砌块。

8）空心砌块墙体的以下部位不得留置脚手架眼：①过梁上部与过梁轴线呈60°角的三角形范围内的墙体；②宽度小于800 mm的窗间墙；③梁或梁垫下及其左、右各500 mm的范围内；⑤门窗洞口两侧200 mm和墙体交接处400 mm的范围内；⑥设计不允许留设脚手架眼的部位。

9）空心砌块墙每天砌筑的高度不宜超过1.5 m（或一步脚手架高）。

（二）加气混凝土砌块砌体

加气混凝土砌块主规格长度为600 mm，宽度和高度有几种不同的组合。由于墙体厚度一般等于加气混凝土砌块的厚度，因此砌筑形式一般只有一种全顺式。为保证墙体受力的整体性，特别要求砖上、下皮灰缝相互不小于砌块长度的1/3。如果不能满足时，应在水平灰缝中设置2ϕ4的钢筋网片，主筋长度应不少于700mm，但竖向通缝仍不得超过2皮砌块。在砌筑时，切割砌块应使用专用的工具，不得使用斧或瓦刀等工具任意砍砸，加气混凝土砌块上墙体不得留设脚手架眼。

砌块与承重墙体或柱交接处，应在承重墙体或柱的水平灰缝内预埋拉接钢筋。拉接钢筋沿墙或柱高度方向设置，间距不超过1000 mm，在考虑拉接钢筋间距时，应计算砌块的高度和水平灰缝的厚度，具体尺寸应根据砌块的高度、灰缝的厚度适当选择，使得墙体的预埋钢筋（2ϕ6）正好能埋入加气混凝土砌块墙体的水平灰缝中。每道钢筋端头带弯钩，伸出墙或柱面长度不应小于700mm。同时应特别注意此处两块墙体的接缝严密。

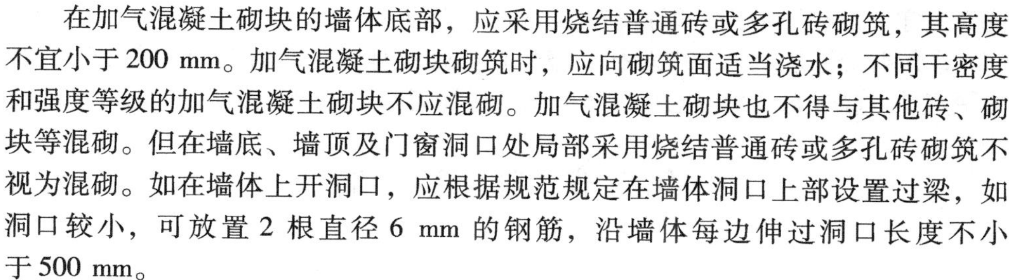

在加气混凝土砌块的墙体底部，应采用烧结普通砖或多孔砖砌筑，其高度不宜小于200 mm。加气混凝土砌块砌筑时，应向砌筑面适当浇水；不同干密度和强度等级的加气混凝土砌块不应混砌。加气混凝土砌块也不得与其他砖、砌块等混砌。但在墙底、墙顶及门窗洞口处局部采用烧结普通砖或多孔砖砌筑不视为混砌。如在墙体上开洞口，应根据规范规定在墙体洞口上部设置过梁，如洞口较小，可放置 2 根直径 6 mm 的钢筋，沿墙体每边伸过洞口长度不小于500 mm。

加气混凝土砌块的墙体砌筑应注意每天砌筑高度不宜超过 1.8 m。

（三）粉煤灰砌块砌体

应注意粉煤灰砌块在砌筑时应保证有 28 天的龄期才可砌筑墙体。砌筑时，砌块应错缝，浆砌坐浆应挤紧，施工完成后应采用砂浆进行原浆勾缝，不得有空洞、瞎缝现象。在预留洞口处，因为粉煤灰的抗拉性较差，因此应注意在洞口上面通过设置过梁、增加钢筋等方式进行加固。过梁或钢筋伸入粉煤灰砌块墙体中的长度应满足相应规范的要求。

严禁用干粉煤灰砌块直接砌筑，并且不得随砌随浇。浇水润湿宜在砌筑前 2 天，控制砌块在砌筑时的含水率为 8% ~12% ，严禁下雨天砌筑，砌块表面有浮水时也不能进行砌筑。

粉煤灰砌块的主规格尺寸为 880 mm，宽度有 380 mm、430 mm。墙体的厚度一般等于砌块的宽度。粉煤灰砌块的砌筑形式只有一种——全顺法。为保证墙体受力的整体性，特别要求砖上、下皮灰缝相互不小于砌块长度的 1/3 以上。如果不能满足时，应在水平灰缝中设置 $2\phi4$ 的钢筋网片，主筋长度应不少于 700 mm，但竖向通缝仍不得超过 2 皮砌块。

粉煤灰砌块墙与普通砖承重墙或柱交接处，应沿墙高 1000 mm 左右设置 $3\phi6$ 的墙体拉接钢筋，拉接钢筋伸入砌块墙体内长度不应小于 700 mm；拉接钢筋的根数计算按照墙体厚度，每 120mm 布置 1 根，每道墙至少布置 2 根。粉煤灰砌块的切割应采用专门的手锯，不得用斧或瓦刀任意砍砸，粉煤灰砌块墙体上不得留置脚手架眼。

粉煤灰砌块的墙体砌筑应注意每天砌筑高度不宜超过 1.5m。

（四）轻骨料混凝土空心砌块砌体

轻骨料混凝土空心砌块的主规格尺寸为 390 mm × 190 mm × 190 mm，墙体的厚度一般等于砌块的宽度，轻骨料混凝土空心砌块只有一种砌筑形式——全顺法。为保证墙体受力的整体性，特别要求砖上、下皮灰缝相互错开砌块长度的 1/2。如果不能满足时，构造处理方法同粉煤灰砌块砌体。

砌筑用砌块同粉煤灰砌块要求一样，首先应保证有 28 天的龄期，也应提前浇水润湿，砌块的含水率也不宜过高，砌块表面有浮水时不能砌筑。砌筑时应

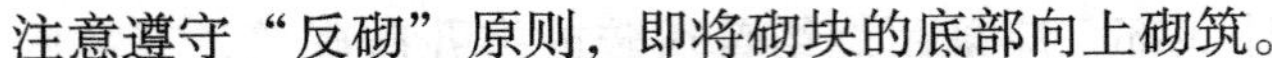

注意遵守“反砌”原则，即将砌块的底部向上砌筑。

砌筑时应注意上、下皮对孔错缝搭接。砌筑时应注意灰缝的饱满度和灰缝的平直性。轻骨料混凝土砌块墙体的砌筑应注意每天砌筑高度不宜超过1.8m。

第三节 脚手架

一、概述

脚手架工程是施工现场为工人操作、安全防护及解决楼层间少量垂直运输和水平运输用脚手架材料（杆件、扣件和配件）搭设而成的临时设施，可作为工作人员操作和临时堆放部分建筑材料的平台，它是施工现场不可缺少的设施。脚手架应具备以下功能：

1）保证工程作业面能够满足连续施工的要求。

2）满足多层作业、流水施工、多工种之间的配合要求。

3）满足施工操作所需的空间，并满足操作方便。

4）满足施工所需少量运料和堆料的要求。

5）对高处作业人员起到保护作用，确保施工人员的人身安全。

在砌筑工程中，随着墙体高度的上升，工人砌筑增加时的操作时间会逐渐增加。当墙体达到一定高度时，为砌筑方便，加快施工进度，就必须搭设或再增高脚手架，这时所对应的墙体高度称为“一步架高”，也称为墙体直接可砌筑高度。“一步架高”一般按1.2~1.4 m计算。

二、脚手架的分类

按照不同的特点，脚手架分类不同。

脚手架按设置形式可分为单排脚手架、双排脚手架、多排脚手架、满堂脚手架、满高脚手架、特形脚手架等；按用途可分为结构工程作业脚手架（也称结构脚手架、砌筑脚手架）、装修工程作业脚手架（也称装修脚手架）、支撑或承重脚手架、防护用脚手架等；按固定方式可分为落地式脚手架、悬挑式脚手架、附墙悬挂式脚手架、附着升降式脚手架、水平移动式脚手架等；按平立杆连接方式可分为承插式脚手架、扣件式脚手架、销栓式脚手架等；按搭设的位置可分为外脚手架和内脚手架；按所用的材料可分为竹脚手架、木脚手架、钢管脚手架和金属脚手架等。

三、脚手架搭设

由于脚手架上面所承受的荷载非常复杂，既要满足施工人员在上面操作，

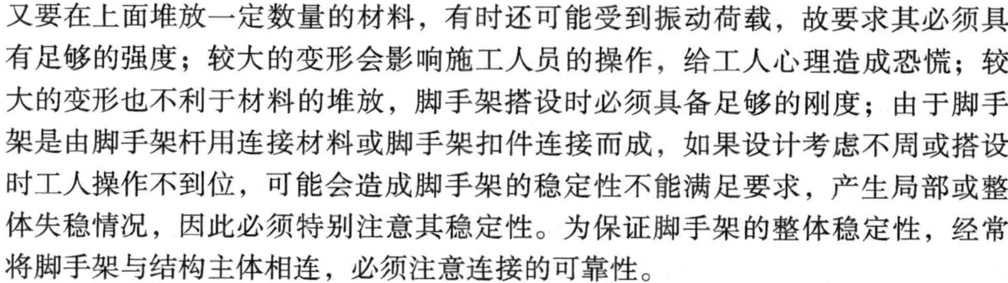

又要在上面堆放一定数量的材料，有时还可能受到振动荷载，故要求其必须具有足够的强度；较大的变形会影响施工人员的操作，给工人心理造成恐慌；较大的变形也不利于材料的堆放，脚手架搭设时必须具备足够的刚度；由于脚手架是由脚手架杆用连接材料或脚手架扣件连接而成，如果设计考虑不周或搭设时工人操作不到位，可能会造成脚手架的稳定性不能满足要求，产生局部或整体失稳情况，因此必须特别注意其稳定性。为保证脚手架的整体稳定性，经常将脚手架与结构主体相连，必须注意连接的可靠性。

建设工程中已有数次因为脚手架的强度、刚度、稳定性未满足要求，而出现脚手架的整体或局部垮塌的严重工程事故，在脚手架设计时应特别注意。

1. 脚手架搭设的基本要求

1）应具有足够的强度、刚度及稳定性，确保使用期间在各种施工荷载作用和气候变化的条件下不垮塌、不倾斜、不晃动、不变形。

2）应有一定宽度和高度，满足工人操作方便和材料堆放、运输的要求，一般脚手架的宽度为1.5～2.0 m。

3）设计应因地制宜，就地取材，经济合理，满足施工验收规范要求。

4）应考虑搭拆简单，施工方便，搬运灵活，材料能周转使用。

2. 脚手架搭设时应注意的问题

在搭设前，应根据建筑物的类型及环境条件、脚手架的作用及使用时间等，精心选择脚手架搭设方案，认真反复核对，确保安装方案正确。在脚手架安装时应注意：

1）必须确保搭设场地地面平整、土体夯实牢靠，立杆支撑处应增加相应的垫木或刚性垫块；如有必要应采取相应的加固措施，防止脚手架产生过大的不均匀沉降；脚手架的搭设区域应考虑相应的排水设施，以避免搭设区积水。

2）搭设前，必须对进入现场的脚手架材料及配件进行严格认真检查、维护，严格禁止使用不合格的脚手架材料和配件。

3）脚手架在搭设时应按照施工组织设计进行放线，确定立管位置，铺设垫板或设置底座；脚手架的搭设一般从一角开始依次竖起立杆，将立杆与纵、横向扫地杆连接固定，同样完成上面内容，注意按要求进行斜撑与剪刀撑的搭设。脚手架搭设时必须有统一指挥，严格按照搭设程序搭建。

4）单双排脚手架在搭设时应注意立杆应尽量密集，一般两杆间距不大于2000mm。

5）立杆上的对接扣件应交错布置，两根相邻立柱的对接扣件应尽量错开，错开间距不应小于500 mm；立杆的搭接长度不应小于1000 mm，不少于2个旋转扣件固定。

6）脚手架与工程主体结构应有可靠的连接，装设连墙件或其他支撑杆件

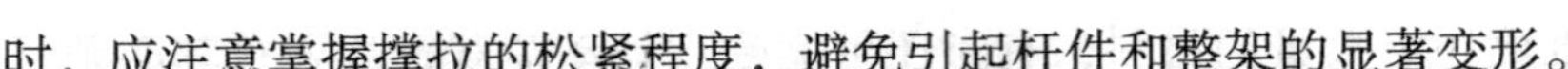

时，应注意掌握撑拉的松紧程度，避免引起杆件和整架的显著变形。

7）脚手板应铺设平稳牢固，必要时需绑扎牢固；搭接长度必须满足要求，严禁出现未固定的探头板。

8）在脚手架搭设时，应注意设计合理，选材满足要求，工人持证上岗，操作规范，满足国家规范标准；工人在架上进行搭接时，应严格按照脚手架设计和相应的施工规范操作，如确需改变原设计或脚手架的构架结构，必须提请技术主管人员解决；工人在作业面作业时，宜在作业面上铺设必要数量的脚手板，并临时固定；工人必须佩带安全帽、挂安全带；不得单人进行重杆配件及其他易引起人失去平衡、脱手、碰撞、滑跌等不安全的作业。

9）其他有关脚手架搭设规定等。

3. 脚手架安全防（围）护规定

1）每层距地（楼）面≥2.5 m时，在其外侧边缘必须设置挡护高度1.1 m的挡护栏杆和挡脚板，且栏杆间的净空高度应≤ 0.5 m。

2）邻街脚手架，架高≥ 25 m的外脚手架以及在脚手架高空影响范围内同时进行其他工艺施工或有行人通过脚手架时，外立面应采用全封闭、半封闭以及通道防护棚等适合的防护措施，封闭维护材料应采用密目安全网、塑料编织布或其他材料。

3）上下脚手架的楼梯、坡道等都应设置相应的扶手、栏杆或其他安全防（围）护措施，并清除通道中间的障碍，确保上下人员的安全。

4. 脚手架使用时应注意的问题

工人在脚手架上施工，一般属于高空作业，一旦出现问题，就可能会造成严重的安全事故。现阶段我国大力加强安全管理，减少或杜绝安全事故的发生，作为容易发生安全问题的脚手架，必须对工人加强安全教育，要求施工人员严格遵守施工操作规范，决不能有丝毫的侥幸心理和半分的粗心大意。在脚手架上施工应该注意以下问题：

1）脚手架的作业层在每平方米架面上的施工负荷（材料、机具和人员）不得超过规定值或施工设计值。在架板上堆放的标准砖不得多于单排立码3层；砂浆和容器的总重不得超过150kg，使用人力在架上搬运和安装的构件自重不超过250kg。

2）在架面上堆放的材料应码放整齐稳固，不影响施工人员操作和人员通行，严禁人员在脚手架上奔跑、退行或倒退拉车。

3）作业人员在架上最大作业高度应以可进行正常操作为宜，禁止在架板上加垫器物以增加作业高度。工人在架上作业时，应特别注意自我安全和其他人员的安全，避免碰撞和高空坠物，严禁在架上嬉戏；严禁酒后上架。

4）人员上下脚手架必须从安全通道进入，严禁攀爬脚手架上下。

5）作业中，禁止随意拆除脚手架的基本构件、连接扣件和连墙件等。确需临时拆除时，必须经技术主管人员同意，并采取相应的加固措施；待完成相应工作后应及时恢复。

6）每班工人上下架作业时，应先检查架子有无安全问题。如发现异常或危险情况，应及时停止作业并通知架上所有人员撤离，解决问题后方可继续施工。

7）在每步架作业完成后，必须将架上剩余材料和其他物品移至必要处或室内，每日收工前应自觉清理架面，将垃圾清出，避免产生高空坠物；严禁上下抛掷物品和向下倾倒垃圾。

8）在作业期间应及时清理安全网内的物品。

5. 脚手架的拆除规定

脚手架的拆除应按确定的拆除程序进行。拆除时，凡已松开连接的杆件与配件应及时拆除运走，避免误扶、误靠和高空坠物；拆除的杆件和配件应采用安全的方式运下，严禁向下抛掷；连墙件应在上面全部可拆的杆件全部拆除后方可拆除；在拆除过程中，员工应相互配合，协调合作，较重的杆件和配件应禁止单人独自进行，防止脱手和失去平衡等现象产生。

6. 脚手架连墙设置规定

当脚手架架高≥6.0m时，必须设置均匀分布的墙体连接点，其设置应符合以下规定：

1）如采用落地式钢管脚手架，当架高≤20m，按不超过≤$50m^2$设置一个墙体连接点，且连接点的竖向间距≤6.0m；当架高>20m，按不超过≤$30m^2$设置一个墙体连接点，且连接点的竖向间距≤4.0m。

2）脚手架上部未设置墙体连接点的竖向自由高度不得大于6m。

3）当设计位置及其附近不能设置墙体连接点时，应采用其他可行的刚性措施予以弥补。

第四节　砌筑工程垂直运输设施

砌筑工程中不仅需要运输大量的砖（石或砌块）、砂浆、钢筋，而且还要运送各种预制构件、脚手架杆件和扣件（包括脚手板）等物；这些建筑材料和建筑构配件必须按要求及时准确地运送到施工现场作业面，而且在运送过程中还需要考虑很多问题，如施工的流水作业问题、工序搭接问题、建筑物或构筑物的特点、材料的运输安全问题、材料的运输量和建筑材料的特点问题等。搅拌的混凝土和砂浆如果运输时间过长，就会凝固，无法使用；如果运输条件太差，在运输过程中出现离析现象同样会影响材料的质量而无法使用。因此应充分考虑建筑物的特点、工期、运输量、材料的运输要求等，综合选择既可满足使用

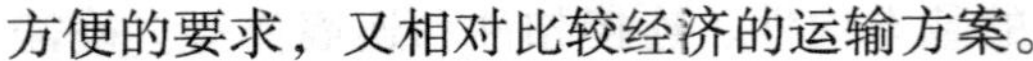

方便的要求，又相对比较经济的运输方案。

一、垂直运输设备

常用的垂直运输机械包括塔式起重机、汽车式起重机、物料提升架、施工电梯和小型物料提升设备等。

1. 塔式起重机

塔式起重机具有提升、回转、水平运输等功能，不仅是重要的吊装设备，而且也是重要的垂直运输设备。其特点是生产效率高，既可进行垂直运输，又可同时进行水平布料，运输速度快，节省人力，特别适用于工程平面大、工期要求紧的项目，在可能的情况下，宜优先选择。

1）按固定方式划分，塔式起重机包括固定式、轨道式、附墙式、内爬式。

2）按吊臂构造划分，塔式起重机包括整体式、伸缩式、折叠式。

3）按变幅方式划分，塔式起重机包括小车移动式、臂杆伸缩式、臂杆仰俯式。

4）按架设方式划分，塔式起重机包括自升式、分段架设式、整体架设式、快速拆除式。

5）按起重能力划分，塔式起重机包括轻型（起重量≤80kN）、中型（80kN≤起重量≤250kN）、重型（250kN≤起重量≤1000kN）和超重型（起重量≥1000kN）。

2. 汽车式起重机

汽车式起重机具有塔式起重机的优点，同时汽车式起重机由于可以移动，因此比塔式起重机的水平运输更加方便。但汽车式起重机的垂直运输高度受到汽车车载质量、吊臂长度等因素的影响，适用范围受到限制。

3. 物料提升架

物料提升架包括井式提升架（简称“井架”）、龙门式提升架（简称“龙门架”）、塔式提升架（简称“塔架”）和独杆升降台等。它们共同的特点是：

1）提升采用卷扬机，且卷扬机与架分离安装。

2）安全设备一般只设防冒顶、防冲座、停层保险装置，因而只允许用于物料提升，严禁载人。

3）用于10层以下时，多用缆风绳固定；用于10层以上时，应采用附墙方式固定，可在顶端设液压顶升机构，便于安装标准节，提高井架等架子的高度，增加垂直运输高度。

井架是砌筑工程中垂直运输的常用设备之一，通常带有一起重臂和吊盘，起重臂起重能力为5~10 kN，在其外伸工作范围内也可进行小面积的水平运输；吊盘的载重能力为10~15 kN，经常用于运送手推车或其他散装材料，搭设高度一般为 40 m 左右，但需要设置缆风绳或与正在施工的建筑物或构筑物的主体结构有可靠的连接，以保持井架的安全和稳定。图 3-9 所示为某一钢井架的安装示意图。

龙门架是由两根三角形或巨型截面格构立柱及横梁组成门式架，在龙门架上设置滑轮、导轨、吊盘、缆风绳（或与主体结构有可靠的连接）等。龙门架构造简单，制作方便，常用于多层建筑的垂直运输，起吊高度为 15～30m，起重量为 6～52kN；一般只能进行材料、机具和小型预制构件的垂直运输等，而对水平运输却力不从心（见图 3-10）。

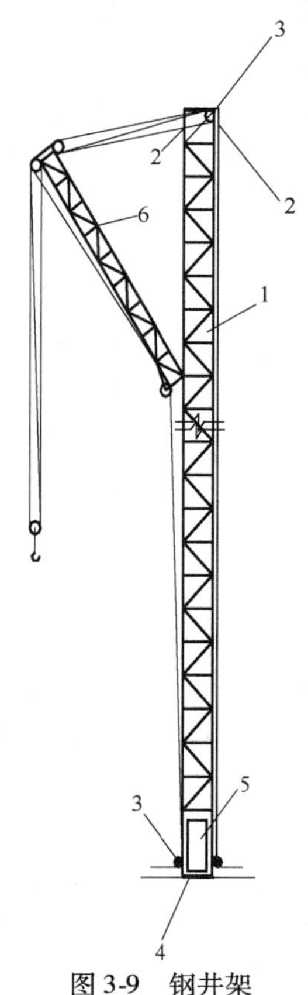

图 3-9　钢井架

1—井架　2—缆风绳　3—滑轮

4—垫梁　5—吊盘　6—辅助吊臂

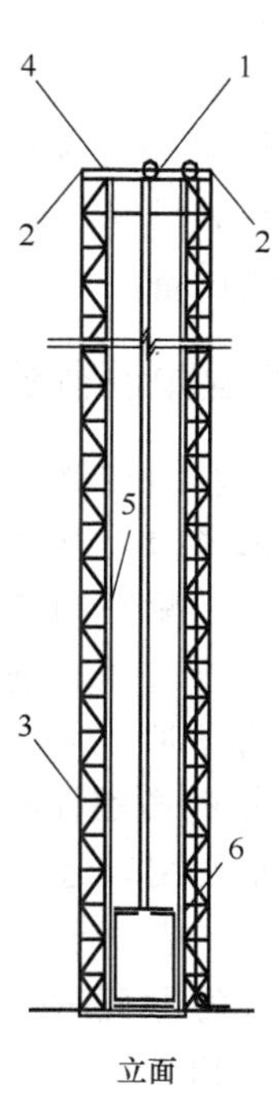

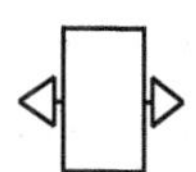

图 3-10　龙门架

1—滑轮　2—缆风绳　3—立柱

4—横梁　5—导轨　6—吊盘

井架和龙门架的吊盘应有可靠的安全装置，以防止吊盘在运行过程中和停车装、卸料时发生坠落事故，在井架和龙门架的顶部还应安装限位器，以防止吊盘冲顶等。

4. 施工升降机

施工升降机又称为施工电梯，分客货两用电梯和专门供货电梯等，是高层建筑施工中主要的垂直运输设备之一，它附着在建筑物上并与建筑物或构筑物的主体结构有可靠的连接，随建筑物升高。施工升降机应有可靠的限速装置、制动装置、断绳保护开关和塔形缓冲弹簧等安全装置，适用于高层建筑物。施工升降机垂直运输速度快，起重供应能力大，垂直运输高度大，但水平运输无法实现。因此，施工升降机多适用于高层塔式建筑，且应合理安排好与之相对应的水平运输。

5. 小型物料提升设备

如垂直运输量小，建筑材料或建筑构件、配件较轻，可以采用小型物料提升设备。此类提升设备由小型机具（一般起重量在1000kN以内）如电动葫芦、滑轮、小型卷扬机等与相应的提升架、悬挂架等构成，形成墙头吊、悬臂吊、摇头扒杆吊、台灵吊等。此类小型物料提升设备一般适用于多层建筑施工或作为辅助垂直运输设备。

二、垂直运输设备选择要求

施工现场作业面材料运输问题往往是影响建筑施工进度和质量的瓶颈，在进行施工方案选择时，既要考虑建筑物的特点、工期，也要考虑材料的供应量和建筑材料及构、配件的特点，综合选择合理的垂直运输机械，如果只追求机械台班最小化，所选择的垂直运输机械在使用时就可能出现问题。一般在进行垂直运输机械选择时，应考虑以下内容：

1. 垂直运输的覆盖面和供应面

以塔臂正常使用时起重或布料最远幅度为半径，塔臂所扫过的覆盖面积称为塔吊的覆盖面；借助于水平运输的手段，垂直运输材料供应所能达到的经济合理的范围，称为垂直运输的供应面。建筑工程的全部工作面均应处于垂直运输设备的覆盖面和供应面之内。

2. 水平运输手段

在施工过程中既要垂直运输，也应考虑水平运输；在考虑垂直运输时，必须同时考虑施工现场的水平运输方案。砌筑工程中水平运输经常采用的是除垂直运输所采用的塔式起重机外其他的垂直运输机械所对应选择的水平运输设备，散料一般采用双轮手推车或机动翻斗车。运输过程中应防止砖、石、砌块等的缺角、烂面等破损以及砂浆的分层、离析等现象发生，预制楼板通常采用杠杆车运输。作业面上的水平运输条件较差，应尽量减少水平运输的距离，合理选择施工路线，尽量少在墙体上预留施工洞。

3. 提升高度

所选择的垂直运输设备的提升高度应至少比实际需要的提升高度大3m，以防止提升设备冲顶，确保安全。

4. 供应能力

塔式起重机的供应能力等于吊量（每次可正常吊运材料的体积、重量等）乘以吊次；其他垂直运输设备的吊次应按垂直运输设备和水平运输设备的运次低值进行考虑，然后再乘以0.5～0.7系数进行折减。

5. 安全保障

安全保障是现场管理的头等大事，无论施工方案多经济，如果存在严重的安全隐患，也不应采用。现场安全应常抓不懈，将现场“安全第一”的管理理念落到实处。安全保障是现场运输的首要问题，从运输设备的选择、使用、操作、维护、保养及拆除等，每道环节都应重视，都必须严格按照国家安全条例和施工规范认真执行。特别应注意垂直运输设备在安装完成后，必须经劳动安全有关部门检查、验收等，并取得使用合格证后，才可以正式投入使用；设备应由经过国家考核并取得相应资质的专门人员操作和管理，严禁违章作业和超载使用；严禁设备带病运转等。

现场材料运输设备是专门用于运送材料的运输工具，严禁人员乘坐；如运输设备可以客货两用，也不得客货混装，应分别运输，确保人员安全。

在进行垂直运输设备选择时，还应注意设备的装设条件、设备的充分利用条件、设备的效能发挥情况等。

复　习　题

1. 砌体结构中，砂浆的作用是什么？砂浆有哪些种类？其适用范围如何？其原材料有什么要求？砂浆在拌制、试验取样、使用时应注意哪些问题？

2. 砖砌体施工前为什么要首先给砖进行浇水？提前的时间及如何控制砌筑时砖的含水率？

3. 砖的砌筑工序有哪些？抄平放线时应注意哪些问题？施工时为什么要在砌筑前摆砖样？皮数杆的作用是什么？什么是“三一”砌法？为什么要推广这种砌筑工艺？

4. 砖砌体墙体的组砌形式有哪些？其特点是什么？砖砌体的砌筑工程质量要求有哪些？为什么严禁使用包心砌法？为什么砖柱上不得留设脚手架眼？

5. 在施工中墙体的防潮层一般如何处理？

6. 什么是构造柱？为什么构造柱要做成马牙槎？马牙槎的构造要求有哪些？如何生根？如何与墙体连接？施工时应注意哪些问题？

7. 砌体结构中圈梁的作用是什么？圈梁的截面如何？一般其设置的位置在哪里？其设置的原则是什么？如果圈梁不能交圈，应如何处理？圈梁和过梁位置发生重叠应如何处理？

8. 为什么砌块施工前要画砌块排列图？绘制排列图时应注意哪些问题？

9. 砌块砌筑施工工序有哪些？为什么安装好的砌块不应再移动？如何进行灰缝灌浆？砌块镶砖时应注意哪些？

10. 粉煤灰砌块砌体在施工时，其质量要求有哪些？轻骨料混凝土空心砌块在施工时，其质量要求有哪些？

11. 石砌体与砖砌体相比，其特点有哪些？应如何选择砌筑材料？毛石砌体施工时应注意哪些？砌筑毛石挡土墙时应注意什么问题？料石砌体施工时应注意哪些问题？

12. 现场用脚手架的作用有哪些？脚手架搭设的基本要求是什么？在脚手架搭设时应注意哪些问题？在使用时应注意哪些问题？脚手架的拆除应注意什么？

4

第四章 钢筋混凝土工程

目前钢筋混凝土工程已成为建筑工程施工中的主要工种工程之一。钢筋混凝土结构施工可分为现浇和预制装配两类。根据我国现有技术条件，这些形式各有所长，皆有其适用范围。现浇钢筋混凝土结构是在建筑结构的设计位置支设模板、绑扎钢筋、浇筑混凝土、振捣成型，再经过养护使混凝土达到拆模强度后拆除模板，整个工程均在施工现场进行。现浇钢筋混凝土结构整体性好、抗震性好、节约钢材，而且施工不需要大型安装用起重机。特别是近年来一些新型工具式模板和施工机械的出现，为现浇钢筋混凝土结构施工带来了方便。故工程应用较普遍。本章着重介绍现浇钢筋混凝土结构的施工工艺。

钢筋混凝土结构工程由模板工程、钢筋工程和混凝土工程三部分组成。组织现浇钢筋混凝土结构的施工，施工前必须做好充分的准备工作，施工中要加强管理，合理安排施工程序，组织好各工种之间的紧密配合，制定合理的安全技术措施，以保证工程的顺利进行，提高综合效益。

第一节 模板工程

模板是钢筋混凝土按设计形状成型的模具。钢筋混凝土结构的模板系统由模板及支撑系统两部分组成。模板直接接触混凝土，使混凝土浇筑成设计规定的形状和尺寸。支撑系统是保证模板形状、尺寸及其空间位置的准确性的构造措施。

一、模板系统的基本要求

1）能保证结构和构件各部分的形状、尺寸及其空间位置的准确性。

2）模板与支撑均应具有足够的强度、刚度及整体的稳定性。

3）模板系统构造要简单，装拆尽量方便，能多次周转使用。

4）模板拼缝不应漏浆。

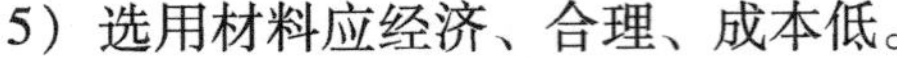

5）选用材料应经济、合理、成本低。

二、模板类型

（一）木模板

木模板、胶合板模板一般为散装散拆式模板，也有的加工成基本元件（拼板），在现场进行拼装，拆除后亦可周转使用。

拼板（见图4-1）由一些板条用拼条钉拼而成（胶合板模板则用整块胶合板），板条厚度一般为25～50mm，板条宽度不宜超过200mm，以保证干缩时缝隙均匀，浇水后易于密缝。但梁底板的板条宽度不限制，以减少漏浆。拼板的拼条（小肋）的间距取决于新浇混凝土的侧压力和板条的厚度，多为400～500mm。

1. 基础模板

独立基础支模方法和构造如图4-2所示。如土质较好，阶梯形基础模板的最下一级可不用模板而进行原槽浇筑。

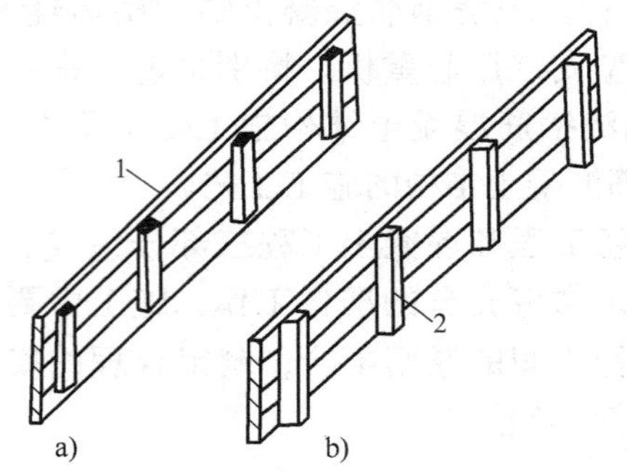

图4-1　拼板的构图

a）拼条平放　b）拼条立放

1—板条　2—拼条

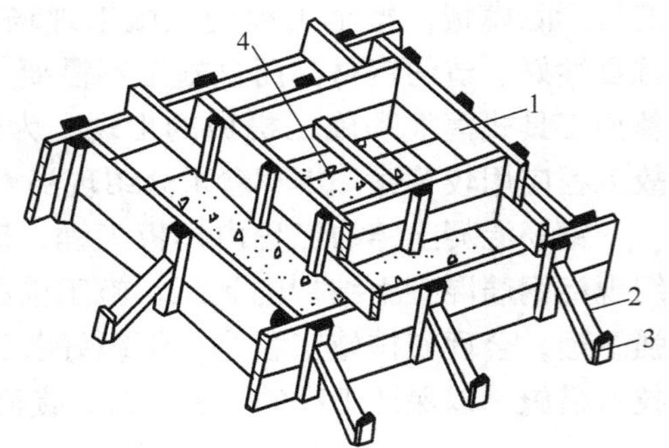

图4-2　阶梯形基础模板

1—拼板　2—斜撑

3—木桩　4—铁丝

条形基础在一般建筑工程中采用较多，主要模板部件是侧模和支撑系统。立楞的截面和间距与侧模板的厚度有关，立楞是用来钉牢侧模和加强其刚度的。条形基础模板构造如图4-3所示。

2. 柱模板

由两块相对的内拼板和两块相对的外拼板及柱箍组成（见图4-4）。

柱侧模主要承受柱混凝土的侧压力，并经过柱侧模传给柱箍，由柱箍承受侧压力，同时柱箍也起到固定柱侧模的作用。柱箍的间距取决于混凝土侧压力的大小和侧模板的厚度。柱模上部开有与梁模板连接的梁口。底部开设有清扫口，以便清除杂物。柱底一般有一钉在底部混凝土上的木框，用以固定柱模的

检查数量：在同一检验批内，对梁，应抽查构件数量的10%，且不少于3件；对板，应按有代表性的自然间抽查10%，且不少于3间；对大空间结构，板可按纵、横轴线划分检查面，抽查10%，且不少于3面。

检验方法：水准仪或拉线、钢尺检查。

4）固定在模板上的预埋件、预留孔和预留洞均不得遗漏，且应安装牢固，其偏差应符合表4-7的规定。现浇结构模板安装的偏差及检查方法应符合表4-8的规定。

表4-7　预埋件和预留孔洞的允许偏差

项　　目		允许偏差/mm
预埋钢板中心线位置		3
预埋管、预留孔中心线位置		3
插筋	中心线位置	5
	外露长度	+10，0
预埋螺栓	中心线位置	2
	外露长度	+10，0
预留孔	中心线位置	10
	尺寸	+10，0

注：检查中心线位置时，应沿纵、横两个方向量测，并取其中较大值。

表4-8　现浇结构模板安装的允许偏差及检验方法

项目		允许偏差/mm	检验方法
轴线位置		5	钢尺检查
底模上表面标高		±5	水准仪或拉线、钢尺检查
截面内部尺　寸	基　础	±10	钢尺检查
	柱、墙、梁	+4，-5	钢尺检查
层　高垂直度	≤5mm	6	经纬仪或吊线、钢尺检查
	>5mm	8	
相邻两板表面高低差		2	钢尺检查
表面平整度		5	2m靠尺和塞尺检查

注：检查轴线位置时，应沿纵、横两个方向量测，并取其中较大值。

检查数量：在同一检验批内，对梁、柱和独立基础，应抽查构件数量的10%，且不少于3件；对墙和板，应按有代表性的自然间抽查10%，且不少于3间；对大空间结构，墙可按相邻轴线间高度5m左右划分检查面，板可按纵、横轴线划分检查面，抽查10%，且均不少于3面。

检验方法：钢尺检查。

5）预制构件模板安装的偏差应符合表4-9的规定。

表 4-9 预制构件模板安装的允许偏差及检验方法

<table>
<tr><th colspan="2">项 目</th><th>允许偏差/mm</th><th>检验方法</th></tr>
<tr><td rowspan="4">长度</td><td>梁、板</td><td>±5</td><td rowspan="4">用钢尺量两角边，取其中较大值</td></tr>
<tr><td>薄腹梁、桁架</td><td>±10</td></tr>
<tr><td>柱</td><td>0，-10</td></tr>
<tr><td>墙板</td><td>0，-5</td></tr>
<tr><td rowspan="2">宽度</td><td>板、墙板</td><td>0，-5</td><td rowspan="2">用钢尺量一端及中部，取其中较大值</td></tr>
<tr><td>梁、薄腹梁、桁架、柱</td><td>+2，-5</td></tr>
<tr><td rowspan="3">高（厚）度</td><td>板</td><td>+2，-3</td><td rowspan="3">用钢尺量一端及中部，取其中较大值</td></tr>
<tr><td>墙板</td><td>0，-5</td></tr>
<tr><td>梁、薄腹梁、桁架、柱</td><td>+2，-5</td></tr>
<tr><td rowspan="2">侧向弯曲</td><td>梁、板、柱</td><td>l/1000 且≤15</td><td rowspan="2">拉线、用钢尺量最大弯曲处</td></tr>
<tr><td>墙板、薄腹梁、桁架</td><td>l/1500 且≤15</td></tr>
<tr><td colspan="2">板的表面平整度</td><td>3</td><td>2m 靠尺和塞尺检查</td></tr>
<tr><td colspan="2">相邻两板表面高低差</td><td>1</td><td>用钢尺检查</td></tr>
<tr><td rowspan="2">对角线差</td><td>板</td><td>7</td><td rowspan="2">用钢尺量两个对角线</td></tr>
<tr><td>墙板</td><td>5</td></tr>
<tr><td>翘曲</td><td>板、墙板</td><td>l/1500</td><td>用调平尺在两端两测</td></tr>
<tr><td>设计起拱</td><td>梁、薄腹梁、桁架、柱</td><td>±3</td><td>拉线、用钢尺量跨中</td></tr>
</table>

注：l 为构件长度（mm）。

检查数量：首次使用及大修后的模板应全数检查；使用中的模板应定期检查，并根据使用情况不定期抽查。

6）侧模拆除时的混凝土强度应能保证其表面及棱角不受损伤。模板拆除时，不应对楼层形成冲击荷载。拆除的模板和支架宜分散堆放并及时清运。

检查数量：全数检查。

检验方法：观察。

第二节 钢 筋 工 程

一、钢筋的种类

在钢筋混凝土结构中所用的钢筋品种很多，主要分为两大类：一类是有物理屈服点的钢筋，如热轧钢筋；另一类是无物理屈服点的钢筋，如钢丝、钢绞线及热处理钢筋。前者主要用于钢筋混凝土结构，后者主要用于预应力混凝土结构。

热轧钢筋按强度标准值和化学成分不同分为 HPB235 级、HRB335 级、HRB400 级、RRB400 级。其强度标准值系根据屈服强度确定，用 f_{yk} 表示。普通钢筋的强度标准值应按表 4-10 采用。HPB235 级钢筋表面为光面，其余级别钢筋表面一般带肋（月牙肋或等高肋）。为便于运输，直径为 6～12mm 的细钢筋常卷成圆盘，直径大于 12mm 的粗钢筋则轧成 6～12m 长的直条。

表 4-10　普通钢筋的强度标准值　　（单位：N/mm^2）

种类		符号	直径/mm	强度标准值
热轧钢筋	HPB235（Q235）	Φ	8～20	235
	HRB335（20MnSi）	Φ	6～50	335
	HRB400（20MnSiV、20MnSiNb、20MnTi）	Φ	6～50	400
	RRB400（K20MnSi）	$Φ^R$	8～40	400

钢筋进场应有产品合格证、出厂检验报告，每捆（盘）钢筋均应有标牌，进场钢筋应按进场的批次和产品的抽样检验方案抽取试样作力学性能试验，合格后方可使用。钢筋在加工过程中出现脆断、焊接性能不良或力学性能显著不正常等现象时，还应进行化学成分检验或其他专项检验。同时还应进行外观检查，要求钢筋应平直、无损伤，表面不得有裂纹、油污、颗粒状或片状老锈。

钢筋在运输和储存时，必须保留标牌，并按批分别堆放整齐，避免锈蚀和污染。

二、钢筋的加工

钢筋一般在钢筋车间加工，然后运至现场绑扎或安装。其加工过程一般有冷拉、冷拔、调直、切断、除锈、弯曲、焊接等。

1. 钢筋冷拉

钢筋冷拉是在常温下，以超过钢筋屈服强度的拉应力拉伸钢筋，使钢筋产生塑性变形，以提高强度，节约钢材。冷拉时，钢筋被拉直，表面锈渣自动剥落，因此冷拉不但可提高强度，而且还可以同时完成调直、除锈工作。

钢筋的冷拉可采用控制应力和控制冷拉率两种方法。采用控制应力方法冷拉钢筋时，其冷拉控制应力及最大冷拉率，应符合表 4-11 的规定。

表 4-11　冷拉控制应力及最大冷拉率

钢筋类型		冷拉控制应力/MPa	最大冷拉率（%）
HPB235 级 $d \leqslant 12$		280	10.0
HRB335 级	$d \leqslant 25$	450	5.5
	$d = 28 \sim 40$	430	
HRB400 级 $d = 8 \sim 40$		500	5.0

钢筋冷拉采用控制冷拉率方法时，冷拉率必须由试验确定。对同炉批钢筋，测定的试件不应少于4个，每个试件都应按表4-12规定的冷拉应力值在万能试验机上测定相应的冷拉率，取其平均值作为该炉批钢筋的实际冷拉率。如钢筋强度偏高，平均冷拉率低于1%时，仍应按1%进行冷拉。

表4-12　测定冷拉率时钢筋的冷拉应力

钢筋类型		冷拉控制应力/MPa
HPB235级 $d \leqslant 12$		320
HRB335级	$d \leqslant 25$	480
	$d = 28 \sim 40$	460
HRB400级 $d = 8 \sim 40$		530

钢筋冷拉采用控制应力法能够保证冷拉钢筋的质量，而采用控制冷拉率法设备简单，但当材质不均匀，冷拉率波动大时，不易保证冷拉应力，为此可采用逐根取样法。不能分清炉批的热轧钢筋，不应采用控制冷拉率法。

多根连接的钢筋，用控制应力的方法进行冷拉时，其控制应力和每根的冷拉率均符合表4-11的规定；当用控制冷拉率的方法进行冷拉时，冷拉率可按总长计，但冷拉后每根钢筋的冷拉率不得超过表4-12的规定。

冷拉钢筋的检查验收方法和质量要求应符合《混凝土结构工程施工质量验收规范》（GB 50204—2002）中的有关规定。

冷拉设备由拉力设备、承力装置、测量装置和钢筋夹具等组成，如图4-21所示。拉力设备主要为卷扬机和滑轮组，他们应根据所需的最大拉力确定。

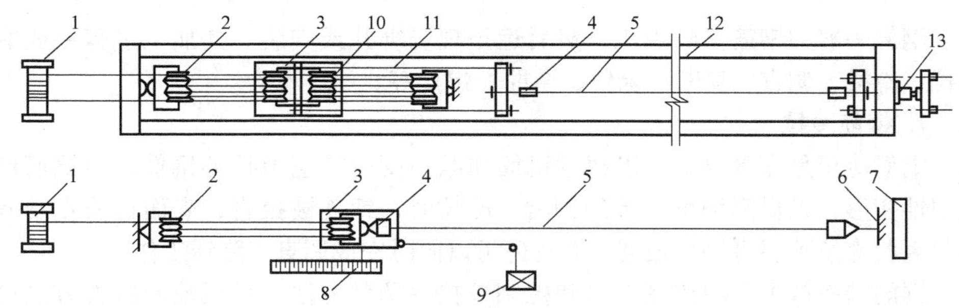

图4-21　冷拉设备

1—卷扬机　2—滑轮机　3—冷拉小车　4—夹具　5—被冷拉的钢筋
6—地锚　7—防护壁　8—标尺　9—回程荷重架　10—回程滑轮组
11—传力架　12—槽式台座　13—液压千斤顶

2. 钢筋冷拔

冷拔是使直径6～8mm的HPB235级钢筋强力通过钨合金拔丝模孔，使钢筋产生塑性变形。钢筋冷拔后横向压缩，纵向拉伸，内部晶格产生滑移，抗拉强度可提高50%～90%，塑性降低，硬度提高，称为冷拔低碳钢丝。按其机械性能分为甲、乙两级，甲级主要用作预应力筋，乙级用作非预应力筋。

3. 钢筋除锈

钢筋的除锈一般有三种途径：一是通过钢筋加工的其他工序同时除锈，如在钢筋冷拉或调直过程中除锈，这是一种最合理、最经济的方法；二是通过机械除锈，其中较普通的是使用电动除锈机除锈。为了减少除锈时灰尘飞扬，应装设排尘罩和排尘管道。此外还可采用手工除锈（用钢丝刷、砂轮）、酸洗除锈、喷砂除锈等。

4. 钢筋调直

盘圆钢筋在使用前必须经过放圈和调直，而以直条供应的粗钢筋在使用前也要进行一次调直处理，才能满足规范要求的"钢筋应平直，无局部曲折"的规定。

采用钢筋调直机可同时完成除锈、调直和切断三道工序。调直机的调直筒内有5个调直块，他们不在同一中心线上旋转，需根据钢筋性质和调直块的磨损程度调整偏移值大小，以使钢筋能得到最佳调直效果。调直筒出入两端的两个调直块必须调至位于调直筒前后导孔的轴心线上，这是钢筋能否调直的一个关键。如果发现钢筋调得不直就要从以上两方面检查原因，并及时调整调直块的偏移量。

采用冷拉方法（如卷扬机等）调直钢筋时，HPB235级钢筋的冷拉率不宜大于4%；HRB335级、HRB400级钢筋的冷拉率不宜大于1%。

5. 钢筋切断

钢筋下料时须按计算的下料长度切断。钢筋切断可采用钢筋切断机或手动切断器。手动切断器只是用于切断直径小于12mm的钢筋，钢筋切断机可切断40mm的钢筋。当钢筋直径大于40mm时，应用氧乙炔焰或砂轮机切割。

在大中型建筑工程施工中，提倡采用钢筋切断机，它不仅生产效率高，操作方便，而且确保钢筋端面垂直钢筋轴线，不出现马蹄形或翘曲现象，便于钢筋进行焊接或机械连接。钢筋的下料长度力求准确，其允许偏差为±10mm。

6. 钢筋弯曲成型

钢筋按下料长度切断后，应按弯曲设备特点及钢筋直径、弯曲角度进行划线，以便弯曲成设计的尺寸和形状。钢筋弯曲宜采用钢筋弯曲机或钢筋弯箍机；当钢筋直径小于25mm时，少量的钢筋弯曲，也可以采用人工扳钩弯曲。

受力钢筋的弯钩和弯折应符合下列规定：

1）HPB235级钢筋末端应作180°弯钩，其弯弧内直径不应小于钢筋直径的2.5倍，弯钩的弯后平直部分长度不应小于钢筋直径的3倍。

2）当设计要求钢筋末端作135°弯钩时，HRB335级、HRB400级钢筋的弯

弧内直径不应小于钢筋直径的 4 倍，弯钩的弯后平直部分长度应符合设计要求。

3）钢筋作不大于90°的弯折时，弯折处的弯弧内直径不应小于钢筋直径的5倍。

4）箍筋的末端应作弯钩（焊接封闭式箍筋除外），弯钩形式应符合设计要求；当设计无具体要求时，应符合下列规定：①箍筋弯钩的弯折角度，对一般结构，不应小于 90°；对有抗震等要求的，应为 135°；②箍筋弯钩的弯弧内直径，除应满足上述规定外，尚应不小于受力钢筋直径。

三、钢筋的连接

钢筋连接有三种常用的方法：绑扎连接、焊接连接和机械连接。

1. 绑扎连接

钢筋的接长、钢筋骨架或钢筋网的成形应优先采用焊接或机械连接，如不能采用焊接或机械连接或骨架过大过重不便于运输安装时，可采用绑扎连接的方法。钢筋绑扎一般采用 20 ~ 22 号铁丝，绑扎时应注意钢筋位置是否准确，绑扎是否牢固、绑扎位置及搭接长度是否符合规范要求。

在同一构件中相邻纵向受力钢筋的绑扎搭接接头宜相互错开。钢筋搭接处，应在中心和两端用铁丝扎牢。在受拉区域内，HPB235 级钢筋绑扎接头的末端应做弯钩。绑扎搭接接头中钢筋的横向净距不应小于钢筋直径，且不应小于 25mm；钢筋绑扎搭接接头连接区段的长度为 $1.3l_1$（l_1 为搭接长度），凡搭接接头中点位于该连接区段长度内的搭接接头均属于同一连接区段。在同一连接区段内，纵向钢筋搭接接头面积百分率为该区段内有搭接接头的纵向受力钢筋截面面积与全部纵向受力钢筋截面面积的比值（见图 4-22）。

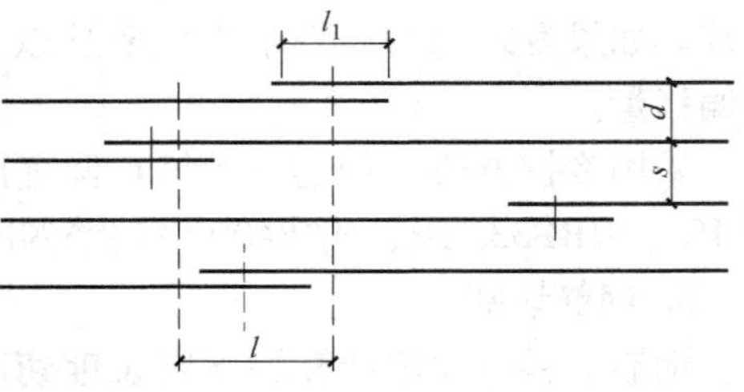

图 4-22 受力钢筋绑扎接头

在同一连接区段内纵向受力钢筋搭接接头面积百分率应符合设计要求；当设计无具体要求时，应符合下列规定：

1）对梁类、板类及墙类构件，不宜大于 25%。

2）对柱类构件，不宜大于 50%。

3）当工程中确有必要增大接头面积百分率时，对梁类构件，不应大于 50%；对其他构件，可根据实际情况放宽。

钢筋绑扎搭接长度按下列规定确定：

1）纵向受拉钢筋绑扎搭接接头面积百分率不大于25%时，其最小搭接长度应符合表4-13的规定。

表4-13　纵向受拉钢筋的最小搭接长度 l_1

钢筋类型		混凝土强度等级			
		C15	C20～C25	C30～C35	≥C40
光圆钢筋	HPB235级	45*d*	35*d*	30*d*	25*d*
带肋钢筋	HRB335级	55*d*	45*d*	35*d*	30*d*
	HRB400级、RRB400级	—	55*d*	40*d*	35*d*

注：两根直径不同钢筋的搭接长度，以较细钢筋的直径计算。

2）当纵向受拉钢筋搭接接头面积百分率大于25%，但不大于50%时，其最小搭接长度应按表4-13中的数值乘以系数1.2取用；当接头面积百分率大于50%时，应按表4-13中的数值乘以系数1.35取用。

3）纵向受拉钢筋的最小搭接长度根据上述1)、2）条确定后，在下列情况时还应进行修正：带肋钢筋的直径大于25mm时，其最小搭接长度应按相应数值乘以系数1.1取用；对环氧树脂涂层的带肋钢筋，其最小搭接长度应按相应数值乘以系数1.25取用；当在混凝土凝固过程中受力钢筋易受扰动时（如滑模施工)，其最小搭接长度应按相应数值乘以系数1.1取用；对末端采用机械锚固措施的带肋钢筋，其最小搭接长度可按相应数值乘以系数0.7取用；当带肋钢筋的混凝土保护层厚度大于搭接钢筋直径的3倍且配有箍筋时，其最小搭接长度可按相应数值乘以系数0.8取用；对有抗震设防要求的结构构件，其受力钢筋的最小搭接长度对一、二级抗震等级应按相应数值乘以系数1.15取用；对三级抗震等级应按相应数值乘以系数1.05取用。

4）纵向受压钢筋搭接时，其最小搭接长度应根据1）～3）条的规定确定相应数值后，乘以系数0.7取用。

5）在任何情况下，受拉钢筋的搭接长度不应小于300mm，受压钢筋的搭接长度不应小于200mm。

板和墙的钢筋网，除靠近外围两行钢筋的交叉点全部扎牢外，中间部分交叉点可间隔交错绑扎，但必须保证受力钢筋不产生位置偏移；对双向受力钢筋，必须全部绑扎牢固。

2. 焊接连接

采用焊接代替绑扎，可改善结构受力性能，提高工效，节约钢材，降低成本。结构的有些部位，如轴心受拉和小偏心受拉构件中的钢筋接头，应焊接。普通混凝土中直径大于22mm的钢筋和轻骨料混凝土中直径大于20mm的

HRB335级钢筋及直径大于25mm的HRB335、HRB400级钢筋，均宜采用焊接接头。

钢筋的焊接质量与钢材的可焊性、焊接工艺有关。

常用的钢筋焊接方法有：闪光对焊、电弧焊、电渣压力焊、气压焊、电阻点焊等。

(1) 闪光对焊　钢筋闪光对焊是利用钢筋对焊机，将两根钢筋安放成对接形式，压紧于两电极之间，通过低电压强电流，把电能转化为热能，使钢筋加热到一定温度后，即施以轴向压力顶锻，产生强烈飞溅，形成闪光，使两根钢筋焊合在一起(见图4-23)。

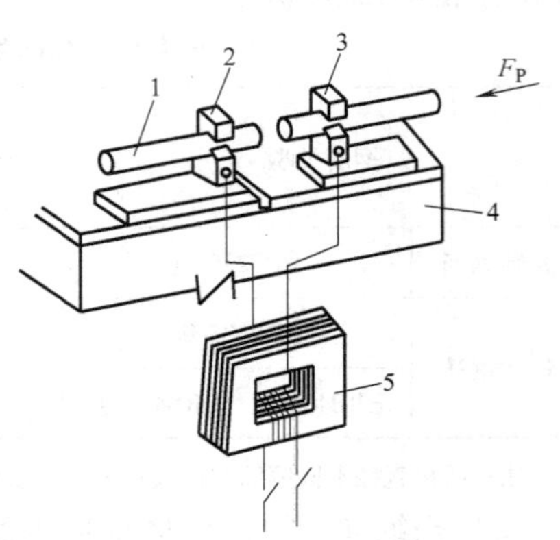

图4-23　钢筋闪光对焊原理
1—钢筋　2—固定电极　3—可动电极
4—机座　5—焊接变压器

闪光对焊广泛用于钢筋接长及预应力钢筋与螺栓端杆的焊接。热轧钢筋的焊接宜优先用闪光对焊。闪光对焊适用于焊接直径8~20mm的HPB235级钢筋及直径6~40mm的HRB335级、HRB400级钢筋。

钢筋闪光对焊焊接工艺应根据具体情况选择：钢筋直径较小，可采用连续闪光焊；钢筋直径较大，端面比较平整，宜采用预热闪光焊；端面不够平整，宜采用闪光—预热—闪光焊。

1) 连续闪光焊。这种焊接工艺过程是将待钢筋夹紧在电极钳口上后，闭合电源，使两钢筋端面轻微接触。由于钢筋端部不平，开始只有一点或数点接触，接触面小而电流密度和接触电阻很大，接触点很快熔化并产生金属蒸气飞溅，形成闪光现象。闪光一开始，即徐徐移动钢筋，形成连续闪光过程，同时接头也被加热。待接头烧平、闪去杂质和氧化膜、白热熔化时，随即施加轴向压力迅速进行顶锻，使两根钢筋焊牢。连续闪光焊适用于钢筋直径在25mm以下的钢筋。

2) 预热闪光焊。施焊时先闭合电源然后使两钢筋端面交替地接触和分开。这时钢筋端面间隙中即发出断续的闪光，形成预热过程。当钢筋达到预热温度后进入闪光阶段，随后顶锻而成。预热闪光焊适用于直径较大的钢筋。

3) 闪光—预热—闪光焊。在预热闪光焊前加一次闪光过程。目的是使不平整的钢筋端面烧化平整，使预热均匀，然后按预热闪光焊操作。闪光—预热—闪光焊适用于焊接直径25mm以上的钢筋。

HRB400级钢筋是可焊性较差的高强钢筋，宜用强电流进行焊接。焊后再进

行通电热处理。通电热处理的目的，是对焊接接头进行一次退火或高温回火处理，以消除热影响区产生的脆性组织，改善接头的塑性。通电热处理的方法是：待接头冷却到300℃（暗黑色）以下，电极钳口调至最大间距，接头居中，重新夹紧采用较低变压器级数，进行脉冲式通电加热，频率以0.5～1s/次为宜。热处理温度通过试验确定，一般在750～850℃范围内选择，随后在空气中自然冷却。

闪光对焊接头的质量检查：应按规定进行外观检查、拉伸试验和冷弯试验。

外观检查：接头表面不得有横向裂纹；与电极接触处的钢筋表面不得有明显的烧伤；接头处的弯折不得大于4°；钢筋轴线偏移不得大于0.1倍钢筋直径，且不大于2mm。

拉伸试验：抗拉强度不得低于该级钢筋的规定抗拉强度；试样应呈塑性断裂并断于焊缝之外。

冷弯性能：弯至90°，接头外侧不得出现宽度大于0.15mm的横向裂纹。

（2）电弧焊　电弧焊利用弧焊机使焊条和焊件之间产生高温电弧，熔化焊条和高温电弧范围内的焊件金属，熔化的金属凝固后形成焊接接头。电弧焊广泛用于钢筋的接长、钢筋骨架的焊接、装配式结构钢筋接头焊接及钢筋与钢板、钢板与钢板的焊接等。

钢筋电弧焊可分搭接焊、帮条焊、坡口焊和熔槽帮条焊四种接头形式。

1）搭接焊接头。只适用于焊接直径10～40mm的HPB235级、HRB335级钢筋。焊接时，宜采用双面焊，如图4-24a所示。不能进行双面焊时，也可采用单面焊，如图4-24b所示。搭接长度l见表4-14。

表4-14　钢筋帮条（搭接）长度l

钢筋类型	焊缝形式	帮条（搭接）长度l
HPB235	单面焊	$\geqslant 8d$
	双面焊	$\geqslant 4d$
HRB335 HRB400	单面焊	$\geqslant 10d$
	双面焊	$\geqslant 5d$

2）帮条焊接头。适用于焊接直径10～40mm的各级热轧钢筋。宜采用双面焊如图4-25a所示；不能进行双面焊时，也可采用单面焊，如图4-25b所示。帮条宜采用与主筋同级别、同直径的钢筋制作，帮条长度l见表4-14。如帮条级别与主筋相同时，帮条的直径可比主筋直径小一个规格，如帮条直径与主筋相同时，帮条钢筋的级别可比主筋低一个级别。

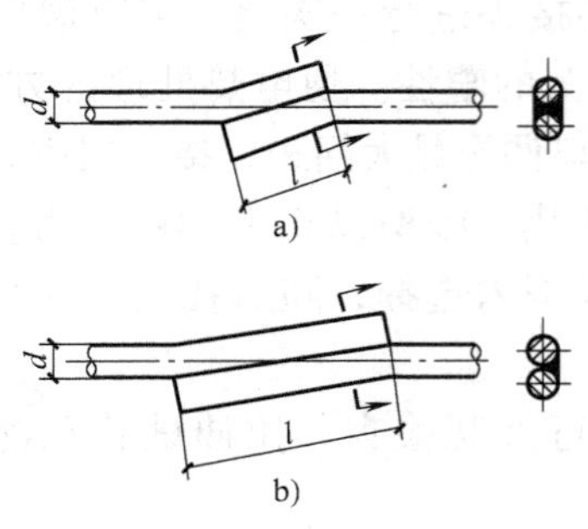

图 4-24　搭接焊接头

a）双面焊　b）单面焊

d—钢筋直径　l—搭接长度

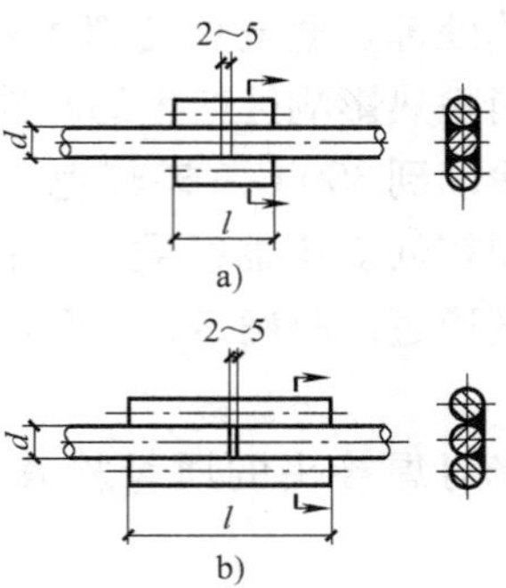

图 4-25　帮条焊接头

a）双面焊　b）单面焊

d—钢筋直径　l—帮条长度

3）坡口焊接头。有平焊和立焊两种。这种接头比上两种接头节约钢材，适用于在现场焊接装配整体式构件接头中直径为 18～40mm 的各级热轧钢筋。钢筋坡口平焊时，V 形坡口角度为 55°～65°，如图 4-26a 所示，坡口立焊时，坡口角度为 40°～55°。其中下钢筋为 0°～10°，上钢筋为 35°～45°，如图 4-26b 所示。钢垫板长为 40～60mm，厚度为 4～6mm。平焊时，钢垫板宽度为钢筋直径加 10mm；立焊时，其宽度等于钢筋直径。钢筋根部间隙，平焊时为 4～6mm；立焊时为 3～5mm。最大间隙均不宜超过 10mm。

4）熔槽帮条焊。钢筋熔槽帮条焊适用于直径 20mm 及以上钢筋的现场安装焊接。焊接时，应加角钢作垫模，接头形式如图 4-27 所示。角钢的边长为 40～60mm，长度为 80～100mm。

钢筋电弧焊焊接质量检查：应按规定进行外观检查、拉伸试验。

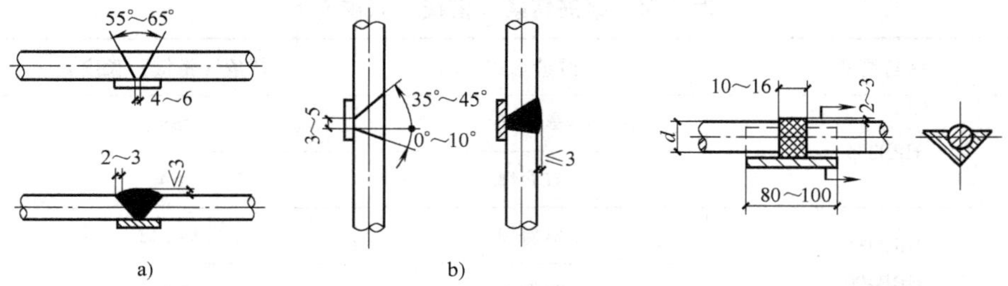

图 4-26　搭接焊接头

a）平焊　b）立焊

图 4-27　钢筋熔槽帮条焊

外观检查：焊缝表面平整，不得有较大的凹陷、焊瘤；接头处不得有裂纹；咬边深度、气孔、夹渣等数量与大小，以及接头尺寸偏差，不得超过规定值。

强度检验：每一楼层中以 300 个同类型接头（同钢筋级别、同接头形式、同焊接位置）作为一批，每批切取三个接头进行拉伸试验。要求：3 个热轧钢筋接头试件的抗拉强度均不得小于该级别钢筋的抗拉强度标准值；RRB400 级钢筋接头试件，不得小于 570MPa；3 个接头均应断于焊缝之外，并至少有 2 个试件呈延性断裂。

当检验结果有 1 个试件的抗拉强度低于规定指标，或有 1 个试件断于焊缝，或有 2 个试件发生脆性断裂时，应取双倍数量的试件进行复验。复验结果如仍有 1 个试件的抗拉强度低于规定指标，或有 1 个试件断于焊缝，或有 3 个试件脆性断裂时，则该批接头即为不合格品。

（3）电渣压力焊　电渣压力焊利用电流通过渣池所产生的热量来熔化母材，待到一定程度后施加压力，完成钢筋连接。这种钢筋接头的焊接方法与电弧焊相比，焊接效率高 5 ~6 倍，且接头成本较低，质量易保证，它适用于直径为 14 ~ 40mm 的 HPB235 级、HRB335 级竖向或斜向钢筋的连接。

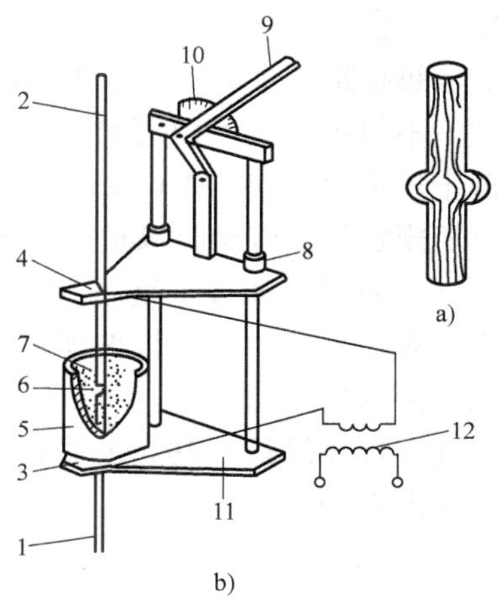

图 4-28　钢筋电渣压力焊示意图
a）已焊好的钢筋接头　b）焊接夹具外形
1、2—钢筋　3—固定电极　4—活动电极
5—焊剂盒　6—导电剂　7—焊剂
8—滑动架　9—操纵杆　10—标尺
11—固定架　12—变压器

电渣压力焊可用手动电渣压力焊机或自动电渣压力焊机。手动电渣压力焊机由电源、控制箱、焊接夹具、焊药盒等组成，如图 4-28 所示。自动电渣压力焊机还包括控制系统及操作箱。

钢筋电渣压力焊的施工工艺主要包括端部除锈、固定钢筋、通电引弧、快速顶压、焊后清理等工序。

钢筋调直后，对两根钢筋端部 120mm 范围内，进行认真的除锈和清除杂质工作，以便于很好的焊接。焊接时，将夹具夹牢在下部钢筋上，并将上部钢筋扶直夹牢于活动电极中，上、下钢筋间放一小块导电剂（或钢丝小球），装上药盒，装满焊药，接通电路，用手柄使电弧引燃（引弧）。然后稳弧一定时间使之形成渣池并使钢筋熔化（稳弧），随着钢筋的熔化，用手柄使上部钢筋缓缓下送。稳弧时间的长短视电流、电压和钢筋直径而定。当稳弧达到规定时间后，在断电的同时用手柄进行加压顶锻以排除夹渣气泡，形成接头。待冷却一定时间后即拆除药盒，回收焊药，拆除夹具和清除焊渣。引弧、稳弧、顶锻三个过程连续进行。

电渣压力焊的质量检查，包括外观检查和拉伸试验。

外观检查：要求四周焊包凸出钢筋表面的高度，不得小于 4mm；钢筋与电极接触处，应无烧伤缺陷；接头处的弯折角不得大于40°；接头处的轴线偏移不得大于钢筋直径的0.1倍，且不得大于2mm。

拉伸试验：电渣压力焊接头进行力学性能试验时，在一般构筑物中，应以300个同级别钢筋接头作为一批；在现浇钢筋混凝土多层结构中，应以每一楼层或施工区段中300个同级别钢筋接头作为一批；不足300个接头的仍应作为一批。从每批接头中随机切取3个试件做拉伸试验，其试验结果，3个试件的抗拉强度均不得小于该级别钢筋规定的抗拉强度。当试验结果有1个试件的抗拉强度低于规定值，应再取6个试件进行复验。复验结果，当仍有1个试件的抗拉强度小于规定值，应确认该批接头为不合格品。

（4）钢筋气压焊　钢筋气压焊是利用氧气和乙炔气，按一定比例混合燃烧的火焰对接头处加热，将被焊钢筋端部加热到塑性状态或熔化状态，并施加一定压力使两根钢筋焊合。

气压焊接设备，主要包括氧、乙炔供气装置、加热器、加压器及焊接夹具等，如图4-29所示。

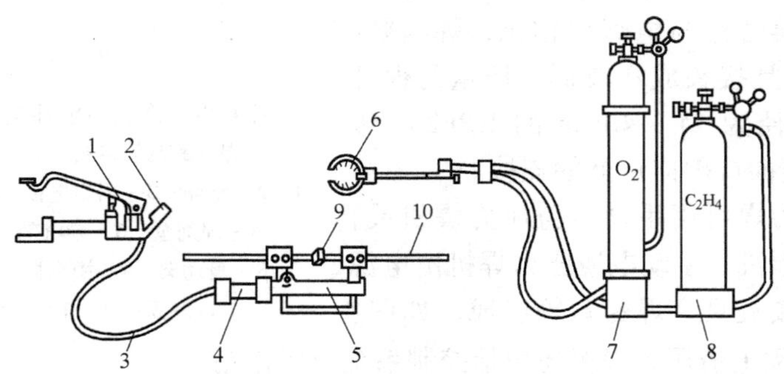

图4-29　气压焊接设备

1—脚踏液压泵　2—压力计　3—液压胶管　4—活动液压泵

5—夹具　6—焊枪　7—氧气瓶　8—乙炔瓶　9—接头　10—钢筋

这种焊接工艺具有设备简单、操作方便、质量优良、成本较低等优点。气压焊可用于钢筋在垂直位置、水平位置或倾斜位置的对接焊接。适用钢筋的范围为直径14～20mm的HPB235级钢筋，直径14～40mm的HRB335级和HRB400级钢筋。当两钢筋直径不同时，其两直径之差不得大于7mm。

气压焊接头，应按规定的方法检查外观质量和进行力学试验。

外观质量：偏心量e不得大于钢筋直径的0.15倍，且不得大于4mm；两钢筋轴线弯折角不得大于4°；镦粗直径d_c不得小于钢筋直径的1.4倍；镦粗长度L_C不得小于钢筋直径的1.2倍，且凸起部分平缓圆滑；压焊面偏移d_b不得大于钢筋直径的0.2倍。

拉伸试验：同电渣压力焊。

弯曲试验：对梁、板的水平钢筋连接中，每批中应另切取 3 个接头做弯曲试验，进行弯曲试验时，应将试件受压面的凸起部分消除，并应与钢筋外表面齐平，弯心直径应符合规范规定。弯曲试验可在万能试验机、手动或电动液压弯曲试验器上进行；压焊面应处在弯曲中心点，弯至 90°，3 个试件均不得在压焊面发生破断。当试验结果有 1 个试件不符合要求时，应再切取 6 个试件进行复验。复验结果，当仍有 1 个试件不符合要求，应确认该批接头为不合格品。

（5）电阻点焊　电阻点焊将两钢筋安放成交叉叠接形式，压紧于两电极之间，利用电阻热熔化母材金属，加压形成焊点的一种压焊方法。电阻点焊主要用于焊接钢筋网片、钢筋骨架等（适用于直径 6 ~ 14mm 的 HPB235 级、HRB 级 335 级钢筋和直径 3 ~ 5mm 的冷拔低碳钢丝），它生产效率高，节约材料，应用广泛。

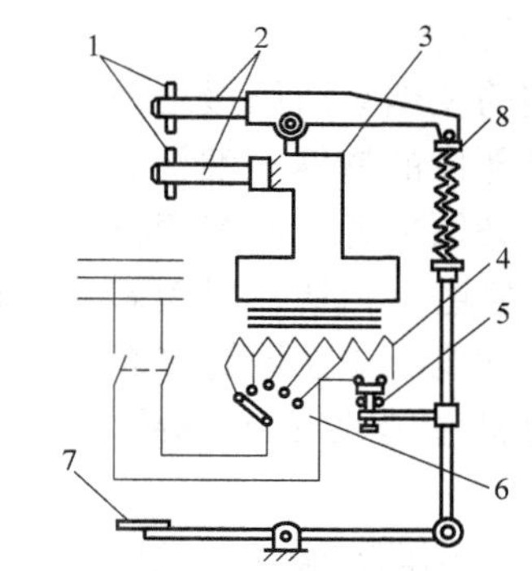

图 4-30　电阻点焊机工作示意图

1—电极　2—电极臂　3—变压器二次线圈　4—变压器初级线圈　5—断路器　6—调压开关　7—踏板　8—压紧机构

常用的点焊机有单头和多头点焊机。单头点焊机用于较粗钢筋的焊接，多头点焊机多用于钢筋网片的点焊。电阻点焊机构造，如图 4-30 所示。

电阻点焊的焊点质量检查包括外观和强度检验。

外观要求：焊点无脱焊、漏焊、气孔、裂纹和明显烧伤现象，焊点压入深度应符合规定，焊点应饱满。

强度检验：抗剪能力试验，其抗剪强度应不低于其中细钢筋的抗剪强度。拉伸试验时，不能在焊点处断裂。弯角试验时，不应有裂纹。

3. 机械连接

钢筋机械连接是通过连接件的机械咬合作用或钢筋端面的承压作用，将一根钢筋中的力传递至另一根钢筋的连接方法。它具有施工简便、工艺性能好，接头质量可靠、不受钢筋焊接性制约、可全天候施工、节约钢材、节省能源等优点。是近年来大直径钢筋现场连接的主要方法。钢筋机械连接方法很多，我国推广的主要有套筒挤压连接、锥螺纹套筒连接、直螺纹套筒连接。

（1）钢筋套筒挤压连接　钢筋套筒挤压连接是将两根待连接的带肋钢筋插入特制钢套筒内，利用挤压设备沿径向或轴向挤压钢套筒，使钢套筒产生塑性变形，依靠变形的钢套筒与被连接钢筋的纵、横肋产生的机械咬合而形成一个整体（见图 4-31）。由于在常温下挤压连接，所以也称为钢筋套筒冷压连接。它适用于竖向、横向、倾斜、高空及水下等各方位的较大直径带肋钢筋的连接。

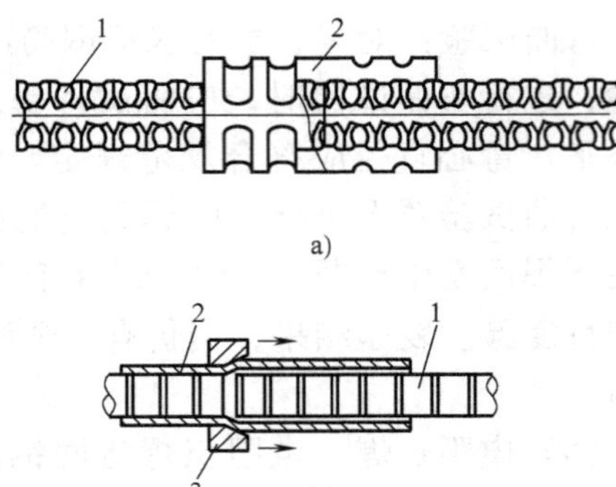

图 4-31 钢筋套筒挤压连接
a）径向挤压 b）轴向挤压
1—钢筋 2—套筒 3—压模

钢筋套筒挤压连接的工艺参数，主要是压接顺序、压接力和压接道数。压接顺序从中间逐道向两端压接。压接力要能保证套筒与钢筋紧密咬合，压接力和压接道数取决于钢筋直径、套筒型号和挤压机型号。

钢筋及钢套筒压接之前，要清除钢筋压接部位的铁锈、油污、砂浆等，钢筋端部必须平直，如有弯折扭曲应予以矫直、修磨、锯切，以免影响压接后钢筋接头性能。应在钢筋端部做上能够准确判断钢筋伸入套筒内长度的位置标记。钢套筒必须有明显的压痕位置标记，钢套筒的尺寸必须满足有关标准的要求。

（2）钢筋锥螺纹套筒联接 钢筋锥螺纹套筒联接是把钢筋的连接端加工成锥形螺纹，通过锥螺纹联接套把两根带螺纹的钢筋，按规定的力矩联接成一体。常见钢筋锥螺纹套筒联接形式如图 4-32 所示。

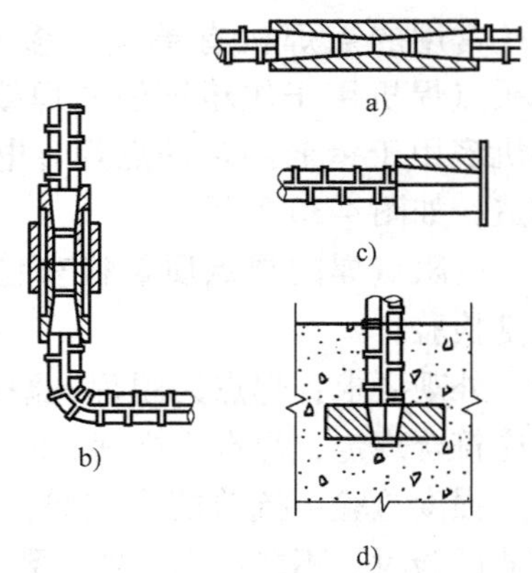

图 4-32 钢筋锥螺纹套筒联接
a）直钢筋连接 b）直、弯钢筋连接
c）在钢板上连接钢筋
d）混凝土构件中插接钢筋

钢筋锥螺纹套筒联接施工过程：钢筋下料、钢筋套丝、钢筋连接。

1）钢筋下料。钢筋下料可用钢筋切断机或砂轮锯，但不得用气割下。钢筋下料时，要求端面垂直于钢筋轴线，端头不得挠曲或出现马蹄形。

2）钢筋套丝。钢筋套丝可以在施工现场或钢筋加工厂进行预制。为确保钢筋套丝质量，操作工人必须持证上岗作业。要求套丝工人对其加工的每个丝头用牙形规和卡规逐个进行检查，达到质量要求的钢筋丝头，一端戴上与钢筋规格相同的塑料保护帽，另一端按规定力矩值拧紧联接套，并按规格分类堆放整齐待用。

3）钢筋连接。钢筋连接之前，先回收钢筋待连接端的塑料保护帽和联接套上的密封盖，并检查钢筋规格是否与联接套规格相同；检查锥螺纹丝扣是否完好无损、清洁，发现杂物或锈蚀，可用铁刷清除干净，然后把已拧好联接套的钢筋拧到被连接的钢筋上，用扭力扳手按规定的力矩值紧至发出响声，并随手画上油漆标记，以防钢筋接头漏拧。

（3）钢筋直螺纹套筒联接　直螺纹套筒联接是先将待联接钢筋端部镦粗，然后再加工成直螺纹，最后用带有直螺纹的套筒将两根钢筋联接起来，如图4-33所示。

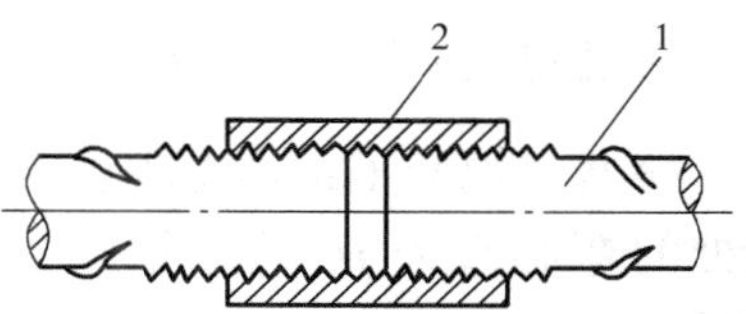

图4-33　钢筋直螺纹套筒联接
1—待接钢筋　2—套筒

由于镦粗段在钢筋被切削后截面仍大于钢筋原截面，即螺纹没有削弱钢筋截面，从而确保接头强度大于母材强度。与锥螺纹套筒联接相比，直螺纹套筒联接不存在扭紧力矩对接头的影响，其接头强度更高，安装更方便。

钢筋直螺纹套筒联接施工过程为：钢筋镦头、螺纹加工、丝头检验、套筒检验、钢筋就位、拧下钢筋保护帽和套筒保护帽、接头拧紧、作标记、施工质量检验。

四、钢筋的配料与代换

1. 钢筋配料

钢筋加工前应根据施工图和会审记录按不同构件进行配料计算，算出各号钢筋的下料长度、总根数及钢筋总重量，然后编制钢筋配料单，作为钢筋备料、加工的依据。

施工图中注明的钢筋尺寸是钢筋的外轮廓尺寸（即从钢筋的外皮到外皮量得的尺寸），称为钢筋的外包尺寸，在钢筋制备安装后，也是按外包尺寸验收。

钢筋在制备前是按直线下料，如果下料长度按外包尺寸总和进行计算，则加工后钢筋的尺寸必然大于设计要求的外包尺寸，这是因为钢筋在弯曲时，外皮伸长，内皮缩短，而中心轴线长度不变。因此，只有按中心线长度来下料制备，才能使钢筋外包尺寸符合设计要求。

钢筋外包尺寸和中心线长度之间的差值，称作量度差值（俗称弯曲伸长值）。在计算钢筋下料长度时必须加以扣除。

因此钢筋下料长度应为各段外包尺寸之和减去各弯曲处的量度差值，再加上端部弯钩的增加值。即：钢筋下料长度 = 轴线长度 = 外包尺寸 − 量度差值 + 端部弯钩的增加值。

（1）量度差值计算　具体如下：

1）90°弯曲的量度差值。如图4-34所示，计算公式推导：

$$中心线长\ \widehat{ACB} = \frac{\pi}{2}\left(\frac{D}{2} + \frac{d_0}{2}\right) = \frac{\pi}{4}(D + d_0)$$

外包尺寸 $A'C' + C'B' = OA' + OB' = \left(\frac{D}{2} + d_0\right) + \left(\frac{D}{2} + d_0\right) = D + 2d_0$

量度差值 $(A'C' + C'B') - \widehat{ACB} = D + 2d_0 - \frac{\pi}{4}(D + d_0)$ (4-4)

根据《混凝土结构工程施工质量验收规范》的规定，弯起钢筋中间部位弯折处的弯心直径 D 不应小于 $5d_0$。当 $D = 5d_0$ 时，可得 90°弯曲的量度差值为 $2.29d_0$。

2）45°量度差值。如图 4-35 所示，计算公式推导：

中心线长 $\widehat{ACB} = \frac{\pi}{4}\left(\frac{D}{2} + \frac{d_0}{2}\right) = \frac{\pi}{8}(D + d_0)$

外包尺寸 $A'C' + C'B' = 2\tan 22.5°\left(\frac{D}{2} + d_0\right)$

量度差值 $(A'C' + C'B') - \widehat{ACB} = 2\tan 22.5°\left(\frac{D}{2} + d_0\right) - \frac{\pi}{8}(D + d_0)$ (4-5)

当 $D = 5d_0$ 时，可得钢筋 45°弯曲的量度差值为 $0.55d_0$。

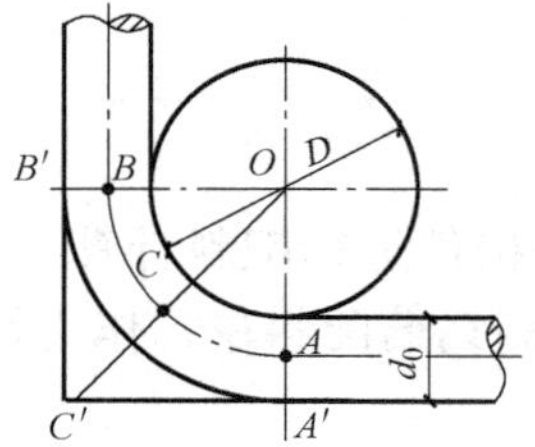

图 4-34 钢筋 90°弯曲量度差值图

D—弯曲钢筋时弯曲机的弯心直径

d_0—钢筋直径

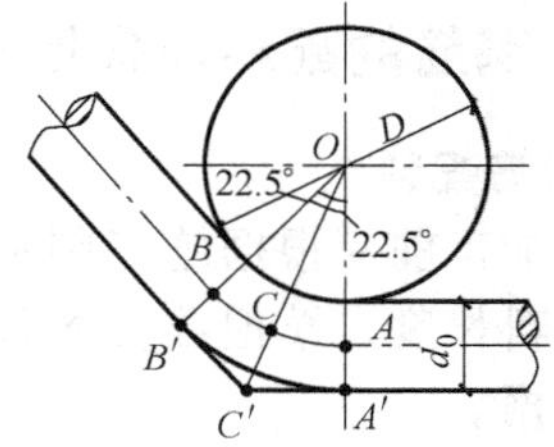

图 4-35 钢筋 45°弯曲量度差值图

D、d_0—符号同图 4-34

3）同理，可得各种弯曲角度的弯曲量度差值。

在实际工作中，为了方便计算，钢筋弯曲量度差值可按表 4-15 取值进行计算。

表 4-15 钢筋弯曲量度差值

钢筋弯曲角度	30°	45°	60°	90°	135°
钢筋弯曲量度差值	$0.35d_0$	$0.5d_0$	$0.85d_0$	$2d_0$	$2.5d_0$

（2）端部弯钩增长值计算 根据规范规定，HPB235 级钢筋两端做 180°弯钩（如图 4-36 所示），其弯曲直径 D 应不小于 $2.5d_0$，平直部分不小于 $3d_0$。

弯钩全长 $A'F' = \frac{\pi}{2}(D + d_0) + 3d_0 = \frac{\pi}{2}(2.5d_0 + d_0) + 3d_0 = 8.5d_0$

弯钩时外包尺寸量至 E' 点，$A'E' = \frac{D}{2} + d_0 = \frac{2.5d_0}{2} + d_0 = 2.25d_0$

每个弯钩应增加长度为 $E'F' = A'F' - A'E' = 8.5d_0 - 2.25d_0 = 6.25d_0$（包括量度差值在内）

（3）箍筋调整值计算　常用的箍筋形式有三种，如图 4-37 所示。图 4-37a、图 4-37b 是一般形式箍筋，图 4-37c 是有抗震要求和受扭构件的箍筋。

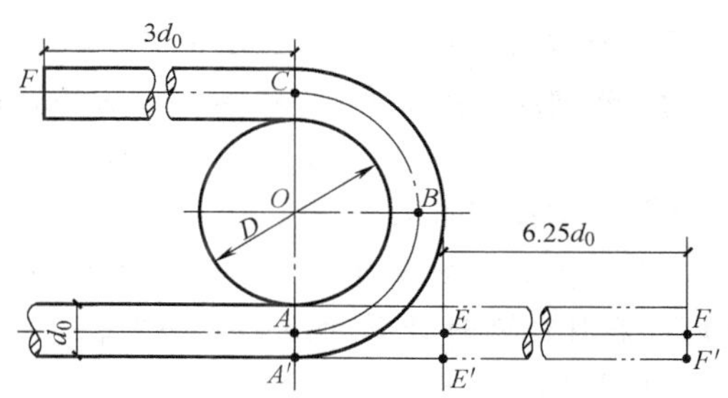

图 4-36　钢筋 180°弯钩计算简图

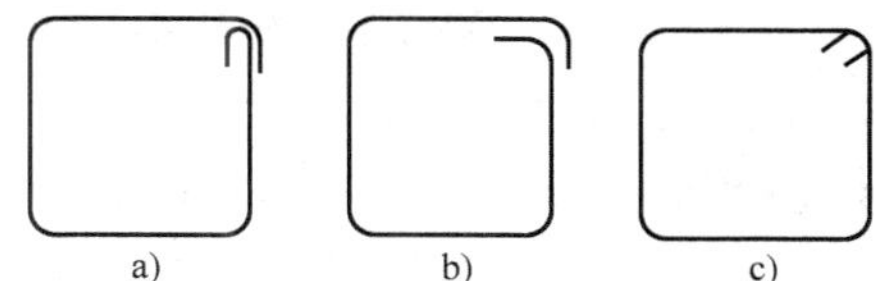

图 4-37　常用的箍筋形式

a）90°/180°箍筋　b）90°/90°箍筋　c）135°/135°箍筋

由于箍筋弯钩形式较多，下料长度计算比其他类型钢筋较为复杂。在实际工程中，为了简化计算，一般先按外包或内包尺寸计算出箍筋周长，然后加上箍筋调整值（此调整值包括 4 个 90°弯曲及 2 个弯钩在内）。即：箍筋下料长度 = 箍筋周长 + 箍筋调整值。箍筋调整值可直接在表 4-16 中查用。

箍筋个数：按构件长度除以箍筋间距再加 1 计算。箍筋加密区按要求增加相应数目。

表 4-16　箍筋调整值　　（单位：mm）

箍筋量度方法	箍筋直径/mm			
	4～5	6	8	10～12
量外包尺寸	40	50	60	70
量内包尺寸	80	100	120	150～170

【例 4-1】　某公寓第一层楼共 5 根 L—1 梁，梁配筋如图 4-38 所示，梁混凝土保护层厚度取 25mm，试编制该梁的钢筋配料单。

解：

（1）绘制各钢筋简图，见表 4-17。

（2）计算各钢筋下料长度：

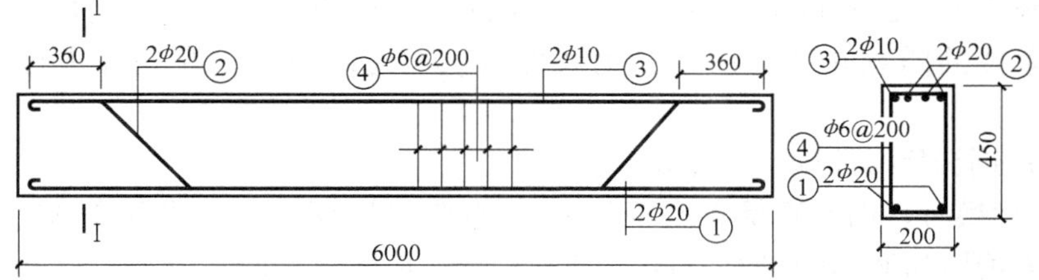

图 4-38　L—1 梁配筋图

① 号钢筋下料长度：6000mm − 2 × 25mm + 2 × 6.25 × 20mm = 6200mm

② 号钢筋下料长度：6000mm − 2 × 25mm + 2 × 0.41 × (450mm − 2 × 25mm) + 2 × 6.25 × 20mm − 4 × 0.5 × 20mm = 6488mm

③ 号钢筋下料长度：6000mm − 2 × 25mm + 2 × 6.25 × 10mm = 6075mm

④ 号箍筋下料长度：箍筋下料长度可用外包或内包尺寸两种计算方法。现将内包和外包两种计算方法比较如下。

1）按内包尺寸计算：

2 ×（450mm − 2 × 25mm）+ 2 ×（200mm − 2 × 25mm）+ 100mm（查表4-16的调整值）= 1200mm

2）按外包尺寸计算：

2 × [450mm − 2 ×（25 − 6）mm] + 2 × [200mm − 2 ×（25 − 6）mm] + 50mm（查表4-16的调整值）= 1198mm

两种计算方法基本接近。

箍筋个数 6000mm/200mm + 1 = 31 个

（3）编制钢筋配料单，列于表4-17。

表4-17 钢筋配料单

构件名称	钢筋编号	简图	直径/mm	钢筋级别	下料长度/mm	单位根数	合计根数	质量/kg
L—1梁	①	5950	20	Φ	6200	2	10	152.8
	②	360 565 4430	20	Φ	6488	2	10	159.9
	③	5950	10	Φ	6075	2	10	37.4
	④	400 150	6	Φ	1200	31	155	41.3

2. 钢筋代换

在施工中，已确认工地不可能供应设计图要求的钢筋品种和规格时，在征得设计单位的同意并办理设计变更文件后，才允许根据库存条件进行钢筋代换。

（1）钢筋代换原则　具体如下：

1）代换后，仍能满足各类极限状态的有关计算要求以及配筋构造规定。如：受力钢筋和箍筋的最小直筋、间距、锚固长度、配筋百分率、以及混凝土保护层厚度等。

2）梁内纵向受力钢筋与弯起钢筋应分别进行代换，以保证正截面与斜截面强度。

3）偏心受压构件或偏心受拉构件（如框架柱、承受吊车荷载的柱、屋架上弦等）钢筋代换时，应按受力方向（受压或受拉）分别代换，不得取整个截面配筋量计算。

4）吊车梁等承受反复荷载作用的构件，必要时，应在钢筋代换后进行疲劳验算。

5）同一截面内配置不同种类和直径的钢筋代换时，每根钢筋拉力差不宜过大（同类型钢筋直径差一般不大于5mm），以免构件受力不匀。

6）钢筋代换后，其用量不宜大于原设计用量的5%，也不应低于原设计用量的2%。

7）对抗裂性要求高的构件（如吊车梁，薄腹梁、屋架下弦等），不宜用HPB235级钢筋代换HRB335、HRB400级带肋钢筋，以免裂缝开展过宽。

（2）钢筋代换方法　具体如下：

1）等强代换。当构件按强度控制时，可按代换前与代换后的钢筋强度相等的原则代换，称等强代换。如设计图中所用的钢筋强度为f_{y1}，钢筋总面积为A_{y1}，代换后钢筋强度为f_{y2}，钢筋总面积为A_{y2}，则应使

$$f_{y2}A_{y2} \geqslant f_{y1}A_{y1} \tag{4-6}$$

即

$$A_{y2} \geqslant \frac{f_{y1}A_{y1}}{f_{y2}}$$

将钢筋总面积变换成钢筋直径后，式（4-6）改为下式：

$$n_2 d_2^{\,2} f_{y2} \geqslant n_1 d_1^{\,2} f_{y1} \tag{4-7}$$

即

$$n_2 \geqslant \frac{n_1 d_1^{\,2} f_{y1}}{d_2^{\,2} f_{y2}}$$

式中　d_1、d_2——代换前及代换后钢筋的直径；

n_1、n_2——代换前及代换后钢筋的根数。

2）等面积代换。当构件按最小配筋率配筋时，可按钢筋面积相等的原则进行代换，即应使下式成立：

$$A_{y2} > A_{y1} \tag{4-8}$$

3）当构件受裂缝宽度或抗裂性要求控制时，代换后应进行裂缝或抗裂性验算。

五、钢筋工程施工质量检查与验收

钢筋工程属于隐蔽工程，在浇注混凝土前应对钢筋及预埋件进行隐蔽工程验收，并按规定记好隐蔽工程记录，以便查验。

钢筋工程的施工质量检验应按主控项目、一般项目根据规定的检验方法进

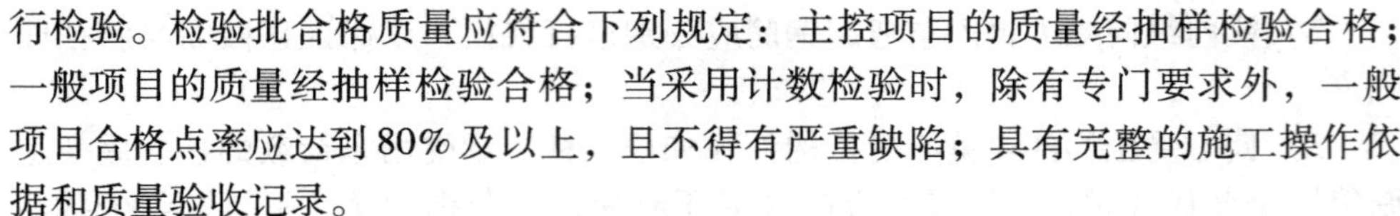

行检验。检验批合格质量应符合下列规定：主控项目的质量经抽样检验合格；一般项目的质量经抽样检验合格；当采用计数检验时，除有专门要求外，一般项目合格点率应达到80%及以上，且不得有严重缺陷；具有完整的施工操作依据和质量验收记录。

1. 主控项目

1）进场的钢筋应按规定抽取试件作力学性能检验，其质量必须符合相关标准的规定。

检查数量：按进场的批次和产品的抽样检验方案确定。

检验方法：检查产品合格证、出厂检验报告和进场复检报告。

2）对有抗震设防要求的框架结构，其纵向受力钢筋的强度应满足设计要求；当设计无具体要求时，对一、二级抗震等级，检验所得的强度实测值应符合下列规定：钢筋的抗拉强度实测值与屈服强度实测值的比值不应小于1.25；钢筋的屈服强度实测值与强度标准值的比值不应大于1.3。

检查数量：按进场的批次和产品的抽样检查方案确定。

检验方法：检查进场复验报告。

3）受力钢筋的弯钩和弯折应符合下列规定：HPB235级钢筋末端应作180°弯钩，其弯弧内直径不应小于钢筋直径的2.5倍，弯钩的弯后平直部分长度不应小于钢筋直径的3倍；当设计要求钢筋末端需作135°弯钩时，HRB335级、HRB400级钢筋的弯弧内直径不应小于钢筋直径4倍，弯钩的弯后平直部分长度应符合设计要求；钢筋作不大于90°的弯折时，弯折处的弯弧内直径不应小于钢筋直径的5倍。

除焊接封闭环式箍筋外，箍筋的末端应作弯钩。弯钩形式应符合设计要求。

检查数量：每工作班同一类型钢筋、同一加工设备抽查不应少于3件。

检验方法：用钢尺检查。

4）纵向受力钢筋的连接方式应符合设计要求。

检查数量：全数检查。

检验方法：观察。

5）钢筋机械连接接头、焊接接头应按国家现行标准的规定抽取试件作力学性能检验，其质量应符合有关规范（程）的规定。

检查数量：按有关规范（程）确定。

检验方法：检查产品合格证、接头力学性能试验报告。

6）钢筋安装时，受力钢筋的品种、级别、规格和数量必须符合设计要求。

检查数量：全数检查。

检查方法：观察，用钢尺检查。

2. 一般项目

1）钢筋应平直、无损伤，表面不得有裂纹、油污、颗粒状或片状老锈。

检查数量：进场时和使用前全数检查。

检验方法：观察。

2）钢筋调直宜采用机械方法；当采用冷拉方法调直钢筋时，钢筋的冷拉率应符合规范要求。

检查数量：按每工作班同一类型钢筋、同一加工设备抽查不应少于3件。

检验方法：观察，用钢尺检查。

3）钢筋加工的形状、尺寸应符合设计要求，其偏差应符合表4-18的规定。

表4-18 钢筋加工的允许偏差

项 目	允许偏差/mm
受力钢筋顺长度方向全长的净尺寸	±10
弯起钢筋的弯折位置	±20
箍筋内净尺寸	±5

检查数量：按每工作班同一类型钢筋、同一加工设备抽查不应少于3件。

检验方法：用钢尺检查。

4）钢筋的接头宜设置在受力较小处。同一纵向受力钢筋不宜设置2个或2个以上接头。接头末端至钢筋弯起点的距离不应小于钢筋直径的10倍。

检查数量：全数检查。

检验方法：观察，用钢尺检查。

5）施工现场应按国家现行标准《钢筋机械连接通用技术规程》、《钢筋焊接及验收规程》的规定对钢筋机械连接接头、焊接接头的外观进行检查，其质量应符合有关规范的规定。

检查数量：全数检查。

检验方法：观察。

6）当受力钢筋采用机械连接接头或焊接接头时，设置在同一构件内的接头宜相互错开。纵向受力钢筋机械连接接头及焊接接头连接区段的长度为35倍d（d为纵向受力钢筋的较大直径）且不小于500mm，凡接头中点位于该连接区段长度内的接头均属于同一连接区段。同一连接区段内，纵向受力钢筋的接头面积百分率应符合设计要求；当设计无具体要求时，在受拉区不宜大于50%；接头不宜设置在有抗震设防要求的框架梁端、柱端的箍筋加密区；当无法避开时，对等强度高质量机械连接接头，不应大于50%；直接承受动力荷载的结构构件中，不宜采用焊接接头；当采用机械连接接头时，不应大于50%。

检查数量：在同一检验批内，对梁、柱和独立基础，应抽查构件数量的10%，且不少于3件；对墙和板，应按有代表性的自然间抽查10%，且不少于3间；对大空间结构，墙可按相邻轴线间高度5m左右划分检查面，板可按纵、横轴线划分检查面，抽查10%，且均不少于3面。

检验方法：观察，用钢尺检查。

7）在梁、柱类构件的纵向受力钢筋搭接长度范围内，应按设计配置箍筋。当设计无具体要求时，箍筋直径不应小于搭接钢筋较大直径的0.25倍；受拉搭接区段的箍筋间距不应大于搭接钢筋较小直径的5倍，且不应大于100mm；受压搭接区段的箍筋间距不应大于搭接钢筋较小直径的10倍，且不应大于200mm；当柱中纵向受力钢筋直径大于25mm时，应在搭接接头两个端面外100mm范围内各设置2个箍筋，其间距宜为50mm。

检查数量：在同一检验批内，对梁、柱和独立基础，应抽查构件数量的10%，且不少于3件；对墙和板，应按有代表性的自然间抽查10%，且不少于3间；对大空间结构，墙可按相邻轴线间高度5m左右划分检查面，板可按纵、横轴线划分检查面，抽查10%，且均不少于3面。

检验方法：用钢尺检查。

8）钢筋安装位置的偏差应符合表4-19的规定。

检查数量：在同一检验批内，对梁、柱和独立基础，应抽查构件数量的10%，且不少于3件；对墙和板，应按有代表性的自然间抽查10%，且不少于3间；对大空间结构，墙可按相邻轴线间高度5m左右划分检查面，板可按纵、横轴线划分检查面，抽查10%，且均不少于3面。

检验方法：见表4-19。

表4-19 钢筋安装位置的允许偏差和检验方法

项目			允许偏差/mm	检验方法
绑扎钢筋网	长、宽		±10	用钢尺检查
	网眼尺寸		±20	用钢尺量连续3档，取其最大值
绑扎钢筋骨架	长		±10	用钢尺检查
	宽、高		±5	用钢尺检查
受力钢筋	间距		±10	用钢尺量两端、中间各一点取其最大值
	排距		±5	
	保护层厚度	基础	±10	用钢尺检查
		梁柱	±5	用钢尺检查
		墙、板、壳	±3	用钢尺检查
绑扎箍筋、横向钢筋间距			±20	用钢尺量连续3档，取其最大值
钢筋弯起点位置			20	用钢尺检查
预埋件	中心线位置		5	用钢尺检查
	水平高差		+3，0	用钢尺和塞尺检查

注：1. 检查中心线位置时，应沿纵、横两个方向测量，并取其中的较大值。

2. 表中梁、板类构件上部纵向受力钢筋保护层厚度的合格点率应达到90%及以上，且不得超过表中数值1.5倍的尺寸偏差。

第三节　混凝土工程

混凝土工程包括混凝土的配料、拌制、运输、浇筑捣实和养护等施工过程。各个施工过程既相互联系又相互影响，在混凝土施工过程中任一施工过程处理不当都会影响混凝土的最终质量。因此，如何在施工过程中控制每一施工环节，是混凝土工程需要研究的课题。随着科学技术的发展，近年来混凝土外加剂的应用改进了混凝土的性能和施工工艺。此外，新的施工机械和施工工艺的应用，也大大改变了混凝土工程的施工面貌。

一、混凝土的制备

混凝土的制备是指混凝土的配料和拌制。

（一）混凝土的配料

混凝土的配料，首先应严格控制水泥、粗细骨料、拌合水和外加剂的质量，并按设计规定的混凝土的强度等级和施工配合比，控制投料的数量。

1. 配制强度（$f_{cu,o}$）

混凝土配制强度应按下式计算：

$$f_{cu,o} = f_{cu,k} + 1.645\sigma \tag{4-9}$$

式中　$f_{cu,o}$——混凝土配制强度（MPa）；

$f_{cu,k}$——混凝土立方体抗压强度标准值（MPa）；

σ——混凝土强度标准差（MPa）。

当施工单位具有近期的同一品种混凝土强度资料时，其混凝土强度标准差按下式确定：

$$\sigma = \sqrt{\frac{\sum_{n-1}^{n} f_{cu,i}^{2} - n f_{cu,m}^{2}}{n-1}} \tag{4-10}$$

式中　$f_{cu,i}$——统计周期内同一品种混凝土第 i 组试件的强度值（MPa）；

$f_{cu,m}$——统计周期内同一品种混凝土 n 组强度的平均值（MPa）；

n——统计周期内同一品种混凝土试件的总组数，$n \geqslant 25$。

应用上式计算时应注意：

1）“同一品种混凝土”指混凝土强度等级相同且生产工艺和配合比基本相同的混凝土。

2）对预拌混凝土工厂和预制混凝土构件厂，统计周期可取为 1 个月；对现场拌制混凝土的施工单位，统计周期可根据实际情况确定，但不宜超过 3 个月。

3）当混凝土强度等级为 C20 或 C25 时，如计算得到的 $\sigma < 2.5$MPa，取 $\sigma =$

2.5MPa；当混凝土强度等级高于 C25 时，如计算得到的 $\sigma<3.0$MPa，取 $\sigma=3.0$MPa。

当施工单位不具有近期的同一品种混凝土强度资料时，其混凝土强度标准差可按表 4-20 选用。

表 4-20 混凝土强度标准值 （单位：MPa）

混凝土强度等级	低于 C20	C25 ~ C35	高于 C35
σ	4.0	5.0	6.0

注：在采用本表时，施工单位可根据实际情况对 σ 值作适当调整。

2. 施工配合比

混凝土的配合比是在实验室根据混凝土的配制强度经过试配和调整而确定的，称为实验室配合比。实验室配合比所用砂、石都是不含水分的。而施工现场砂、石都有一定的含水率，且含水率大小随气温等条件不断变化。为保证混凝土的质量，施工中应按砂、石实际含水率对实验室配合比进行修正。根据现场砂、石含水率调整后的配合比称为施工配合比。

设实验室配合比为水泥∶砂∶石∶水 $=1:s:g:w$，则换算后的施工配合比为水泥∶砂∶石∶水 $=1:s(1+\omega_s):g(1+\omega_g):[w-s\omega_s-g\omega_g]$，其中现场砂含水率为 ω_s、石含水率为 ω_g。

求出每立方米混凝土材料用量后，还必须根据工地使用搅拌机出料容量确定每拌一次需用的各种原材料用量。

（二）混凝土的拌制

混凝土的拌制就是水泥、水、粗细骨料和外加剂等原材料混合在一起进行均匀拌合的过程。拌合后的混凝土要求均质，且达到设计要求的和易性和强度。

1. 混凝土搅拌机选择

目前普遍使用的搅拌机根据其搅拌机理可分为自落式搅拌机和强制式搅拌机两大类。

（1）自落式搅拌机　自落式搅拌机的搅拌筒内壁焊有弧形叶片，当搅拌筒绕水平轴旋转时，叶片不断将物料提升到一定高度，利用重力的作用，自由落下。由于各物料颗粒下落的时间、速度、落点和滚动距离不同，从而使物料颗粒达到混合的目的。自落式搅拌机宜于搅拌塑性混凝土和低流动性混凝土。在使用中对筒体和叶片磨损较小，易于清理；但动力消耗大、效率低，搅拌时间一般为每盘 90 ~ 120s。目前正日益被强制式搅拌机所替代。

JZ 锥形反转出料搅拌机是自落式搅拌机（见图 4-39）中应用较广的一种。其拌筒为双锥形，内壁焊有叶片。其工作特点是正转搅拌、反转出料，结构较简单，重量轻，出料干净，维修保养方便。

（2）强制式搅拌机　强制式搅拌机利用拌筒内运动着的叶片强迫物料朝着各个方向运动，由于各物料颗粒的运动方向、速度各不相同，相互之间产生剪切滑移而相互穿插、扩散，从而在很短的时间内，使物料拌合均匀。这种搅拌机具有搅拌作用强烈、搅拌均匀、生产率高、操作简便、安全等特点，适用于干硬性混凝土和轻骨料混凝土的拌制。图4-40为涡浆式强制搅拌机。

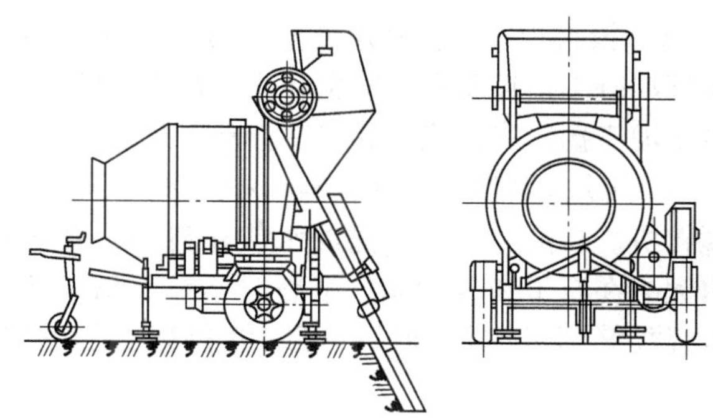
图4-39　自落式锥形反转出料搅拌机

我国规定混凝土搅拌机以其出料容量（m^3）×1000标定规格，现行混凝土搅拌机的系列为：50、150、250、350、500、750、1000、1500和3000。

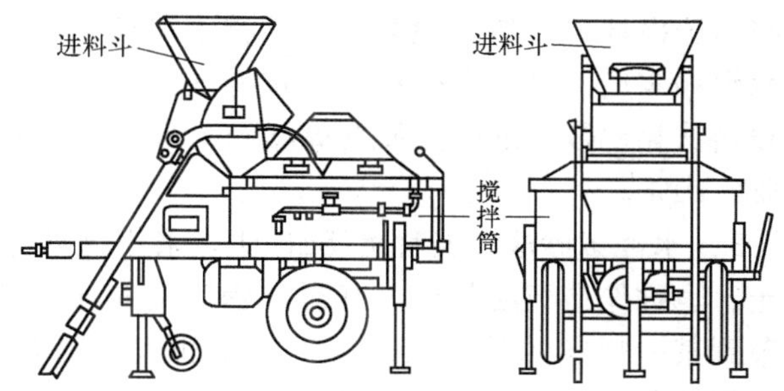

图4-40　涡浆式强制搅拌机

选择搅拌机时，要根据工程量大小、混凝土的坍落度、骨料粒径等条件而定。要满足技术上的要求，亦要考虑经济效果和节约能源。

2. 搅拌制度

为了获得质量优良的混凝土拌合物，除正确选择搅拌机外，还必须正确确定搅拌制度，即搅拌时间、投料顺序等。

（1）搅拌时间　搅拌时间是指从全部原材料装入拌筒时起，到开始卸料时为止的时间。搅拌时间是影响混凝土质量及搅拌机生产率的重要因素。时间过短，拌合不均匀，会降低混凝土的强度及和易性；时间过长，不仅会影响搅拌机的生产率，多耗费电能，增加机械磨损，而且会使混凝土产生分层离析现象。不同情况下混凝土搅拌的最短时间可参考表4-21。

表4-21　混凝土搅拌的最短时间　（单位：s）

混凝土坍落度/mm	搅拌机机型	搅拌机出料容量/L		
		<250	250～500	>500
≤30	自落式	90	120	150
	强制式	60	90	120
>30	自落式	90	90	120
	强制式	60	60	90

注：掺有外加剂时，搅拌时间应适当延长。

(2) 投料顺序　在确定混凝土各种原材料的投料顺序时，应考虑到如何才能保证混凝土搅拌质量，减少叶片、衬板的磨损，减少混凝土拌合物粘罐现象，减少水泥飞扬，降低能耗和提高劳动生产效率等。目前常采用的投料方法有：

1) 一次投料法。即在上料斗中先装石子，再依次加水泥、砂，然后一次投入搅拌机。在搅拌筒内可先加水或在料斗提升进料的同时加水，这种上料顺序使水泥夹在石子和砂中间，上料时不致飞扬，又不致粘住斗底，且水泥和砂先进入搅拌筒形成水泥砂浆，可缩短包裹石子的时间。一次投料法应用较为普遍。

2) 二次投料法。它又分为预拌水泥砂浆法和预拌水泥净浆法。预拌水泥砂浆法是先将水泥、砂和水加入搅拌筒内进行充分搅拌，成为均匀的水泥砂浆，再投石子搅拌成均匀的混凝土。预拌水泥净浆法是将水泥和水充分搅拌成均匀的水泥净浆后，再加入砂和石子搅拌成混凝土。二次投料法搅拌的混凝土与一次投料法相比较，混凝土强度提高约15%，在强度相同的情况下，可节约水泥15%～20%。

3) 水泥裹砂法。又称为 SEC 法。采用这种方法拌制的混凝土称为 SEC 混凝土，也称作造壳混凝土。其搅拌程序是先加一定量的水，将砂表面的含水量调节到某一规定的数值后，再将石子加入与湿砂拌匀，然后将全部水泥投入，与润湿后的砂、石拌合，使水泥在砂、石表面形成一层低水灰比的水泥浆壳（此过程称为“造壳”），最后将剩余的水和外加剂加入，搅拌成混凝土。采用 SEC 法制备的混凝土与一次投料法比较，强度可提高20%～30%，混凝土不易产生离析现象，泌水少，工作性能好。

3. 混凝土搅拌站

混凝土拌合物在搅拌站集中拌制，可以做到自动上料、自动称量、自动出料和集中操作控制、机械化、自动化程度大大提高，劳动强度大大降低，使混凝土质量得到改善，可以取得较好的技术经济效果。施工现场可根据工程任务的大小、现场的具体条件、机具设备的情况，因地制宜地选用，如采用移动式混凝土搅拌站等。

为了适应我国基本建设事业飞速发展的需要，一些大城市已开始建立混凝土集中搅拌站，目前的供应半径为15～20km。搅拌站的机械化及自动化水平一般较高，用混凝土运输汽车直接供应搅拌好的混凝土，然后直接浇筑入模。这种供应“商品混凝土”的生产方式，在改进混凝土的供应，提高混凝土的质量，以及节约水泥、骨料等方面，有很多优点。

二、混凝土运输

混凝土的运输是指将混凝土从搅拌站送到浇筑点的过程。

1. 混凝土运输过程中的一般要求

1）混凝土在运输过程中，不应产生分层、离析现象，也不得漏浆和失水，运至浇筑地点的混凝土的坍落度应符合规定。

如发生分层、离析现象，应在浇筑前进行二次搅拌，以确保混凝土的匀质性。为避免混凝土坍落度减少，运输混凝土的工具（容器）应不吸水、不漏浆，且在使用前应先用水湿润。天气炎热时，容器应遮盖，以防阳光直射而使水分蒸发。

2）运输时间应保证混凝土在初凝前浇入模板内并捣实完毕。为此混凝土的运输应以最少的转运次数、最短的运输时间，从搅拌地点输送到浇筑地点。混凝土从搅拌机卸出至浇筑完毕的延续时间，不宜超过表4-22的规定。

表4-22　混凝土从搅拌机中卸出至浇筑完毕的延续时间（单位：min）

混凝土强度等级	气温/℃	
	不高于25	高于25
C30及C30以下	120	90
高于C30	90	60

注：1. 掺用外加剂或采用快硬水泥拌制混凝土时，应按试验确定。

2. 轻骨料混凝土的运输、浇筑延续时间应适当缩短。

2. 混凝土运输设备

常用的运输设备有：手推车、机动翻斗车、混凝土搅拌运输车、井架、塔式起重机、混凝土泵等。

（1）手推车及机动翻斗车　运输双轮手推车容积为0.07～0.1m^3，载重约200kg：主要用于工地内的水平运输。当用于楼面水平运输时，由于楼面上已绑好钢筋、支好模板，因此需铺设手推车行走用的跳板。为了避免压坏钢筋，跳板可用马凳垫起。机动翻斗车容量约0.45m^3，载重约1t，用于地面运距较远或工程量较大时的混凝土运输。

（2）混凝土搅拌运输车运输　目前各地正在推广使用混凝土集中预拌，以商品混凝土形式供应各工地的方式。由于商品混凝土运距较远，因此一般多用混凝土搅拌运输车。混凝土搅拌运输车是将运输混凝土的搅拌筒安装在汽车底盘上，把在预拌混凝土搅拌站生产的混凝土成品装入搅拌筒内，然后运至施工现场。在整个运输过程中，混凝土搅拌筒始终在作慢速转动，从而使混凝土在长途运输后，仍不会出现离析现象，以保证混凝土的质量。混凝土搅拌运输车的外形如图4-41所示。

（3）井架　用井架垂直运输混凝土时，应配以双轮手推车作水平运输。混凝土在地面用双轮手推车运至井架的升降平台上，然后井架将双轮手推车提升到楼层上，将手推车沿铺在楼面上的跳板推到浇筑地点。井架具有构造简单、成本低、装拆方便、提升与下降速度快等优点，因此运输效率较高，常用于多层建筑施工。

图4-41 混凝土搅拌运输车

（4）塔式起重机 塔式起重机既能完成混凝土的垂直运输，又能完成一定的水平运输。在其工作幅度范围内能直接将混凝土从装料点吊升到浇筑地点送入模板内，中间不需要转运，因此是一种较有效的混凝土运输方式。

用塔式起重机运输混凝土时，应与混凝土料斗配合使用。在装料时料斗放置在地面上，搅拌机（或机动翻斗车）将混凝土卸于料斗内，再由塔式起重机吊送至混凝土浇筑地点。料斗容量大小，应根据所用塔式起重机的起吊能力、工作幅度、混凝土运输车的运输能力及浇筑速度等因素确定。常用的料斗容量为0.4m^3、0.8m^3 和1.2m^3。

（5）混凝土泵运输 采用混凝土泵输送混凝土，称为泵送混凝土。混凝土泵是一种有效的混凝土运输工具，它以泵为动力，沿管道输送混凝土，可以同时完成水平和垂直运输，将混凝土直接运送至浇筑地点。我国一些大、中城市及重点工程已逐渐推广使用并取得了较好的技术经济效果。多层和高层框架建筑、基础、水下工程和隧道等都可以采用混凝土泵输送混凝土。

泵送混凝土设备由混凝土泵、输送管和布料装置组成。

1）混凝土泵。混凝土泵的种类很多，有活塞泵、气压泵和挤压泵等类型，目前应用最为广泛的是活塞泵。按泵体能否移动，混凝土泵还可分为固定式和移动式。固定式混凝土泵使用时需用其他车辆将其拖至现场，它具有输送能力大，输送高度高等特点。一般最大水平输送距离为250~600m，最大垂直输送高度为150m。固定式混凝土泵适用于高层建筑的混凝土工程施工。移动式混凝土泵车（见图4-42）是将混凝土泵安装在汽车底盘上，根据需要可随时开至施工地点

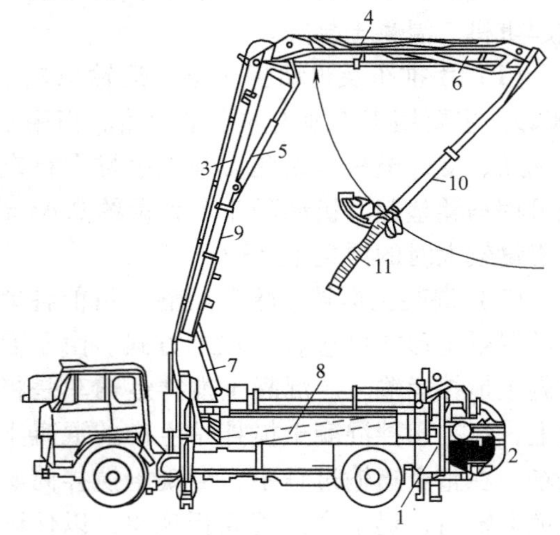

图4-42 移动式混凝土泵车

1—混凝土泵 2—混凝土输送车 3—布料杆支撑装置 4—布料杆臂架 5、6、7—油缸 8、9、10—混凝土输送管 11—软管

进行作业。

2）输送管。混凝土输送管道一般用钢管制成，常用的管径主要有100mm、125mm、150mm等几种；标准管长3m，另有2m和1m长的配套管；并配有90°、45°、30°、15°等不同角度的弯管，以便管道转折处使用。当两种不同管径的输送管连接时，用锥形管过渡，其长度一般为1m。在管道的出口处大都接有软管（用橡胶管或塑料管等），以便在不移动钢管的情况下，扩大布料范围。

3）布料装置。由于混凝土泵是连续供料，输送量大。因此，在浇筑地点应设置布料装置，将混凝土直接浇入模板内或铺摊均匀。一般的布料装置具有输送混凝土和摊铺混凝土的双重作用，称布料杆。布料杆分汽车式（见图4-42）、移置式（见图4-43a、b）、固定式三种。固定式分为附着式和内爬式（见图4-43c）两种。

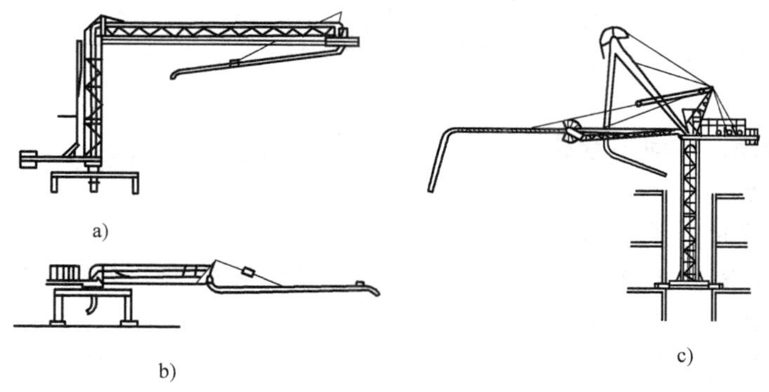

图4-43　混凝土布料杆示意图

a)、b）移置式　c）内爬式

采用泵送混凝土要求混凝土的供应必须保证混凝土泵能连续工作；输送管线宜直，转弯宜缓，接头应严密；泵送前后应先用适量的与混凝土内成分相同的水泥浆或水泥砂浆润滑输送管内壁；预计泵送间歇时间超过45min或当混凝土出现离析现象时，应立即用压力水或其他方法冲洗管内残留的混凝土；在泵送结束后应及时把残留在混凝土缸体内或输送管道内的混凝土清洗干净。

三、混凝土浇筑

混凝土的浇筑工作包括布料摊平、捣实、抹平修正等工作。混凝土的浇筑要保证混凝土的均匀性、密实性、结构的整体性、尺寸准确、钢筋与预埋件的位置正确，拆模后混凝土表面要平整、光洁。

浇筑前应检查模板、支架、钢筋和预埋件的正确位置，并进行验收。由于混凝土工程属于隐蔽工程；因而对混凝土量大的工程、重要工程或重点部位的浇筑，以及其他施工中的重大问题，均应随时填写施工记录。

（一）浇筑的基本要求

1. 防止混凝土离析

混凝土离析会影响混凝土均质性，因此除在运输中应防止剧烈颠簸外，混凝土在浇筑时自由下落高度不宜超过2m，否则应用串筒、斜槽等下料，如图4-44所示。

2. 新旧混凝土结合良好

在浇筑竖向结构混凝土前，应先在浇筑处底部填入50~100mm厚与混凝土内砂浆成分相同的水泥浆或水泥砂浆，然后再浇筑混凝土。这样既可使新、旧混凝土结合良好，又可避免蜂窝麻面现象。

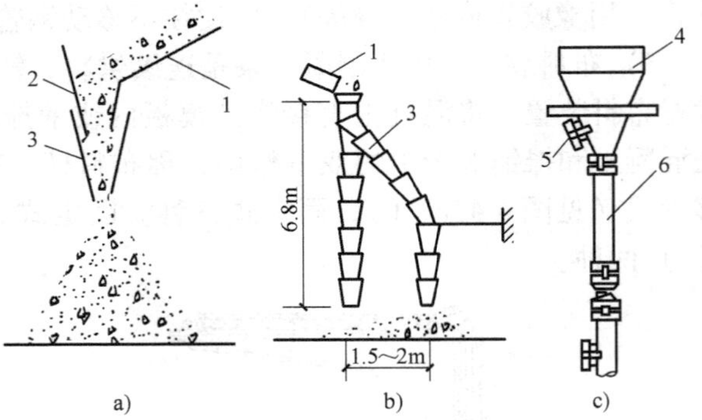

图4-44 防止混凝土离析的措施
a）溜槽运输 b）串筒 c）振动串筒
1—溜槽 2—挡板 3—串筒 4—漏斗
5—振动器 6—节管

3. 在降雨、雪时不宜露天浇筑混凝土

当需浇筑时应采取有效措施，确保混凝土质量。

4. 混凝土应分层浇筑

为了使混凝土能振捣密实，应分层浇筑分层捣实，浇筑层厚度见表4-23。

表4-23 混凝土浇筑层厚度

项次	捣实混凝土方法		浇筑层厚度/mm
1	插入式振动		振动器作用部分长度的1.25倍
2	表面振动		200
3	人工捣实	（1）在基础或无筋混凝土和配筋稀疏的结构中	250
		（2）梁、墙、板、柱结构中	200
		（3）在配筋密集的结构中	150
4	轻骨料混凝土	（1）插入式振动	300
		（2）表面振动（振动时需加荷载）	200

5. 混凝土连续浇筑

混凝土浇筑工作应尽可能连续，当必须有间歇时，其间歇时间宜缩短，并在下层混凝土初凝前将上层混凝土浇筑振捣完毕。混凝土的运输、浇筑及间歇的全部延续时间不得超过表4-24的规定，当超过时，应按留置施工缝处理。

表 4-24 混凝土运输、浇筑及间歇的允许时间 （单位：min）

混凝土强度等级	气 温	
	不高于 25℃	高于 25℃
不高于 C30	210	180
高于 C30	180	150

6. 正确留设施工缝

混凝土结构大多要求整体浇筑，如因技术或组织上的原因不能连续浇筑时，且停顿时间有可能超过混凝土的初凝时间，则应事先确定在适当位置留置施工缝。施工缝就是指先浇混凝土已凝结硬化、再继续浇筑混凝土的新、旧混凝土间的结合面，它是结构的薄弱部位，因而宜留在结构受剪力较小且便于施工的部位。柱应留水平缝，梁、板、墙应留垂直缝。

施工缝的留置位置应符合下列规定：

1）柱，宜留置在基础的顶面、梁或吊车梁牛腿的下面、吊车梁的上面、无梁楼盖柱帽的下面（见图 4-45）。

2）与板连成整体的大截面梁，留置在板底面以下 20～30mm 处，当板下有梁托时，留置在梁托下部。

3）单向板，留置在平行于板的短边的任何位置。

4）有主次梁的楼板宜顺着次梁方向浇筑，施工缝应留置在次梁跨度的中间 1/3 范围内（见图 4-46）。

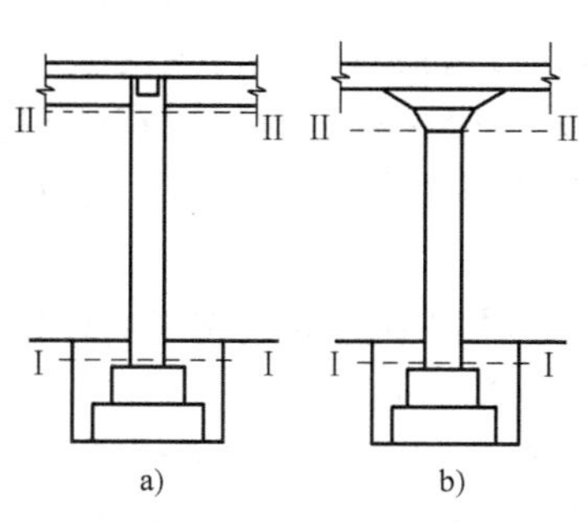

图 4-45 柱子的施工缝位置图
a）梁板式结构 b）无梁楼盖结构

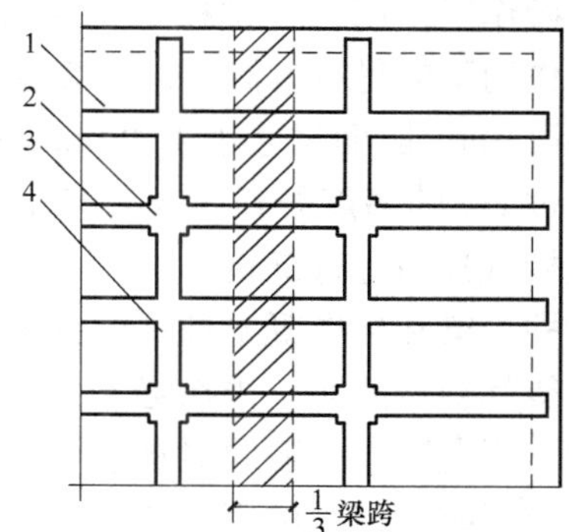

图 4-46 有主次梁楼盖的施工缝位置
1—楼板 2—柱 3—次梁 4—主梁

5）墙，宜留置在门洞口过梁跨中 1/3 范围内，也可留在纵、横墙的交接处。

6）双向受力楼板、大体积混凝土结构、拱、薄壳、蓄水池、斗仓、多层刚架及其他结构复杂的工程，施工缝的位置应按设计要求留置。

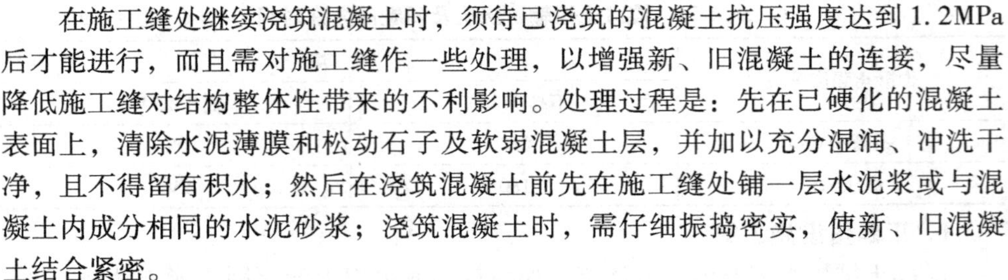

在施工缝处继续浇筑混凝土时，须待已浇筑的混凝土抗压强度达到1.2MPa后才能进行，而且需对施工缝作一些处理，以增强新、旧混凝土的连接，尽量降低施工缝对结构整体性带来的不利影响。处理过程是：先在已硬化的混凝土表面上，清除水泥薄膜和松动石子及软弱混凝土层，并加以充分湿润、冲洗干净，且不得留有积水；然后在浇筑混凝土前先在施工缝处铺一层水泥浆或与混凝土内成分相同的水泥砂浆；浇筑混凝土时，需仔细振捣密实，使新、旧混凝土结合紧密。

（二）混凝土结构浇筑方法

1. 框架结构混凝土的浇筑方法

框架结构的主要构件有基础、柱、梁、楼板等。其中柱、梁、板等构件是沿垂直方向重复出现的，施工时，一般按结构层来划分施工层。当结构平面尺寸较大时，还应划分施工段，以便组织各工序流水施工。

框架柱基础形式多为台阶式基础。台阶式基础施工时一般按台阶分层浇筑，中间不允许留施工缝；倾倒混凝土时宜先边角后中间，确保混凝土充满模板各个角落，防止一侧倾倒混凝土挤压钢筋造成柱插筋的位移；各台阶之间最好留有一定时间间歇，以给下面台阶混凝土一段初步沉实的时间，以避免上、下台阶之间出现裂缝，同时也便于上一台阶混凝土的浇筑。

在框架结构每层每段施工时，混凝土的浇筑顺序是先浇柱，后浇梁、板。柱的浇筑宜在梁板模板安装后进行，以便利用梁板模板稳定柱模并作为浇筑混凝土的操作平台用；一排柱子浇筑时，应从两端向中间推进，以免柱模板在横向推力作用下向另一方倾斜；柱高在3m以下时，可直接从柱顶浇入混凝土。若柱高超过3m，断面尺寸小于400mm×400mm，并有交叉箍筋时，应在柱侧模每段不超过2m的高度开口（不小于30cm高），装上斜溜槽分段浇筑，也可采用串筒直接从柱顶进行浇筑。

如柱、梁和板混凝土是一次连续浇筑，则应在柱混凝土浇筑完毕后停歇1～1.5h，待其初步沉实，排除泌水后，再浇筑梁、板混凝土。

梁、板混凝土一般同时浇筑，浇筑方法应先将梁分层浇捣成阶梯形，当达到板底位置时即与板的混凝土一同浇捣；而且倾倒混凝土的方向与浇筑方向相反。当梁高超过1m时，可先单独浇筑梁混凝土，水平施工缝设置在板下20～30mm处。

2. 大体积混凝土的浇筑方法

大体积混凝土指的是最小断面尺寸大于1.0m以上的混凝土结构。

大体积混凝土结构的施工特点：整体性要求较高，往往不允许留设施工缝，一般都要求连续浇筑；结构的体量较大，浇筑后的混凝土产生的水化热量大，并聚积在内部不易散发，从而形成内外较大的温差，引起较大的温差应力，容易在混凝土表面形成裂缝甚至形成贯穿裂缝，影响结构的承载能力和安全。

因此，大体积混凝土的施工时，为保证结构的整体性，应合理确定混凝土浇筑方案；为保证施工质量应采取有效的技术措施降低混凝土内外温差。

（1）大体积混凝土结构浇筑方案 大体积混凝土浇筑方案需根据结构大小、混凝土供应等实际情况决定，一般有全面分层、分段分层和斜面分层三种方案（见图4-47）。

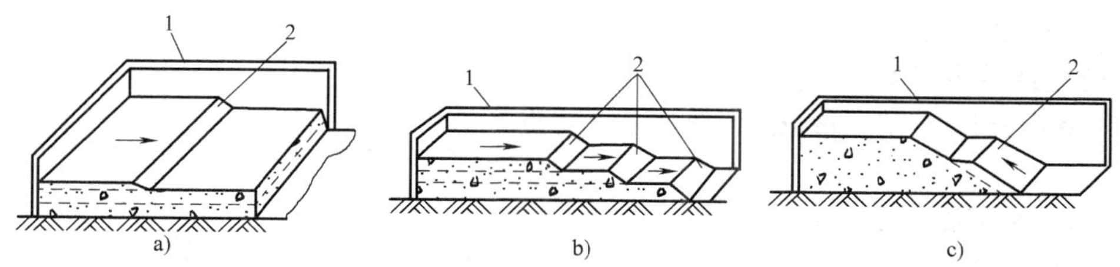

图4-47 大体积混凝土浇筑方案

a）全面分层 b）分段分层 c）斜面分层

1—模板 2—新浇筑的混凝土

全面分层（见图4-47a）：全面分层就是在整个结构内全面分层浇筑混凝土，要求每一层的混凝土浇筑必须在下层混凝土初凝前完成。此浇筑方案适用于平面尺寸不太大的结构，施工时宜从短边开始，顺着长边方向推进，有时也可从中间开始向两端进行或从两端向中间推进。

分段分层（见图4-47b）：分段分层是将结构从平面上分成几个施工段，厚度上分成几个施工层，先浇筑第一段各层混凝土，然后浇筑第二段各层混凝土，如此逐段逐层连续浇筑，直至结束。为保证结构的整体性，要求次段混凝土应在前段混凝土初凝前浇筑并与之捣实成整体。此方案适用于厚度不大而面积或长度较大的结构。

斜面分层（见图4-47c）：当结构的长度大大超过厚度而混凝土流动性又较大时，若采用分段分层方案，混凝土往往不能形成稳定的分层台阶，这时可采用斜面分层浇筑方案。施工时将混凝土一次浇筑到顶，让混凝土自然地流淌，形成坡度为1∶3的斜面。此方案适宜于泵送混凝土施工。

（2）大体积混凝土降低内外温差控制温度裂缝的措施 具体如下：

1）选用水化热较低的水泥（如矿渣水泥、火山灰水泥、粉煤灰水泥等）来配制混凝土。

2）掺加缓凝剂或缓凝型减水剂。

3）选用级配良好的骨料，严格控制砂石含泥量；减少水泥用量，降低水灰比；注意振捣，以保证混凝土的密实性，减少混凝土的收缩和提高混凝土的抗拉强度。

4）降低混凝土的入模温度。在气温较高时，砂石堆场、运输设备上搭设遮阳装置，或采用低温水或冰水拌制混凝土。

5）加强混凝土的保湿、保温养护，严格控制大体积混凝土内外温差。当设计无具体要求时，温差不宜超过25℃。采用保温材料或蓄水养护，减少混凝土表面的热扩散及延缓混凝土内部水化热的降温速率，以避免或减少温度裂缝。

6）浇筑面积、散热面、分层分段浇筑。

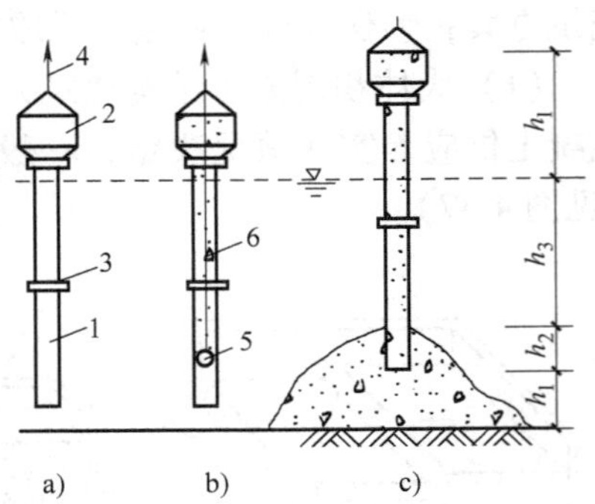

图4-48 水下浇筑混凝土
a）组装导管 b）导管内悬吊隔水栓并灌注混凝土 c）浇混凝土，提管
1—钢导管 2—漏斗 3—接头 4—吊索 5—隔水塞 6—铁丝

3. 水下混凝土浇筑

水下混凝土用于泥浆护壁成孔灌注桩、地下连续墙以及水工结构工程等结构施工。其浇筑一般采用导管法，即以直径200～300mm、壁厚3～6mm、分段（每段长3m）接长封闭的钢管浇筑水下混凝土（见图4-48）。

（1）水下混凝土浇筑的工艺流程 具体如下：

1）用提升机具将导管垂直插入水中，至导管底端距水底面300～500mm，导管顶部露于地表以上。

2）自导管顶部将隔水栓（混凝土、木、橡胶等制成）以铁丝吊入导管内的水位以上。

3）自导管顶部不断地灌注混凝土拌合物，逐渐放松悬吊隔水栓的铁丝，隔水栓在其上部混凝土拌合物重力作用下沿导管内向下移动，同时导管中的水自导管底部排出。

4）当预计隔水栓以上导管中、以及导管顶部料斗中的混凝土拌合物数量，能足够达到导管埋入混凝土的最小深度的数量时，剪断悬吊隔水栓的铁丝，于是隔水栓连同其上部的混凝土拌合物在导管内下落，同时导管中的水自导管迅速排出；隔水栓上部的混凝土拌合物冲出导管底部并堆积，将导管底端掩埋。

5）继续不断地自导管顶部灌注混凝土拌合物，导管底端的混凝土拌合物被挤压出导管。随着继续灌注，缓慢地提升导管，但要始终保持导管底部在混凝土拌合物中埋入深度不小于1～1.5m。

6）混凝土浇筑至底部结构的设计标高以上50～100mm即完毕。上部结构施工时，先凿除表面软弱层。

（2）水下混凝土浇筑的施工工艺要点　具体如下：

1）隔水栓直径较导管内径小15～20mm，以保证隔水栓既要有良好、可靠的隔水性能，又能够顺利地自导管排出。

2）浇筑过程中只允许垂直提升导管，不能左右晃动导管；提升导管必须保证导管底端在混凝土拌合物中的埋入深度。

3）每根导管的作用半径不大于3m，当结构面积过大时可以多根导管同时浇筑，从最深处开始，相邻导管的标高差不应超过导管间距的1/20～1/15，并且浇筑的混凝土拌合物表面均匀上升。

4）水下混凝土必须连续浇筑施工，浇筑持续时间宜按初盘混凝土的初凝时间控制。

（三）混凝土的振捣

混凝土拌合物浇入模板后，呈疏松状态，其中含有占混凝土体积5%～20%的空隙和气泡。而混凝土的强度、抗冻性、抗渗性以及耐久性等，都与混凝土的密实性有关。因此，混凝土拌合物必须经过振捣，才能使浇筑的混凝土达到设计要求。目前振捣混凝土有人工和机械振捣两种方式。

人工振捣是用人工冲击（夯或插）来使混凝土密实、成型。人工只能将坍落度较大的塑性混凝土捣实，但密实度不如机械振捣，故只有在特殊情况下才用人工捣实，目前工地大部分采用机械振捣。

用于振动混凝土拌合物的机械，按其工作方式可分为：内部振动器、表面振动器、外部振动器和振动台四种（见图4-49）。

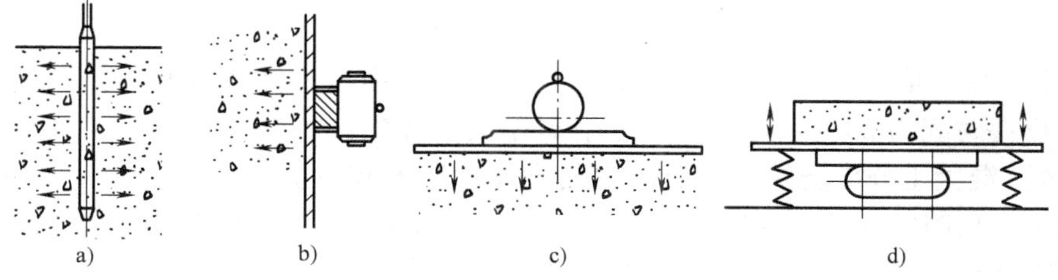

图4-49　振动机械示意图

a）内部振动器　b）表面振动器　c）外部振动器　d）振动台

1. 内部振动器

内部振动器又称插入式振动器（见图4-50），其工作部分是一棒状空心圆柱体，内部装有偏心振子，在电动机带动下高速转动而产生高频微幅的振动。内部振动器多用于振实梁、柱、墙、厚板和大体积混凝土结构等。

操作要点：

1）“快插慢拔”。“快插”是为了防止先将混凝土表面振实，与下面混凝土产生分层离析现象，“慢拔”是为了使混凝土填满振动棒抽出时形成的空洞。

2）振动器插点要均匀排列，可采取“行列式”和“交错式”两种（见图4-51），防止漏振。捣实普通混凝土每次移动位置的距离（即两插点间距）不宜大于振动器作用半径的1.5倍（振动器的作用半径一般为300～400mm），最边沿的插点距离模板不应大于有效作用半径的0.5倍；振实轻骨料混凝土的移动间距，不宜大于其作用半径。

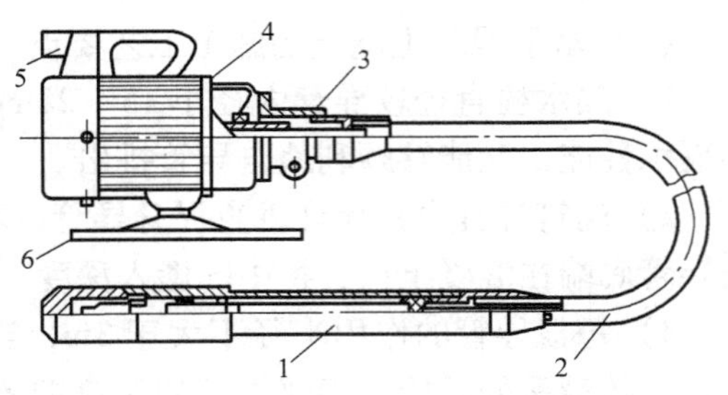

图4-50 内部振动器

1—振动棒 2—软轴 3—防逆装置 4—电动机 5—电器开关 6—支座

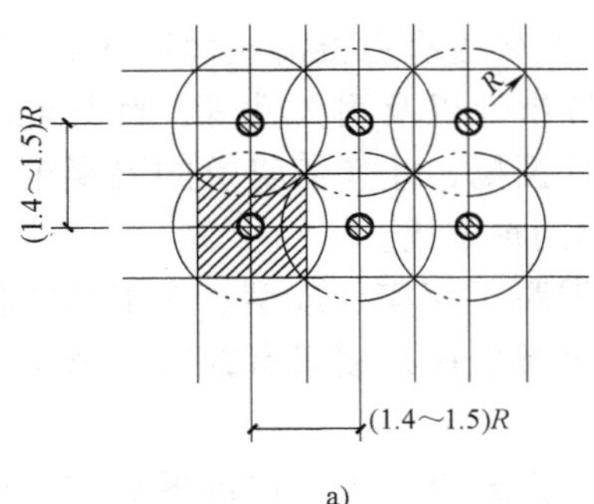

a)

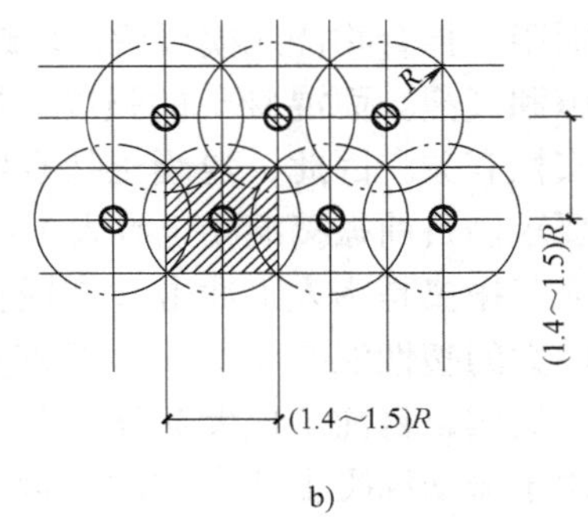

b)

图4-51 插点的分布

a）行列式 b）交错式

3）每一插点的振捣延续时间，应使混凝土表面呈现浮浆和不再沉落。一般每点振捣时间为20～30s，使用高频振动器时，亦应大于10s。

4）混凝土分层浇筑时，每层混凝土厚度应不超过振动棒长的1.25倍；在振捣上一层时插入下层混凝土的深度不应小于50mm，以消除两层间的接缝，同时要在下层混凝土初凝前进行。在振捣过程中，宜将振动棒上下略为抽动，使上下振捣均匀。

5）振捣器应避免碰撞钢筋、模板、预埋件等。

2. 表面振动器

表面振动器又称平板振动器，它由带两个偏心块的电动机和平板（木板或钢板）组成。其作用深度较小，适用于振捣表面积大且平整、厚度小的结构或预制构件，如振捣楼板、地面、板形构件。

操作要点：

1）振动器在每一位置上应连续振动一定时间，一般为25～40s，以混凝土表面均匀出现浮浆为准。

2）振捣时的移动距离应保证振动器的平板能覆盖已振实部分的边缘，前后位置相互搭接 30～50m，以防漏振。

3）在无筋及单筋结构中，每次振捣厚度不大于 200mm；在双筋结构中不大于 120mm。

4）大面积混凝土地面，可采用两台振动器，以同一方向安装在两条木杠上，通过木杠的振动使混凝土振实。

5）振动倾斜混凝土表面时，应由低处逐渐向高处移动。

3. 附着式振动器

附着式振动器又称外部振动器，它通过螺栓或夹钳等固定在模板外侧的横档或竖档上，偏心块旋转所产生的振动力通过模板传给混凝土，使之振实。适用于钢筋较密、厚度较小、不宜使用插入式振动器的结构构件。

操作要点：

1）附着式振动器的振动作用深度约为 250mm，如构件尺寸较厚，需在构件两侧安设振动器同时振动。

2）混凝土浇筑高度要高于振动器安装部位。当钢筋较密、构件断面较深较窄时，亦可采用边浇筑边振动的方法。

3）振动器要与模板紧密连接，设置间距应通过试验确定，一般情况下，可每隔 1～1.5m 设置一个。

4. 振动台

振动台是混凝土制品厂中固定的生产设备，用于混凝土预制构件的振捣。

操作要点：

1）当混凝土厚度小于 200mm 时，混凝土可一次装满振捣；如厚度大于 200mm 时，应分层浇筑，每层厚度不大于 200mm 应随浇随振。

2）当采用振动台振实干硬性和轻骨料混凝土时，宜采用加压振动的方法，压力为 1～3kN/m^2。

四、混凝土的养护

混凝土浇筑捣实后，逐渐凝固硬化，这个过程主要由水泥的水化作用来实现，而水化作用必须在适当的温度和湿度条件下才能完成。因此，为了保证混凝土有适宜的硬化条件，使其强度不断增长，必须对混凝土进行养护。

混凝土养护方法分人工养护和自然养护。

1. 人工养护

人工养护就是用人工来控制混凝土的养护温度和湿度，使混凝土强度增长，如蒸汽养护、热水养护、太阳能养护等。人工养护主要用来养护预制构件，而施工现场现浇构件大多用自然养护。

2. 自然养护

自然养护就是指在平均气温高于 +5℃的自然条件下于一定时间内使混凝土保持湿润状态。

自然养护分洒水养护和喷涂薄膜养生液养护两种。

(1) 洒水养护　即用草帘等将混凝土覆盖，经常洒水使其保持湿润。

养护要点：

1) 应在浇筑完毕后的12h内对混凝土加以覆盖并保湿养护（当日平均气温低于5℃时，不得浇水）。

2) 混凝土浇水养护的时间：对采用硅酸盐水泥、普通硅酸盐水泥或矿渣硅酸盐水泥拌制的混凝土，不得少于7天；对掺用缓凝型外加剂或有抗渗要求的混凝土，不得少于14天；当采用其他品种水泥时，混凝土的养护时间应根据所采用水泥的技术性能确定。

3) 浇水次数应能保持混凝土处于湿润状态；混凝土养护用水应与拌制用水相同。

(2) 喷涂薄膜养生液养护　即用过氯乙烯树脂塑料溶液喷涂在混凝土表面上，溶液挥发后在混凝土表面形成一层塑料薄膜，将混凝土与空气隔绝，阻止其中水分的蒸发，以保证水化作用的正常进行。适用于不易洒水养护的高耸构筑物和大面积混凝土结构。

采用塑料薄膜养生液养护的混凝土，其敞露的全部表面应覆盖严密，并应保持塑料膜内有凝结水。

五、混凝土常见的外观质量缺陷及修补

根据国家标准《混凝土结构工程施工质量验收规范》规定，混凝土现浇结构外观质量缺陷划分为下列九种情况。

1. 露筋

露筋是指钢筋混凝土结构内部的主筋、架立筋、分布筋、箍筋等没有被混凝土包裹而外露的缺陷。

修补措施：拆模后发现较浅的露筋缺陷，须尽快进行修补。先用钢丝刷洗刷基层，充分湿润后用1:2～1:2.5水泥砂浆抹平，并注意结构表面的平整度。如果是严重峰窝、孔洞等原因形成的露筋，按其修补措施进行。

2. 蜂窝（含麻面）

混凝土拆模之后，表面局部漏浆、粗糙、存在许多小凹坑的现象，称之为麻面；若麻面现象严重，混凝土局部酥松、砂浆少、大小石子分层堆积，石子之间出现状如蜜蜂窝的窟窿，称之为蜂窝缺陷。

修补措施：面积较小且数量不多的麻面与蜂窝的混凝土表面，可用1:2～

1:2.5水泥砂浆抹平，在抹砂浆之前，必须用钢丝刷或加压水洗刷基层。较大面积或较严重的麻面蜂窝，应按其全部深度凿去薄弱的混凝土层和个别突出的骨料颗料，然后用钢丝刷或加压水洗刷表面，再用比原混凝土强度等级提高一级的细石混凝土填塞，并仔细捣实。

3. 孔洞

孔洞是指结构构件表面和内部有空腔，局部没有混凝土或者是蜂窝缺陷过于严重。一般工程上常见的孔洞，是指超过钢筋保护层厚度，但不超过构件截面尺寸1/3的缺陷。

修补措施：将孔洞周围的松散混凝土和软弱浆膜凿除，用钢丝刷和压力水冲刷，湿润后用高一个强度等级的细石混凝土仔细浇灌、捣实。

4. 夹渣

混凝土内部夹有杂物且深度超过保护层厚度，称之为夹渣。

修补措施：如果夹渣面积较大而深度较浅，可将夹渣部位表面全部凿除，刷洗干净后，在表面抹1:2~1:2.5水泥砂浆。如果夹渣部位较深，超过构件截面尺寸的1/3时，应先做必要的支撑，分担各种荷载，将该部位夹渣全部凿除，安装好模板，用钢丝刷刷洗或压力水冲刷，湿润后用高一个强度等级的细石混凝土仔细浇灌、捣实。

5. 疏松

疏松是指混凝土结构内部不密实。

修补措施：因胶凝材料和冻害原因而引起的大面积混凝土疏松，强度较大幅度降低，必须完全撤除，重新建造。与峰窝、孔洞等缺陷同时存在的疏松现象，按其修补措施。局部混凝土疏松，可采用水泥净浆或环氧树脂及其他混凝土补强固化剂进行压力注浆，实行补强加固。

6. 裂缝

混凝土出现表面裂缝或贯通性裂缝，影响结构性能和使用功能。可以说，实际中所有混凝土结构不同程度地存在各种裂缝，混凝土原生的微细裂纹有时是允许存在的，对结构和使用影响不大。所要做的是防治产生宽度大于0.5mm的表面裂缝和大于0.3mm贯通性裂缝（一般环境下的工业与民用建筑）。

修补措施如下：

细小裂缝：宽度小于0.5mm的细小裂缝，可用注射器将环氧树脂溶液粘结剂或早凝溶液粘结剂注入裂缝内。注射前须用喷灯或电吹风将裂缝内吹干，注射时，从裂缝的下端开始，针头应插入缝内深处，缓慢注入。使缝内空气向上逸出，粘结剂在缝内向上填充。

浅裂缝：深度小于10mm的浅裂缝，顺裂缝走向用小凿刀将裂缝外部扩凿成“V”形，宽5~6mm，深度等于原裂缝，然后用毛刷将“V”形槽内颗粒及粉尘

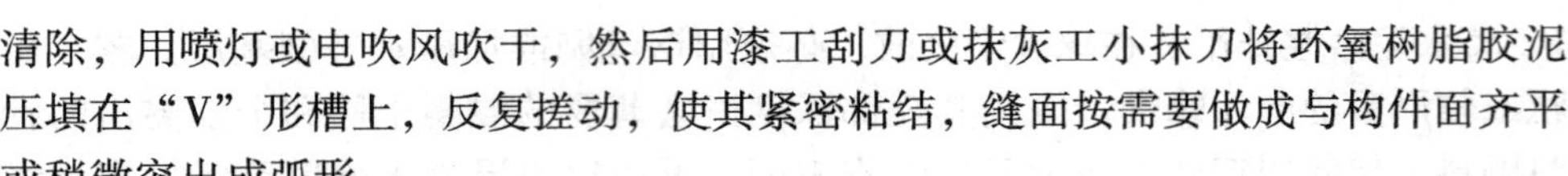

清除，用喷灯或电吹风吹干，然后用漆工刮刀或抹灰工小抹刀将环氧树脂胶泥压填在“V”形槽上，反复搓动，使其紧密粘结，缝面按需要做成与构件面齐平或稍微突出成弧形。

对于较细较深的裂缝，可以将上述两种方法结合使用，先凿槽后注射，最后封槽。

较宽较深裂缝：先沿裂缝以 10～30cm 的间距设置注浆管，然后将裂缝的其他部位用胶粘带子密封，以防漏浆，接着将搅拌好的净浆以 $2N/mm^2$ 压力用电动泵注入，从第一个注浆管开始，至第二个注浆管流出浆时停止，接着即从第二个注浆管注浆，依次完成，直至最后。

7. 连接部位缺陷

构件的连接处混凝土缺陷。常见的有“烂跟”、“烂脖子”、“缩颈”等。

修补措施，根据构件连接部位质量缺陷的种类和严重情况，按上述露筋、蜂窝、孔洞、夹渣、疏松和裂缝的有关措施进行修补加固。

8. 外形缺陷

外形缺陷是指混凝土外表有缺棱断角、棱角不直、翘曲不平等现象。

修补措施：

清水混凝土的修补，必须采用与原混凝土完全相同的原材料，按原配合比适当增减各种成分（可掺加部分白水泥），制成三种以上的现场砂浆配合比，然后分别制作试验样品，2 天后对比颜色，采用外观颜色一致的一个配比。

外形缺失和凹陷的部分，先用稀草酸溶液清除表面脱模剂的油脂，然后用清水冲洗干净，让其表面湿透。再用上述配比砂浆抹灰补平。外形翘曲和凸出的部分，先凿除多余部分，清洗湿透后用砂浆抹灰补平。

9. 外表缺陷

清水混凝土的外表缺陷有表面麻面、掉皮、起砂、玷污等。

修补措施：出现麻面、掉皮和起砂现象，在修饰前先用稀草酸溶液清除表面脱模剂的油脂，然后用清水冲洗干净，让其表面湿透。再将前述颜色一致的砂浆拌合均匀，按漆工刮腻子的方法，将砂浆用刮刀大力压向清水混凝土外表缺陷内，即压即刮平，然后用干净的干布擦去表面污渍，养护 24h 后，用细砂纸打磨至表面颜色一致。出现玷污则必须由人工用细砂纸仔细打磨，将污渍去除，使构件外表颜色一致。

六、混凝土工程施工质量验收与评定方法

混凝土工程的施工质量检验应按主控项目、一般项目按规定的检验方法进行检验。检验批合格质量应符合下列规定：主控项目的质量经抽样检验合格；一般项目的质量经抽样检验合格；当采用计数检验时，除有专门要求外，一般

项目的合格点率应达到80%及以上，且不得有严重缺陷；具有完整的施工操作依据和质量验收记录。

1. 主控项目

1）水泥进场时应对其品种、级别、包装或散装仓号、出厂日期等进行检查，并应对其强度、安定性及其他必要的性能指标进行复验，其质量必须符合现行国家标准的要求。当在使用中对水泥质量有怀疑或水泥出厂超过3个月（快硬硅酸盐水泥超过1个月）时，应进行复验，并按复验结果使用。钢筋混凝土结构、预应力混凝土结构中，严禁使用含氯化物的水泥。

检查数量：按同一生产厂家、同一等级、同一品种、同一批号且连续进场的水泥，袋装不超过200t为一批，散装不超过500t为一批，每批抽样不少于一次。

检验方法：检查产品合格证、出厂检验报告和进场复验报告。

2）混凝土中掺用外加剂的质量及应用技术应符合现行国家标准和有关环境保护的规定。预应力混凝土结构中，严禁使用含氯化物的外加剂。钢筋混凝土结构中，当使用含氯化物的外加剂时，混凝土中氯化物的总含量应符合现行国家标准的规定。

检查数量：按进场的批次和产品的抽样检验方案确定。

检验方法：检查产品合格证、出厂检验报告和进场复验报告。

3）混凝土强度等级、耐久性和工作性等应按《普通混凝土配合比设计规程》的有关规定进行配合比设计。对有特殊要求的混凝土，其配合比设计尚应符合国家现行有关标准的专门规定。

检验方法：检查配合比设计资料。

4）结构混凝土的强度等级必须符合设计要求。用于检查结构构件混凝土强度的试件，应在混凝土的浇筑地点随机抽取，用标准养护或同条件养护。取样与试件留置应符合下列规定：

① 每拌制100罐且不超过$100m^3$的同配合比的混凝土，取样不得少于一次。

② 每工作班拌制的同一配合比的混凝土不足100罐时，取样不得少于一次。

③ 当一次连续浇筑超过$1000m^3$时，同一配合比的混凝土每$200m^3$取样不得少于一次。

④ 每一楼层、同一配合比的混凝土，取样不得少于一次。

⑤ 每次取样应至少留置一组（3个）标准养护试件，同条件养护试件的留置组数应根据实际需要确定。

检验方法：检查施工记录及试件强度试验报告。

5）对有抗渗要求的混凝土结构，其混凝土试件应在浇筑地点随机取样。同一工程、同一配合比的混凝土，取样不应少于一次，留置组数可根据实际需要确定。

检验方法：检查试件抗渗试验报告。

6）混凝土原材料每盘称量的偏差应符合表4-25的规定。

表4-25 原材料每盘称重的允许偏差

材料名称	允许偏差
水泥、掺合料	±2%
粗、细骨料	±3%
水、外加剂	±2%

检查数量：每工作班抽查不应少于一次。当遇雨天或含水率有显著变化时应增加含水率检测次数，并及时调整水和骨料的用量。

检验方法：复称。

7）混凝土运输、浇筑及间歇的全部时间不应超过混凝土的初凝时间。同一施工段的混凝土应连续浇筑，并应在底层混凝土初凝之前将上一层混凝土浇筑完毕。

当底层混凝土初凝后浇筑上一层混凝土时，应按施工技术方案中对施工缝的要求进行处理。

检查数量：全数检查。

检验方法：观察，检查施工记录。

8）现浇结构的外观质量不应有严重缺陷（见表4-26）。对已经出现的严重缺陷，应由施工单位提出技术处理方案，并经监理（建设）单位认可后进行处理。对经处理的部位，应重新检查验收。

检查数量：全数检查。

检查方法：观察，检查技术处理方案。

9）现浇结构不应有影响结构性能和使用功能的尺寸偏差。对超过尺寸允许偏差且影响结构性能和安装、使用功能的部位，应由施工单位提出技术处理方案，并经监理（建设）单位认可后进行处理。对经处理的部位，应重新检查验收。

检查数量：全数检查。

检验方法：量测，检查技术处理方案。

2. 一般项目

1）混凝土中掺用矿物掺合料，粗、细骨料及拌制混凝土用水的质量应符现行国家标准的规定。

检查数量：按进场的批次和产品的抽样检验方案确定。

检验方法：检查出厂合格证和进场复验报告，粗、细骨料检查进场复验报告，拌制混凝土用水检查水质试验报告。

表 4-26 现浇混凝土结构外观质量缺陷

名称	严重缺陷	一般缺陷
露筋	纵向受力钢筋有露筋	其他钢筋有少量露筋
蜂窝	构件主要受力部位有蜂窝	其他部位有少量蜂窝
孔洞	构件主要受力部位有孔洞	其他部位有少量孔洞
夹渣	构件主要受力部位有夹渣	其他部位有少量夹渣
疏松	构件主要受力部位有疏松	其他部位有少量疏松
裂缝	构件主要受力部位有影响结构性能或使用功能的裂缝	其他部位有少量不影响结构性能或使用功能的裂缝
连接部位缺陷	连接部位有影响结构传力性能的缺陷	连接部位有基本不影响结构传力性能的缺陷
外形缺陷	清水混凝土构件有影响使用功能或装饰效果的外形缺陷	其他混凝土构件有不影响使用功能的外形缺陷
外表缺陷	具有重要装饰效果的清水混凝土构件有外表缺陷	其他混凝土构件有不影响使用功能的外表缺陷

2）首次使用的混凝土配合比应进行开盘鉴定，其工作性应满足设计配合比的要求。开始生产时应至少留置一组标准养护试件，作为验证配合比的依据。

检验方法：检查开盘鉴定资料和试件强度试验报告。

3）混凝土拌制前，应测定砂、石含水率并根据测试结果调整材料用量，提出施工配合比。

检查数量：每工作班检查一次。

检验方法：检查含水率测试结果和施工配合比通知单。

4）施工缝、后浇带的位置应在混凝土浇筑前按设计要求和施工技术方案确定。施工缝处理、后浇带混凝土的浇筑应按施工技术方案执行。

检查数量：全数检查。

检验方法：观察，检查施工记录。

5）现浇结构和混凝土设备基础拆模后的尺寸偏差应符合表4-27、表4-28 的规定。

表 4-27　现浇结构尺寸的允许偏差和检验方法

项　目			允许偏差/mm	检验方法
轴线位移	基础		15	用尺量检验
	独立基础		10	
	柱、墙、梁		8	
	剪力墙		5	
标高	层高		±10	用水准仪或拉线、钢尺检查
	全高		±30	
截面尺寸			+8，-5	用钢尺检查
垂直度	层高	≤5m	8	用经纬仪或吊线和钢尺检查
		>5m	10	
	全高 H		H/1000 且≤30	用经纬仪或吊线和尺量检验
表面平整度			8	用 2m 靠尺和塞尺检查
预埋设施中心线位置	预埋件		10	用钢尺检查
	预埋螺栓		5	
	预埋管		5	
预留洞中心线位置			15	用钢尺检查
电梯井	井筒长、宽对定位中心线		+25，0	用钢尺检查
	井筒全高 H 垂直度		H/1000 且≤30	用经纬仪、钢尺检查

注：检查轴线、中心线位置时，应沿纵、横两个方向量测，并取其中的较大值。

检查数量：按楼层、结构缝或施工段划分检验批。在同一检验批内，对梁、柱独立基础，应抽查构件数量的 10%，且不少于 3 件；对墙和板，应按有代表性的自然间抽查 10%，且不少于 3 间；对大空间结构，墙可按相邻轴线间高度 5m 左右划分检查面，板可按纵、横轴线划分检查面，抽查 10%，且均不少 3 面；对电梯井，应全数检查。对设备基础，应全数检查。

3. 强度评定

混凝土强度评定分为统计法和非统计法两种。

（1）统计法　当混凝土的生产条件在较长时间内能保持一致，且同一品种混凝土的强度变异性能保持稳定时，应由连续的 3 组试件代表一个验收批，其强度应满足下列要求：

$$\bar{f}_{cu} \geqslant f_{cu,k} + 0.7\sigma_0$$

$$f_{cu,min} \geqslant f_{cu,k} - 0.7\sigma_0$$

当混凝土强度等级低于 C20 时，应满足

$$f_{cu,min} \geqslant 0.85 f_{cu,k}$$

表 4-28　混凝土设备基础的允许偏差和检验方法

项　目		允许偏差/mm	检验方法
坐标位置		20	用钢尺检查
不同平面的标高		0，-20	用水准仪或拉线、钢尺检查
平面外形尺寸		±20	用钢尺检查
凸台上平面外形尺寸		0，-20	
凹穴尺寸		+20，0	
平面水平度	每米	5	用水平尺、塞尺检查
	全长	10	用水准仪或拉线、钢尺检查
垂直度	每米	5	用经纬仪或吊线、钢尺检查
	全高	10	用水准仪或拉线、钢尺检查
预埋地脚螺栓	标高（顶高）	+20，0	用钢尺检查
	中心距	±2	用钢尺检查
预埋地脚螺栓孔	中心线位置	10	用钢尺检查
	深度尺寸	+20，0	用吊线、钢尺检查
	孔垂直度	10	用水准仪或拉线、钢尺检查
预埋活动地脚螺栓锚板	标高	+20，0	用钢尺检查
	中心线位置	5	用钢尺检查
	带槽锚板平整度	5	用钢尺、塞尺检查
	带螺纹孔锚板平整度	2	

注：检查坐标、中心线位置时，应沿纵、横两个方向量测，并取其中的较大值。

当混凝土强度等级高于 C20 时，应满足

$$f_{cu,min} \geqslant 0.90 f_{cu,k}$$

式中　$\bar{f}_{cu}$——同一验收批混凝土强度的平均值（N/mm^2）；

$f_{cu,k}$——混凝土立方体抗压强度标准值（N/mm^2）；

σ_0——同一验收批混凝土的强度标准差（N/mm^2）；

$f_{cu,min}$——同一验收批混凝土强度的最小值（N/mm^2）。

验收批混凝土强度的标准差 σ_0 应根据前一检验期内（不应超过 3 个月）同一品种混凝土试件的强度，按下式确定：

$$\sigma_0 = \frac{0.59}{m} \sum_{i=1}^{m} \Delta f_{cu,i}$$

式中　$\Delta f_{cu,i}$——第 i 批试件中强度的最大值与最小值之差；

m——用于确定 σ_0 的数据批数，$m \geqslant 15$。

当混凝土的生产条件在较长时间内不能保持一致，其强度变异性能不稳定，或在前一检验期内的同一品种混凝土没有足够的强度数据用以确定验收批混凝

土强度标准差时，应由不少于10组的试件组成一个验收批，其强度应同时符合下列要求：

$$\bar{f}_{cu} - \lambda_1 Sf_{cu} \geqslant 0.9 f_{cu,k}$$

$$f_{cu,min} \geqslant \lambda_2 f_{cu,k}$$

式中 Sf_{cu}——验收批混凝土强度的标准差（N/mm^2），当 Sf_{cu} 的计算值小于 $0.06f_{cu,k}$ 时，取 $Sf_{cu}=0.6f_{cu,k}$；

λ_1、λ_2——合格判定系数，按表4-29取用。

表4-29 混凝土强度的合格判定系数

试件组数	10～14	15～24	≥25
λ_1	1.70	1.65	1.60
λ_2	0.90	0.85	

验收批混凝土强度的标准差 Sf_{cu} 可按下式计算：

$$Sf_{cu} = \sqrt{\frac{\sum_{i-1}^{n} f_{cu,i}^2 - n\bar{f}_{cu}^2}{n-1}}$$

式中 $f_{cu,i}$——验收批内第 i 组混凝土试件的强度值（N/mm^2）；

n——验收批内混凝土试件的总组数。

（2）非统计法 对试件数量有限，不具备按统计法评定混凝土强度条件的工程，可采用非统计法评定。按非统计法评定混凝土强度时，其强度应同时满足下列要求：

$$\bar{f}_{cu} \geqslant 1.15 f_{cu,k}$$

$$f_{cu,min} \geqslant 0.95 f_{cu,k}$$

当检验评定结果不能满足统计法或非统计法的要求时，该批混凝土强度判定为不合格。当混凝土试件强度评定为不合格批时，可采用非破损或局部破损的检测方法，按国家现行有关标准的规定对结构构件中的混凝土强度进行推定，并作为处理的依据。

复 习 题

1. 简述定型组合钢模特点、组成及其构造方法。
2. 简述大模板的基本组成。
3. 简述滑升模板组成及其滑升原理。
4. 简述模板拆除注意事项。
5. 什么是钢筋冷拉？冷拉的作用有哪些？钢筋冷拉控制方法有几种？各用于何种情况？
6. 怎样计算钢筋下料长度及编制钢筋配料单？
7. 简述钢筋电弧焊的接头形式。

8. 简述钢筋代换的原则及方法。

9. 混凝土工程施工包括哪几个施工过程？

10. 如何确定混凝土的配制强度？

11. 简述混凝土搅拌制度的内容。

12. 简述混凝土运输过程中的一般要求。

13. 简述混凝土浇筑的基本要求。

14. 混凝土的浇水养护有何要求？

15. 什么是施工缝？施工缝的留设原则？继续浇筑混凝土时，对施工缝如何处理？

16. 如何进行水下混凝土浇筑？

17. 简述大体积混凝土裂缝的形成原因及其施工方法。

18. 常用振捣机械有哪几种？各自的适用范围是什么？

19. 简述混凝土常见的外观质量缺陷及修补措施。

20. 某混凝土实验室配合比为1∶2.12∶4.37，$W/C=0.62$，每立方米混凝土水泥用量为290kg，实测现场砂含水率3%，石含水率1%。

试求：(1) 施工配合比？

(2) 当用250L(出料容量)搅拌机搅拌时，每拌一次投料水泥、砂、石、水各多少？

5

第五章

预应力混凝土工程

第一节　预应力混凝土及其分类

一、预应力混凝土

混凝土作为一种建筑材料在工程建设中被广泛采用，它具有良好的物理力学性能，尤其是与钢筋有效组合后形成的钢筋混凝土，具有承载力强、整体性好、刚度大、抗腐蚀、耐火和适应性广等特点。但是普通混凝土的极限应变值很小（只有0.0001～0.00015）。如果混凝土不开裂，构件内的受拉钢筋应力只能达到20～30N/mm^2。如果允许构件开裂，裂缝宽度限制在0.2～0.3mm时，构件内的受拉钢筋应力也只能达到150～250N/mm^2（仅Ⅰ级钢就为235 N/mm^2）。因此在普通钢筋混凝土构件中钢筋的抗拉强度就未能充分发挥，同时一些希望采用高强钢筋以达到节约钢材目的的钢筋混凝土构件的使用也受到限制。

预应力混凝土是解决这一难题的有效方法。预应力混凝土是指在结构或构件的受拉区，通过张拉预应力钢筋的方法，使受拉区混凝土产生预压应力，当构件在荷载的作用下，在受拉区产生拉应力时，首先要用来抵消受拉区混凝土的预压应力，从而使受拉区混凝土出现裂缝时最小荷载增大，并在使用荷载不变的条件下，缩小裂缝展开的宽度，提高结构或构件的抗裂度和刚度的混凝土。

与普通混凝土相比，预应力混凝土除了提高了构件的抗裂度和刚度外，还具有减轻自重、增加构件的耐久性、降低造价等优点。特别是在大开间、大跨度和重荷载的结构中，采用预应力混凝土可以显著地减少材料的用量，扩大结构的使用功能，并可取得更大的综合经济效益和社会效益。

二、预应力混凝土分类

预应力混凝土按施工方法的不同可分为先张法和后张法两大类。

（一）先张法

先张法是在浇筑混凝土之前，先张拉预应力钢筋，并将预应力筋临时固定在台座或钢模上，待混凝土达到一定强度（一般不低于混凝土设计强度标准值的75%），混凝土与预应力筋具有一定的粘结力时，放松预应力筋，使混凝土在预应力筋的反弹力作用下，构件受拉区的混凝土承受预压应力。预应力筋的张拉力，主要是由预应力筋与混凝土之间的粘结力传递给混凝土。图5-1为预应力混凝土构件先张法（台座）生产示意图。

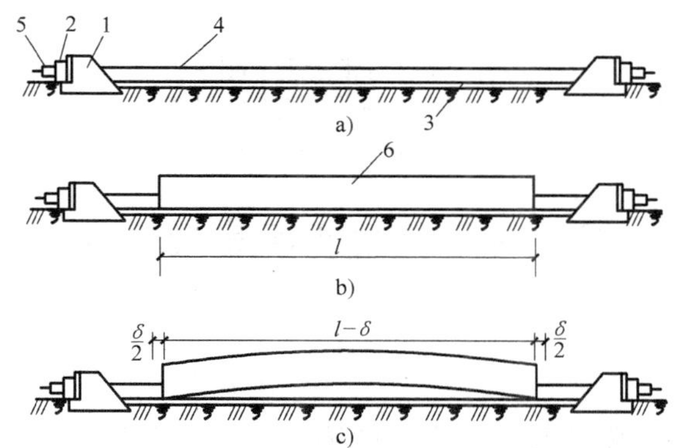

图5-1 先张法台座示意图

a）预应力筋张拉 b）混凝土浇筑与养护 c）放松预应力筋

1—台座承力结构 2—横梁 3—台面 4—预应力筋 5—锚具夹具 6—混凝土构件

（二）后张法

后张法是先制作构件，预留孔道，待构件混凝土强度达到设计规定的数值后，在孔道内穿入预应力筋进行张拉，并用锚具在构件端部将预应力筋锚固，最后进行孔道灌浆。预应力筋的张拉力主要是靠构件端部的锚具传递给混凝土，使混凝土产生预应力。图5-2为预应力混凝土后张法生产示意图。后张法预应力施工，不需要台座设备，灵活性大，广泛用于施工现场生产大型预制预应力混凝土构件和就地浇筑预应力混凝土结构。后张法预应力施工，又可分为有粘结预应力施工和无粘结预应力施工。

此外，按钢筋张拉方式不同，预应力混凝土又可分为机械张拉、电热张拉与自应力张拉法等。

随着预应力混凝土技术的发展，一些体外预应力和缓粘结预应力的新技术在我国工业与民用建筑中也得到了广泛的应用，随着科学技术的进步，在现代工程结构中，预应力混凝土必将具有广阔的发展前景。

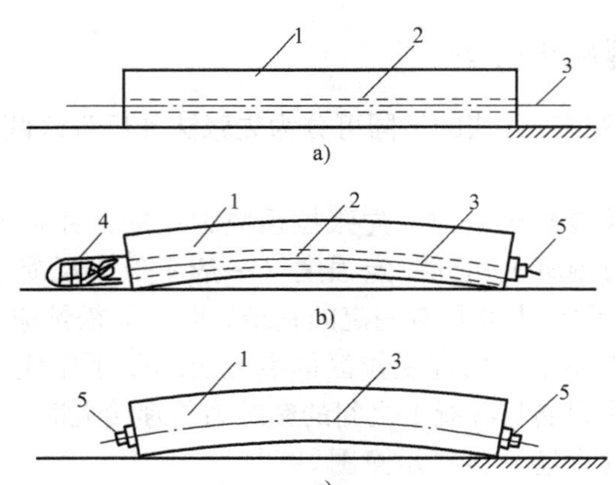

图 5-2　后张法施工顺序

a）制作构件，预留孔道　b）穿入预应力钢筋进行张拉并锚固　c）孔道灌浆

1—混凝土构件　2—预留孔道　3—预应力筋　4—千斤顶　5—锚具

第二节　预应力夹具和锚具

一、夹具

夹具是预应力筋张拉和临时固定的锚固装置，用在先张法施工中。按其用途不同，可分为锚固夹具和张拉夹具。

（一）锚固夹具

一般都可以重复使用，要求工作可靠，加工方便、成本低和能多次周转使用。

1. 钢质锥形夹具

主要用来锚固直径为 3～5mm 的单根钢丝夹具。如图 5-3 所示。

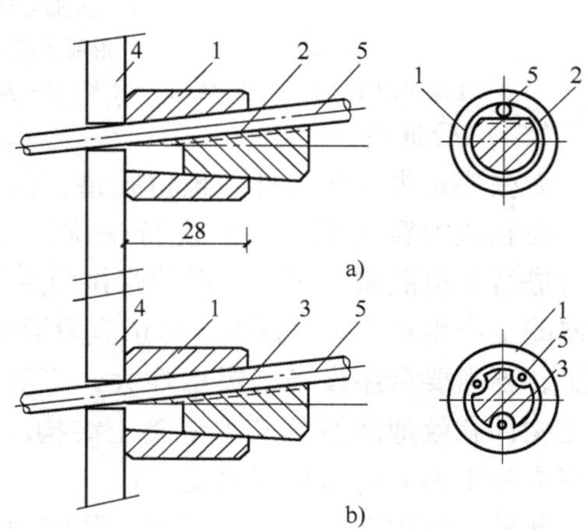

图 5-3　钢质锥形夹具

a）圆锥齿板式　b）圆锥三槽式

1—套筒　2—齿板　3—锥销

4—定位板　5—预应力筋

2. 墩头夹具

墩头夹具适用于预应力钢丝固定端的锚固，如图 5-4 所示。

（二）张拉夹具

张拉夹具是将预应力筋与张拉机械连接起来进行预应力张拉的工具，常用的张拉夹具有月牙夹具、偏心式夹具和楔形夹具等，如图 5-5 所示。

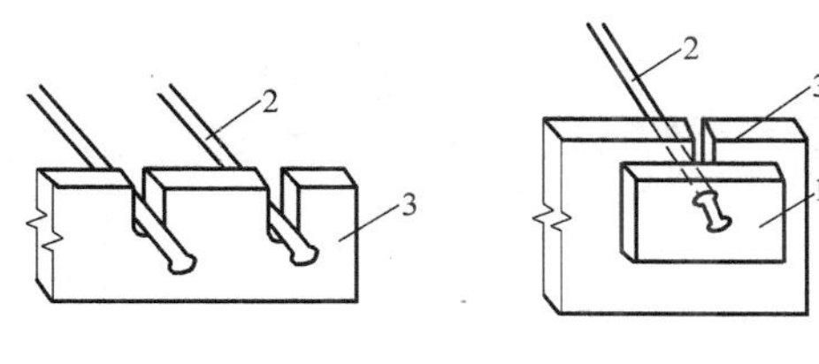

图 5-4　固定端墩头夹具

1—垫片　2—镦粗头　3—承力板

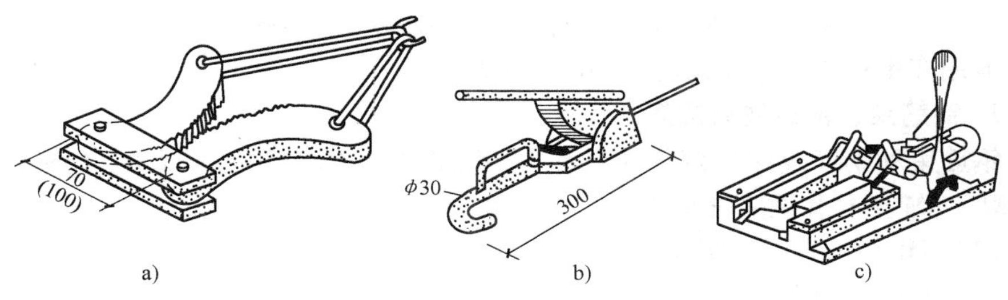

图 5-5　张拉夹具

a）月牙形夹具　b）偏心式夹具　c）楔形夹具

二、锚具

锚具是预应力筋张拉和永久固定在预应力混凝土构件上的传递预应力的工具，主要用在后张法中。按锚固性能不同，可分为Ⅰ类锚具和Ⅱ类锚具。Ⅰ类锚具适用于承受动载、静载的预应力混凝土结构；Ⅱ类锚具仅适用有粘结预应力混凝土结构，且锚具只能处于预应力筋应力变化不大的部位。

后张法所用锚具根据其锚固原理和构造形式不同，分为螺杆锚具、夹片锚具、锥销式锚具和镦头锚具四种体系。

1. 单根粗钢筋锚具

单根预应力钢筋根据构件的长度和张拉工艺要求，可以在一端或两端张拉，锚具与预应力筋的的配套使用基本有三种情况：即两端张拉时，在两端头均使用螺丝端杆锚具，一端张拉时，张拉端使用螺栓端杆锚具，另一端使用帮条锚具或墩头锚具。

（1）螺栓端杆锚具　螺栓端杆锚具由螺栓端杆、垫板和螺母组成，适用于锚固直径不大于 36mm 的热处理钢筋，如图 5-6a 所示。

螺栓端杆锚具与预应力筋对焊，用张拉设备张拉螺栓端杆，然后用螺母锚固。

（2）帮条锚具　帮条锚具由一块方形衬板与 3 根帮条组成，如图 5-6b 所示，衬板采用普通低碳钢板，帮条采用与预应力筋同类型的钢筋。帮条安装时，3 根帮条与衬板相接触的截面应在一个垂直平面上，以免受力时产生扭曲。帮条锚

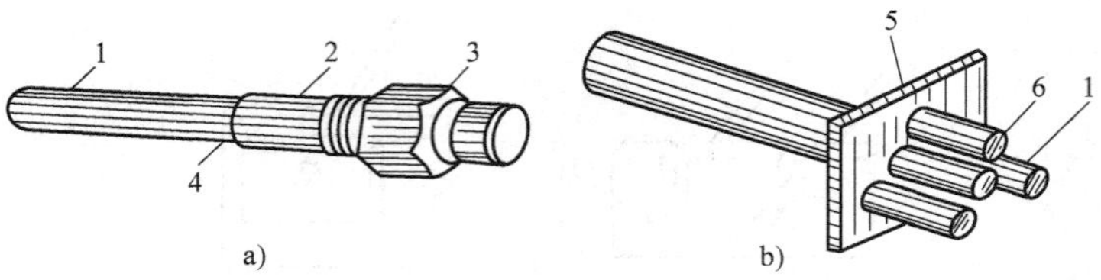

图 5-6　单根筋锚具

a）螺栓端杆锚具　b）帮条锚具

1—钢筋　2—螺栓端杆　3—螺母　4—焊接接头　5—衬板　6—帮条

具一般用在单根粗钢筋作预应力筋的固定端。

2. 钢筋束、钢绞线束锚具

钢筋束和钢绞线束目前使用的锚具有 JM 型（图 5-7）、KTZ 型（图 5-8）、XM 型、QM 型号和镦头锚具等。

（1）JM 型锚具　如图 5-7 所示。

（2）KTZ 型锚具　如图 5-8 所示。

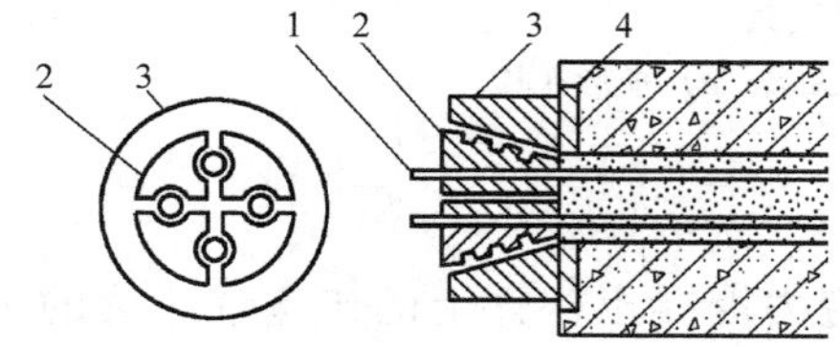

图 5-7　JM 型锚具

1—预应力筋　2—夹片　3—锚杯　4—垫板

锚环　锚塞

图 5-8　KTZ 型锚具

（3）镦头锚具　如图 5-9 所示。

镦头锚用于固定端，如图 5-9 所示，它由锚固板和带镦头的预应力筋组成。

3. 钢丝束锚具

钢丝束所用锚具日前国内常用的有钢质锥形锚具、锥形螺杆锚具、钢丝束镦头锚具、XM 型锚具和 QM 型锚具，如图 5-10 所示。

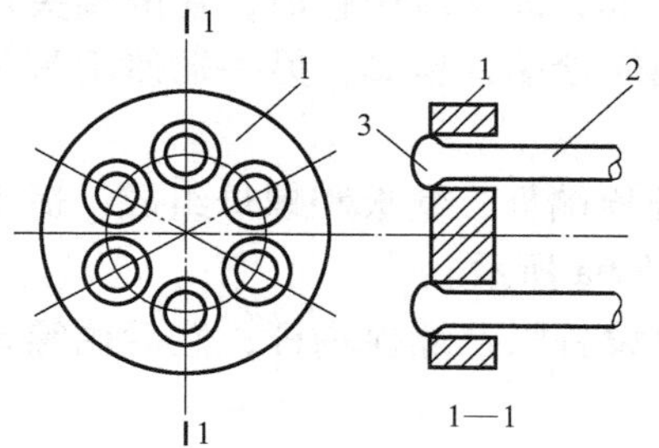

图 5-9　固定端用镦头锚具

1—锚固板　2—预应力筋　3—镦头

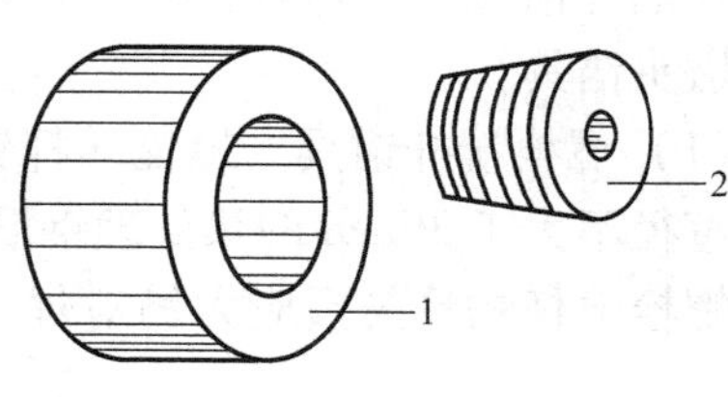

图 5-10　钢质锥形锚具

1—锚环　2—锚塞

第三节 先张法施工

先张法多用于预制构件厂生产定型的预应力中小构件，先张法生产可采用台座法和机组流水法。

台座法是构件在台座上生产，即预应筋的张拉、固定、混凝土浇筑、养护和预应力筋的放松等工序均在台座上进行。采用机组流水法是利用钢模板作为固定预应力筋的承力架，构件连同模板通过固定的机组，按流水方式完成其生产过程。本书主要介绍台座法生产预应力混凝土构件的施工方法。

一、台座

台座是先张法施工张拉和临时固定预应力筋的支撑结构，它承受预应力筋的全部张拉力，因此要求台座具有足够的强度、刚度和稳定性。台座按构造形式分为墩式台座（见图5-11）和槽式台座（见图5-12）。

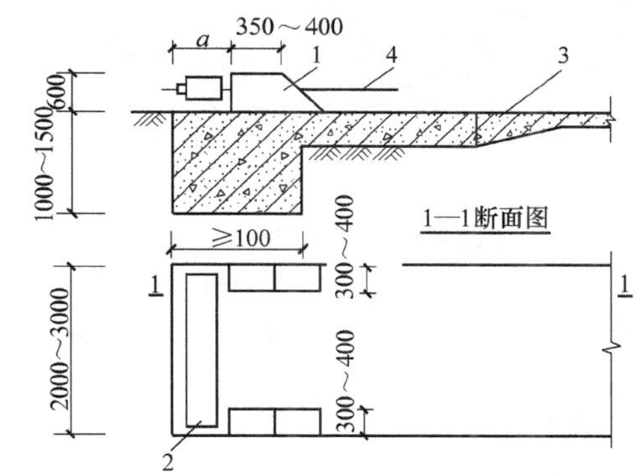

图5-11 墩式台座

1—台墩 2—横梁 3—台面 4—预应力筋

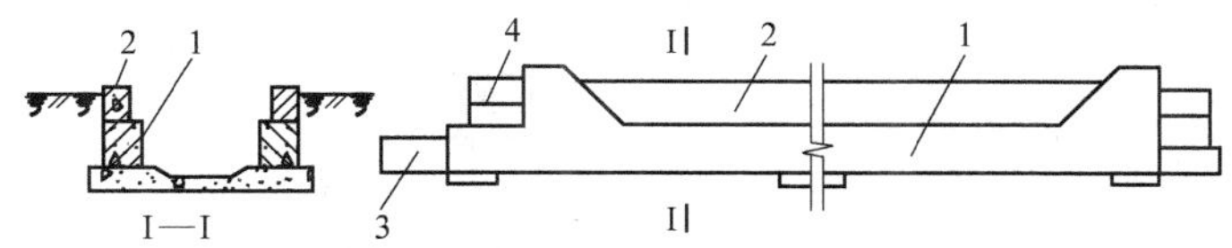

图5-12 槽式台座

1—传力柱 2—砖墙 3—下横梁 4—上横梁

槽式台座适用于张拉吨位较大的构件，如吊车梁、屋架、薄腹梁等。

二、张拉设备

张拉设备要求工作可靠，控制应力准确，能以稳定的速率加大拉力。常用的

张拉设备有油压千斤顶（见图5-13）、卷扬机、电动螺杆张拉机（见图5-14）等。

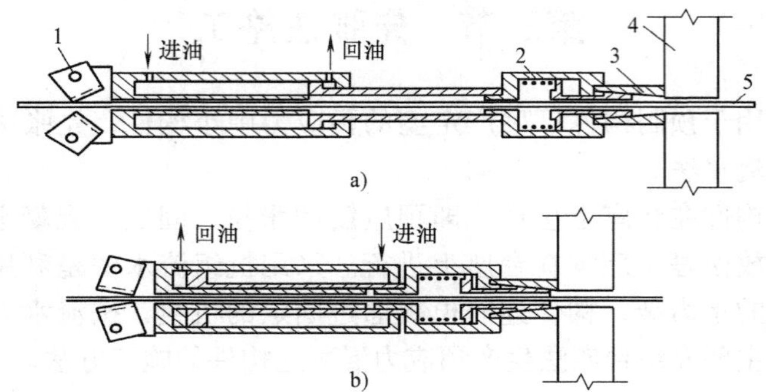

图5-13　YC-20穿心式千斤顶张拉过程示意图

a）张拉　b）复位

1—偏心块夹具　2—弹性顶压头　3—夹具　4—台座横梁　5—预应力筋

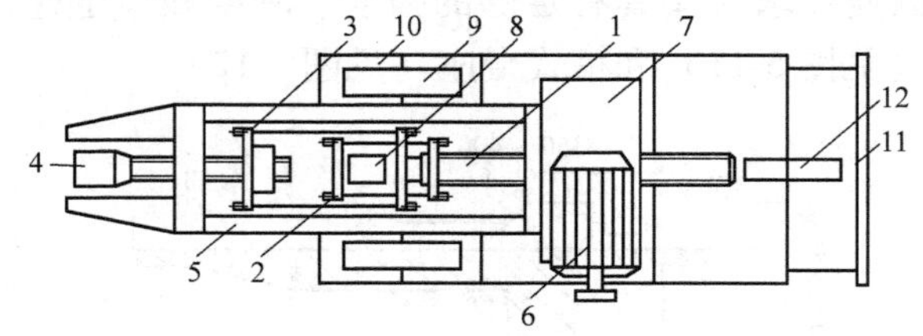

图5-14　电动螺杆张拉机

1—螺杆　2、3—拉力架　4—夹具　5—承力架　6—电动机　7—变速箱

8—压力计盒　9—车轮　10—底盘　11—把手　12—后轮

三、先张法施工工艺

先张法施工工艺流程如图5-15所示。

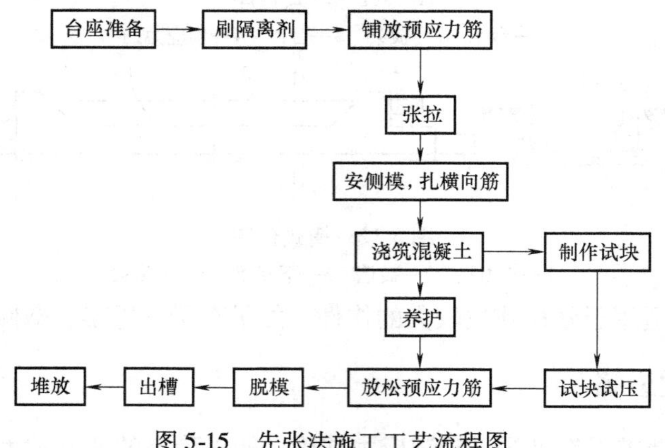

图5-15　先张法施工工艺流程图

（一）预应力筋的铺设、张拉

1. 预应力筋铺设

预应力筋铺设前先做好台面的隔离层，应选用非油类模板隔离剂，隔离剂不得使预应力筋受污，以免影响预应力与混凝土的粘结。碳素钢丝绳强度高、表面光滑、与混凝土粘结力较差，因此必要时可采取表面刻痕和压波措施，以提高钢丝与混凝土的粘结力。

钢丝接长可借助钢丝拼接器用 20 ~ 22 号铁丝密排扎，如图 5-16 所示。

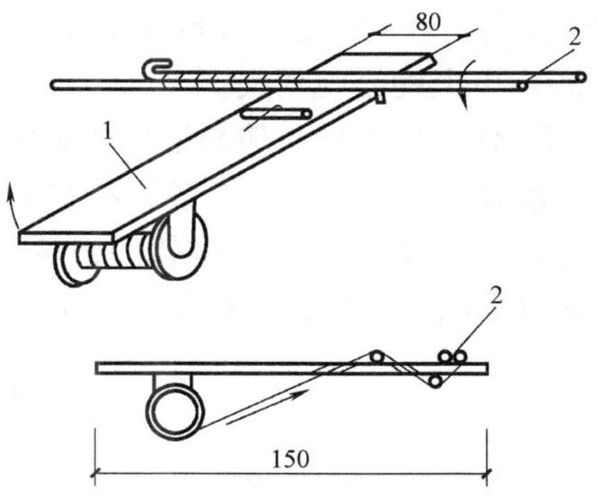

图 5-16　钢丝拼接器
1—拼接器　2—钢丝

2. 预应力筋张拉应力的确定

预应力筋的张拉控制应力，应符合设计要求。施工如采用超张拉，可比设计要求提高 5%，但其最大张拉控制应力不得超过表 5-1 的规定。

表 5-1　最大张拉控制应力值

钢　种	张拉方法	
	先张法	后张法
预应力钢丝、钢绞线	$0.75f_{ptk}$	$0.70f_{ptk}$
热处理钢筋	$0.70f_{ptk}$	$0.65f_{ptk}$

注：f_{ptk} 为预应力筋极限抗拉强度标准值。

3. 预应力筋张拉力的计算

预应力筋张力 P 按下式计算：

$$P = (1+m)\sigma_{con}A_p \tag{5-1}$$

式中　P——预应力筋张力（N）；

m——超张拉百分率（%）；

σ_{con}——张拉控制应力（N/mm^2）；

A_p——预应力筋截面面积（mm^2）。

4. 张拉程序

预应力筋的张拉程序可按下列程序之一进行：

$$0 \longrightarrow 103\%\sigma_{con}$$

或

$$0 \longrightarrow 105\%\sigma_{con} \xrightarrow{\text{持荷 2min}} \sigma_{con}$$

第一种张拉程序中，超张拉 3% 是为了弥补预应力筋的松弛引起的预应力损失，这种张拉程序施工简便，一般较多采用。

第二种张拉程序中，超张拉 5% 并持荷 2min，其目的是为了减少预应力筋的

松弛损失。钢筋松弛的数值与控制应力、延续时间有关，控制应力越高，松弛也就越大，同时还随着时间的延续不再增加，但在第一分钟内完成损失总值的50%左右，24h内则完成80%。上述程序中，超张拉5% σ_{con}持荷2min，可以减少50%以上的松弛损失。

5. 预应力筋伸长值与应力的测定

预应力筋张拉后，一般应校核预应力筋的伸长值。如实际伸长与计算伸长值的偏差超过±6%时，应暂停张拉，查明原因并采取措施予以调整后，方可继续张拉。预应力筋的伸长值 Δl 按下式计算：

$$\Delta l=\frac{F_pL}{A_pE_N} \tag{5-2}$$

式中 Δl——预应力筋伸长值（mm）；

F_p——预应力筋张拉力（N）；

L——预应力筋长度（mm）；

A_p——预应力筋截面面积（mm^2）；

E_N——预应力筋的弹性模量（N/mm^2）。

预应力筋的实际伸长值，宜在初应力约为10% σ_{con}时开始测量，但必须加上初应力以下的推算伸长值。

预应力筋的位置不允许有过大偏差，对设计位置的偏差不得大于5mm，也不得大于构件截面最短边长的4%。

多根钢丝同时张拉时，必须事先调整初应力使其相互间的应力一致。断丝和滑脱钢丝的数量不得大于钢丝总数的3%，一束钢丝中只允许断丝1根。构件在浇筑混凝土前发生断丝或滑脱的预应力钢丝必须予以更换。

采用钢丝作为预应力筋时，不做伸长值校核，但应在钢丝锚固后，用钢丝测力计或半导体频率记数测力计测定其钢丝应力。其偏差不得大于或小于按一个构件全部钢丝预应力总值的5%。

（二）混凝土浇筑与养护

为了减少预应力损失，在设计配合比时应考虑减少混凝土的收缩和徐变。应采用低水灰比，控制水泥用量，采用良好的级配及振捣密实。

振捣混凝土时，振动器不得碰撞预应力钢筋。混凝土未达到一定强度前也不允许碰撞和踩动预应力筋，以保证预应力筋与混凝土有良好的粘结力。

预应力混凝土可采用自然养护和湿热养护。当采用湿热养护时应采取正确的养护制度，减少由于温差引起的预应力损失。在台座上生产的构件采用湿热养护时，由于温度升高后，预应力筋膨胀而台座长度并无变化，因而预应力筋的应力减少。在这种情况下混凝土逐渐硬结，则在混凝土硬化前预应力筋由于温度升高而引起的应力降低将无法恢复，形成温差应力损失。因此，为了减少温差应力损失，应使混凝土达到一定强度（$100N/mm^2$）前，将温度身高限制在一定范围内（一般不超过200℃）。用机组流水法钢模制作预应力构件，因湿热养护时钢模与预应力筋同样伸缩，所以不存在因温差引起的预应力损失。

（三）预应力筋的放张

1. 放张要求

放张预应力筋时，混凝土应达到设计要求的强度。如设计无要求时，应不得低于设计混凝土强度等级的75%。

2. 放张顺序

预应力筋的放张顺序，应满足设计要求，如设计无要求时应满足下列规定：

1）对轴心受预压构件（如压杆、桩等）所有预应力筋应同时放张。

2）对偏心受预压构件（如梁等）先同时放张预压力较小区域的预应力筋，再同时放张预压力较大区域的预应力筋。

3）如不能按上述规定放张时，应分阶段、对称、相互交错地放张，以防止在放张过程中构件发生翘曲、裂纹及预应力筋断裂等现象。

3. 放张方法

配筋不多的中小型构件，钢丝可用砂轮锯或切断机等方法放张。配筋多的钢筋混凝土构件，钢丝应同时放张，如逐根放张，最后几根钢丝将由于承受过大的拉力而突然断裂，使得构件端容易开裂。

对钢丝、热处理钢筋不得用电弧切割，宜用砂轮或切断机切断。预应力钢筋数量较多时，可用千斤顶、砂箱、楔块等装置同时放张，如图5-17、图5-18所示。

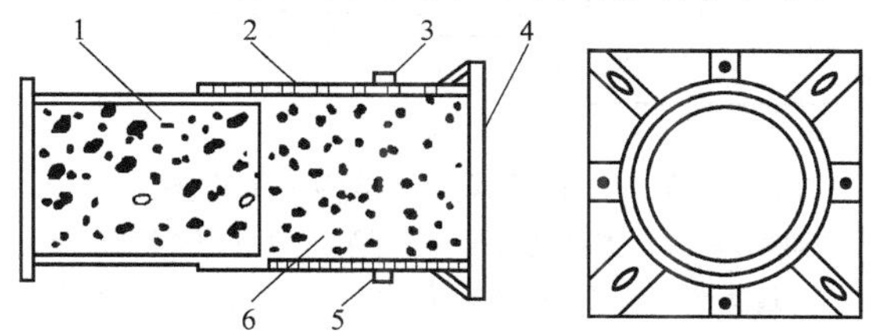

图5-17　砂箱放张装置

1—活塞　2—钢套管　3—进砂口　4—钢套箱底板　5—出砂口　6—砂子

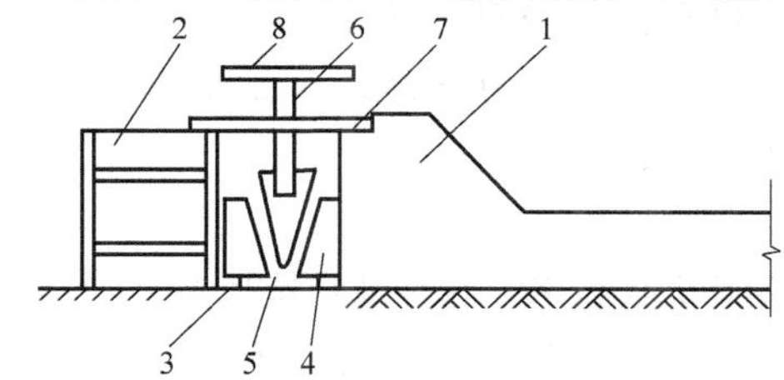

图5-18　楔块放张装置

1—台座　2—横梁　3、4—钢块　5—钢楔块　6—螺杆　7—承力板　8—螺母

第四节　后张法施工

后张法在构件上直接张拉预应力筋，不需要台座设备。适宜于现场生产大型预应力构件，亦可作为预制构件的拼装手段。除在建筑工程中应用外，在桥梁、特种结构等施工中也广泛得到应用。后张法施工灵活性大，适用性强，但工序较多，锚具因为是作为工作锚永远留在构件上而耗钢量较大。在后张法施工时，预应力筋、锚具和张拉机具是配套使用的，一般为专门的预应力厂家配套预制。

一、张拉设备

后张拉法主要张拉设备有千斤顶和高压油泵。

1. 拉杆式千斤顶

拉杆式千斤顶主要用于张拉带有螺丝端杆锚具的粗钢筋、锥形螺杆锚具的钢丝束及镦头锚具的钢丝束。

拉杆式千斤顶构造如图 5-19 所示。

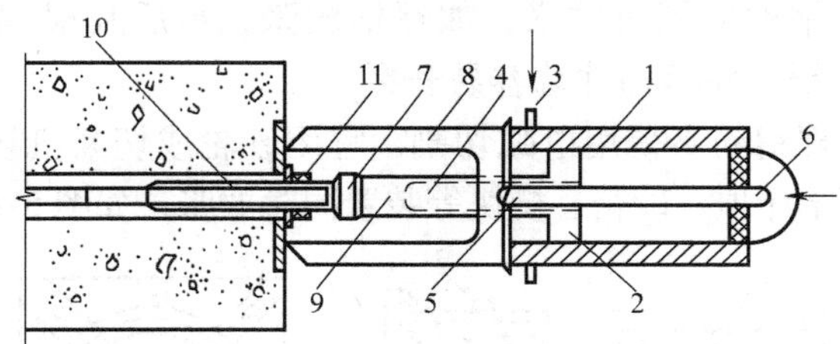

图 5-19　拉杆式千斤顶构造示意图

1—主缸　2—主缸活塞　3—主缸进油孔　4—副缸　5—副缸活塞　6—副缸进油孔　7—连接器　8—顶杆　9—拉杆　10—螺杆　11—螺母

张拉预应力筋时，从主缸油嘴送高压油时，主缸被推移并带动固定在卡环上的预应力筋使其被张拉。预应力筋达到控制应力后，改由副缸进高压油，推动副缸活塞将锚塞顶入锚环内，将预应力筋加以固定。主、副缸的回油则是借助设置在主缸和副缸中弹簧作用来进行的。工地上常用的为 600kN 拉杆式千斤顶，其主要技术性能见表 5-2。

2. 锥锚式千斤顶

锥锚式千斤顶主要用于张拉 KT-Z 型锚具锚固的钢筋束或钢绞线束和使用锥形锚具的预应力钢丝束。其张拉油缸用以张拉预应力筋，顶压油缸用以顶压锥塞，因此又称双作用千斤顶，如图 5-20 所示。

张拉预应力筋时，主缸进油，主缸被压移，使固定在其上的钢筋被张拉。

钢筋张拉后，改由副缸进油，随即由副活塞将锚塞顶入锚圈中。主、副缸的回油则是借助设置在主缸和副缸中的弹簧作用来进行的。

表 5-2 拉杆式千斤顶主要性能

项　目	单　位	技术性能
最大张拉力	kN	600
张拉行程	mm	150
主缸活塞面积	cm^2	152
最大工作油压	MPa	40
质量	kg	68

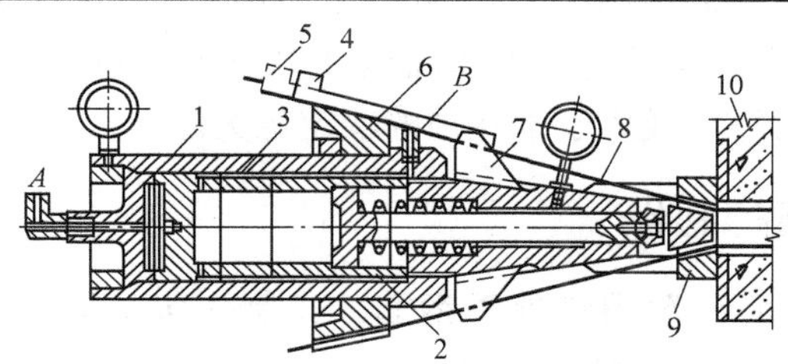

图 5-20 锥锚式千斤顶的构造简图

1—主缸 2—副缸 3—退楔缸 4—楔块（张拉时位置）
5—楔块（退出时位置） 6—锥形卡环 7—退楔翼片
8—钢丝 9—锥形锚具 10—构件 *A*、*B*—进油嘴

3. 穿心式千斤顶

穿心式千斤顶适用性很强，它适用于张拉采用 JM12 型、QM 型、XN 型锚具的预应力钢丝束、钢筋束和钢绞线束。穿心式千斤顶的特点是千斤顶中心有穿通的孔道，根据张拉力和构造不同，有 YC60、YC20D、YCD120、YCD200 和无顶压机构的 YCQ 型千斤顶。

4. 千斤顶的校正

采用千斤顶张拉预应力筋，预应力的大小是通过油压表的读数表达，油压表读数表示千斤顶活塞单位面积的油压力。如张拉力为 N，活塞面积是 F，则油压表的相应读数为 P，即

$$P=\frac{N}{F} \tag{5-3}$$

式中 P——油压表读数（N/mm^2）；

N——张拉力（N）；

F——活塞面积（mm^2）。

由于千斤顶活塞与油缸之间存在着一定的摩阻力，所以实际张拉力往往比上式计算的小，为保证预应力筋张拉应力的准确性，应定期校验千斤顶与油压表读数的关系，制成表格或绘制 P 与 N 的关系曲线，供施工中直接查用。校验

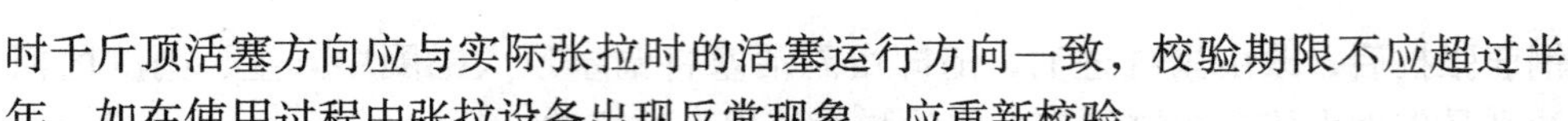

时千斤顶活塞方向应与实际张拉时的活塞运行方向一致，校验期限不应超过半年。如在使用过程中张拉设备出现反常现象，应重新校验。

千斤顶校正的方法主要有：标准测力计校正、压力机校正及和两台千斤顶互相校正等方法。

5. 高压油泵

高压油泵与液压千斤顶配套使用，它的作用是向液压千斤顶各个油缸供油，使其活塞按照一定速度伸出或回缩。

高压油泵按驱动方式分为手动和电动两种。一般采用电动高压油泵。油泵型号有：ZB0.8/500、ZB0.6/630、ZB4/500、ZB10/500（分数线上数字表示每分钟的流量，分数线下数字表示工作油压，单位为 kg/cm^2）等数种。选用时，应使油泵的额定压力等于或大于千斤顶的额定压力。

二、预应力筋的制作

1）单根预应力筋一般用热处理钢筋，其制作包括配料、对焊、冷拉等工序。为保证质量，宜采用控制应力的方法进行冷拉；钢筋配料时应根据钢筋的品种测定冷拉率，如果在一批钢筋中冷拉率变化较大时，应尽可能把冷拉率相近的钢筋对焊在一起进行冷拉，以保证钢筋冷拉力的均匀性。

钢筋对焊接长在钢筋冷拉前进行。钢筋的下料长度由计算确定，如图 5-21 所示。

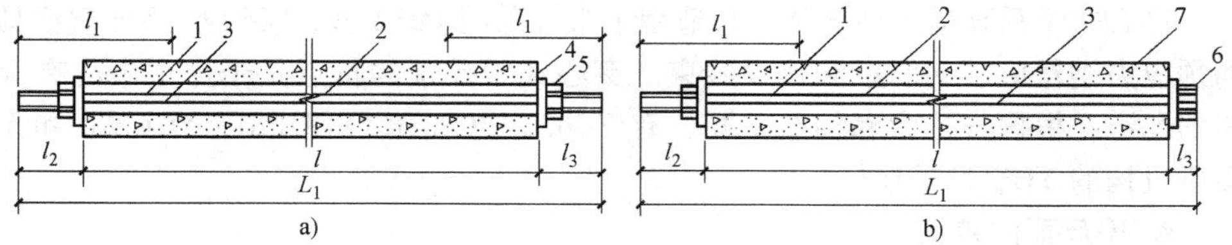

图 5-21　预应力筋下料长度计算图

a）两端用螺栓端杆锚具　b）一端用螺栓端杆锚具

1—螺栓端杆　2—预应力钢筋　3—对接焊头　4—垫板

5—螺母　6—帮条锚具　7—混凝土构件

当构件两端均采用螺栓端杆锚具时，预应力筋下料长度为：

$$L=\frac{(l+2l_2-2l_1)}{(1+\gamma-\sigma)}+n\Delta \tag{5-4}$$

当一端采用螺栓端杆锚具，另一端采用帮条锚具或镦头锚具时，预应力筋下料长度为：

$$L=\frac{(l+l_2+l_3-2l_1)}{(1+\gamma-\sigma)}+n\Delta \tag{5-5}$$

式中　L——预应力筋下料长度（mm）；

l——构件的孔道长度（mm）；

l_1——螺栓端杆长度，一般为 320mm；

l_2——螺栓端杆伸出构件外的长度，一般为 120 ~ 150mm 或按下式计算：

张拉端　$l_2 = 2H + h + 5\text{mm}$，

锚固端　$l_2 = 2H + h + 10\text{mm}$；

l_3——帮条或镦头锚具所需钢筋长度（mm）；

γ——预应力筋的冷拉率（由试验定）；

σ——预应力筋的冷拉回弹率一般为 0.4% ~0.6%；

n——对焊接头数量；

Δ——每个对焊接头的压缩量，取一个钢筋直径；

H——螺母高度（mm）；

h——垫板厚度（mm）。

2）钢筋束由直径为 10m 的热处理钢筋编束而成，钢绞线束由直径为 12mm 或 15mm 的钢绞线束编束而成。预应力筋的制作一般包括开盘冷拉、下料和编束等工序。每束 3 ~6 根，一般不需对焊接长，下料是在钢筋冷拉后进行。钢绞线下料前应在切割口两侧各 50mm 处用铁丝绑扎，切割后对切割口应立即焊牢，以免松散。

为了保证构件孔道穿入筋和张拉时不发生扭结，应对预应力筋进行编束。编束时一般把预应力筋理顺后，用 18 ~22 号铁丝，每隔 1m 左右绑扎一道，形成束状。

预应力钢筋束或钢绞线束的下料长度 L 可按下式计算：

一端张拉时　$L = l + a + b$

两端张拉时　$L = l + 2a$

式中　l——构件孔道长度（mm）；

a——张拉端留量（mm），与锚具和张拉千斤顶尺寸有关；

b——固定端留量（mm），一般为 80mm。

3）钢丝束制作随锚具的不同而异，一般需经过调直、下料、编束和安装锚具等工序。

当采用 XM 型锚具、QM 型锚具，钢质锥形锚具时，预应力钢丝束的制作和下料长度计算基本与预应力钢筋束、钢绞线束相同。

当采用镦头锚具时，一端张拉，应考虑钢丝束张拉锚固后螺母位于锚杯中部，钢丝下料长度 L 可按图 5-22 所示用下式计算：

$$L = L_0 + 2a + 2\delta - 0.5\ (H - H_1)\ - \Delta L - C \tag{5-6}$$

式中　L_0——孔道长度（mm）；

a——锚板厚度（mm）；

δ——钢丝镦头留量（mm），取钢丝直径的2倍；

H——锚杯高度（mm）；

H_1——螺母高度（mm）；

ΔL——张拉时钢丝伸长值（mm）；

C——混凝土弹性压缩（若很小可忽略不计）。

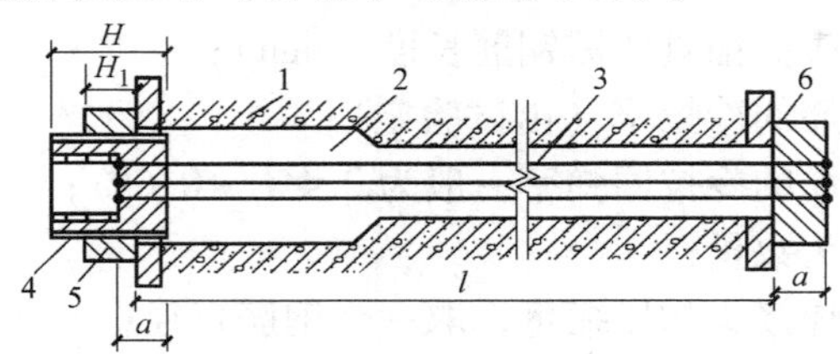

图 5-22　采用镦头锚具时钢丝下料长度计算简图

1—混凝土构件　2—孔道　3—钢丝束　4—锚杯　5—螺母　6—锚板

为了保证张拉时各钢丝应力均匀，采用锥形螺杆锚具和镦头锚具的钢丝束，要求每根钢丝长度要相等。下料长度相对误差要控制在 $L/5000$ 以下且不大于5mm。因此下料时应在应力状态下切断下料，下料的控制应力为300MPa。

为了保证钢丝不发生扭结，必须在编束前对钢丝直径进行测量，直径相对误差不得超过0.1mm，以保证成束钢丝与锚具可靠连接。采用锥形螺杆锚具时，编束工作在平整的场地上把钢丝理顺放平，用22号铁丝将钢丝每隔1m编成帘子状，然后每隔1m放置1个螺旋衬圈，再将编好的钢丝帘绕衬圈围成圆束，用铁丝绑扎牢固，如图5-23所示。

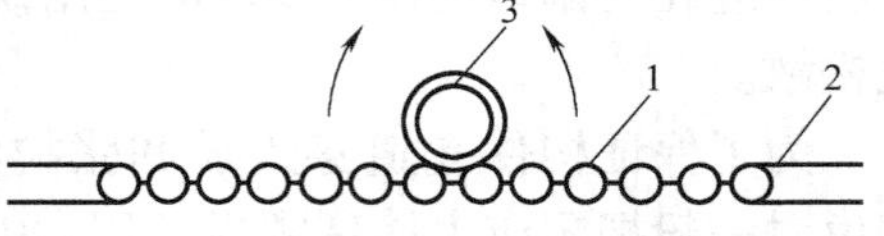

图 5-23　钢丝束的编束

1—钢丝　2—铁丝　3—衬圈

当采用镦头锚具时，根据钢丝分圈布置的特点，编束时首先将内圈和外圈钢丝分别用铁丝顺序编扎，然后将内圈钢丝放在外圈钢丝内扎牢。编束好后，先在一端安装锚杯并完成镦头工作，另一端钢丝的镦头，等钢丝束穿过孔道安装上锚板后再进行。

三、后张法施工工艺

后张法施工工艺与预应力施工有关的主要是孔道留设、预应力筋张拉和孔道灌浆三部分，图5-24为后张法施工工艺流程图。

（一）孔道留设

后张法构件中孔道留设一般采用钢管抽芯法、胶管抽芯法、预埋管法。预应力筋的孔道形状有直线、曲线和折线三种。钢管抽芯法只用于直线孔道，胶

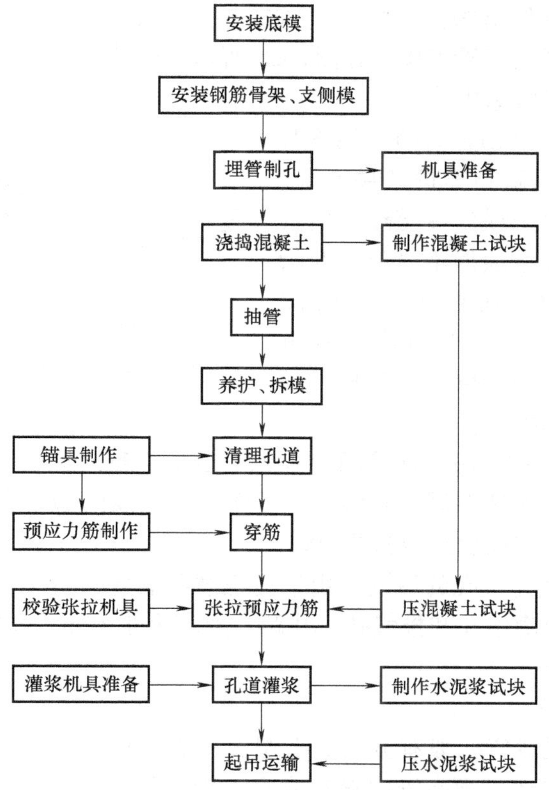

图 5-24　后张法施工工艺流程图

管抽芯法和预埋管法适用于直线、曲线和折线孔道。

孔道的留设是后张法构件制作的关键工序之一。所留孔道的尺寸与位置应正确，孔道要平顺，端部的预埋钢板应垂直于孔中心线。孔道直径一般应比预应力筋的外径或需穿入孔道具外径大 10～15mm，以利于穿入预应力筋。

1. 钢管抽芯法

将钢管预埋设在模板内孔道位置，在混凝土浇筑和养护过程中，每隔一定时间要慢慢转动钢管一次，以防止混凝土与钢管粘结。在混凝土初凝后、终凝前抽出钢管，即在构件中形成孔道。为保证预埋孔道质量，施工中应注意以下几点：

（1）钢管要平直，表面光滑，安放位置准确　钢管不直，在转动及拔管时易将混凝土管壁挤裂。钢管预埋前应除锈、刷油，以便抽管。钢管的位置固定一般用钢筋井字架，井字架间距一般为 1～2m。在灌注混凝土时，应防止振动器直接接触钢管，以免产生位移。

（2）钢管的长度要适宜　每根钢管的长度最好不超过 15m，以便于旋转和抽

管。钢筋两端应各伸出构件500mm左右。较长构件可在两根钢管接头处可用0.5mm厚铁皮做成的套管连接，如图5-25所示。套管内表面要与钢管外表面紧密结合，以防漏浆堵塞孔道。

(3) 恰当地控制抽管时间　抽管时间与水泥品种、气温和养护条件有关。抽管宜在混凝土终凝前、初凝后进行，以用手指按压混凝土表面不显指纹时为宜。常温下抽管时间在混凝土浇筑后3~6h。抽管时间过早，会造成坍孔事故；太晚，混凝土与钢管粘结牢固，抽管困难，甚至抽不出来。

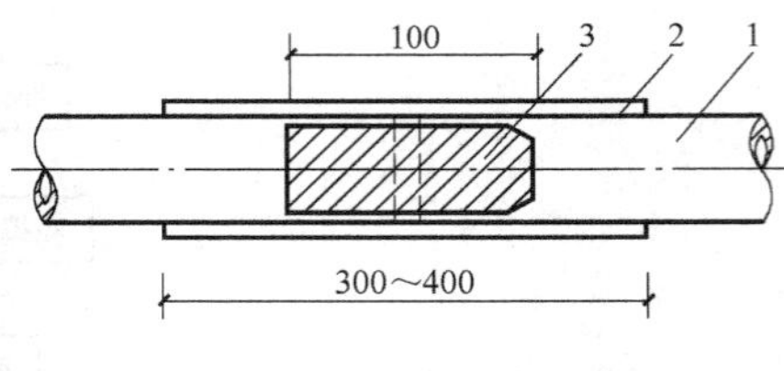

图5-25　钢管连接方式
1—钢管　2—铁皮套筒　3—硬木塞

(4) 抽管顺序和方法　抽管顺序宜先上后下进行。抽管时速度要均匀。边抽边转，并与孔道保持在同一直线上。抽管后，应及时检查孔道，并做好孔道清理工作，以免增加以后穿钢筋的困难。

(5) 灌浆孔和排气孔的留设　由于孔道灌浆需要，每个构件与孔道垂直的方向应留设若干个灌浆孔和排气孔，孔距一般不大于12m，孔径为20mm，可用木塞或白铁皮管成孔。

2. 胶管抽芯法

留设孔道用的胶管一般有五层或七层夹布管和供预应力混凝土专用的钢丝网橡皮管两种。前者必须在管内充气或充水后才能使用。后者质硬，且有一定弹性，预留孔道时与钢管一样使用。

胶管采用钢筋井字架固定，间距不宜大于0.5m，并与钢筋骨架绑扎牢。然后充水（或充气）加压到0.5~0.8N/mm^2，此胶管直径可增大3mm。待混凝土初凝后，放出压缩空气或压力水，胶管直径缩小并与混凝土脱离，以便于抽出形成孔道。

为了保证留设孔道质量，使用应注意以下几个问题：

1）胶管必须有良好的密封装置，勿漏水、漏气。密封的方法是将胶管一端外表削去1~3层脱皮及帆布，然后将外表面带有粗丝扣的钢管（钢管一端用铁板密封焊牢）插入胶管端头孔内，再用20号铁丝与胶管外表面密缠牢固，铁丝头用锡焊牢。胶管另一端接上阀门，其方法与密封端基本相同。

2）胶管接头处理。如图5-26所示为胶管接头方法。

图中1mm厚钢管用无缝钢管加工而成。其内径等于或略小于胶管外径，以便于打入硬木塞后起到密封作用。铁皮套管与胶管外径相等或稍大（在0.5mm左右），以防止在振捣混凝土时胶管受振外移。

3）抽管时间和顺序。抽管时间比钢管略迟。一般可参照气温和浇筑后的小

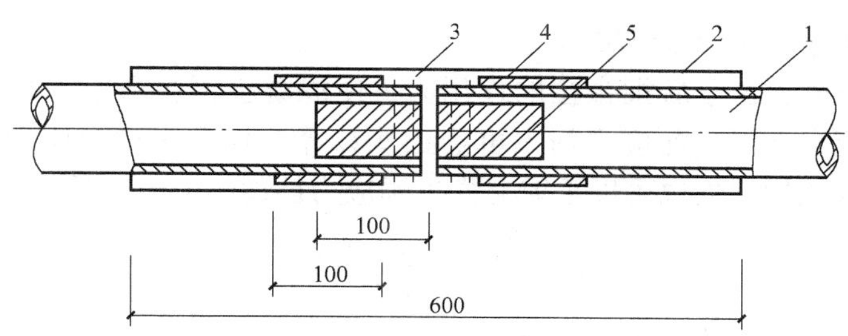

图 5-26 胶管接头

1—胶管 2—20 号白铁皮套筒 3—螺钉 4—厚 1mm 的钢管 5—硬木塞

时数的乘积达 200℃ · h 左右。抽管顺序一般为先上而下，先曲后直。

3. 预埋管法

预埋管法是利用与孔道直径相同的金属波纹管埋在构件中，无需抽出，一般采用黑铁皮管、薄钢管或镀锌双波纹金属软管制作。预埋管法因省去抽管工序，且孔道留设位置、形状也易保证，故目前应用较为普遍。金属波纹管重量轻、刚度好、弯折方便且与混凝土粘结好。金属波纹管每根长 4 ~ 6m，也可根据需要现场制作，其长度不限。波纹管在 1kN 径向力作用下不变形，使用前应作灌水试验，检查有无渗漏现象。

波纹管的固定，采用钢筋井字架，间距不宜大于 0. 8m，如为曲线孔道时应加密，并用铁丝绑扎牢。波纹管的连接，可采用大一号同型波纹管，接头管长度应大于 200mm，用密封胶带或塑料热塑管封口。

（二）预应力筋张拉

用后张法张拉预应力筋时，混凝土强度应符合设计要求，如设计无规定时，不应低于设计强度等级的 75%。

1. 张拉控制应力

张拉控制应力越高，建立的预应力值就越大，构件抗裂性越好。但是张拉控制应力过高，构件使用过程经常处于高应力状态，构件出现裂缝的荷载与破坏荷载很接近，往往构件破坏前没有明显预兆，而且当控制应力过高，构件混凝土预压应力过大而导致混凝土的徐变应力损失增加。因此控制应力应符合设计规定。在施工中预应力筋需要超张拉时，可比设计要求提高 5%，但其最大张拉控制应力不得超过表 5-1 的规定。

为了减少预应力筋的松弛损失，预应力筋的张拉程序可为：

$$0 \longrightarrow 1.05\sigma_{con} \xrightarrow{\text{持荷 2min}} \sigma_{con}；\text{或} 0 \longrightarrow 1.03\sigma_{con}$$

2. 张拉顺序

张拉顺序应使构件不扭转与侧弯，不产生过大偏心力，预应力筋一般应对称张拉。对配有多根预应力筋构件，不可能同时张拉时，应分批、分阶段对称张拉，张拉顺序应符合设计要求。

分批张拉时，由于后批张拉的作用力，使混凝土再次产生弹性压缩导致先批预应力筋应力下降。此应力损失可按正式计算后加到先批预应力筋的张拉应中去。分批张拉的损失也可以采取对先批预应力筋逐根复位补足的办法处理。

$$\Delta\sigma = \frac{E_s\ (\sigma_{con} - \sigma_1)\ A_p}{E_c A_n} \tag{5-7}$$

式中 $\Delta\sigma$——先批张拉钢筋应增加的应力（N/mm^2）；

E_s——预应力筋弹性模量（N/mm^2）；

σ_{con}——控制应力（N/mm^2）；

σ_1——后批张拉预应力筋的第一批预应力损失（包括锚具变形后和摩擦损失）（N/mm^2）；

E_c——混凝土弹性模量（N/mm^2）；

A_p——后批张拉的预应力筋面积（mm^2）；

A_n——构件混凝土净截面积（包括构造钢筋折算面积）（mm^2）。

3. 叠层构件的张拉

对叠浇生产的预应力混凝土构件，上层构件产生的水平摩阻力会阻止下层构件预应力筋张拉时混凝土弹性压缩的自由变形，当上层构件吊起后，由于摩阻力影响消失，将增加混凝土弹性压缩变形，因而引起预应力损失。该损失值与构件形式、隔离层和张拉方式有关。为了减少和弥补该项预应力损失，可自上而下逐层加大张拉力，底层张拉力不宜比顶层张拉力大 5%，且不得超过表 5-1 规定。

为了使逐层加大的张拉力符合实际情况，最好在正式张拉前对某叠层第一、二层构件的张拉压缩量进行实测，然后计算各层应增加的张拉力。

$$\Delta N = \frac{(n-1)\ (\Delta_1 - \Delta_2)}{L E_s A_p} \tag{5-8}$$

式中 ΔN——层间摩阻力（N）；

n——构件所在层数（自上而下计）；

Δ_1——第一层构件张拉压缩值（mm）；

Δ_2——第二层构件张拉压缩值（mm）；

L——构件长度（mm）；

E_s——预应力筋弹性模量（N/mm^2）；

A_p——预应力筋截面面积（mm^2）。

此外，为了减少叠层摩阻力损失，应进一步改善隔离层的性能，并应限制重叠层数，一般以 3 ~4 层为宜。

4. 张拉端的设置

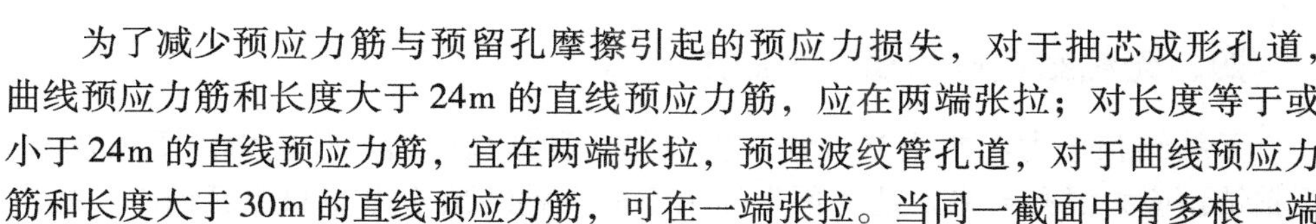

为了减少预应力筋与预留孔摩擦引起的预应力损失，对于抽芯成形孔道，曲线预应力筋和长度大于24m的直线预应力筋，应在两端张拉；对长度等于或小于24m的直线预应力筋，宜在两端张拉，预埋波纹管孔道，对于曲线预应力筋和长度大于30m的直线预应力筋，可在一端张拉。当同一截面中有多根一端张拉的预应力筋时，张拉端宜分别设在构件的两端，以免构件受力不均匀。

5. 预应力值的校核和伸长值的测定

为了了解预应力值建立的可靠性，需对预应力筋的应力及损失进行检验和测定，以便张拉时补足和调整预应力值。检验应力损失最方便的办法是，在预应力筋张拉24h后孔道灌浆前重拉一次，测读前后两次应力值之差，即为钢筋预应力损失（并非应力损失全部，但已完成很大部分）。预应力筋张拉锚固后，实际预应力值与工程设计规定检验值的相对允许偏差为±5%。

在测定预应力筋伸长值时，须先建立10%σ_{con}的初应力，预应力筋的伸长值，也应从建立初应力后开始测量，但须加上初应力的推算伸长值，推算伸长值可根据预应力弹性变形呈直线变化的规律求得。例如某筋应力自0.2σ_{con}增至0.3σ_{con}时，其变形为4mm，其应力每增加0.1σ_{con}变形增加4mm，故该筋初应力10%σ_{con}时的伸长值为4mm。对后张法尚应扣除混凝土构件在张拉过程中的弹性压缩值。预应力筋在张拉时，通过伸长值的校核，可以综合反映出张拉应力是否满足，孔道摩阻损失是否偏大，以及预应力筋是否有异常现象等。如实际伸长值与计算伸长值的偏差超过±6%时，应暂停张拉，分析原因后采取措施。

（三）孔道灌浆

预应力筋张拉完毕后，应进行孔道灌浆。灌浆的目的是为了防止钢筋锈蚀，增加结构的整体性和耐久性，提高结构抗裂性和承载力。

灌浆用的水泥浆应有足够强度和粘结力，且应有较好的流动性，较小的干缩性和泌水性，水灰比控制在0.4～0.45，搅拌后3h泌水率宜控制在2%，最大不得超过3%，对孔隙较大的孔道，可采用砂浆灌浆。

为了增加孔道灌浆的密实性，在水泥浆或砂浆内可掺入对预应力筋无腐蚀作用的外加剂。如掺入占水泥质量0.25%的本质素磺酸钙，或掺入占水泥质量0.05%的铝粉。

灌浆用的水泥浆或砂浆应过筛，并在灌浆过程中不断搅拌，以免沉淀析水。灌浆前，用压力水冲洗和湿润孔道。用电动或手动灰浆泵进行灌浆。灌浆工作应连续进行，不得中断。并应防止空气压入孔道而影响灌浆质量。灌浆压力以0.5～0.6MPa为宜。灌浆顺序应先下后上，以避免上层孔道漏浆时把下层孔道堵塞。

当灰浆强度达到15N/mm^{2}时，方能移动构件，灰浆强度达到100%设计强度时，才允许吊装。

四、无粘结预应力混凝土施工

无粘结预应力混凝土是近年来发展的一种新型的后张预应力混凝土技术。无粘结预应力混凝土施工是将预先加工好的无粘结预应力筋和普通钢筋一样直接放置在模板内，然后浇筑混凝土，待混凝土达到设计强度后，再进行张拉锚固预应力筋的一种施工工艺。无粘结预应力混凝土的显著优点是由于无需预留孔道，也不必灌浆，因此施工简便，工期短，造价也较低。目前在国外已得到广泛的应用。

无粘结顶应力混凝土有两种形式：一种是预压力筋仍然设置在混凝土体内但与混凝上没有粘结在一起，预应力筋在孔道的两个锚固点间可以自由滑动，这种形式主要用于房屋结构；另一种是预应力筋设置在混凝土体外，亦称体外索无粘结预应力混凝土。这种形式施工最为简便，多用于桥梁结构与跨径较大的房屋结构，用于箱形结构最合适。另外，缓粘结预应力技术近年来也得到很大发展，它是通过在预应力钢绞线上涂一种需经过一定期限才可以凝固的粘结剂层，从而使预应力筋在布筋和张拉阶段预应力筋与混凝土间可以滑动，具有无粘结预应力技术的优点，张拉完后不必灌浆，当时间到达一定期限，粘结剂层开始凝固，从而将预应力筋和混凝土之间完全粘结，受力过程中具有有粘结预应力结构的优点，能够限制裂缝宽度、提高延性。

1. 无粘结预应力筋的制作

无粘结预应力筋的制作是无粘结后张预应力混凝土施工中的主要工序。无粘结预应力筋一般由钢丝、钢绞线等柔性较好的预应力钢材制作，无粘结预应力筋的涂料层应由沥青、蜡、油脂、环氧树脂或塑料等防腐材料制作，无粘结预应力筋的护套材料可用纸带或塑料带包缠或用注塑套管。

2. 无粘结预应力筋的铺设

无粘结预应力筋的铺设工序通常在绑扎钢筋后进行，无粘结预应力筋铺放的曲率，可用垫铁马凳或其他构造措施控制。其放置间距不宜大于2m，用铁丝与非预应力筋绑扎好。铺设双向配置的无粘结预应力筋时，应先铺低的，再铺高的，应尽量避免两个方向的无粘结预应力筋相互穿插编结，绑扎无粘结预应力筋时，应先在两端拉紧，同时从中间往两端绑扎定位。

浇筑混凝土前应对无粘结预应力筋进行检查验收，如各控制点的失高、塑料保护套有无脱落和歪斜、固定端镦头与锚板是否紧贴、无粘结预应力筋涂层有无破损等，合格后方可浇筑混凝土。

3. 无粘结预应力筋的张拉

无粘结预应力筋的张拉与后张法有粘结预应力钢丝束张拉相似。张拉程序一般采用0→103% σ_{con}，然后进行锚固。由于无粘结预应力筋一般为曲线配筋，

故一般采用两端同时张拉。无粘结预应力筋的张拉顺序应根据其铺设顺序，先铺设的先张拉，后铺设的后张拉。

无粘结预应力筋张拉时如何减少摩擦损失是施工中一个非常重要的问题，摩擦阻力损失值可用标准测力计或传感器等测力装置进行测定，一般成束无粘结筋正式张拉前，宜用液压千斤顶往复抽动几次，以降低张拉摩擦损失。

无粘结预应力筋张拉过程中，当有个别钢丝发生滑脱或断裂时，可相应降低张拉力，但滑落或断裂的根数不应超过结构同一截面钢丝总根数的2%。

4. 锚头端部的处理

无粘结预应力筋通常用墩头锚具，外径较大，且有一定长度，钢丝两端留有墩头，其外径略大于锚具的外径，当钢丝锚固后，在锚具中的一部分钢丝由于没有涂层，必须采取防腐措施。

目前常用的处理措施有两种：一是在锚具的孔道中注入油脂并加以封闭；二是注入环氧树脂水泥砂浆，将孔道全部灌注密实，以防预应力筋发生局部锈蚀。

另外，在施工中若端头无结构配筋时，需要配置构造钢筋或铁板，使锚固端与混凝土之间有可靠的锚固性能，防止锚固端被局部压碎。

如今，建筑结构的多样性及复杂性的需求日益明显，而无粘结预应力结构是一种具有良好结构性能和综合经济效益的现代预应力结构形式，发展前景十分广阔，必将得到越来越广泛的应用。

复　习　题

1. 什么叫预应力混凝土？
2. 常见的预应力混凝土的锚具、夹具都有哪些？各有何要求？
3. 什么是先张法？什么是后张法？试比较它们的异同点。
4. 先张法和后张法的张拉程序如何？
5. 超张拉的作用是什么？有什么要求？
6. 后张法孔道留设有哪几种？各适用于什么情况？
7. 后张法的张拉顺序如何确定？
8. 孔道灌浆的作用是什么？对灌浆材料有何要求？
9. 如何计算预应力钢筋的伸长值？
10. 施加预应力的方法有几种？
11. 试述预应力施工先张法和后张法的工艺流程。

6

第六章 结构吊装工程

结构吊装工程是装配式结构建筑物施工的主导工序。

所谓装配式结构建筑物，就是在施工工序上先将建筑物的梁、板、柱、墙等主要部分，在工厂或施工现场预制成各个单体构件。然后，用起重机械在施工现场按设计图要求组装成建筑物。它具有设计标准化、构件定型化、生产工厂化、安装机械化，可以较大限度缩短工期、加快施工进度和减少建筑造价、节约资金等优点，是建筑业进行现代化施工的重要途径之一。

结构吊装工程的施工特点是：

1）空中作业较多，且构件一般存在着外形尺寸大、构件数量多、重量大等特点，易发生安全事故。

2）构件受力复杂。因构件在运输和起吊过程中的受力点和构件正常工作中的受力点不同，可能使构件所受内力的大小、性质发生改变。因此，应对构件施工阶段的承载力和稳定性进行必要的验算，并采取相应的措施。

3）对构件预制质量要求比较严格。构件制作的外形尺寸、混凝土强度数值、是否达到设计要求，将直接影响吊装施工的速度和质量。

第一节 起重机械

起重机械是建筑施工中广泛使用的起重运输设备，它的合理选择和使用，对于减少劳动强度、提高劳动效率、加快工程进度、降低工程造价，起着十分重要的作用。

结构吊装工程常用的起重机械有：桅杆式起重机、自行式起重机和塔式起重机。

一、桅杆式起重机

桅杆式起重机的优点是：构造简单、装拆方便、起重能力较大（可达

1000kN 以上），它适合在以下几种情况中应用：

1）场地比较狭窄的工地。

2）缺少其他大型起重机械或不能安装其他起重机械的特殊工程。

3）没有其他相应起重设备的重大结构工程。

4）在无电源情况下，可使用人工绞磨起吊。

其不足之处是：服务半径小、移动困难、施工速度较慢，且需要设置较多的缆风绳，因而它适用于安装工程量比较集中的工程。

（一）桅杆式起重机的类型和构造

桅杆式起重机分为：独脚桅杆、悬臂桅杆、人字桅杆和牵缆式桅杆起重机。

1. 独脚桅杆

独脚桅杆由桅杆、起重滑轮组、卷扬机、缆风绳等组成（见图 6-1）。独脚桅杆可用木料或金属制成。在使用时，桅杆的顶部应保持一定的倾角（$\beta \leqslant 10°$），使吊装的构件不与桅杆顶部碰撞。桅杆的稳定性主要依靠桅杆顶端的缆风绳，缆风绳在安装前必须经过计算，还要用卷扬机或倒链施加初拉力进行试验，合格后方可安装。缆风绳常采用钢丝绳，数量一般为 6～12 根。缆风绳与地面夹角 α 为 30°～45°。木独脚桅杆的梢径为 200～300mm，起升高度 <15m，起升载荷 <100kN；钢管独脚桅杆的起升高度 <30m，起升载荷 <300kN；金属格构式独脚桅杆的起升高度可达 70～80m，起升载荷可达 1000kN 以上。金属格构式独脚桅杆根据设计长度均匀地制作成若干节，以方便运输。在桅杆上焊接吊环，用卡环把缆风绳、滑轮组、桅杆连接在一起（见图 6-2）。

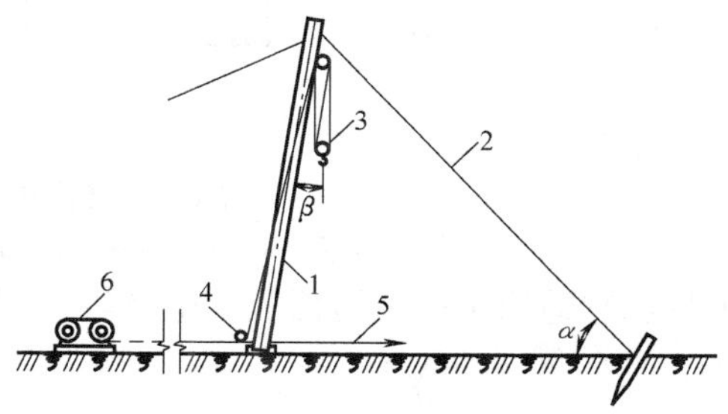

图 6-1 独脚桅杆

1—桅杆 2—缆风绳 3—起重滑轮组
4—导向装置 5—拉索 6—卷扬机

2. 人字桅杆

人字桅杆一般是用两根木杆或钢杆以钢丝绳或铁件铰接而成（见图 6-3）。其两根杆件夹角以 30°为宜，在桅杆顶部交叉处悬挂起重滑轮组。上部应有缆风绳，一般不少于 5 根。底部应设拉杆或钢丝绳以平衡其水平推力。底部两脚间的距离为高度的 1/3～1/2。人字桅杆的特点是：起升荷载大、稳定性好，但构件吊起后活动范围小，适用于吊装重型柱子等构件。

3. 悬臂桅杆

在独脚桅杆中部或 2/3 高处安装一根起重臂即成悬臂桅杆（见图 6-4）。其特点是有较大的起重高度和工作幅度，起重臂能起伏和左右摆动（120°～

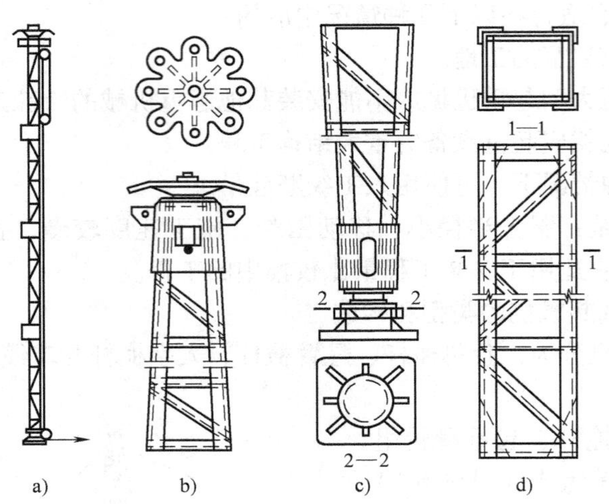

图6-2 格构式钢独脚桅杆

a）全貌 b）顶部构造 c）支座构造 d）中间节构造

270°）。它适用于吊装屋面板、檩条等小型构件。

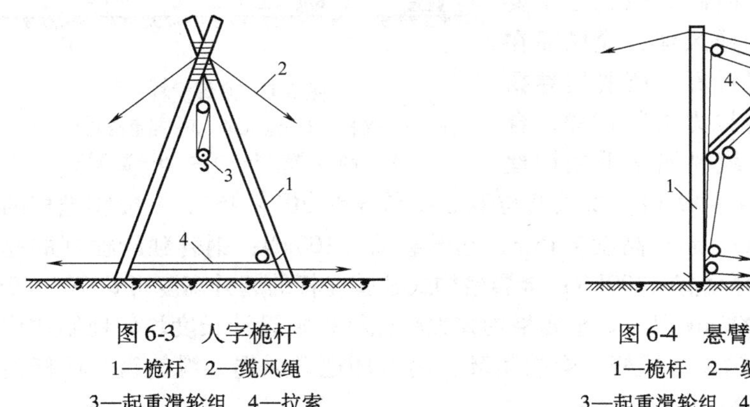

图6-3 人字桅杆

1—桅杆 2—缆风绳

3—起重滑轮组 4—拉索

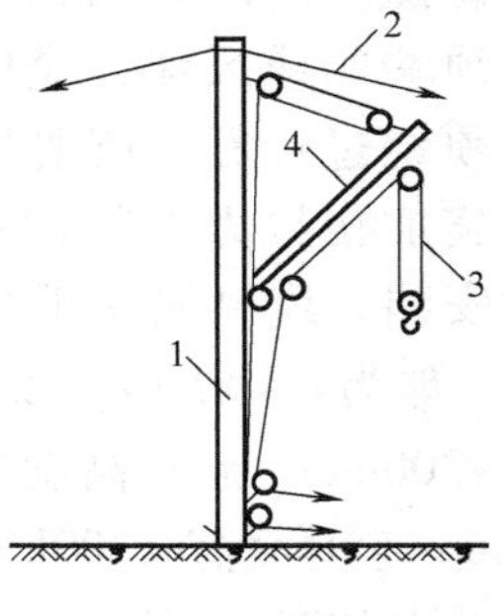

图6-4 悬臂桅杆

1—桅杆 2—缆风绳

3—起重滑轮组 4—起重臂

4. 牵缆式桅杆起重机

在独脚桅杆的下端装一根可以回转和起伏的吊杆（起重臂）即成为牵缆式桅杆起重机（见图6-5）。牵缆式桅杆起重机的特点是起重臂可以起伏；整个机身可作360°回转，能在服务范围内灵活地将构件吊装到设计位置；其起升荷载（150~600kN）和起升高度（25m）都较大，适用于构件多而集中的建筑物吊装。缆风绳必须牢固，至少6根。

（二）桅杆式起重机的应用和移动

1. 独脚桅杆的竖立

（1）滑行法 先将桅杆就地捆扎好，使桅杆的重心位于竖立地点，再将辅助桅杆立在竖立桅杆位置的附近，用辅助桅杆的滑车组吊在竖立桅杆重心以上 1 ~ 1.5m 处，然后开动卷扬机，桅杆的顶端即上升，桅杆底端就沿着地面滑到竖立地点，当桅杆即将垂直时，收紧缆风绳就可竖立好桅杆（见图 6-6）。辅助桅杆高度约为桅杆高的 2/3。

（2）旋转法　将桅杆脚放在将要立起的地点，并将桅杆顶部垫高。在桅杆将要立起的地点附近，立一根辅助桅杆，将辅助桅杆的滑车组吊在距离桅杆顶部约 1/4 的地方。开动卷扬机，桅杆即绕底部旋转竖立起来，当桅杆与水平线成 60° ~ 70° 角时，收紧缆风将桅杆拉直（见图 6-7）。辅助桅杆高度约为桅杆高度的 1/2。

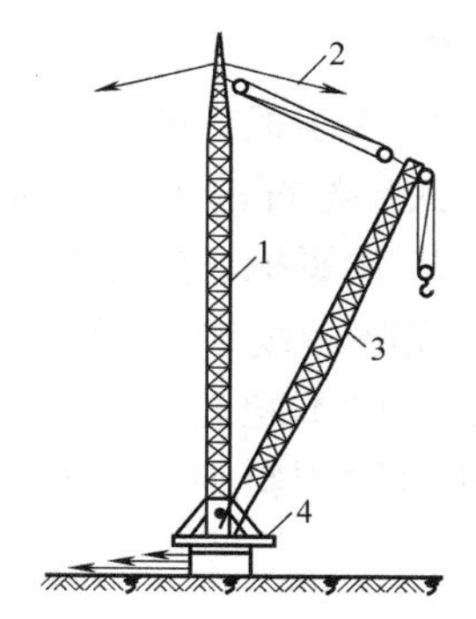

图 6-5　牵缆式桅杆起重机
1—桅杆　2—缆风绳
3—起重臂　4—导向装置

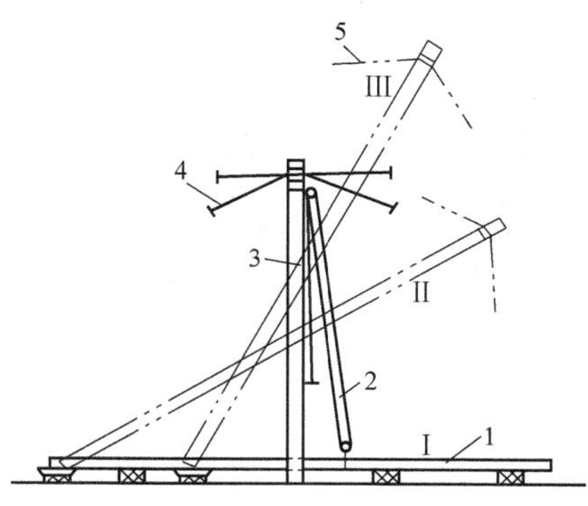

图 6-6　滑行法竖立桅杆
1—桅杆　2—滑车组　3—辅助桅杆
4—辅助桅杆缆风绳　5—桅杆缆风绳

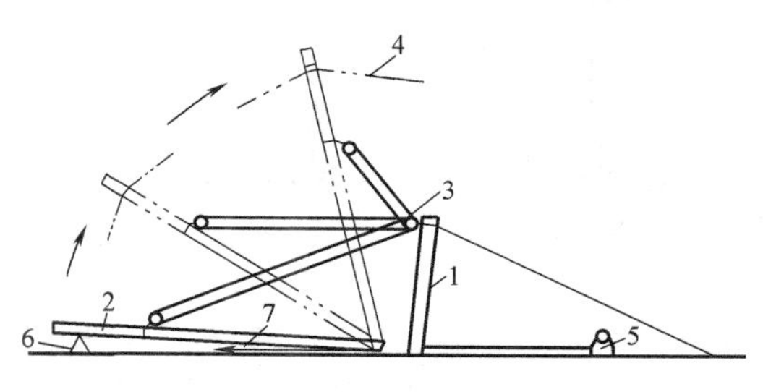

图 6-7　旋转法竖立桅杆
1—辅助桅杆　2—桅杆　3—滑车组　4—缆风绳
5—卷扬机　6—支垫　7—反牵力

（3）起扳法　将辅助桅杆立在竖立桅杆的底端，与竖立桅杆互成垂直，并将其连接牢固。在两桅杆之间，用滑轮组连接。同时，把起扳的动滑车绑于辅助桅杆的顶端，把定滑车绑在木桩上，并使起重钢丝绳通过导向滑车引到卷扬机上，开动卷扬机，辅助桅杆绕着支座旋转而向后倾斜，桅杆就被扳起，当桅杆与水平线成 60° ~ 70° 角时，收紧缆风绳将桅杆拉直（见图 6-8）。辅助桅杆高度约为桅杆高

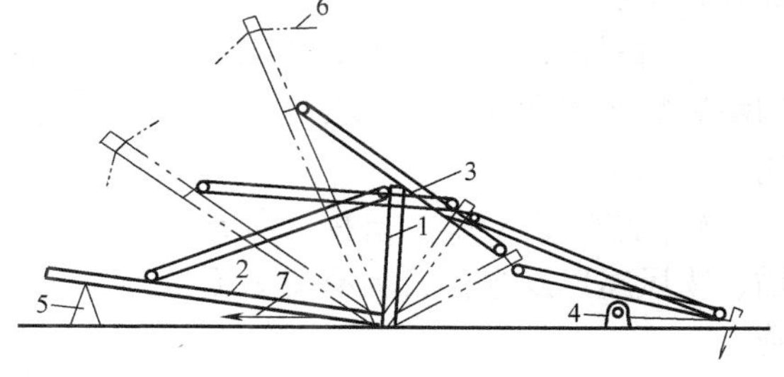

图 6-8　起扳法竖立桅杆
1—辅助桅杆　2—桅杆　3—滑车组
4—卷扬机　5—支垫　6—缆风绳　7—反牵力

度 1/2。

2. 人字桅杆的竖立

人字桅杆的竖立可利用起重机械吊立，也可另立一副小的人字桅杆起扳。

3. 独脚桅杆的移动

先将后缆风绳慢慢放松，同时收紧前揽风绳，使桅杆向一侧倾斜，倾斜角度一般不超过 10°，然后用卷扬机拖拉桅杆下部，将桅杆下部向前移动到桅杆向后倾斜 10°，按此反复动作，即可将桅杆移动到所需要的位置（见图 6-9）。

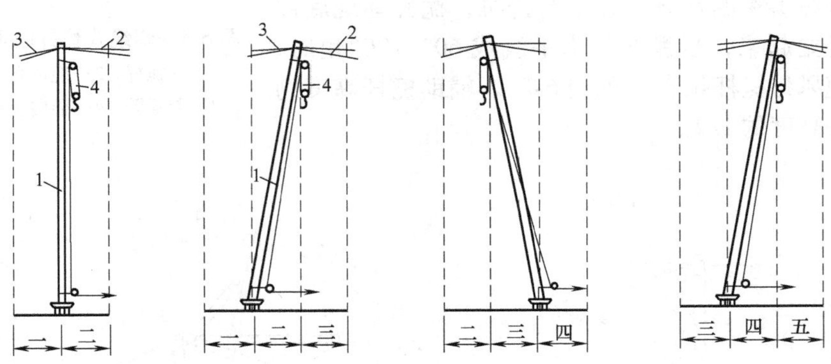

图 6-9 独脚桅杆的移动

1—桅杆 2—前缆风绳 3—后缆风绳 4—滑车组

4. 人字桅杆的移动

人字桅杆的移动方法与独脚桅杆的方法基本相同，具体如图 6-10 所示。

（三）安装注意事项

1）桅杆安装前应周密计划，提前把缆风绳、地锚和卷扬机准备好，并符合设计要求。

2）桅杆安装时现场要清除一切障碍物和闲杂人员，并设立警戒线。

3）要有专人统一指挥，各地锚、缆风绳以及卷扬机要有专人看管。

4）距下水井、沟槽较近的地锚，距空中架设的各种线路较近的缆风绳尤要注意。

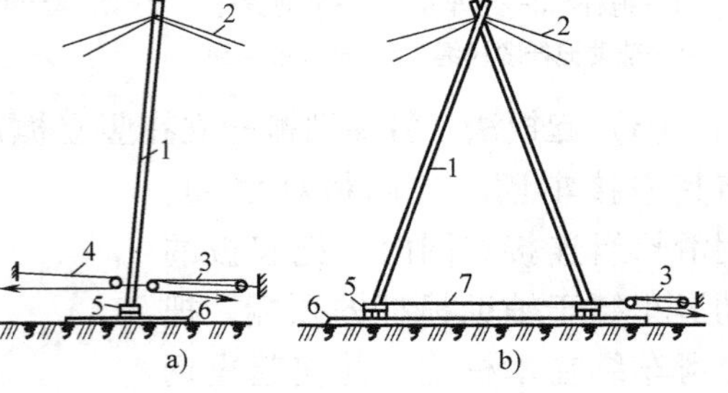

图 6-10 人字桅杆的移动

a）平移 b）横移

1—人字桅杆 2—缆风绳 3—移动滑车组 4—保险溜绳 5—滚动支座 6—枕木 7—拉索

5）桅杆安装好后要进行试吊，确定确实安全后方可正式工作。

二、自行式起重机

自行式起重机有履带式起重机、轮胎式起重机和汽车式起重机三类。

（一）履带式起重机

履带式起重机由行走装置、回转装置、机身及起重臂等几部分组成（见图6-11）。由于履带的面积较大，所以对地面的压强较低，行走时一般不超过0.20MPa，起重时一般不超过0.40MPa。因此，它可以在较为坎坷不平的松软地面行驶和工作（必要时可垫以路基箱）；履带式起重机的机身还可以原地作360°回转；起重时不需设支腿，并可以负载行驶，是结构吊装工程中常用的机械之一。

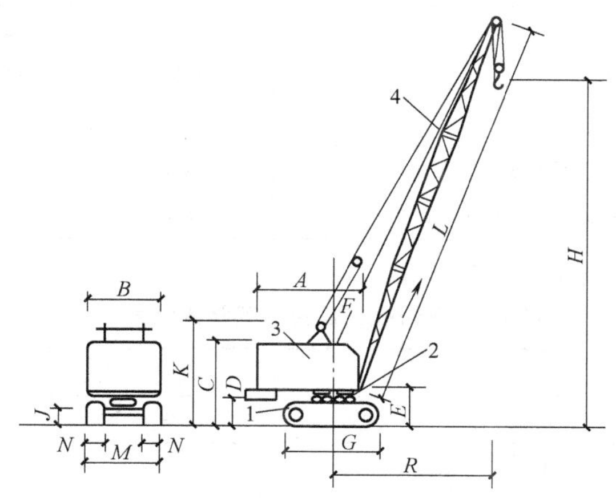

图6-11　履带式起重机

1—行走装置（履带）　2—回转装置　3—机身　4—起重臂

H—起重高度　*R*—起重半径　*L*—起重杆长度

履带式起重机按传动方式不同可分为机械式（QU）、液压式（QUR）和电动式（QUD）三种。目前常用液压式、电动式不适用于需要经常转移作业场地的建筑施工。

1. 履带式起重机的常用型号及性能

国产履带式起重机的起升荷载有50～750kN，起重臂长10～40m。常用的型号有W_1—50型、W_1—100型、W_1—200型，它们的外形尺寸见表6-1，主要技术性能见表6-2。

2. 履带式起重机的稳定性验算

起重机的稳定性是指起重机在自重和外荷载作用下抵抗倾覆的能力。导致起重机失稳的因素很多，如吊装超载、额外接长起重臂、地面陡坡度及回转时离心力过大等。目前起重机的稳定性指标采用稳定性安全系数，它是相对于倾

覆中心的稳定力矩和倾覆力矩之比值。

表 6-1 履带式起重机外形尺寸 （单位：mm）

符号	名称	型号		
		W_1—50	W_1—100	W_1—200
A	机身尾部到回转中心距离	2900	3300	4500
B	机身宽度	2700	3120	3200
C	机身顶部距地面高度	3220	3675	4125
D	回转平台底面距地面高度	1000	1045	1190
E	起重臂枢轴中心距地面高度	1555	1700	2100
F	起重臂枢轴中心至回转中心的距离	1000	1300	1600
G	履带长度	3420	4005	4950
M	履带架宽度	2850	3200	4050
N	履带板宽度	550	675	800
J	行走底架距地面高度	300	275	390
K	机身上部支架距地面高度	3480	4175	4300

注：表中符号*A*、*B*、…等如图 6-11 所示。

表 6-2 履带式起重机主要技术性能表

项目		单位	型号								
			W_1—50			W_1—100			W_1—200		
行走速度		km/h	1.5～3.0			1.5			1.43		
最大爬坡度		(°)	25			20			20		
起重机总重		kN	213.2			394.0			791.4		
起重臂长度		m	10	18	18+2①	13	23	30	15	30	40
工作幅度	最大	m	10	17	10	12.5	17	14	15.5	22.5	30
	最小	m	3.7	4.3	6	4.5	6.5	8.5	4.5	8	10
起升荷载	最大工作幅度	kN	26	10	10	35	17	15	82	45	15
	最小工作幅度	kN	100	75	20	150	80	40	500	200	80
起升高度	最大工作幅度	m	3.7	7.16	14	5.8	16	24	3	19	25
	最小工作幅度	m	9.2	17	17.2	11	19	26	32	26.5	36

① 18+2 表示在 18m 的起重臂上加 2m 外伸距的“鸟嘴”，鸟嘴的起重量为 20kN，自重为 4.5kN。

履带式起重机验算稳定性时应选择最不利位置，即车身与行驶方向垂直的位置。以靠负重侧的中心点 *A* 为倾覆中心；其稳定性安全系数为：

$$K = M_1 / M_2 \tag{6-1}$$

式中 *K*——稳定性安全系数；

M_1——稳定力矩；

M_2——倾覆力矩。

为简化计算，验算起重机的稳定性时，一般不考虑附加荷载（见图6-12）。其安全条件为：

$$K=\frac{(G_1L_1+G_2L_2+G_0L_0-G_3L_3)}{Q(R-L_2)}\geqslant 1.4 \quad (6\text{-}2)$$

式中　G_0——机身平衡重量（kN）；

G_1——起重机机身可转动部分的重量（kN）；

G_2——起重机机身不可转动部分的重量（kN）；

G_3——起重臂的重量（kN）；

Q——吊装荷载（包括构件和索具）（kN）；

L_0、L_1、L_2、L_3——G_0、G_1、G_2、G_3 重心至 A 点的距离（m）；

R——工作幅度（m）。

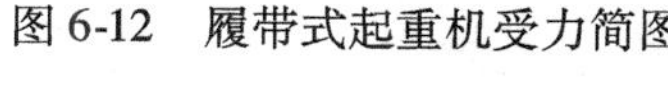

图6-12　履带式起重机受力简图

考虑附加荷载时，$K\geqslant 1.15$。

（二）汽车式起重机

汽车式起重机是一种自行式全回转起重机（见图6-13），起重机构安装在汽车底盘上。它具有行驶速度高、机动性好、对地面破坏性小等优点；其缺点是起吊时必须支腿落地，不能负载行驶，故使用上不及履带式起重机灵活。

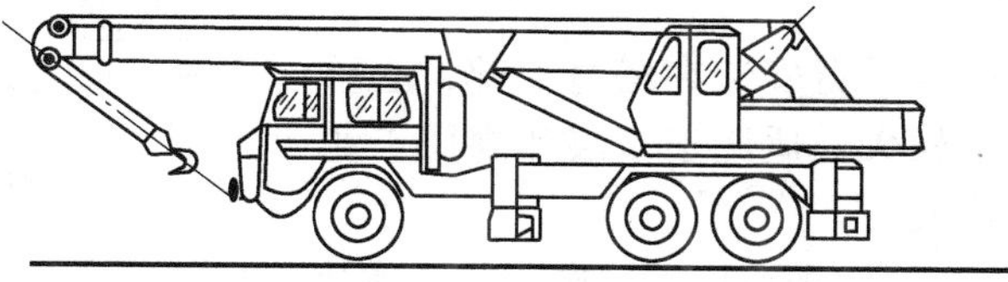

图6-13　汽车式起重机

汽车起重机按起重质量大小分为轻型、中型和重型。起重质量在20t以内的为轻型，50t及以上的为重型；轻型汽车式起重机主要用于装卸作业，大型汽车式起重机可用于一般单层或多层房屋的结构吊装。按起重臂形式分为桁架臂和箱形臂两种；按传动装置形式分为机械传动、电力传动、液压传动三种。

国产汽车式起重机的型号和主要技术性能见表6-3。

表6-3　汽车式起重机主要技术性能

项　目	单位	型　号		
		Q_2—12	Q_2—16	Q_2—32
行驶速度	km/h	60	60	55

（续）

项目		单位	型号									
			Q_2—12			Q_2—16			Q_2—32			
起重机总重		kN	173			215			320			
起重臂长度		m	8.5	10.8	13.2	8.2	14.1	20	9.5	16.5	23.5	30
工作幅度 R	最大	m	6.4	7.8	10.4	7.0	12	18	9	14	18	25
	最小	m	3.6	4.6	5.5	3.5	3.5	4.3	3.5	4	5.2	7.2
起升荷载 Q	R_{max}时	kN	40	30	20	50	19	8	70	26	15	6
	R_{min}时	kN	120	70	50	160	80	60	320	220	130	80
起升高度 H	R_{max}时	m	5.8	7.8	8.6	4.4	7.7	9	—	—	—	—
	R_{min}时	m	8.4	10.4	12.8	7.9	14.2	20	—	—	—	—

（三）轮胎式起重机

轮胎式起重机是把起重机构安装在加重型轮胎和轮轴组成的专用底盘上的全回转起重机（见图6-14）。轮胎式起重机的特点是：行驶时不会损伤路面、行驶速度快、起重量较大、使用成本低；起吊时必须支腿落地，灵活性较差。国产轮胎式起重机的型号和主要技术性能见表6-4。

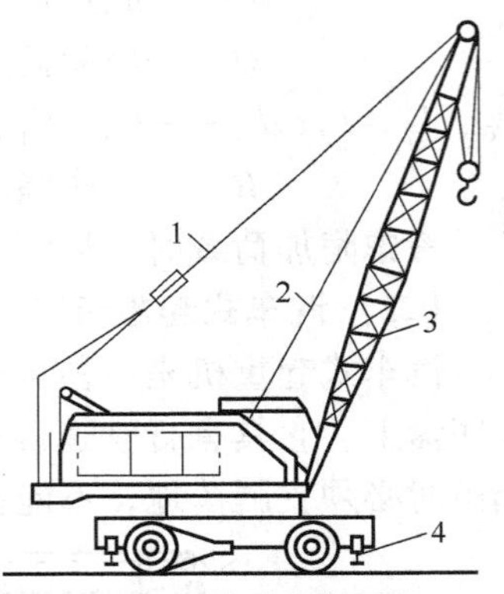

图6-14 轮胎式起重机
1—变幅索 2—起重索
3—起重杆 4—支腿

三、塔式起重机

塔式起重机的起重臂安装在塔身上部，起重高度和工作幅度都较大，适用于多层和高层工业与民用建筑的结构安装。

表6-4 轮胎式起重机主要技术性能

项目		单位	型号												
			Q_1—16			Q_3—25					Q_3—40				
行驶速度		km/h	18			18					15				
起升速度		m/min	6.3			7					9				
起重机总重		kN	230			280					537				
起重臂长度		m	10	15	20	12	17	22	27	32	15	21	30	36	42
工作幅度 R	最大	m	11	15.5	20	11.5	14.5	19	21	21	13	16	21	23	25
	最小	m	4.0	4.7	5.5	4.5	6	7	8.5	10	5	6	9	11.5	11.5
起升荷载 Q	R_{max}时	kN	28	15	8	46	28	14	8	6	92	62	35	24	15
	R_{min}时	kN	160	110	80	250	145	106	72	50	400	320	161	103	100
起升高度 H	R_{max}时	m	5.3	4.6	6.9	—	—	—	—	—	8.8	14.2	21.8	27.8	33.8
	R_{min}时	m	8.3	13.2	18	—	—	—	—	—	10.4	15.6	25.4	31.6	37.2

塔式起重机按起重能力大小可分为轻型塔式起重机，起重量为5～30kN，一般用于6层以下民用建筑施工；中型塔式起重机起重量为30～150kN，适用于一般工业建筑与高层民用建筑施工；重型塔式起重机起重量为200～400kN，一般用于重工业厂房的施工和高炉等设备的吊装；按有无行走机构可分为固定式和移动式两种；移动式又可分为履带式、汽车式、轮胎式和轨道式四种行走装置。按其回转形式可分为上回转和下回转两种。按其变幅方式可分为水平臂架小车变幅和动臂变幅两种。按其安装形式可分为自升式、整体快速拆装和拼装式三种。

（一）常用塔式起重机的型号及性能

按结构和性能特点常用塔式起重机可分为轨道式塔式起重机、内爬式塔式起重机、附着式塔式起重机等。

1. 轨道式塔式起重机

常用的型号有：QT_1—6型、QT_1—2型和QT—25A型等。

QT_1—6型是一种轨道式上旋转塔式起重机，其起重力矩为400kN·m，起升荷载为20～60kN，工作幅度为8.5～20m，最大起重高度为40m（见图6-15）。

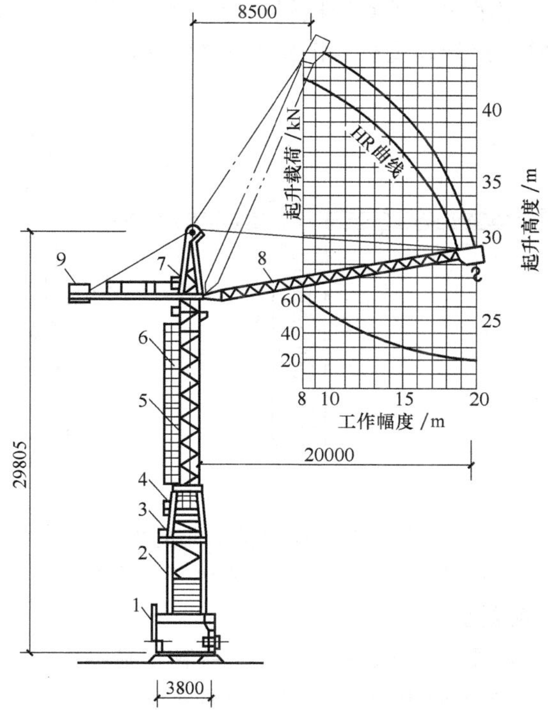

图6-15　QT_1—6型轨道式塔式起重机

1—门架　2—第一节架　3—卷扬机室　4—操纵室　5、6—连接节架　7—塔帽　8—起重臂　9—平衡臂

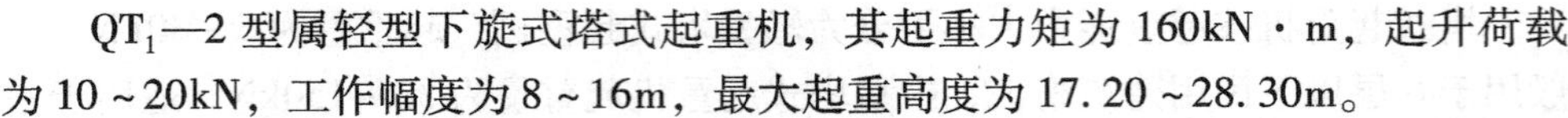

QT_1—2 型属轻型下旋式塔式起重机，其起重力矩为 160kN · m，起升荷载为 10 ~ 20kN，工作幅度为 8 ~ 16m，最大起重高度为 17.20 ~ 28.30m。

QT—25A 型为下旋式塔式起重机，起重力矩为 250kN · m，起升荷载为 12.5 ~ 25.0kN，工作幅度为 2.8 ~ 20m，水平臂时起升高度为 23.0m；30°臂时起升高度为 32.0m。

2. 内爬式塔式起重机

内爬式塔式起重机安装在建筑物内部（如电梯井等），它的塔身长度不变，底座通过伸缩支腿支撑在建筑物上，借助套架托梁、爬升系统或上、下爬升框架，爬生系统自身爬升的一种起重机械。一般每隔 1 ~ 2 层爬升一次。这种塔吊体积小，自重轻，安装简单，既不需要铺设轨道，又不占用施工场地，特别适用于施工现场狭窄的高层建筑施工。内爬式塔式起重机由塔身、套架、起重臂和平衡臂组成。

内爬式塔式起重机是利用自身机构进行提升，其自升过程可分为以下三个阶段（见图 6-16）：

1）准备状态：收起套架上的横梁支腿，准备提升；

2）提升套架：用吊钩起吊套架横梁至上一个楼层并与建筑物的主梁固牢；

3）提升起重机：提升起重机至需要的位置，翻出底座支腿与该层的主梁固牢，升塔完毕。

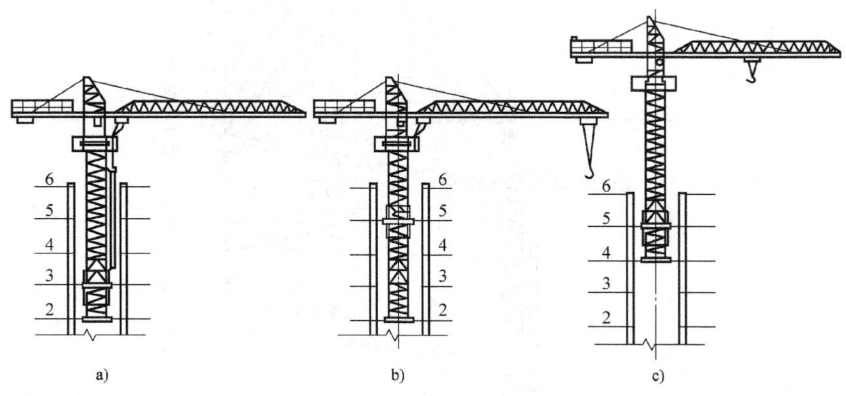

图 6-16　内爬式塔式起重机

a）准备状态　b）提升套架　c）提升起重机

3. 附着式塔式起重机

QT_4—10 型塔式起重机（见图 6-17）是一种上旋式、小车变幅的自升式塔式起重机。其自升接高主要由顶升套架、引进轨道及小车、液压顶升机组等部分完成。图 6-18 是塔式起重机的顶升过程。随着建筑物的增高，它可以利用液压顶升系统而逐步自行接高塔身，每提升一次，可提高 2.5m。常用的起重臂长度为30m，最大起重力矩为160kN·m，起升荷载为50～100kN，工作幅度为3～30m，最大起重高度为160m。

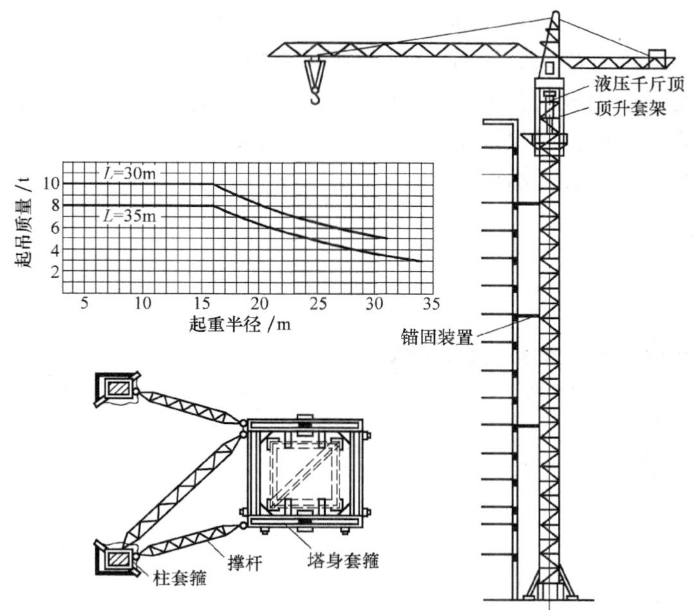

图6-17 QT_4—10型塔式起重机

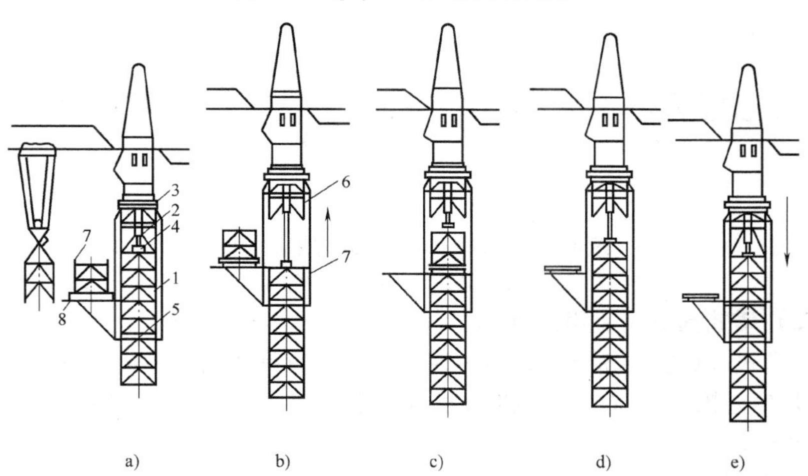

图6-18 自升式塔式起重机的顶升过程

a）准备状态 b）顶升塔顶 c）推入塔身标准节 d）安装塔身标准节 e）塔顶与塔身连成整体

1—顶升套架 2—液压千斤顶 3—承座 4—顶升横梁 5—定位销 6—过渡节 7—标准节 8—摆渡小车

该起重机通过更换或增加一些部件或辅助装置，也可作为轨道式、固定式和内爬式起重机使用。

当建筑物较低（≤36m）时，可作为轨道式起重机使用；当建筑物较高（≤50m）时，可作为固定式起重机使用，底座固定在建筑物旁的混凝土基础上，塔身可随施工进程，逐段向上提升，但必须根据塔身升高情况，用缆绳锚固于地锚上；当建筑物更高时，可作为附着式起重机使用。所谓附着式起重机，就是将起重机固定在建筑物旁的混凝土基础上，并每隔 16～36m 设置一道锚固装置与建筑物结构连接，以保证塔身的稳定（见图 6-19）。采用这种形式可减少塔身的计算长度，增大起升高度。

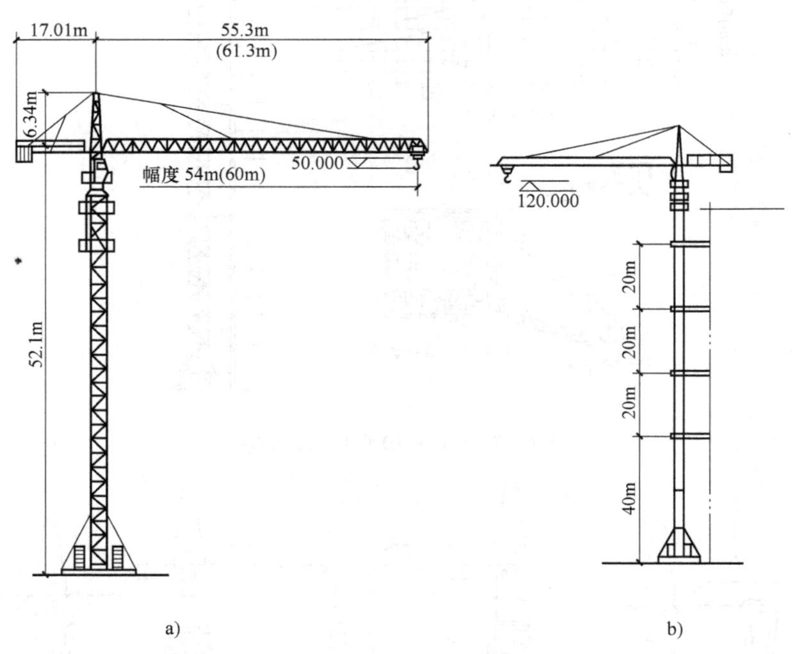

图 6-19　QTZ—100 型塔式起重机的外形

a）独立式　b）附着式（120m）

（二）塔式起重机使用要点

1）塔式起重机的轨道位置的边线与建筑物应有适当的距离，以防行走时与建筑物发生碰撞，并避免起重机轮压力传至基础，造成基础沉陷。轨道两端必须设置车档。

2）起重机工作时必须严格按照额定起升荷载起吊，不得超载；不允许斜拉重物，拔除地下埋设物。

3）运转完毕后，起重机应停放在轨道中部，用轨钳夹紧在钢轨上；吊钩应上升到距离起重臂 2～3m 处，并使起重臂转到平行于轨道方向。

4）遇到 6 级以上大风及雷雨天，禁止操作。

其他大型构件如柱子、屋架等也多在现场预制；一些小型构件，则多集中在预制厂预制，然后运到现场安装。

一、装配式单层工业厂房的结构安装

装配式单层工业厂房的结构安装，主要包括安装柱、吊车梁、连系梁、屋架、天窗架、屋面板、基础梁及支撑系统等。

（一）准备工作

为了开展现场有节奏的文明施工和提高企业管理水平，保证吊装质量和施工进度，就必须重视和做好吊装前的准备工作。结构吊装准备工作包括两大内容：一是内业准备，即技术资料准备（如熟悉设计图、图纸会审、计算工程量、编制施工组织设计等）；二是外业准备，即施工现场的准备工作。现场准备工作包括如下内容：

1. 场地清理与起重机走行道路的铺设

在构件吊装之前，先设计好施工现场平面布置图，标出起重机械走行的路线。在清理路线上杂物的基础上，将其平整压实，并作好排水。如遇松软土或回填土，而压实难以达到要求者，则铺设枕木或厚钢板。

2. 检查并清理构件

对所有构件需要进行全面检查，以保证施工质量。

1）检查构件的强度。当混凝土的强度达到设计强度 70% 以上才能运输；在安装之前，混凝土构件必须达到设计强度的 100%；对于预应力构件，孔道所灌的砂浆，其强度不低于 15MPa。

2）检查构件的外形尺寸、钢筋的搭接、预埋件的位置及大小。

3）检查构件的表面有无损伤、缺陷、变形、裂缝等。

4）检查吊环的位置有无变形。

3. 构件的运输与堆放

从预制厂将构件运到施工现场，要根据构件的大小、重量、数量及运距来选择运输方案。

一般多采用汽车或平板拖车运输。在运输过程中，必须保证构件不变形、不损伤，这就要求在运输过程中，一定要将构件固定牢靠，支垫位置要正确，装卸吊点应符合设计要求。合理组织运输工作，根据吊装顺序，先吊装的构件先运，一定要为吊装配套提供构件。

构件堆放场地要平整压实，并采取有效的排水措施；构件应根据设计的受力情况搁置在垫木或支架上，重叠的构件之间应垫设垫木，上、下层垫木应垫在同一垂直线上；各堆构件之间应留有不小于 200mm 的间距，以免碰撞损坏构件。

4. 对构件弹线并编号

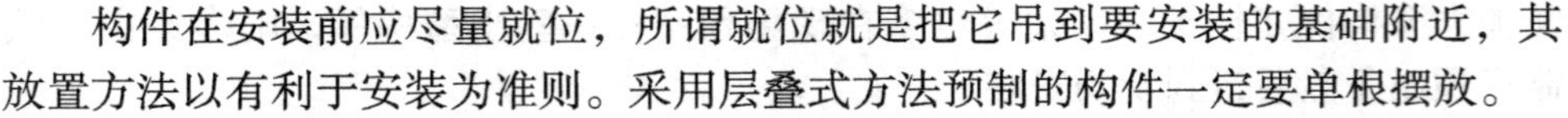

构件在安装前应尽量就位，所谓就位就是把它吊到要安装的基础附近，其放置方法以有利于安装为准则。采用层叠式方法预制的构件一定要单根摆放。

在每个构件上弹出安装中心线，作为安装、就位、校正的依据，具体要求是：

（1）柱子　每根柱子按轴线位置进行编号，并检查柱子尺寸，是否符合设计图的尺寸要求：如柱长、断面尺寸、柱底到牛腿面的尺寸、牛腿面到柱顶的尺寸等，无误后，才可进行弹线。所谓弹线就是在柱身三面，用墨线弹出安装准线。对矩形柱，弹出几何中心线；对工字形柱，除弹出中心线外，还应在工字形柱的两翼部位各弹出一条与中心线平行的准线，以便于观测和克服视觉差；每个面在中心线上画出上、中、下三点水平标记。并精密量出各标记间距离。在柱顶要弹出截面中心线，以便于安装屋架。

（2）屋架　在屋架上弦弹出几何中心线；并从跨中间向两端弹出天窗架、屋面板的吊装准线；在屋架的两端弹出安装准线。

（3）梁　在梁的两端及梁的顶面弹出安装中心线。

5. 基础的准备

钢筋混凝土柱一般采用杯形基础。

1）钢筋混凝土杯形基础在浇筑混凝土时，应使定位轴线及杯口尺寸准确；在吊装柱子之前，对基础中心线及其间距，基础顶面和杯底标高进行复核，符合设计要求后，才可以进行安装工作。如不相符，对杯底标高要以各柱牛腿面标高、柱顶标高符合设计要求为准则，按柱子的编号根据柱底到牛腿面的尺寸以及与柱相对应的基础杯底标高进行复核的实际数据逐个基础进行调整。具体做法是：在杯口内壁测设某一标高线。然后，根据牛腿面设计标高，用钢尺在柱身上量出 ±0.000mm 及某一标高线的位置，并涂上标志。分别量出杯口内某一标高线至杯底高度及柱身上某一标高线至柱底高度，并进行比较，以修整杯底。柱子较小时，只在杯底中间测一点，若柱子比较大，则要测杯底四个角点。若杯底的标高不够，则用水泥砂浆或细石混凝土将杯底填平至设计标高（在浇筑杯底混凝土时通常要较设计标高低 50mm，以作调整之用），若杯底偏高，则要凿去，允许误差为 ±5mm。在杯口顶面要弹出纵、横轴线及吊装柱子的准线，作为校正的依据。杯口基础准备工作完成后，应将杯口盖好，以防止污物落入，接近基础的地面应低于杯口，以免泥土和地面水流入杯内。

2）钢柱基础施工时，要保证顶面标高准确，其误差要在 ±2mm 以内；基础要垂直，其倾斜度要小于 1/1000；锚栓位置也要准确，误差在支座范围内 5mm；施工时，不要将锚栓固定在基础模板上，要另用固定架，锚栓安设在固定架上，这样，才能保证锚栓的位置准确。

6. 构件吊装应力复核与临时固定

由于构件吊装时与使用时的受力状况不同，可能导致构件吊装损坏。因此，在吊装前须进行必要的构件应力验算，并采取适当的临时加固措施。

7. 选择吊装机械与吊装方法

根据建筑物的跨度、高度、构件的重量、结构特点等合理地选择吊装机械与吊装方法。

（二）结构吊装工艺

单层工业厂房的构件种类繁杂，重量大，且长度不一。其吊装工艺过程主要有绑扎、起吊、对位、临时固定、校正、最后固定等几道工序。

1. 柱子的吊装

吊装柱的方法，按吊起后柱身是否垂直，有直吊法和斜吊法两种；按柱子在吊升过程中的运动特点，有旋转法和滑行法。

（1）柱的绑扎　对柱子的绑扎，要避免空中脱钩，并尽量用活络式卡环。为了防止吊索磨损柱子的表面，一般在吊索与柱子之间垫以麻袋等物。常用的绑扎方法有：

1）一点绑扎斜吊法。如图 6-26 所示。这种绑扎方法不需要翻动柱身，但要求柱子的抗弯能力能满足吊装要求；由于吊索在柱的一侧边，起重钩可低于柱顶，所以起重高度相对较小，但就位较困难，需辅以人工插入杯口。

2）一点绑扎直吊法。当柱子的宽度方向抗弯能力不足时，可在吊装前，先将柱子翻身后再吊起。这时，柱子在起吊时的抗弯能力强，但要求起重机的起重高度和起重臂长都比斜吊法大。这种方法，起吊后柱身呈直立状态，便于垂直插入杯口（见图 6-27）。

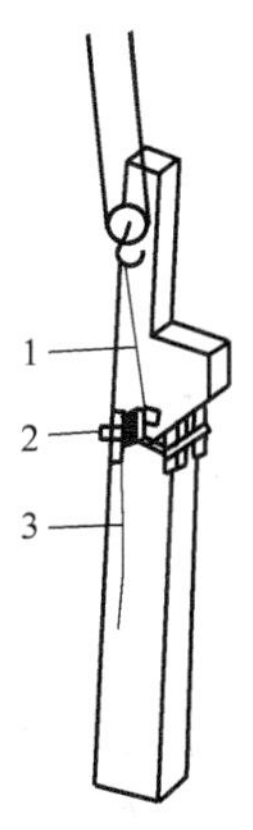

图 6-26　一点绑扎斜吊法
1—吊索　2—卡环
3—卡环插销拉绳

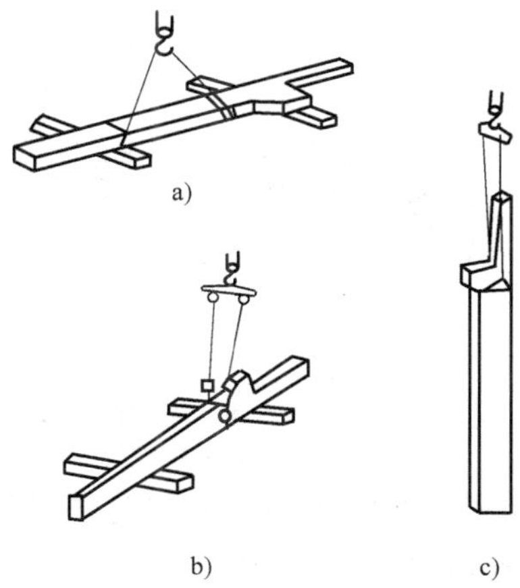

图 6-27　一点绑扎直吊法
a）将柱翻身时的绑扎
b）直吊时的绑扎方法　c）柱的吊升

3）两点绑扎吊法。当柱身较长时，若采用一点绑扎吊法，则柱的抗弯能力不足，可采用两点绑扎起吊。绑扎点位置，应选在使下绑扎点距柱重心的距离小于上绑扎点至柱重心的距离，以保证将柱起吊后能自行旋转直立，如图6-28所示。

（2）柱的起吊　柱的起吊方法有旋转法和滑行法两种。根据柱子的重量、长度、起重机的性能和施工现场条件，又分单机起吊和双机起吊。

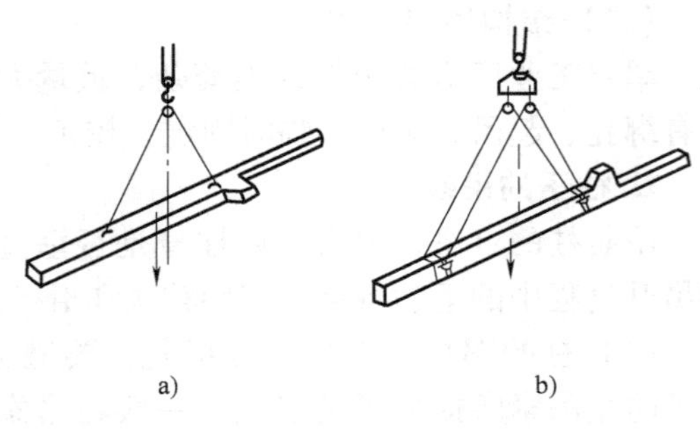

图6-28　柱的两点绑扎吊法

a）斜吊　b）直吊

1）单机旋转法起吊。这种方法是起重机一边起钩，一边回转起重杆，使柱子绕柱脚旋转而起吊，直至插入杯口。

采用这种方法，要使绑扎点、柱脚中心与基础杯口中心三点同弧。在起吊柱子时，柱脚应尽量靠近基础，以提高生产效率（见图6-29）。采用旋转法吊装时，柱在吊装过程中所受震动较小，生产率高，但对起重机的机动性要求较高。

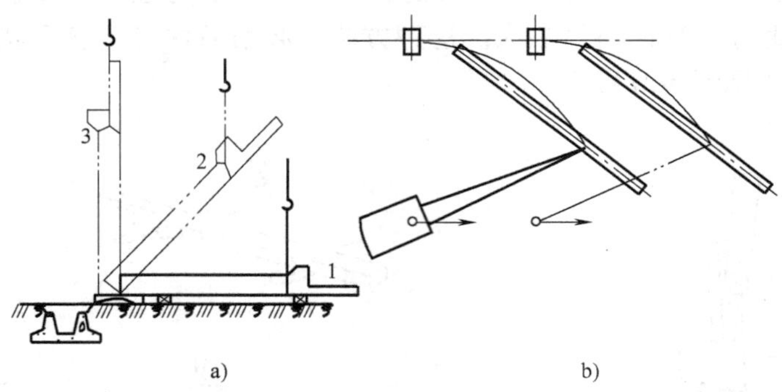

图6-29　旋转法吊装柱

a）旋转过程　b）平面布置

1—柱平放时　2—起吊中途　3—直立

2）单机滑行法起吊。采用此法吊装时，柱的绑扎点宜靠近基础，且绑扎点、基础杯口中心二点同弧。这样，起重臂不动，起重钩及柱顶上升，柱脚沿地面向基础滑行，直至把柱竖直。为减少滑行时柱脚与地面的摩擦力，在柱脚下设置托木、滚筒或铺设滑行道等。

滑行法与旋转法相比，前者柱身受振动大，耗费滑行材料多；只有当柱子较重、柱身较长、起重机的回转半径不够，或施工现场狭窄，以及使用桅杆式起重机时，才采用滑行法，如图6-30所示。

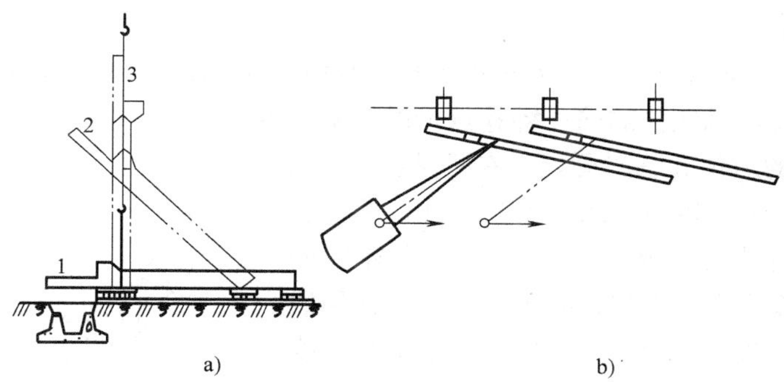

图6-30　单机滑行法吊装柱

a）滑行过程　b）平面布置

1—柱平放时　2—起吊中途　3—直立

3）双机抬吊旋转法。对于重型柱子，一台起重机吊不起来，可采用两台起重机抬吊，如图6-31所示；a图为两点绑扎的柱，一台起重机抬上吊点，另一

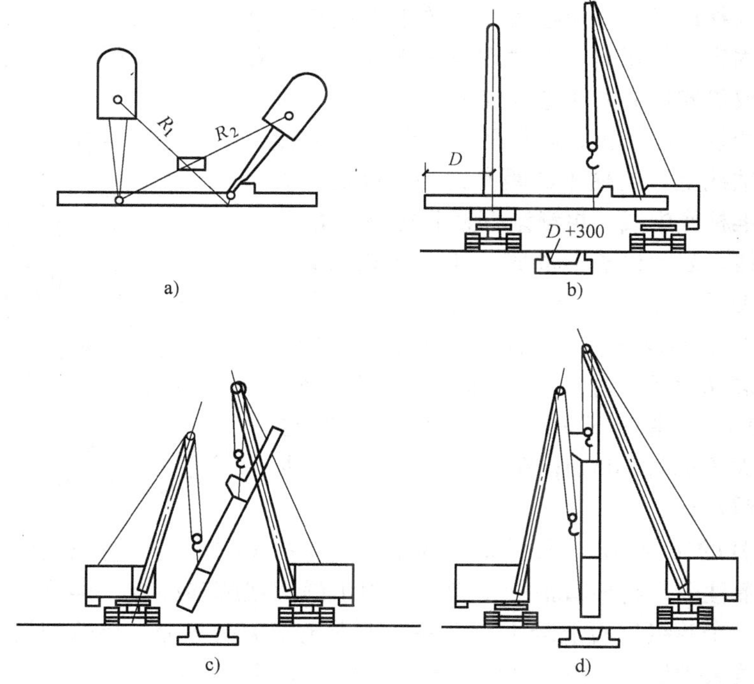

图6-31　双机抬吊旋转法

a）顶视图　b）侧视图　c）吊装　d）就位

台起重机抬下吊点；b 图为将柱抬起平行离开地面 $D+300$mm；c 图为上吊点的起重机将柱上部逐渐提升，下吊点不需要提升；d 图为两台起重机将柱抬成垂直并在杯口就位。

4）双机抬吊滑行法。柱为一点绑扎，且绑扎点靠近基础，起重机在柱基的两侧，两台起重机在柱的同一绑扎点抬吊（见图 6-32）。

（3）柱的对位和临时固定　在基础杯底铺 2 ~3cm 水泥砂浆，将吊起的柱子插入杯口后，进行对位，并使柱身基本垂直，由两个人在柱的两个对面各放入 2 个楔块，共 8 个楔块，并用撬棍撬动柱脚，进行微动，使柱子的安装中心线对准杯口的准线后，两人从相对的两个面，面对面地打紧四周的 8 个楔块。这时，再加设斜撑及缆风绳临时固定。

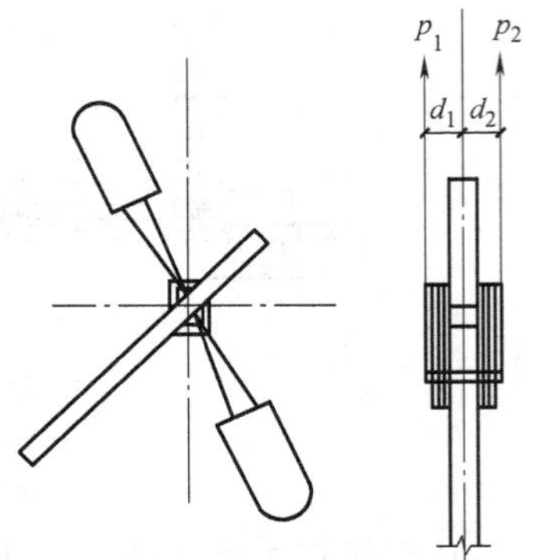

图 6-32　双机抬吊滑行法

（4）柱的平面位置和垂直度校正　柱的安装要求是保证平面与高程位置符合设计要求，柱身垂直。

柱插入杯口后，应使柱底三面的中心线与杯口中心线对齐，并用木楔或钢楔作临时固定。校正时，如发现柱在平面位置上有所走动，可用一侧打紧楔块而另一侧放松楔块的方法进行校正。

柱子的垂直度校正，通常采用 2 台经纬仪安置在纵横轴线上，离柱子的距离约为柱高的 1.5 倍，先照准柱底中线，再渐渐仰视到柱顶，如中线偏离视线，表示柱子不垂直，可调节拉绳或支撑，敲打楔子，手动千斤顶等方法使柱子垂直（见图 6-33）。经校正后，其偏差要在允许范围以内，即柱高 $H \leqslant 5$m 时，为 5mm；柱高 $H > 5$m 时，为 10mm；柱高 $H > 10$m 时，为 1/1000 柱高，且最大不超过 20mm；在没有经纬仪时，也可使用线锤检查。

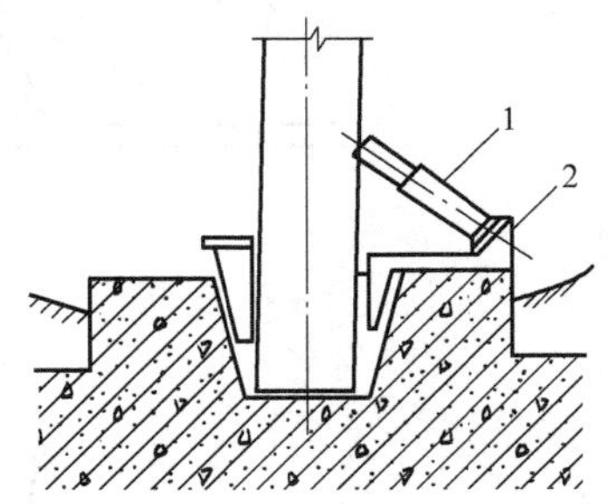

图 6-33　螺旋千斤顶校正器
1—螺旋千斤顶　2—千斤顶支座

（5）柱的最后固定　柱的最后固定，是将柱子与杯口的空隙用细石混凝土灌密实。灌注前，将杯口清扫干净，并用水湿润柱脚和杯壁，再分两次浇灌比原强度高一个等级细石混凝土，第一次先灌至楔尖的部分，待达到设计强度的 25% 时，拔去楔块，灌第二批混凝土，直至灌满杯口为止。

2. 吊车梁的吊装

常见的吊车梁，有矩形、T 形、鱼腹式等几种。当柱子与杯口二次灌注的细石混凝土强度达75%设计强度等级之后，就可以进行吊车梁的吊装。

（1）吊车梁的绑扎、吊升、对位与临时固定 安装吊车梁，采用两点对称绑扎，吊钩对准重心，水平起吊，并使吊车梁端部的吊装准线与牛腿顶面的吊装准线对准。

吊车梁断面的高宽比小于4时，稳定性好，对位后，只要用垫铁垫平即可；当高宽比大于4时，稳定性就差些，对位后，除用垫铁垫平外，还要用8号铁丝将吊车梁临时固定在柱子上。

（2）校正与最后固定 吊车梁的校正，有平面位置、标高和垂直度校正等几项内容；

对吊车梁平面位置校正的方法，常用通线法和平移轴线法。

1）通线法。根据柱的定位轴线，在柱列两端地面定出吊车梁定位轴线的位置，并设木桩；用经纬仪先将两端的四根吊车梁中心线（亦即吊车轨道中心线）投射到牛腿上，并弹以墨线，投点误差±3mm。位置校正准确，并检查两列吊车梁之间的跨距是否符合要求。然后，在四根已校正的吊车梁端部设置支架（或垫块），约高200mm，并根据吊车梁的定位轴线拉钢丝通线。最后，根据通线逐根拨正（用撬杠）吊车梁的吊装中心线（见图6-34）。

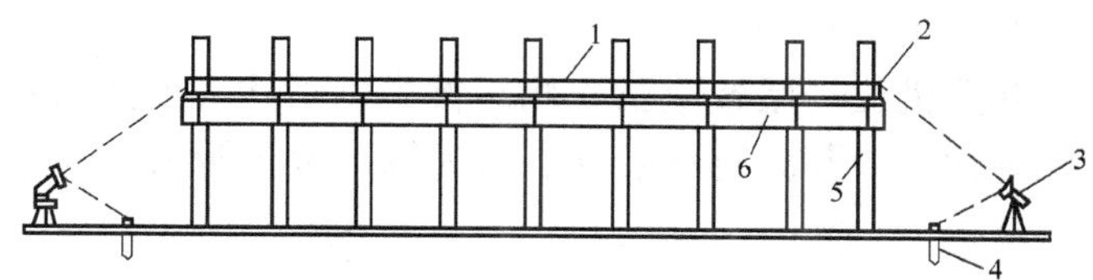

图6-34 通线法校正吊车梁示意图

1—通线 2—支架 3—经纬仪 4—辅助桩 5—柱 6—吊车梁

2）平移轴线法。在柱列边设置经纬仪，逐根将杯口上柱的吊装中心线投影到吊车梁顶面处的柱身上，并做出标志。若柱安装中心线到定位轴线的距离为α，则标志到吊车梁定位轴线的距离应为$\lambda-\alpha$（λ为柱定位轴线到吊车梁定位轴线之间的距离，一般$\lambda=750$mm）。可据此来逐根拨正吊车梁的吊装中心线，并检查两列吊车梁之间的距离是否符合要求（见图6-35）。

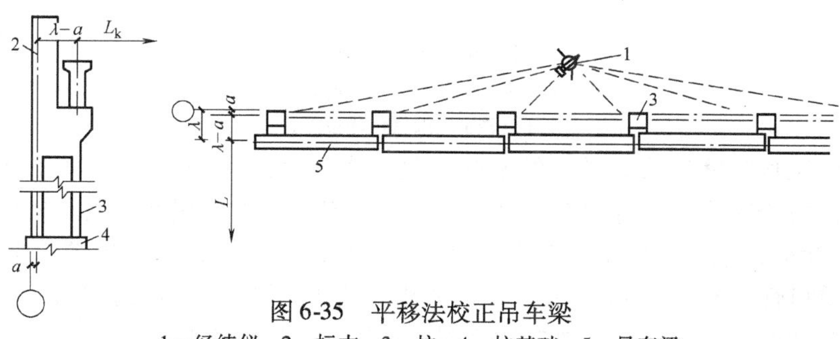

图6-35 平移法校正吊车梁

1—经纬仪 2—标志 3—柱 4—柱基础 5—吊车梁

对于吊车梁的标高，应符合设计要求。根据±0.000标高线，沿柱子侧面向上量取一段距离，在柱身上定出牛腿面的设计标高点，作为整平牛腿面及加垫板的依据。同时，在柱子上端比梁面高5～10cm处测设一标高点，据此修平梁面。梁面整平后，应置水平仪于吊车梁上，检测梁面的标高是否符合设计要求，误差应不超过±(3～5)mm。

对于吊车梁垂直度的校正，常用挂线锤的方法。若有偏差，可在梁底垫以薄钢板。

3. 屋架的安装

屋架是屋盖系统中的主要构件，除屋架之外，还有屋面板、天窗架、支撑天窗挡板及天窗端壁板等构件。在屋盖系统中，对屋架安装质量的好坏，将影响着下道工序。

(1) 屋架的扶直与就位　具体如下：

1) 屋架的扶直方法。屋架扶直时，根据起重机和屋架的相对位置不同，可分为正向扶直和反向扶直。

正向扶直：起重机位于屋架下弦一侧，首先以吊钩对准屋架中心，收紧吊钩。然后略略起臂使屋架脱模；接着起重机升钩并起臂，使屋架以下弦为轴，缓缓转为直立状态（见图6-36a）。

反向扶直：起重机位于屋架上弦一侧，首先以吊钩对准屋架中心，收紧吊钩。接着起重机升钩并降臂，使屋架以下弦为轴，缓缓转为直立状态（见图6-36b）。

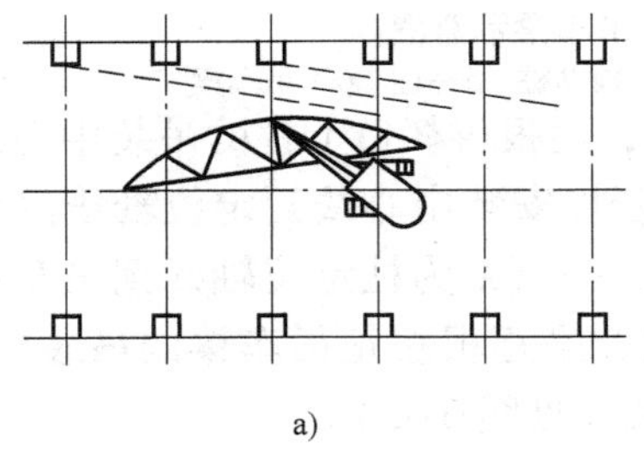

a)

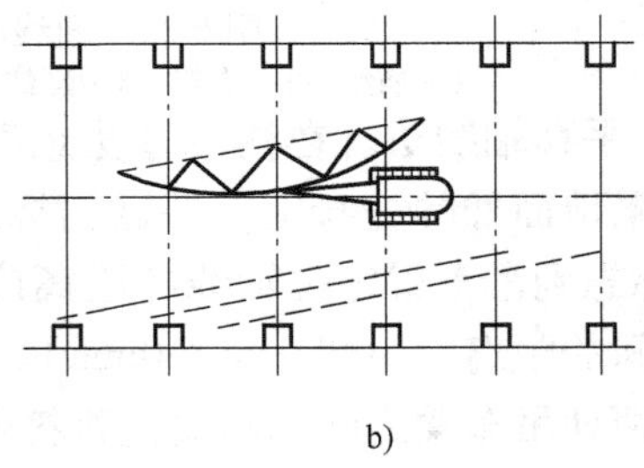

b)

图6-36　屋架的扶直

a）正向扶直　b）反向扶直

（虚线表示屋架就位的位置）

正向扶直和反向扶直最大的不同点是，在扶直过程中，前者为升臂，后者为降臂。由于起重机升臂比降臂易于操作且较安全，因此宜首选正向扶直法。

2）屋架的就位。屋架扶直后，应立即就位。屋架就位的位置与屋架安装方法和起重机性能有关。其原则是应少占地，便于吊装，且应考虑到屋架的安装顺序、两端朝向等问题。一般靠柱边斜放或以3～5榀屋架为一组，平行柱边就位（见图6-37）。

屋架就位后，应用铁丝、支撑等与已安装的柱或已就位的屋架相互拉牢撑紧，以保持稳定。

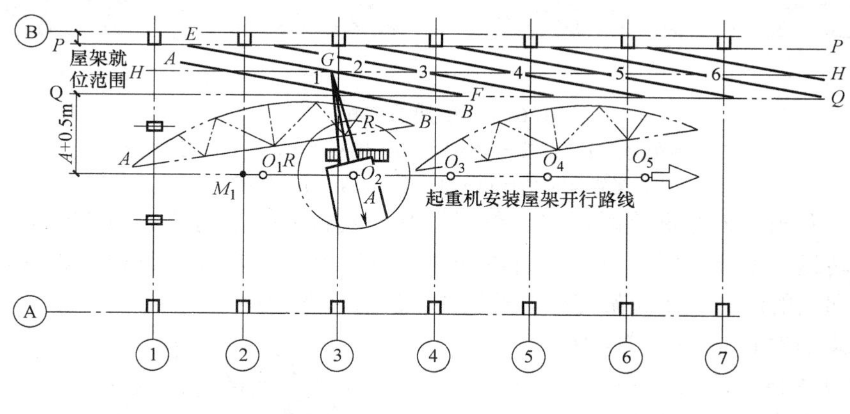

a)

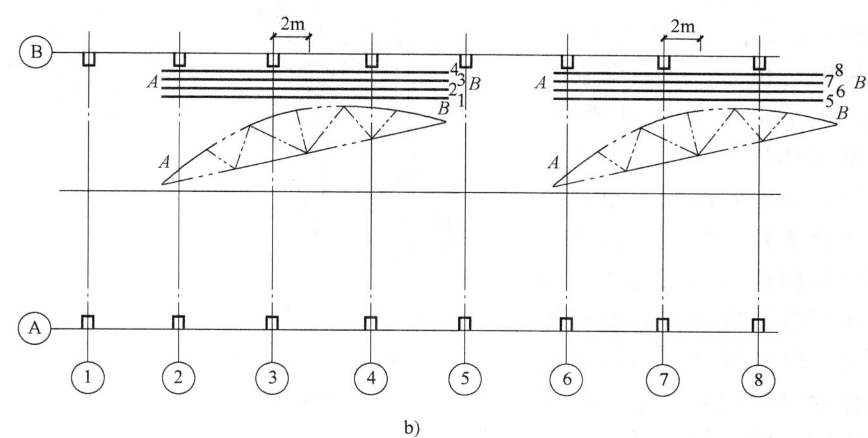

b)

图6-37　屋架就位位置

a）屋架的斜向排放　b）架的成组纵向排放

（双点画线表示屋架预制时的位置）

（2）绑扎　屋架的绑扎点应选在上弦节点处或其附近500mm区域内，左右对称，并高于屋架重心，使屋架起吊后基本保持水平，不晃动，不倾翻；屋架吊点的数目、位置与屋架的形式、跨度有关，通常由设计确定。绑扎时吊索与水平线的夹角不宜小于45°，以免屋架承受过大的横向压力。一般当跨度小于18m时，为两点绑扎；当跨度大于18m而小于30m时，为四点绑扎；当跨度大于或等于30m时，宜采用横吊梁（也称铁扁担），如图6-38所示。

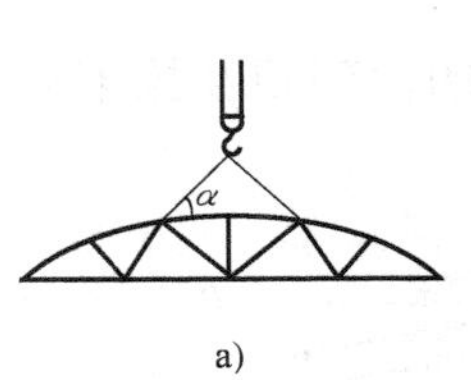

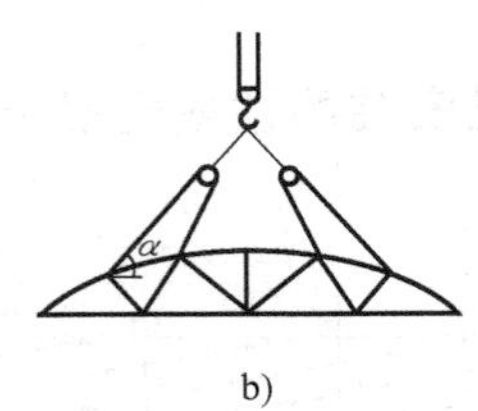

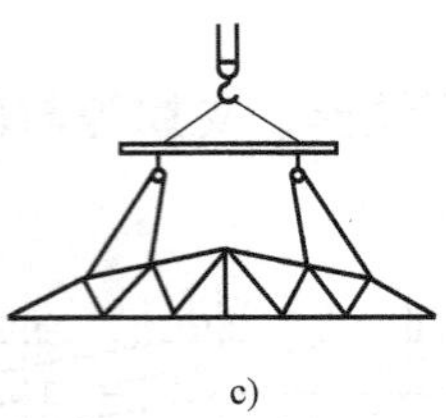

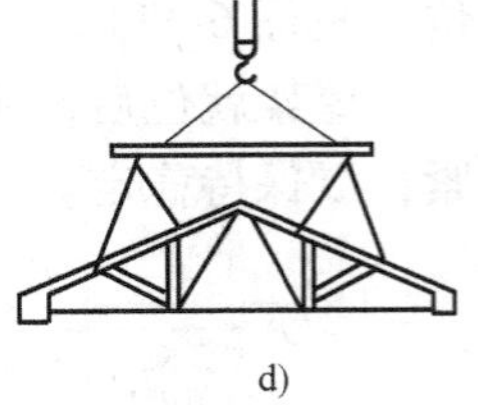

图 6-38　屋架的绑扎

a）屋架跨度小于或等于 18m 时　b）屋架跨度大于 18m 时

c）屋架跨度大于 30m 时　d）三角形组合屋架

（3）吊升、对位和临时固定　屋架吊升是先将屋架吊离地面约 300mm，并将屋架转运至吊装位置下方，然后再升钩，将屋架提升超过柱顶约 300mm。利用屋架端头的溜绳，将屋架调整对准柱头，缓缓降落至柱头。

屋架的对位应以建筑物的定位轴线为准。因此，在吊装屋架前，应先在柱顶确定定位轴线。如柱顶截面中线与定位轴线偏差过大，可逐间调整。

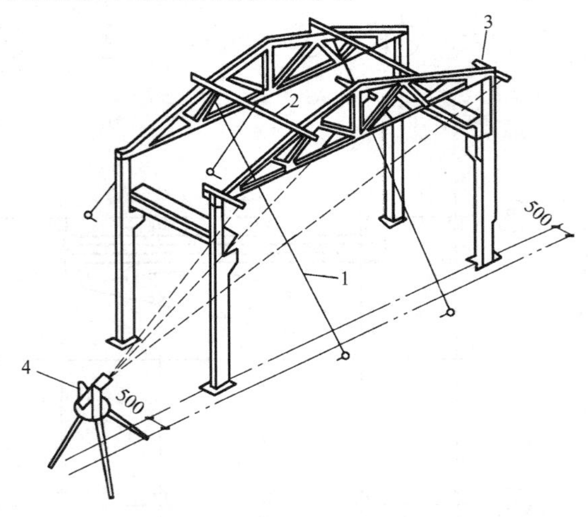

图 6-39　层架的校正与临时固定

1—缆风绳　2—屋架校正器

3—卡尺　4—经纬仪

屋架对位后，应立即临时固定，然后起重机才可脱钩。第一榀屋架的临时固定必须十分可靠，因为此时它是单片结构，无处依托，而且还是第二榀屋架临时固定的支撑点。通常用 4 根缆风绳在屋架两侧拉紧固定，也可将屋架与抗风柱连接作为临时固定。第二榀屋架的临时固定是用工具式支撑撑牢在第一榀屋架上；以后的屋架的临时固定均采用此方法（见图 6-39）。

（4）校正与最后固定　对屋架的校正，主要是垂直度，一般用经纬仪或垂球检查，用屋架校正器校正。当屋架校正垂直后，应立即用电焊固定。焊接时，先焊接屋架两端成对角线的两侧边，再焊另外两边，以避免两端同侧施焊而影响屋架的垂直度。

4. 天窗架和屋面板的吊装

天窗架可以单独吊装，也可以在地面上先与屋架拼装成整体后同时吊装，后者可以减少高空作业，但对起重机的起重量和起重高度要求较高。目前采用单独吊装方式的较多。天窗架单独吊装法的吊装过程与屋架基本相同。

屋面板一般埋有吊环，用带钩的吊索钩住吊环即可吊装。根据屋面板的平面尺寸大小，吊环的数目为4~6个，施工中应注意保证各吊索的受力均匀。

为充分发挥起重机的起重能力，提高生产率，也可采用叠吊的方法（见图6-40）。

屋面板的吊装顺序，应自两边檐口左右对称地逐块吊向屋脊，避免屋架承受半边荷载。屋面板对位后，应立即电焊固定，一般情况下每块屋面板可焊3点。

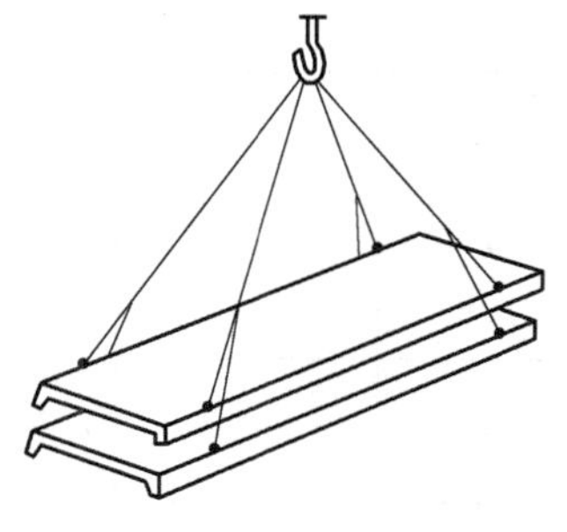
图6-40 屋面板叠吊

二、质量与安全保证措施

（一）结构安装操作中的质量要求

1）当混凝土的强度超过设计强度70%以上，以及预应力构件孔道灌浆的强度在15MPa以上，方可吊装。

2）安装构件前，在构件上应标注中心线或安全线；要用仪器校核结构及预制构件的标高及平面位置。

3）把构件就位后，要进行临时固定，使之稳定。

4）在吊装装配式框架结构时，只要当接头和接缝的混凝土强度大于10MPa时，才能吊装上一层结构的构件。

5）在安装构件时，力求准确；即使有偏差，也应在允许范围以内，见表6-8。

表6-8 安装构件时的允许偏差

项目	名称			允许偏差/mm
1	杯形基础	中心线对轴线位移		10
		杯底标高		-10
2	柱	中心线对轴线位移		5
		上、下柱连接中心线位移		3
		垂直度	≤5m	5
			>5m	10
			≥10m且多节	高度的1‰
		牛腿顶面和柱顶标高	≤5m	-5
			>5m	-8
3	梁或吊车梁	中心线对轴线位移		5
		梁顶标高		-5

（续）

<table>
<tr><th>项　目</th><th colspan="3">名　称</th><th>允许偏差/mm</th></tr>
<tr><td rowspan="3">4</td><td rowspan="3">屋架</td><td colspan="2">下弦中心线对轴线位移</td><td>5</td></tr>
<tr><td rowspan="2">垂直度</td><td>桁架</td><td>屋架高的1/250</td></tr>
<tr><td>薄腹梁</td><td>5</td></tr>
<tr><td rowspan="2">5</td><td rowspan="2">天窗架</td><td colspan="2">构件中心线对轴线位移</td><td>5</td></tr>
<tr><td colspan="2">垂直度（天窗架高）</td><td>1/300</td></tr>
<tr><td rowspan="2">6</td><td rowspan="2">板</td><td rowspan="2">相邻两板
板底平整</td><td>抹灰</td><td>5</td></tr>
<tr><td>不抹灰</td><td>3</td></tr>
<tr><td rowspan="4">7</td><td rowspan="4">墙板</td><td colspan="2">中心线对轴线位移</td><td>3</td></tr>
<tr><td colspan="2">垂直度</td><td>3</td></tr>
<tr><td colspan="2">每层山墙倾斜</td><td>2</td></tr>
<tr><td colspan="2">整个高度垂直度</td><td>10</td></tr>
</table>

（二）质量通病及防治措施

1. 柱子安装

（1）安装柱子的质量通病　具体如下：

1）柱子的实际轴线与标准轴线不重合。

2）由于各种原因，使柱子产生的裂缝超过允许值。

3）有牛腿的柱子，其垂直度发生偏差超过允许值。

4）框架柱的垂直度不符要求；双肢柱的底脚出现裂缝。

（2）对安装柱子质量通病的防治措施　具体如下：

1）柱的相对两面的中心线要在同一平面上，且要准。吊装前，还要检查杯口的尺寸。

2）柱子就位后，当第一次所灌的混凝土的强度达到10MPa后，才能拆除楔块。

3）当柱子的强度达到设计强度的70%后，才能运到工地；强度达到设计强度的100%时，方可起吊安装。

4）用经纬仪校正变截面柱子。一般柱子可用线锤初校垂直度。

5）对柱子绑扎点，不能形成头重脚轻，否则，将头部放松，打入木楔，移动吊点。

2. 梁安装

（1）安装梁的质量通病　具体如下：

1）跨度较大的梁，在跨中容易出现裂缝。

2）由于在安装柱时，轴线有误差，使吊车梁跨距不等。

3）安装吊车梁，标高不准确，出现扭曲，或使吊车梁不呈水平线。

4）梁的垂直度偏差超过允许值。

（2）对安装梁质量通病的防治措施　具体如下：

1）对于大跨度的梁或带悬臂板的梁，在不使其产生负弯矩的前提下，可在跨中或两端临时支顶方木，以增加稳定性。

2）校核梁的中心线与垂直度，应同时进行。

3. 屋架安装

（1）安装屋架的质量通病　具体如下：

1）屋架的垂直度发生偏差。

2）扶直屋架时，由于不当，产生侧向弯曲，易出现裂缝。

（2）对安装屋架质量通病的防治措施　具体如下：

1）先将屋架的一侧绑上杉木杆，再扶直；再绑上另一侧的杉木杆，方可起吊，且吊索与水平成大于45°的夹角。

2）用振动法使重叠生产的屋架脱离开。

4. 板安装

（1）安装板的质量通病　具体如下：

1）安装大型屋面板时，板边压线发生位移。

2）焊接板角时，焊缝的长度和厚度不足。

3）板的两端搁置长度不够，且存在一端长，另一端短。

4）板缝之间灌细石混凝土时，没有设钢筋，造成交工后出现裂缝。

（2）对安装板质量通病的防治措施　具体如下：

1）各种板出厂前，应检查是否有裂缝、鼓胀、掉边、缺角。

2）板与板之间的缝隙要留足，以便灌混凝土时，放好钢筋。

3）调整板的两端搁置长度，使之符合要求。

4）板上的预埋件，不得突出板面。

5）梁上用水泥砂浆找平，如空隙较大，要用细石混凝土垫密实。

6）安装悬臂板时，加设临时支撑，以增强施工时的刚度和稳定性。

（三）结构安装操作中的安全要求

1. 保证人身安全的要求

1）吊装现场，禁止非工作人员入内。

2）高空作业时，尽可能搭设临时的操作平台，并设爬梯，供操作人员上下。

3）患心脏病或高血压的人，不宜高空作业，以免发生头昏眼花而造成人身安全事故。

4）不准酒后作业。

5）进入施工现场的人员，必须戴好安全帽和手套；高空作业还要系好安全带；所带的工具，要用绳子扎牢或放入工具包内。

6）在高空进行电焊焊接，要系安全带，戴防护面罩；潮湿地点作业，要穿绝缘胶鞋。

7）进行结构安装时，要统一用哨声、红绿旗、手势等指挥，有条件的工地，可用对讲机、手机进行指挥。

2. 使用机械的安全要求

1）使用的钢丝绳应符合要求。

2）起重机负重开行时，应缓慢行驶，且构件离地不应超过500mm。严禁碰触高压电线，为安全起见，起重机的起重臂、钢丝绳起吊的构件，与架空高压线要保持一定的距离。

3）发现吊钩与卡环出现变形或裂纹，不得再使用。

4）起吊构件时，吊钩的升降要平稳，以避免紧急制动和冲击。

5）对于新购置的、或改装、修复的起重机，在使用前，必须进行动荷、静荷的试运行。试验时，所吊重物为最大起重量的125%，且离地面1m，悬空10min。

6）停机后，要关闭上锁，以防止别人起动而造成事故；为防止吊钩摆动伤人，应空钩上升一定高度。

复 习 题

1. 试述桅杆式起重机的分类、构造及特点。
2. 常用的钢丝绳有哪几种规格？其允许拉力如何计算？
3. 自行式起重机有哪几种类型？各有什么特点？
4. 塔式起重机有哪几种类型？各有何特点？
5. 结构吊装前应做好哪些工作？
6. 构件的质量检查包括哪些内容？如何进行构件的弹线和编号？
7. 钢筋混凝土杯形基础的准备工作包括哪些内容？
8. 钢筋混凝土柱子吊装时有哪几种绑扎方法？各有何特点？
9. 什么是单机吊装柱时的旋转法和滑行法？试比较其特点。
10. 钢筋混凝土柱子如何进行对位、临时固定和最终固定？
11. 如何检查和校正柱子的垂直度？
12. 试述吊车梁的绑扎、吊装、对位、临时固定、校正和最终固定方法。
13. 什么是屋架的“正向扶直”和“反向扶直”？它们有什么不同？
14. 试述屋架的绑扎、吊装、对位、临时固定、校正和最终固定。
15. 简述柱子安装的质量通病及其防治的措施。
16. 简述屋架安装的质量通病及其防治的措施。

17. 试述结构吊装施工的安全要求。

18. 吊装某一构件，重约50kN，现采用6×37钢丝绳起吊，其极限抗拉强度为1700N/mm²，问应该用多大直径的钢丝绳？

19. 某一单层工业厂房，如图6-41所示。屋架重45.0kN；柱子重48.0kN，试选用安装构件时所需履带式起重机的型号。

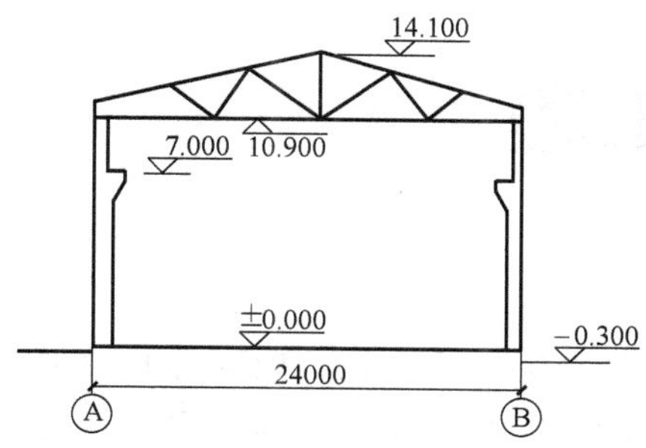

图6-41　某单层工业厂房

7

第七章 钢结构工程

钢结构是由基本构件（梁、板、柱、桁架等）按照一定方式通过焊接、螺栓联接或铆钉连接形成的空间几何不变体系。钢结构建筑具有自重轻、安装容易、施工周期短、抗震性能好、投资回收快、环境污染少、建筑造型美观等综合优势，被称为21世纪的绿色工程。随着我国钢铁工业的发展，国家建筑技术政策由以往限制使用钢结构转变为积极合理推广应用钢结构，从而推动了建筑钢结构的快速发展。

钢结构工程一般由专业厂家或承包单位负责详图设计、构件加工制作及安装。其工作程序如下：

工程承包→详图设计→技术设计单位审批→材料订货→材料运输→钢结构构件加工→成品运输→现场安装。

钢结构工程的施工，应符合《钢结构工程施工质量验收规范》（GB 50205—2001）及其他相关规范、规程的规定。

第一节　钢结构构件的加工制作

一、加工制作前的准备工作

1. 设计图审查

设计图审查的目的，一方面是检查设计图设计的深度能否满足施工的要求，核对设计图上构件的数量和安装尺寸，检查构件之间有无矛盾等；另一方面也对设计图进行工艺审核，即审查在技术上是否合理，构造是否便于施工，设计图上的技术要求按加工单位的施工水平能否实现等。设计图审查的主要内容包括：

1）设计文件是否齐全。设计文件包括设计图、施工图、设计说明和设计变更通知单等。

2）构件的几何尺寸是否标注齐全，相关构件的尺寸是否正确。

3）构件连接是否合理，是否符合国家标准。

4）加工符号、焊接符号是否齐全。

5）构件分段是否符合制作、运输、安装的要求。

6）标题栏内构件的数量是否符合工程的总数量。

7）结合本单位的设备和技术条件考虑能否满足设计图的技术要求。

2. 备料

根据设计图算出各种材质、规格的材料净用量，并根据构件的不同类型和供货条件，增加一定的损耗率（一般为实际所需量的10%）提出材料预算计划。

目前国际上采取根据构件规格尺寸增加加工余量的方法，不考虑损耗，国内也已开始实行由钢厂按构件表加余量直接供料。

3. 工艺装备和机具的准备

1）根据设计图及国家标准定出成品的技术要求。

2）编制工艺流程，确定各工序的公差要求和技术标准。

3）根据用料要求和来料尺寸统筹安排、合理配料，确定拼装位置。

4）根据工艺和设计图要求，准备必要的工艺装备（胎、夹、模具）。

二、零件加工

1. 放样

在钢结构制作中，放样是指把零（构）件的加工边线、坡口尺寸、孔径和弯折、滚圆半径等以1:1的比例从设计图上准确地放制到样板和样杆上，并注明图号、零件号、数量等。样板和样杆是下料、制弯、铣边、制孔等加工的依据。

在制作样板和样杆时，要增加零件加工时的加工余量，焊接构件要按工艺需要增加焊接收缩量。高层建筑钢结构按设计标高安装时，柱子的长度还必须增加荷载压缩的变形量。

2. 划线

划线亦称号料，即根据放样提供的零件的材料、尺寸、数量，在钢材上画出切割、铣、刨边、弯曲、钻孔等加工位置，并标出零件的工艺编号。

划线号料时，要根据工艺图的要求，利用标准接头节点，使材料得到充分的利用，损耗率降到最低数量。

3. 切割下料

钢材切割下料方法有气割、机械剪切和锯切等。

（1）氧气切割　氧气切割是以氧气和燃料（常用的有乙炔气、丙烷气和液化气等）燃烧时产生的高温熔化钢材，并以氧气压力进行吹扫，造成割缝，使

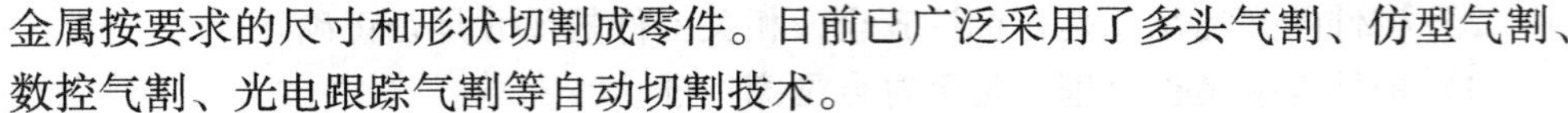

金属按要求的尺寸和形状切割成零件。目前已广泛采用了多头气割、仿型气割、数控气割、光电跟踪气割等自动切割技术。

（2）机械切割　具体如下：

1）带锯、圆盘锯切割。带锯切割适用于型钢、扁钢、圆钢、方钢，具有效率高、切割端面质量好等优点。

2）砂轮锯切割。砂轮锯适用于薄壁型钢切割。切口光滑、毛刺较薄、容易清除。当材料厚度较薄（1～3mm）时切割效率很高。

3）无齿锯切割。无齿锯锯片在高速旋转中与钢材接触，产生高温把钢材熔化形成切口，其生产效率高，切割边缘整齐且毛刺易清除，但切割时有很大噪声。由于靠摩擦产生高温切断钢材，因此在切断的断口区会产生淬硬倾向，深度为1.5～2mm。

4）冲剪切割下料。用剪切机和冲切机切割钢材是最方便的切割方法，可以对钢板、型钢切割下料。当钢板较厚时，冲剪困难，切割钢材不容易保证平直，故应改用气割下料。

钢材经剪切后，在离剪切边缘2～3mm范围内，会产生严重的冷作硬化，这部分钢材脆性增大，因此用于钢材厚度较大的重要结构，硬化部分应刨削除掉。

4. 边缘加工

边缘加工分刨边、铣边和铲边三种。有些构件如支座支承面、焊缝坡口和尺寸要求严格的加劲板、隔板、腹板、有孔眼的节点板等，需要进行边缘加工。

刨边是用刨边机切削钢材的边缘，加工质量高，但工效低、成本高。

铣边是用铣边机滚铣切削钢材的边缘，工效高、能耗少、操作维修方便、加工质量高，应尽可能用铣边代替刨边。

铲边分手工铲边和风镐铲边两种，对加工质量不高、工作量不大的边缘加工可以采用。

5. 矫正平直

钢材由于运输和对接焊接等原因产生翘曲时，在划线切割前需矫正平直。矫平可以采用冷矫和热矫的方法。

（1）冷矫　一般用辊式型钢矫正机、机械顶直矫正机直接矫正。

（2）热矫　热矫是利用局部火焰加热方法矫正。当钢材型号超过矫正机负荷能力时，采用热矫。其原理是：钢材加热时以1.2×10^{-5}/℃的线膨胀率向各个方向伸长，当冷却到原来温度时，除收缩到加热前的尺寸，还要按照1.48×10^{-6}/℃的收缩率进一步收缩，因此利用这种特性达到对钢材或钢构件进行外形矫正的目的。

6. 滚圆与煨弯

滚圆是用滚圆机把钢板或型钢变成设计要求的曲线形状或卷成螺旋管。

煨弯是钢材热加工的方式之一，即把钢材加热到900～1000℃（黄赤色），立即进行煨弯，在700～800℃（樱红色）前结束。采用热煨时一定要掌握好钢材的加热温度。

7. 零件的制孔

零件制孔方法有冲孔、钻孔两种。

冲孔在冲床上进行，冲孔只能冲较薄的钢板，孔径的大小一般大于钢材的厚度，冲孔的周围会产生冷作硬化。冲孔生产效率较高，但质量较差，只有在不重要的部位才能使用。

钻孔是在钻床上进行，可以钻任何厚度的钢材，孔的质量较好。对于重要结构的节点，先预钻小一级孔眼的尺寸，在装配完成调整好尺寸后，扩成设计孔径，铆钉孔、精制螺栓孔多采用这种方法。一次钻成设计孔径时，为了使孔眼位置有较高的精度，一般均先制成钻模，钻模贴在工件上调好位置，在钻模内钻孔。为提高钻孔效率，可以把零件叠起一次钻几块钢板，或用多头钻进行钻孔。

三、构件组装

组装亦称装配、组拼，是把加工好的零件按照施工图的要求拼装成单个构件。钢构件的大小应根据运输道路、现场条件、运输和安装单位的机械设备能力与结构受力的允许条件等来确定。

1. 一般要求

1）钢构件组装应在平台上进行，平台应测平。用于装配的组装架及胎模要牢固地固定在平台上。

2）组装工作开始前要编制组装顺序表，组拼时严格按照顺序表所规定的顺序进行组拼。

3）组装时，要根据零件加工编号，严格检验核对其材质、外形尺寸，毛刺飞边要清除干净，对称零件要注意方向，避免错装。

4）对于尺寸较大、形状较复杂的构件，应先分成几个部分组装成简单组件，再逐渐拼成整个构件，并注意先组装内部组件，再组装外部组件。

5）组装好的构件或结构单元，应按设计图的规定对构件进行编号，并标注构件的重量、重心位置、定位中心线、标高基准线等。构件编号位置要在明显易查处，大构件要在三个面上都编号。

2. 焊接连接的构件组装

1）根据设计图尺寸，在平台上画出构件的位置线，焊上组装架及胎模夹具。组装架离平台面不小于50mm，并用卡兰、左右螺旋丝杠或梯形螺纹，作为夹紧调整零件的工具。

2）每个构件的主要零件位置调整好并检查合格后，把全部零件组装上并进行点焊，使之定形。在零件定位前，要留出焊缝收缩量及变形量。高层建筑钢结构的柱子，两端除增加焊接收缩量的长度之外，还必须增加构件安装后荷载压缩变形量，并留好构件端头和支承点铣平的加工余量。

3）为了减少焊接变形，应该选择合理的焊接顺序。如对称法、分段逆向焊接法、跳焊法等。在保证焊缝质量的前提下，采用适量的电流，快速施焊，以减小热影响区和温度差，减小焊接变形和焊接应力。

四、构件成品的表面处理

1. 高强度螺栓摩擦面的处理

采用高强度螺栓联接时，应对构件摩擦面进行加工处理。摩擦面处理后的抗滑移系数必须符合设计文件的要求。

摩擦面的处理方法一般有喷砂、酸洗、砂轮打磨等几种，其中喷砂处理过的摩擦面的抗滑移系数值较高，离散率较小。处理好的摩擦面严禁有飞边、毛刺、焊疤和污损等，不得涂油漆，在运输过程中防止摩擦面损伤。

构件出厂前应按批做试件检验抗滑移系数，试件的处理方法应与构件相同，检验的最小数值应符合设计要求，并附三组试件供安装时复验抗滑移系数。

2. 构件成品的防腐涂装

钢结构构件在加工验收合格后，应进行防腐涂料涂装。但构件焊缝连接处、高强度螺栓摩擦面处不能作防腐涂装，应在现场安装完后，再补刷防腐涂料。

五、构件成品验收

钢结构构件制作完成后，应根据《钢结构工程施工质量验收规范》（GB 50205—2001）及其他相关规范、规程的规定进行成品验收。钢结构构件加工制作质量验收，可按相应的钢结构制作工程或钢结构安装工程检验批的划分原则划分为一个或若干个检验批进行。

构件出厂时，应提交产品质量证明（构件合格证）和下列技术文件：

1）钢结构施工详图，设计更改文件，制作过程中的技术协商文件。

2）钢材、焊接材料及高强度螺栓的质量证明书及必要的试验报告。

3）钢零件及钢部件加工质量检验记录。

4）高强度螺栓联接质量检验记录，包括构件摩擦面处抗滑移系数的试验报告。

5）焊接质量检验记录。

6）构件组装质量检验记录。

第二节 钢结构构件焊接

一、钢结构的连接方法及特点

钢结构是由若干个构件组合而成的。连接的作用是通过一定的手段将钢材或型钢组合成构件，或将若干构件组合成整体结构。因此，连接方式及其质量的优劣直接影响钢结构的工作性能。钢结构的连接方法有焊接、铆钉连接和螺栓联接三种（见图7-1）。

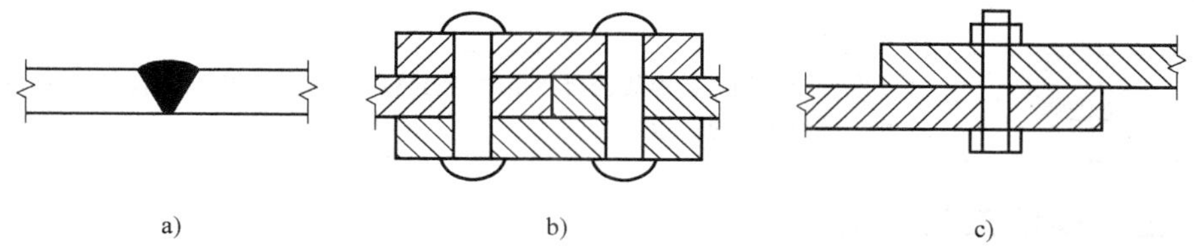

图7-1 钢结构的连接方法

a）焊接 b）铆钉连接 c）螺栓联接

目前，铆钉连接已基本被焊接和高强螺栓联接所取代，很少采用；焊接应用最为普通；高强度螺栓联接近年来发展很快，使用越来越多。不论采用哪种连接方法，必须符合安全可靠、传力明确、构造简单、制造方便、节约材料降低造价的原则。

二、焊接方法选择

焊接是钢结构使用最主要的连接方法之一。焊接的方法很多，在钢结构制作和安装领域中，广泛使用的是电弧焊。在电弧焊中又以药皮焊条电弧焊、埋弧自动焊、埋弧半自动与自动 CO_2 气体保护焊为主。在某些特殊场合，则必须使用电渣焊。

焊接的类型、特点和适用范围见表7-1。

表7-1 钢结构焊接方法选择

焊接的类型			特 点	适用范围
电弧焊	药皮焊条电弧焊	交流焊机	利用焊条与焊件之间产生的电弧热焊接，设备简单，操作灵活，可进行各种位置的焊接，是建筑工地应用最广泛的焊接方法	焊接普通钢结构
		直流焊机	焊接技术与交流焊机相同，成本比交流焊机高，但焊接时电弧稳定	焊接要求较高的钢结构

（续）

焊接的类型		特　点	适用范围
电弧焊	埋弧自动焊	利用埋在焊剂层下的电弧热焊接，效率高，质量好，操作技术要求低，劳动条件好，是大型构件制作中应用最广的高效焊接方法	焊接长度较大的对接、贴角焊缝，一般是有规律的直焊缝
	埋弧半自动焊	与埋弧自动焊基本相同，操作灵活，但使用不够方便	焊接较短的或弯曲的对接、贴角焊缝
	自动 CO_2 气体保护焊	用 CO_2 或惰性气体保护的实芯焊丝或药芯焊接，设备简单，操作简便，焊接效率高，质量好	用于构件长焊缝的自动焊
电渣焊		利用电流通过液态熔渣所产生的电阻热焊接，能焊大厚度焊缝	用于箱形梁及柱隔板与面板全焊透连接

三、焊接工艺要点

（1）焊接工艺设计　确定焊接方式、焊接参数及焊条、焊丝、焊剂的规格型号等。

（2）焊条烘烤　焊条和粉芯焊丝使用前必须按质量要求进行烘焙，低氢型焊条经过烘焙后，应放在保温箱内随用随取。

（3）定位点焊　焊接结构在拼接、组装时要确定零件的准确位置，要先进行定位点焊。定位点焊的长度、厚度应由计算确定。电流强度要比正式焊接时提高10%～15%，定位点焊的位置应尽量避开构件的端部、边角等应力集中的地方。

（4）焊前预热　预热可降低热影响区冷却速度，防止焊接延迟裂纹的产生。预热区在焊缝两侧，每侧宽度均应大于焊件厚度的1.5倍以上，且不应小于100mm。

（5）焊接顺序确定　一般从焊件的中心开始向四周扩展；先焊收缩量大的焊缝，后焊收缩量小的焊缝；尽量对称施焊；焊缝相交时，先焊纵向焊缝，待冷却至常温后，再焊横向焊缝；钢板较厚时分层施焊。

（6）焊后热处理　焊后热处理主要是对焊缝进行脱氢处理，以防止冷裂纹的产生。焊后热处理应在焊后立即进行，保温时间应根据板厚按每25mm板厚1h确定。预热及后热均可采用散发式火焰枪进行。

四、焊缝质量检查

钢结构连接质量，应符合《钢结构工程施工质量验收规范》的规定。其质量验收，可按相应的钢结构制作工程或钢结构安装工程检验批的划分原则划分

为一个或若干个检验批进行。

钢结构焊缝质量应根据不同要求分别采用外观检查、超声波检查、射线探伤检查、浸渗探伤检查、磁粉探伤检查等。

碳素结构钢应在焊缝冷却至环境温度，低合金结构钢应在焊接完成 24h 以后，进行焊缝探伤检查。

第三节　紧固件连接工程

钢结构工程中使用的紧固件包括普通螺栓、扭剪型高强度螺栓、高强度大六角头螺栓、钢网架螺栓球节点用高强度螺栓及射钉、自攻钉、拉铆钉等。

一、铆钉连接

铆钉连接是将一端带有预制钉头的铆钉，插入被连接构件的钉孔中，利用铆钉枪或压铆机，将另一端压成封闭钉头，从而使连接件被铆钉卡紧形成牢固的连接。铆钉连接的特点是传力可靠，塑性和韧性较好，质量易于检查和保证，可用于承受动载的重型结构。但其构造复杂，费钢费工，劳动条件差，成本高，目前已很少采用。

二、普通螺栓联接

螺栓联接可分为普通螺栓联接和高强度螺栓联接两种。螺栓联接的优点是：施工工艺简单，安装方便，特别适用于工地安装。其缺点是：因开孔对构件截面有一定削弱，且被联接的板件需要互相搭接或另设拼接件等连接件，因此，比焊接用材多。此外，螺栓联接需要在板件制孔等，增加了工作量。

普通螺栓分为 A、B、C 三级。A 级和 B 级为精制螺栓，对成孔质量要求高，受剪性能好，但制作安装复杂，价格较高，已较少在钢结构中采用。C 级为粗制螺栓，材料性能等级为 4.6 级和 4.8 级。小数点前的数字表示螺栓制成品的抗拉强度不小于 400MPa，小数点及其以后的数字表示其屈强比为 0.6 或 0.8。C 级螺栓可配用Ⅱ类孔，孔径比螺栓直径大 1～1.5mm。C 级螺栓加工粗糙，传力性能差，但制造安装方便、价格低，并且能有效传递拉力，可多次重复拆卸使用。受力螺栓一般采用不小于 M16 的，如 M16、M20、M24 等。

三、高强度螺栓联接施工

高强度螺栓，材料性能等级为 8.8 级和 10.9 级，承载力高，但安装要求较高。高强度螺栓联接是目前与焊接并举的钢结构主要连接方法之一。其特点是施工方便、可拆可换、传力均匀、接头刚性好，承载能力大，疲劳强度高，螺

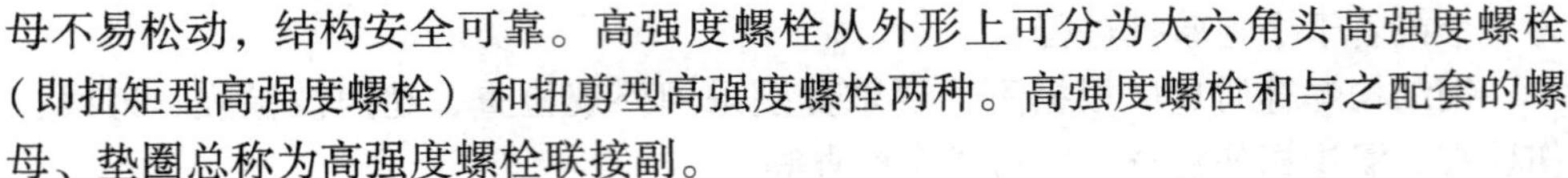

母不易松动，结构安全可靠。高强度螺栓从外形上可分为大六角头高强度螺栓（即扭矩型高强度螺栓）和扭剪型高强度螺栓两种。高强度螺栓和与之配套的螺母、垫圈总称为高强度螺栓联接副。

1. 安装工艺

1）一个接头上的高强度螺栓联接，应从螺栓群中部开始安装，向四周扩展，逐个拧紧。扭矩型高强度螺栓的初拧、复拧、终拧，每完成一次应涂上相应的颜色或标记，以防漏拧。

2）接头如有高强度螺栓联接又有焊接连接时，宜按先栓后焊的方式施工，先终拧完高强度螺栓再焊接焊缝。

3）高强度螺栓应自由穿入螺栓孔内，当板层发生错孔时，允许用铰刀扩孔。扩孔时，铁屑不得掉入板层间。扩孔量不得超过一个接头螺栓的1/3，扩孔后的孔径不应大于1.2d（d为螺栓直径）。严禁使用气割进行高强度螺栓孔的扩孔。

4）一个接头多个高强度螺栓穿入方向应一致。垫圈有倒角的一侧应朝向螺栓头和螺母，螺母有圆台的一面应朝向垫圈，螺母和垫圈不应装反。

5）高强度螺栓联接副在终拧以后，螺栓丝扣外露应为2～3扣，其中允许有10%的螺栓丝扣外露1扣或4扣。

2. 紧固方法

大六角头高强度螺栓联接副一般采用扭矩法和转角法紧固。

（1）扭矩法　使用可直接显示扭矩值的专用扳手，分初拧和终拧二次拧紧。初拧扭矩为终拧扭矩的60%～80%，其目的是通过初拧，使接头各层钢板达到充分密贴，终拧扭矩把螺栓拧紧。

（2）转角法　根据构件紧密接触后，螺母的旋转角度与螺栓的预拉力成正比的关系确定的一种方法。操作时分初拧和终拧两次施拧。初拧可用短扳手将螺母拧至使构件靠拢，并作标记。终拧用长扳手将螺母从标记位置拧至规定的终拧位置。转动角度的大小在施工前由试验确定。

（3）扭剪型高强度螺栓紧固　扭剪型高强度螺栓有一特制尾部，采用带有两个套筒的专用电动扳手紧固。紧固时用专用扳手的两个套筒分别套住螺母和螺栓尾部的梅花头，接通电源后，两个套筒按反向旋转，拧断尾部后即达相应的扭矩值。一般用定扭矩扳手初拧，用专用电动扳手终拧。

第四节　单层钢结构工程

单层钢结构工程以门式刚架结构安装最为典型。门式刚架结构是大跨建筑常用的结构形式之一。轻型门式刚架结构是指主要承重结构采用实腹门式刚架，

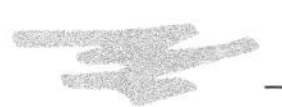

具有轻型屋盖和轻型外墙的单层房屋钢结构。近几年来，随着彩色压型钢板、H型钢、冷弯薄壁型钢的引进和发展，我国轻型门式刚架结构发展迅速，广泛用于大型工业厂房、仓库、飞机库，以及现代商业、文化娱乐设施和体育馆等大度跨建筑。本节主要以门式钢架为例来介绍单层钢结构工程的安装。

一、安装前的准备工作

单层钢结构安装工程施工准备工作主要包括技术准备、机械设备准备、材料准备以及作业条件准备等。

（一）技术准备工作

1）编制单层钢结构安装施工组织设计。

2）钢结构安装前，应对相关的设计图技术文件进行认真的阅读与理解，发现问题及时与业主单位、设计单位取得联系，将问题和隐患消除在安装之前。

3）钢柱基础及支撑面的准备：

① 钢结构安装前，其基础混凝土强度必须达到设计要求。

② 根据测量控制网对基础轴线、标高、地脚螺栓规格和位置等进行技术复核。如地脚螺栓预埋在钢结构施工前，由土建单位完成，但需复核每个螺栓的轴线、标高，对超出规范要求的，必须采取相应的补救措施。如加大柱底板尺寸，需要在柱底板上按照实际螺栓位置重新钻孔或采用设计认可的其他措施。

③ 检查地脚螺栓外露部分的情况，若有弯曲变形、螺牙损坏的螺栓，必须对其修正。

④ 将柱子就位轴线弹测在柱基表面，以便钢柱准确就位。

⑤ 对柱基标高进行找平。

混凝土柱基标高浇筑一般预留 50～60mm（与钢柱底设计标高相比），在安装时用钢垫板或提前采用坐浆承板找平。当采用钢垫板做支承板时，钢垫板的面积应根据基础混凝土抗压强度、柱脚底板下二次灌浆前柱底承受的荷载和地脚螺栓的紧固拉力计算确定。垫板与基础面和柱底面的接触应平整、紧密。采用坐浆承板时应采用无收缩砂浆，柱子吊装前砂浆垫块的强度应高于基础混凝土强度一个等级，且砂浆垫块应有足够的面积以满足承载的要求。

（二）机械设备准备

单层钢结构安装工程的普遍特点是面积大、跨度大，在一般情况下应选择可移动式起重设备，如汽车式起重机、履带式起重机等。对于重型单层钢结构安装工程一般选用履带式起重机，对于较轻的单层钢结构安装工程可选用汽车式起重机。单层钢结构安装工程其他常用的施工机具有电焊机、栓钉机、卷扬机、空压机、倒链、滑车、千斤顶、高强度螺栓、电动扳手等。

（三）构件及材料准备

1. 钢构件

（1）钢构件堆放场地的准备

1）钢构件通常在专门的钢结构加工厂制作，然后运至现场直接吊装或经过组拼装后进行吊装。钢构件力求在吊装现场就近堆放，并遵循“重近轻远”（即重构件摆放的位置离吊机近一些，反之可远一些）的原则。对规模较大的工程需另设立钢构件堆放场，以满足钢构件进场堆放、检验、组装和配套供应的要求。

2）钢构件在吊装现场堆放时一般沿起重机开行路线两侧按轴线就近堆放。其中钢柱和钢屋架等大件放置，应依据吊装工艺作平面布置设计，避免现场二次倒运。钢梁、支撑等可按吊装顺序配套供应堆放。

3）钢构件堆放应以不产生超出规范要求的变形及保证安全为原则，堆垛高度一般以不超过2m和3层为宜。

（2）钢构件验收　安装前应对钢结构构件进行检查，其项目包含钢结构构件的变形、钢结构构件的标记、钢结构构件的制作精度和孔眼位置等。当钢结构构件的变形和缺陷超出允许偏差时应进行处理。

2. 焊接材料

钢结构焊接施工之前，应对焊接材料的品种、规格、性能进行检查，各项指标应符合现行国家标准和设计要求。检查焊接材料的质量合格证明文件、检验报告及中文标志等。对重要钢结构采用的焊接材料应进行抽样复验。

3. 高强度螺栓

钢结构设计用高强度螺栓联接时，应根据设计图要求分规格统计所需高强度螺栓的数量，并配套供应至现场。同时检查其出厂合格证、产品质量证明文件及扭矩系数或紧固轴力等，合格后方可施工。

二、门式刚架结构的安装

轻型门式刚架结构的主刚架，一般采用变截面或等截面实腹式焊接H型钢或轧制H型钢。门式刚架结构的安装宜先立柱子，然后将在地面组装好的斜梁吊起就位，并与柱连接。安装工艺流程为：钢柱安装→钢柱校正→斜梁地面拼装→斜梁安装、临时固定→钢柱重校→高强度螺栓紧固→复校→安装檩条、拉杆→钢结构验收。

1. 起重机选择

轻型门式刚架结构构件重量较轻，且一般单层建筑安装标高为10m左右，所以起重机选择以大跨度斜梁起重高度（包括索具高度）为原则，可采用履带式起重机、汽车式起重机，多跨可采用轻便式小型塔式起重机。

根据现场条件和构件大小，可采用单机起吊或双机抬吊；根据工期要求也可采用多机流水作业。

2. 刚架柱的安装

轻型门式刚架钢柱的安装顺序是：吊装单根钢柱→柱标高调整→纵横十字线位移→垂直度校正。

刚架柱一般采用一点起吊，吊耳放在柱顶处。为防止钢柱变形，也可两点或三点起吊。对于大跨轻型门式刚架变截面 H 型钢柱，由于柱根小、柱顶大，头重脚轻，且重心是偏心的，因此安装固定后，为防止倾倒必要时需加临时支撑。

3. 刚架斜梁的拼接与安装

轻型门式刚架斜梁的特点是跨度大（即构件长）、侧向刚度小，为确保安装质量和安全施工，提高生产效率，减小劳动强度，应根据场地和起重设备条件，最大限度地将扩大拼装工作在地面完成。

刚架斜梁一般采用立放拼接，拼装程序是：将要拼接的单元放在拼装平台上→找平→拉通线→安装普通螺栓定位→安装高强度螺栓→复核尺寸（见图 7-2）。

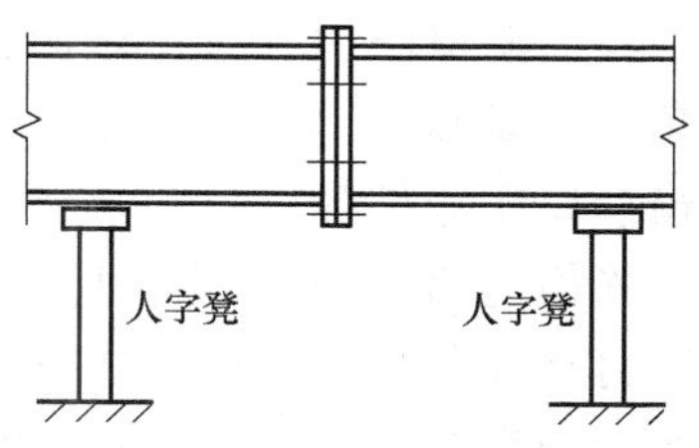

图 7-2 斜梁拼接示意

斜梁的安装顺序是：先从靠近山墙的有柱间支撑的两榀刚架开始，刚架安装完毕后将其间的檩条、支撑、隅撑等全部装好，并检查其垂直度；然后以这两榀刚架为起点，向建筑物另一端顺序安装。除最初安装的两榀刚架外，所有其余刚架间的檩条、墙梁和檐檩的螺栓均应在校准后再拧紧。

斜梁的起吊应选好吊点，大跨度斜梁的吊点须经计算确定。斜梁可选用单机两点或三点、四点起吊，或用铁扁担以减小索具对斜梁产生的压力。对于侧向刚度小、腹板宽厚比大的斜梁，为防止构件扭曲和损坏，应采取多点起吊及双机抬升。

图 7-3 所示为北京西郊机场波音机库 72m 长刚架主梁的吊装示意图。刚架梁采用了如下吊装方案：在有支撑的跨间，将两榀梁都在地面拼装成 36m 长的半跨刚性单元（两半榀梁立放拼装，所有高强度螺栓终拧，除吊点处檩条外所有檩条和跨间支撑均安装到位），由 2 台汽车起重机通过铁扁担吊起两个左半榀梁与各自轴线柱连接后，2 号起重机使两个左半榀梁空中定位，1 号起重机摘钩后与 3 起重机吊起两个右半榀梁与各自轴线柱对接，最后对接中间节点，形成整体刚架。

4. 檩条和墙梁的安装

轻型门式刚架结构的檩条和墙梁，一般采用卷边槽形、Z 型冷弯薄壁型钢或高频焊接轻型 H 型钢。檩条和墙梁通常与焊于刚架斜梁和柱上的角钢支托连接。

檩条和墙梁端部与支托的联接螺栓不应少于2个。

三、彩板围护结构安装

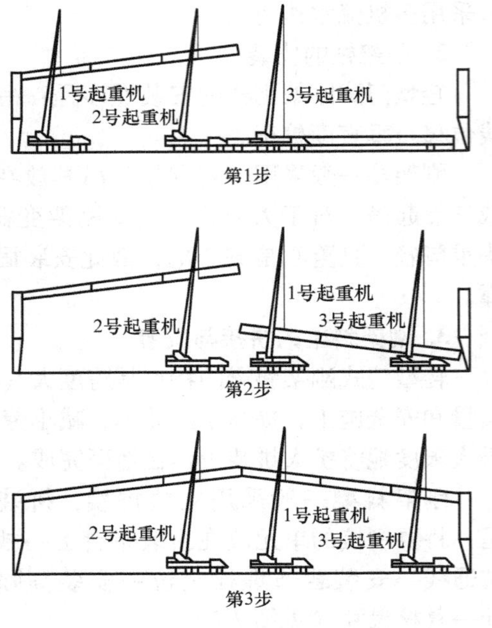

图7-3　刚架梁吊装示意图

轻型门式刚架结构中，目前主要采用彩色钢板夹芯板（亦称彩钢保温板）作围护结构。彩板夹芯板按功能不同分为屋面夹芯板和墙面夹芯板。屋面板和墙面板的边缘部位，要设置彩板配件用来防风雨和装饰建筑外形。屋面配件有屋脊件、封檐件、山墙封边件、高低跨泛水件、天窗泛水件、屋面洞口泛水件等；墙面配件有转角件、板底泛水件、板顶封边件、门窗洞口包边件等。

彩板连接件常用的有自攻螺钉、拉铆钉和开花螺栓（分为大开花螺栓和小开花螺栓）。板材与承重构件的连接，采用自攻螺钉、大开花螺钉等；板与板、板与配件、配件与配件连接，采用铝合金拉铆钉、自攻螺钉和小开花螺钉等。

屋面工程的施工工序如图7-4所示。墙面板的施工工序与此相似。

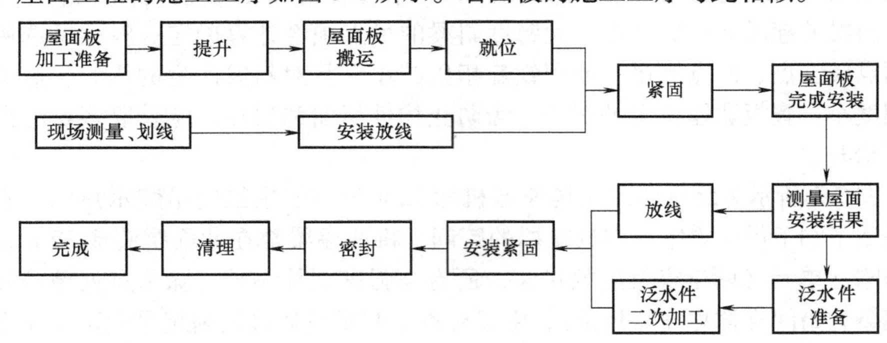

图7-4　屋面工程的施工工序

1. 施工工具

板材施工安装多为手提工具，常用的有电钻、自攻枪、拉铆枪、手提圆盘锯、螺丝刀、铁剪、钳子等。手提式电动工具应合理配置电源接入线，这对大型工程施工是非常必要的。

2. 放线

由于彩板屋面板和墙面板是预制装配结构，故安装前的放线工作对后期安装质量起到保证作用。

1）安装放线前先对安装面上的已有建筑成品进行测量，对达不到安装要求的部分提出修改。

2）根据排板设计确定排板起始线的位置。屋面施工中，先在檩条上标定出起点，即沿跨度方向在每个檩条上标出排板起点，各个点的连线应与建筑物的纵轴线相垂直，然后在板的宽度方向每隔几块板继续标注一次，以限制和检查板的宽度安装偏差积累（见图 7-5）。

墙板安装也应用类似的方法放线，除此之外还应标定其支承面的垂直度，以保证形成墙面的垂直平面。

3）屋面板及墙面板安装完毕后，对配件的安装作二次放线，以保证檐口线、屋脊线、门窗口和转角线等的水平度和垂直度。

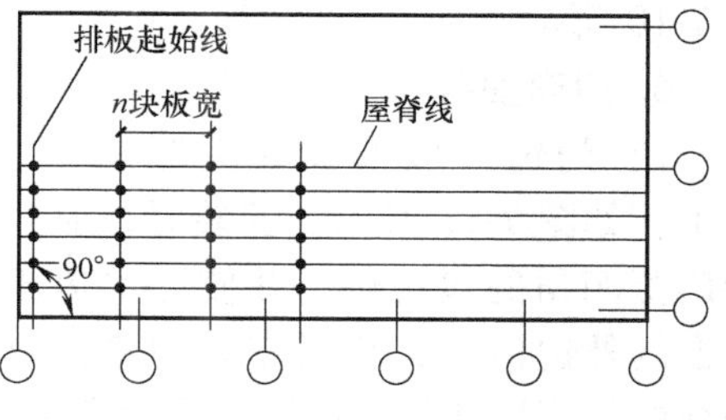

图 7-5　安装放线示意

3. 板材安装

1）实测安装板材的长度，按实测长度核对对应板号的板材长度，必要时对该板材进行剪裁。

2）将提升到屋面的板材按排板起始线放置，并使板材的宽度标志线对准起始线；在板长方向两端排出设计要求的构造长度（见图 7-6）。

3）用紧固件紧固板材两端，然后安装第二块板。其安装顺序为先自左（右）至右（左），后自上而下。

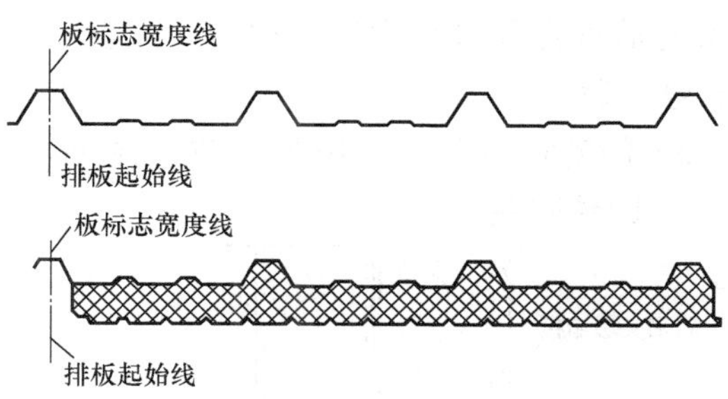

图 7-6　板材安装示意

4）安装到下一放线标志点处时，复查本标志段内板材安装的偏差，满足要求后进行全面紧固。紧固自攻螺丝时应掌握紧固的程度，过度会使密封垫圈上翻，甚至将板面压得下凹而积水；紧固不够会使密封不到位而出现漏雨。

5）安装完后的屋面应及时检查有无遗漏紧固点。

6）屋面板的纵、横向搭接，应按设计要求铺设密封条和密封胶，并在搭接处用自攻螺丝或带密封胶的拉铆钉连接，紧固件应设在密封条处。纵向搭接（板短边之间的搭接）时，可将夹芯板的底板在搭接处切掉搭接长度，并除去压盖部分的芯材。屋面板纵、横向连接节点构造如图 7-7、图 7-8 所示。

7）墙面板安装。夹芯板用于墙面时多为平板，一般采用横向布置，节点构造如图 7-9 所示。墙面板底部表面应低于室内地坪 30 ~ 50mm，且应在底表面抹灰找平后安装，如图 7-10 所示。

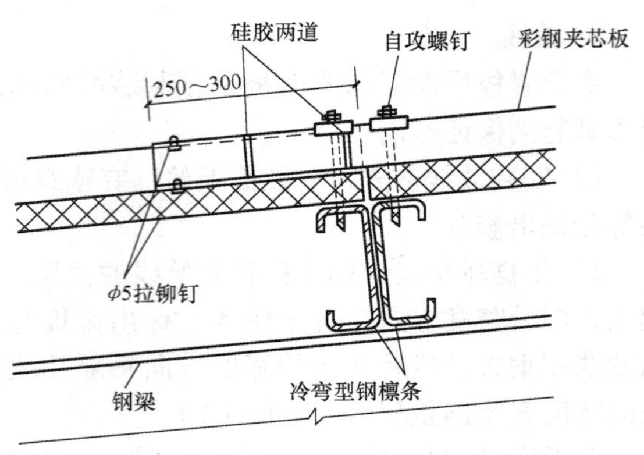

图 7-7 屋面板纵向连接节点

4. 门窗安装

1）门窗一般安装在钢墙梁上，如图 7-11 所示。安装时，应先安装门窗四角的包边件，并使泛水边压在门窗的外边沿处；然后安装门窗。由于门窗的外廓尺寸与洞口尺寸为紧密配合，一般应控制门窗尺寸比洞口尺寸小 5mm 左右。

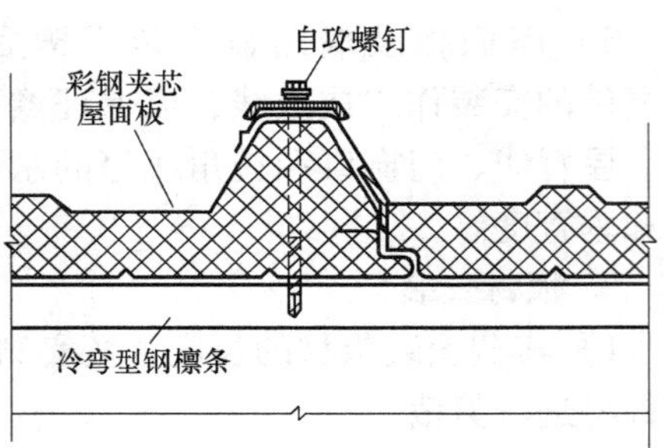

图 7-8 屋面板横向连接节点

2）门窗就位并做临时固定后，应对门窗的垂直度和水平度进行检查，无误后再做固定。

3）门窗安装完毕应用密封胶对门窗周边密封。

5. 配件安装

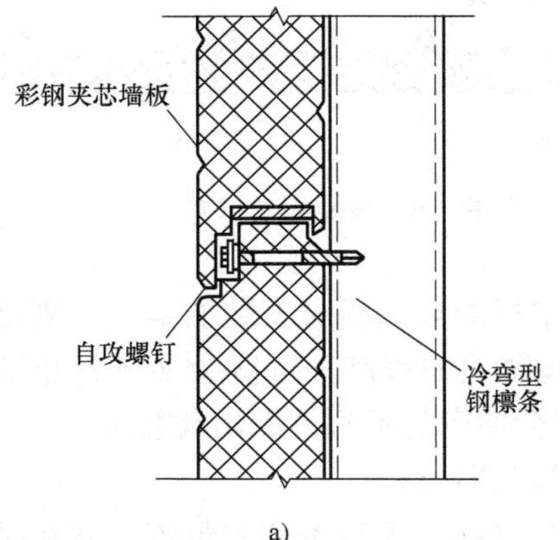

a)

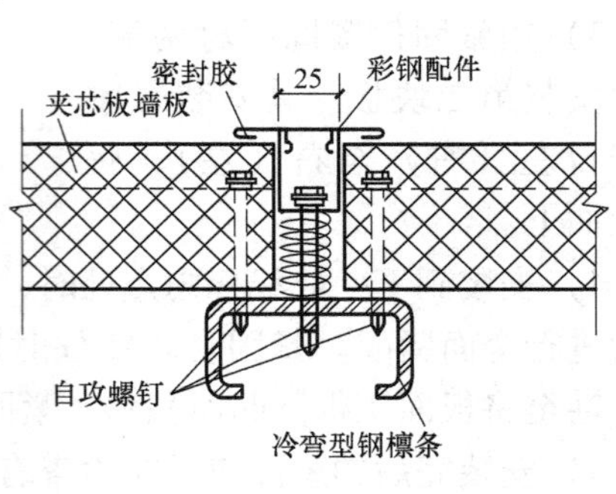

b)

图 7-9 横向布置墙板水平缝与竖缝节点

a）横向布置墙板水平缝节点 b）横向布置墙板竖缝节点

1）在彩板配件安装前应在配件的安装处二次放线，如屋脊线、檐口线、窗上下口线等。

2）安装前检查配件的端头尺寸，挑选搭接口处的合适搭接头。

3）安装配件的搭接口时，应在被搭接处涂上密封胶或设置双面胶条，搭接后立即紧固。

4）安装配件至拐角处时，应按交接处配件断面形状加工拐折处的接头，以保证拐点处有良好的防水效果和外观效果。

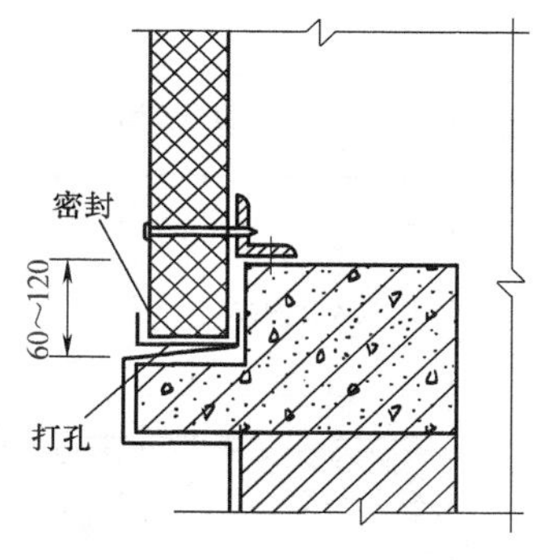

图 7-10 墙面基底构造

四、质量验收

轻型门式刚架结构的安装施工，应符合《钢结构工程施工质量验收规范》、《门式刚架轻型房屋钢结构技术规程》（CECS102:98）及其他相关规范、规程的规定。门式刚架结构安装工程质量验收，可按变形缝或空间刚度单元等划分成一个或若干个检验批进行。压型金属板安装工程质量验收，可按变形缝、施工段或屋面、墙面等划分成一个或若干个检验批进行。

刚架柱安装的允许偏差应符合表 7-2 的规定。压型金属板安装的允许偏差应符合表 7-3 的规定。

表 7-2 刚架柱安装的允许偏差

项目			允许偏差/mm	检验方法
柱脚底座中心线对定位轴线的偏移			5.0	用吊线和钢尺检查
柱基准点标高	有起重机梁的柱		+3.0 -5.0	用水准仪检查
	无起重机梁的柱		+5.0 -8.0	
弯曲矢高			H/1200，且不应大于 15.0	用经纬仪或拉线和钢尺检查
柱轴线垂直度	单层柱	$H \leqslant 10m$	H/1000	用经纬仪或吊线和钢尺检查
		$H > 10m$	H/1000，且不应大于 25.0	
	多节柱	单节柱	H/1000，且不应大于 10.0	
		柱全高	35.0	

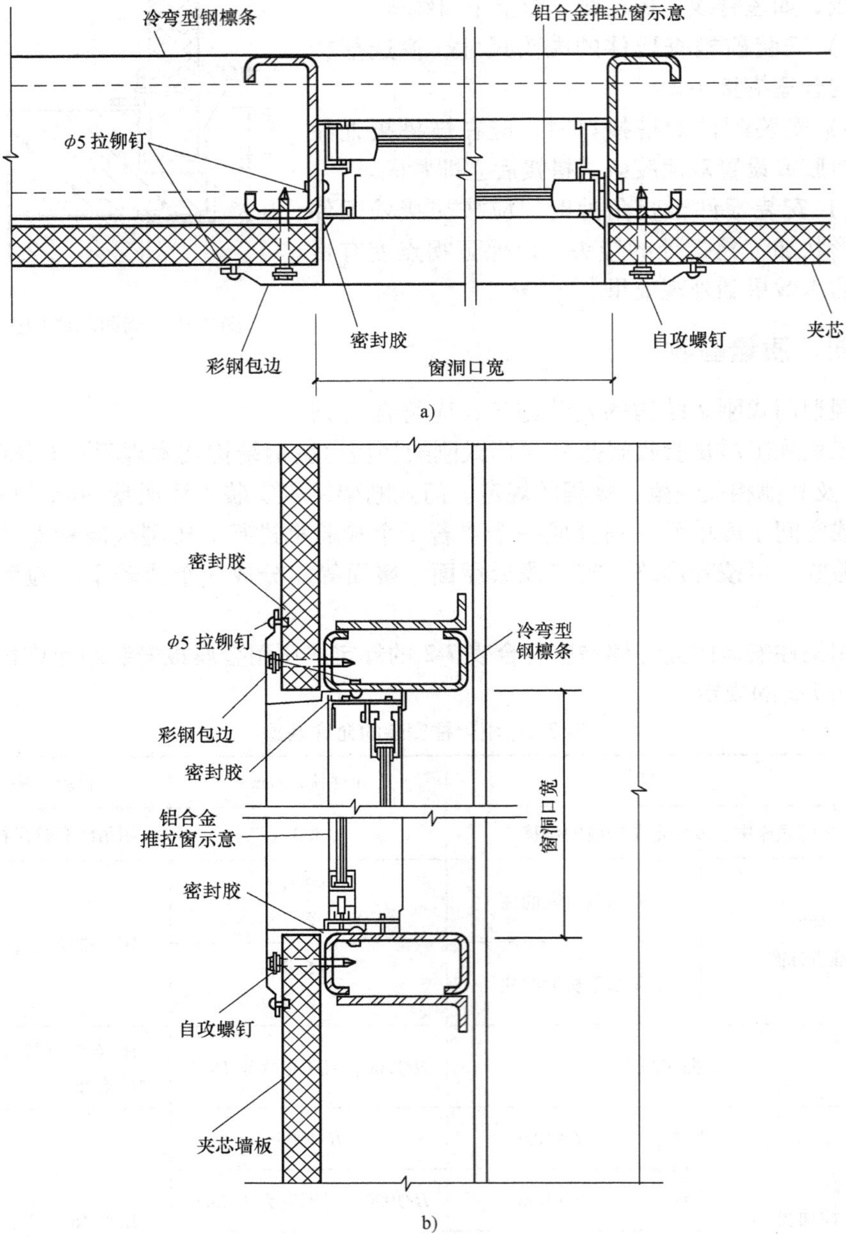

a)

b)

图 7-11 窗口节点示意图

a）窗口水平节点 b）窗口上下节点

表 7-3　压型金属板安装的允许偏差

项　　目		允许偏差/mm	检验方法
屋面	檐口与屋脊的平行度	12.0	用拉线、吊线和钢尺检查
	压型金属板波纹线对屋脊的垂直度	L/800，且不应大于 25.0	
	檐口相邻两块压型金属板端部错位	6.0	
	压型金属板卷边板件最大波浪高	4.0	
墙面	墙板波纹线的垂直度	H/800，且不应大于 25.0	
	墙板包角板的垂直度	H/800，且不应大于 25.0	
	相邻两块压型金属板的下端错位	6.0	

注：L 为屋面半坡或单坡长度；H 为墙面高度。

第五节　多层及高层钢结构工程

一、流水段划分原则及安装顺序

多高层建筑钢结构的安装，必须按照建筑物的平面形状、结构形式、安装机械的数量和位置等，合理划分安装施工流水区段，确定安装顺序。

1）平面流水段的划分应考虑钢结构在安装过程中的对称性和整体稳定性。其安装顺序一般应由中央向四周扩展，以利焊接误差的减少和消除。筒体结构的安装顺序为先内筒后外筒；对称结构采用全方位对称方案安装。

2）立面流水段的划分以一节钢柱（各节所含层数不一）为单元。每个单元安装顺序以主梁或钢支撑、带状桁架安装成框架为原则；其次是安装次梁、楼板及非结构构件。塔式起重机的提升、顶升与锚固，均应满足组成框架的需要。

一般钢结构标准单元施工顺序如图 7-12 所示。

多高层建筑钢结构安装前，应根据安装流水段和构件安装顺序，编制构件安装顺序表。表中应注明每一构件的节点型号、连接件的规格数量、高强度螺栓规格数量、栓焊数量及焊接量、焊接形式等。构件从成品检验、运输、现场核对、安装、校正到安装后的质量检查，应统一使用该安装顺序表。

二、构件吊点设置与起吊

1. 柱

平运 2 点起吊，安装 1 点立吊。立吊时，需在柱子根部垫上垫木，以回转法起吊，严禁根部拖地。吊装 H 型钢柱、箱形柱时，可利用其接头耳板作吊环，配以相应的吊索、吊架和销钉。钢柱起吊如图 7-13 所示。

2. 钢梁

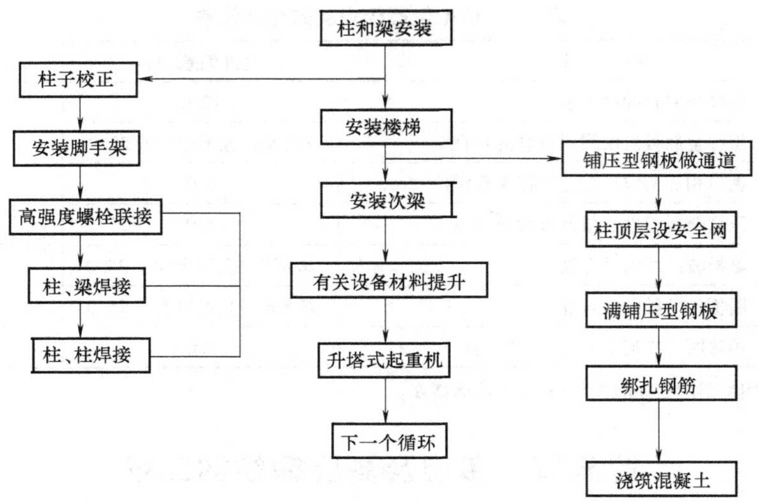

图 7-12 标准单元施工顺序

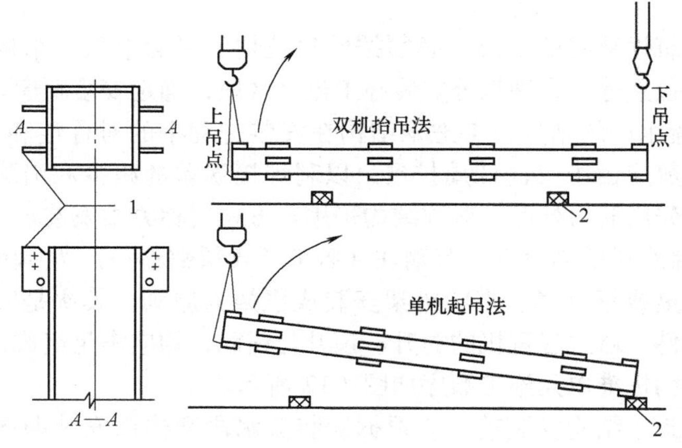

图 7-13 钢柱起吊示意图

1—吊耳 2—垫木

距梁端 500mm 处开孔，用特制卡具 2 点平吊，次梁可三层串吊，如图 7-14 所示。

3. 组合件

因组合件形状、尺寸不同，可计算重心确定吊点，采用 2 点吊、3 点吊或 4 点吊。凡不易计算者，可加设倒链协助找重心，构件平衡后起吊。

4. 零件及附件

钢构件的零件及附件应随构件一并起吊。尺寸较大、重量较重的节点板，钢柱上的爬梯、大梁上的轻便走道等，应牢固固定在构件上。

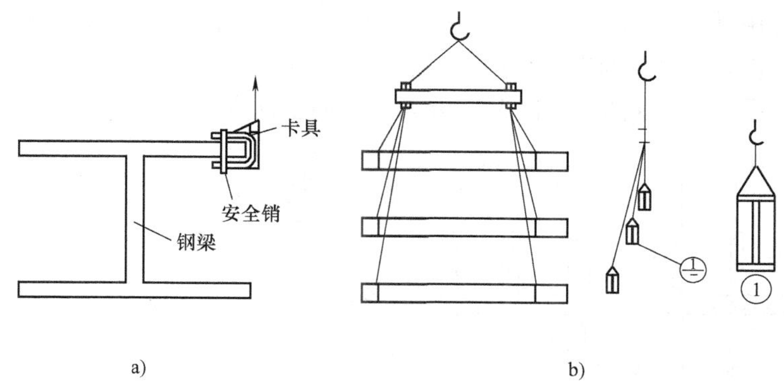

图 7-14 钢梁吊装示意图
a）卡具设置示意 b）钢梁吊装

三、构件安装与校正

1. 钢柱安装与校正

（1）首节钢柱的安装与校正　安装前，应对建筑物的定位轴线、首节柱的安装位置、基础的标高和基础混凝土强度进行复检，合格后才能进行安装。

1）柱顶标高调整。根据钢柱实际长度、柱底平整度，利用柱子底板下地脚螺栓上的调整螺母调整柱底标高，以精确控制柱顶标高（见图 7-15）。

2）纵横十字线对正。首节钢柱在起重机吊钩不脱钩的情况下，利用制作时在钢柱上划出的中心线与基础顶面十字线对正就位。

3）垂直度调整。用两台呈 90°的经纬仪投点，采用缆风绳校正法。在校正过程中不断调整柱底板下螺母，校毕将柱底板上面的 2 个螺母拧上，缆风绳松开，使柱身呈自由状态，再用经纬仪复核。如有小偏差，微调下螺母，无误后将上螺母拧紧。柱底板与基础面间预留的空隙，用无收缩砂浆以捻浆法垫实。

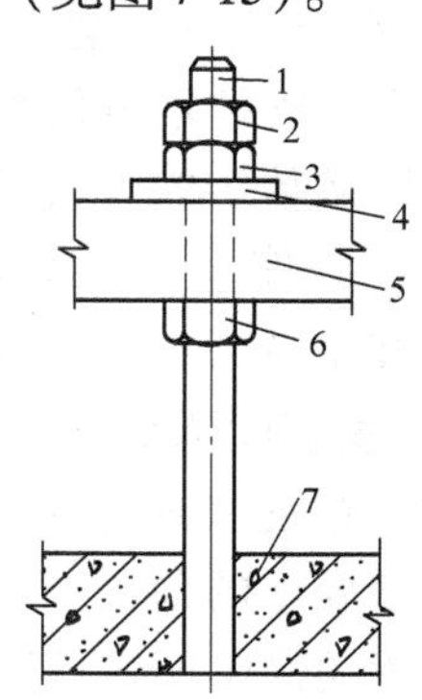

图 7-15 采用调整螺母控制标高
1—地脚螺栓 2—止退螺母 3—紧固螺母 4—螺母垫圈 5—柱子底板 6—调整螺母 7—钢筋混凝土基础

（2）上节钢柱安装与校正　上节钢柱安装时，利用柱身中心线就位，为使上、下柱不出现错口，尽量做到上、下柱定位轴线重合。上节钢柱就位后，按照先调整标高，再调整位移，最后调整垂直度的顺序校正。

校正时，可采用缆风绳校正法或无缆风绳校正法。目前多采用无缆风绳校正法（见图 7-16），即利用塔式起重机、钢楔、垫板、撬棍以及千斤顶等工具，在钢柱呈自由状态下进行校正。此法施工简单、校正速度快、易于吊装就位和确保安装精度。为适应无缆风绳校正法，应特别注意钢柱节点临时连接耳板的构造。上、下耳板的间隙宜为15～20mm，以便于插入钢楔。

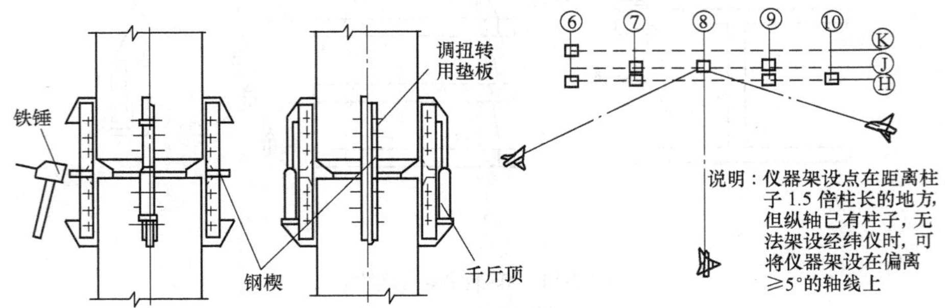

图7-16 无缆风绳校正法示意图

1）标高调整。钢柱一般采用相对标高安装、设计标高复核的方法。钢柱吊装就位后，合上连接板，穿入大六角高强度螺栓，但不夹紧，通过吊钩起落与撬棍拨动调节上、下柱之间的间隙。量取上柱柱根标高线与下柱柱头标高线之间的距离，符合要求后在上、下耳板间隙中打入钢楔限制钢柱下落。正常情况下，标高偏差调整至零。若钢柱制造误差超过5mm，则应分次调整。

2）位移调整。钢柱定位轴线应从地面控制轴线直接引上，不得从下层柱的轴线引上。钢柱轴线偏移时，可在上柱和下柱耳板的不同侧面夹入一定厚度的垫板加以调整，然后微微夹紧柱头临时接头的连接板。钢柱的位移每次只能调整3mm，若偏差过大只能分次调整。起重机至此可松吊钩。校正位移时应注意防止钢柱扭转。

3）垂直度调整。用两台经纬仪在相互垂直的位置投点，进行垂直度观测。调整时，在钢柱偏斜方向的同侧锤击钢楔或微微顶升千斤顶，在保证单节柱垂直度符合要求的前提下，将柱顶轴线偏移校正至零，然后拧紧上、下柱临时接头的大六角高强度螺栓至额定扭矩。

注意：为达到调整标高和垂直度的目的，临时接头上的螺栓孔应比螺栓直径大4.0mm。由于钢柱制造允许误差一般为－1～＋5mm，螺栓孔扩大后能有足够的余量将钢柱校正准确。

2. 钢梁的安装与校正

1）钢梁安装时，同一列柱，应先从中间跨开始对称地向两端扩展；同一跨钢梁，应先安上层梁，再安中下层梁。

2）在安装和校正柱与柱之间的主梁时，可先把柱子撑开，跟踪测量、校正，预留接头焊接收缩量，这时柱产生的内力，在焊接完毕焊缝收缩后也就消

失了。

3）一节柱的各层梁安装好后，应先焊上层主梁后焊下层主梁，以使框架稳固，便于施工。一节柱（3 层）的竖向焊接顺序是：上层主梁→下层主梁→中层主梁→上柱与下柱焊接。

每天安装的构件，应形成空间稳定体系，确保安装质量和结构安全。

四、楼层压型钢板安装

多、高层钢结构楼板，一般多采用压型钢板与混凝土叠合层组合而成（见图 7-17）。一节柱的各层梁安装校正后，应立即安装本节柱范围内的各层楼梯，并铺好各层楼面的压型钢板，进行叠合楼板施工。

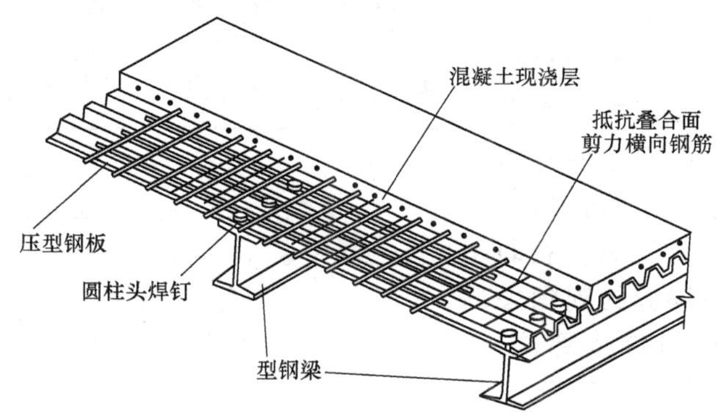

图 7-17 压型钢板组合楼板的构造

楼层压型钢板安装工艺流程是：弹线→清板→吊运→布板→切割→压合→侧焊→端焊→封堵→验收→栓钉焊接。

1. 压型钢板安装铺设

1）在铺板区弹出钢梁的中心线。主梁的中心线是铺设压型钢板固定位置的控制线，并决定压型钢板与钢梁熔透焊接的焊点位置；次梁的中心线决定熔透焊栓钉的焊接位置。因压型钢板铺设后难以观察次梁翼缘的具体位置，故将次梁的中心线及次梁翼缘返弹在主梁的中心线上，固定栓钉时再将其返弹在压型钢板上。

2）将压型钢板分层分区按料单清理、编号，并运至施工指定部位。

3）用专用软吊索吊运。吊运时，应保证压型钢板板材整体不变形、局部不卷边。

4）按设计要求铺设。压型钢板铺设应平整、顺直、波纹对正，设置位置正确；压型钢板与钢梁的锚固支承长度应符合设计要求，且不应小于 50mm。

5）采用等离子切割机或剪板钳裁剪边角。裁剪放线时，富余量应控制在

5mm 范围内。

6）压型钢板固定。压型钢板与压型钢板侧板间连接采用咬口钳压合，使单片压型钢板间连成整板；然后用点焊将整板侧边及两端头与钢梁固定，最后采用栓钉固定。为了使浇筑混凝土时不漏浆，端部肋作封端处理。

2. 栓钉焊接

为使组合楼板与钢梁有效地共同工作，抵抗叠合面间的水平剪力作用，通常采用栓钉穿过压型钢板焊于钢梁上。栓钉焊接的材料与设备有栓钉、焊接瓷环和栓钉焊机。

焊接时，先将焊接用的电源及制动器接上，把栓钉插入焊枪的长口，焊钉下端置入母材上面的瓷环内。按焊枪电钮，栓钉被提升，在瓷环内产生电弧，在电弧发生后规定的时间内，用适当的速度将栓钉插入母材的融池内。焊完后，立即除去瓷环，并在焊缝的周围去掉卷边，检查栓钉焊接部位。栓钉焊接工序如图 7-18 所示。

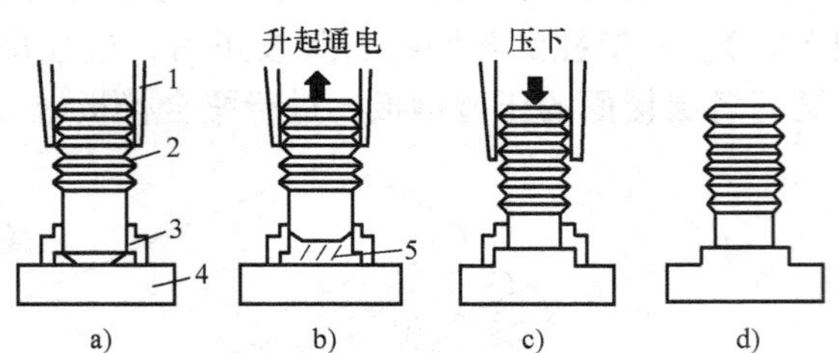

图 7-18　栓钉焊接工序

a）焊接准备　b）引弧　c）焊接　d）焊后清理

1—焊枪　2—栓钉　3—瓷环

4—母材　5—电弧

栓钉焊接质量检查：

1）外观检查。栓钉根部焊脚应均匀，焊脚立面的局部未熔合或不足 360°的焊脚应进行修补。

2）弯曲试验检查。栓钉焊接后应进行弯曲试验检查，可用锤击使栓钉从原来轴线弯曲 30°，或采用特制的导管将栓钉弯成 30°，若焊缝及热影响区没有肉眼可见的裂纹，即为合格。

压型钢板及栓钉安装完毕后，即可绑扎钢筋，浇筑混凝土。

五、多层及高层钢结构工程质量验收

多层及高层钢结构工程施工，应符合《钢结构工程施工质量验收规范》和《高层民用建筑钢结构技术规程》（JGJ 99—1998）的规定。一般来说，钢结构作为主体结构，属于分部工程，其工程施工质量验收应在施工单位自检基础上，按照检验批、分项工程、分部工程（子分部）工程进行。

多层及高层钢结构安装工程，可按楼层或施工段等划分为一个或若干个检验批。每个检验批应在进场验收和焊接连接、高强度螺栓联接、制作等分项工程验收合格的基础上进行验收。柱子安装的允许偏差应符合表 7-4 的规定；多层

及高层钢结构中构件安装的允许偏应符合表7-5的规定。

表7-4　柱子安装的允许偏差

项　目	允许偏差/mm	检验方法
底层柱柱底轴线对定位轴线偏移	3.0	用全站仪或激光经纬仪和钢尺实测
柱子定位轴线	1.0	
单节柱的垂直度	h/1000，且不应大于10.0	

注：h 为单节柱高。

表7-5　多层及高层钢结构中构件安装的允许偏差

项　目	允许偏差/mm	检验方法
上、下柱连接处的错口	3.0	用钢尺检查
同一层柱的各柱顶高度差	5.0	用水准仪检查
同一根钢梁两端顶面的高差	l/1000，且不应大于10.0	用水准仪检查
主梁与次梁表面的高差	±2.0	用直尺和钢尺检查
压型金属板在钢梁上相邻列的错位	15.0	用直尺和钢尺检查

注：l 为邻列两节柱的净距。

第六节　钢网架结构安装工程

网架是一种新型结构，不仅具有跨度大、覆盖面积大、结构轻、省料经济等特点，同时还有良好的稳定性和安全性。因而网架结构一出现就引起人们极大的兴趣。尤其是大型的文化体育中心多数采用网架结构。国内如长春体育馆、上海体育馆、上海游泳馆和辽宁体育馆，都别具风采。网架结构建筑结构新颖，造型雄伟壮观，场内没有一根柱子，视野开阔。

网架结构的形式较多，如双向正交斜放网架、三向网架和蜂窝形四角锥网架等。网架的选型可视工程平面形状和尺寸、支撑情况、跨度、荷载大小、制作和安装情况等因素，综合分析后确定。

一、钢网架的安装方法及适用范围

钢网架结构有高空散装法、分条或分块安装法、高空滑移法、整体吊装法、整体提升法、整体顶升法等。应根据网架受力和构造特点，在满足质量、安全、进度和经济效益的要求下，结合企业和施工现场的施工技术条件综合确定。其适用范围如下：

（1）高空散装法　适用于螺栓联接节点的各种类型网架。

（2）分条或分块安装法　适用于分割后刚度和受力状况改变较小的网架。

（3）高空滑移法　适用于正放四角锥。正放抽空四角锥。两向正交正放四

角锥等网架。

（4）整体吊装法　适用于各种类型的网架。

（5）整体提升法　适用于周边支承及多点支承网架。

（6）整体顶升法　适用于支点较少的多点支承网架。

二、工艺流程

1. 钢网架拼装工艺流程

作业准备→钢球、杆件检验→小拼单元→中拼单元→焊接→拼装单元验收

2. 钢网架安装工艺流程

作业准备→基础验收→钢网架试安装→钢网架正式安装→钢网架验收

三、钢网架结构拼装

1. 钢网架结构拼装的施工原则

1）合理分割。即把网架根据实际情况合理地分割成各种单元体，使其经济地拼成整个网架。可有下列几种方案：

① 直接由单根杆件、单个节点总拼成网架。

② 由小拼单元总拼成网架。

③ 由小拼单元→中拼单元→总拼成网架。

2）尽可能多地争取在工厂或预制场地焊接，尽量减少高空作业量。因为这样可以充分利用起重设备将网架单元翻身而能较多地进行平焊。

3）节点尽量不单独在高空就位，而是和杆件连接在一起拼装，在高空仅安装杆件。

2. 钢网架小拼单元

1）钢网架小拼单元一般是指焊接球网架的拼装。螺栓球网架在杆件拼装、支座拼装之后即可以安装，不进行小拼单元。

2）准备好小拼场地，针对小拼单元的尺寸、形态、位置进行放样、划线。根据编制好的小拼方案制作拼装胎位。

3）焊接拼装胎位，并控制变形，复验各部拼装尺寸。钢网架拼装用胎架应经常检查，防止因胎模变形而使小拼单元变形。

4）焊接球网架有加衬管和不加衬管两种，凡需加衬管的部位，应备好衬管，先在球上定位点固。

5）焊接球钢网架小拼形式有一球一杆型、二球一杆型、一球三杆型、一球四杆型四种。

6）焊接球网架小拼的焊缝要饱满、确保焊透，焊坡均匀一致。焊缝经外观检查后，根据设计要求进行无损探伤。

7）小拼单元的尺寸应符合相应规定。钢网架拼装小单元的尺寸一般应控制在负公差，如果正公差累积会使网格尺寸增大，使轴线偏移。

8）拼装好的钢球和杆件应编好号码，作好标记，防止使用时混用。钢球还应有中心线标志，特别是带肋钢球使用方向有严格规定，其带肋方向应该有明显标识。

9）钢网架拼装后需要发运时，应对半成品进行包装。包装应在涂层干燥后进行，包装应保护构件涂层不受损伤，保证构件、零件不变形，不损坏，不散失，包装应符合运输的有关规定。

3. 中拼单元

1）在焊接球网架施工中还可以采用地面中拼，到高空合拢的拼装形式，这种拼装形式可以分为：条形中拼、块形中拼、立体单元中拼等。

2）控制中拼单元的尺寸和变形，中拼单元拼装后应具有足够刚度，并保证自身的几何尺寸稳定，否则应采取临时加固措施。

3）为保证网架顺利拼装，在条与条或块与块合拢处，可采用加安装螺栓等措施。

4）搭设中拼支架时，支架上的支撑点的位置应设在下弦节点处。应验算支架的承载力和稳定性，必要时可以试压，以确保安全可靠。

5）尽量减少网架中拼单元的中间运输。如需运输时，应采取措施防止网架变形。

6）中拼单元的允许偏差应符合相应规定。

4. 钢网架拼装焊接

焊接球网架拼装前应编制焊接工艺，并经审批。编制焊接工艺时，应重点考虑选择合理的焊接顺序，以减小焊接变形和焊接应力。拼装与焊接应从中间向两端或从中心向四周发展。

四、钢网架结构安装

钢网架结构安装方法选定后，应分别对网架施工阶段的吊点反力、挠度、杆件内力、提升或顶升时支承柱的稳定性和风载下网架的水平推力等项进行验算，必要时应采取加固措施。施工荷载应包括施工阶段的结构自重及各种施工活荷载。安装阶段的动力系数：当采用提升法或顶升法施工时，可取1.1；当采用拔杆吊装时，可取1.2；当采用履带式或汽车式起重机吊装时，可取1.3。无论采用何种施工方法，在正式施工前均应进行试拼及试安装，当确有把握时方可进行正式施工。

网架安装后应注意支座的受力情况。有的支座允许焊死，有的支座应该是自由端，有的支座需要限位，要分别进行处理。支座垫板、限位板等应按规定顺序进行安装。

（一）高空散装法

将网架的杆件和节点（或小拼单元）直接在高空设计位置总拼成整体的方法称高空散装法。高空散装法分全支架法（即搭设满堂脚手架）和悬挑法两种。全支架法可将杆件和节点件在支架上总拼或以一个网格为小拼单元在高空总拼；悬挑法是为了节省支架，将部分网架悬挑。高空散装法适用于非焊接连接（螺栓球节点或高强螺栓联接）的各种类型网架安装。在大型的焊接连接网架安装施工中也有采用。

当采用小拼单元或杆件直接在高空拼装时，其顺序应能保证拼装的精度，减少积累误差。悬挑法施工时，应先拼成可承受自重的结构体系，然后逐步扩展。网架在拼装过程中应随时检查基准轴线位置、标高及垂直偏差，并应及时纠正。搭设拼装支架时，支架上支撑点的位置应设在下弦节点处。应验算支架的承载力和稳定性，必要时可进行试压，以确保安全可靠。

支架支柱下应采取措施（如加垫板），防止支座下沉。在拆除支架过程中应防止个别支撑点集中受力，宜根据各支撑点的结构自重挠度值，采用分区分阶段按比例下降或用每步不大于10mm 的等步下降法拆除支撑点。

图 7-19 所示为上海银河宾馆多功能大厅采用高空散装法拼装施工。

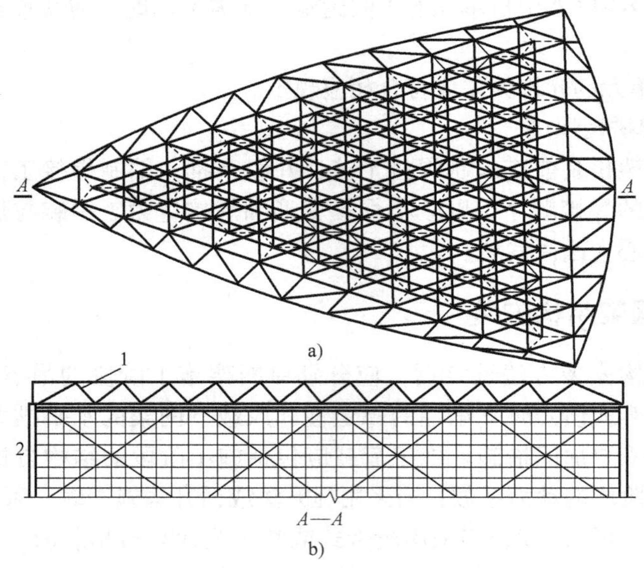

图 7-19　上海银河宾馆多功能大厅高空散装法拼装实例

a）平面图　b）剖面图

1—网架　2—拼装支架

（二）分条或分块安装法

将网架分割成若干条状或块状单元，每个条（块）状单元在地面拼装后，再由起重机吊装到设计位置总拼成整体，此法称分条（分块）吊装法。条状单元一般沿长跨方向分割，其宽度为1～3个网格，其长度为L_2或$L_2/2$（L_2为短跨跨距）。块状单元一般沿网架平面纵、横向分割成矩形或正方形单元。每个单元的重量以现有起重机能胜任为准。由于条（块）状单元是在地面拼装，因而高空作业量较高空散装法大为减少，拼装支架也减少很多，又能充分利用现有起重设备，故较经济。分条或分块安装法适用于网架分割后的条（块）单元刚度较大的各类中小型网架，如两向正交正放四角锥、正放抽空四角锥等网架。

将网架分成条状单元或块状单元在高空连成整体时，网架单元应具有足够刚度，并保证自身的几何不变性，否则应采取临时加固措施。为保证网架顺利拼装，在条与条或块与块合拢处，可采用安装螺栓等措施。合拢时可用千斤顶将网架单元顶到设计标高，然后连接。网架单元宜减少中间运输。如需运输时应采取措施防止网架变形。

1. 条（块）单元划分

对于正放类网架，分成条（块）状单元后，一般不需要加固。

对于斜放类网架，分成条（块）状单元后，由于上（下）弦为菱形结构可变体系，必须加固后方可吊装（见图7-20）。由于斜放类网架加固后增加了施工费用，因此这类网架不宜分割，宜整体安装或高空散装。

2. 分割方法

1）单元相互靠紧，下弦用双角钢分在两个单元上（见图7-21a）。

2）单元相互靠紧，上弦用剖分式安装节点连接（见图7-21b）。

3）单元间空一网格，在单元吊装后再在高空将此空格拼成整体（图7-21c）。

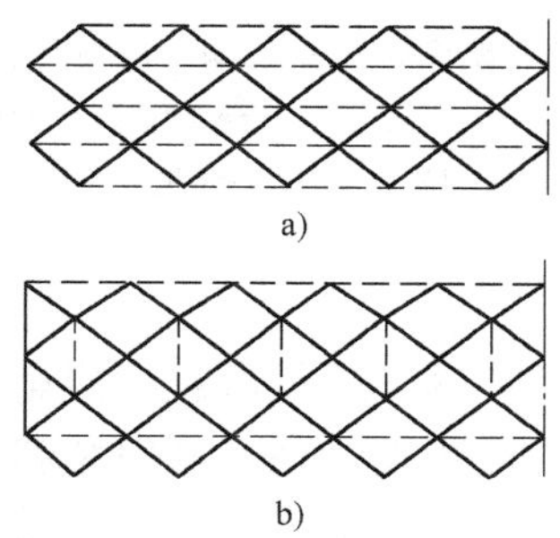

图7-20　斜放类网架条（块）单元划分

a）平面图　b）剖面图

（虚线表示临时加固杆件）

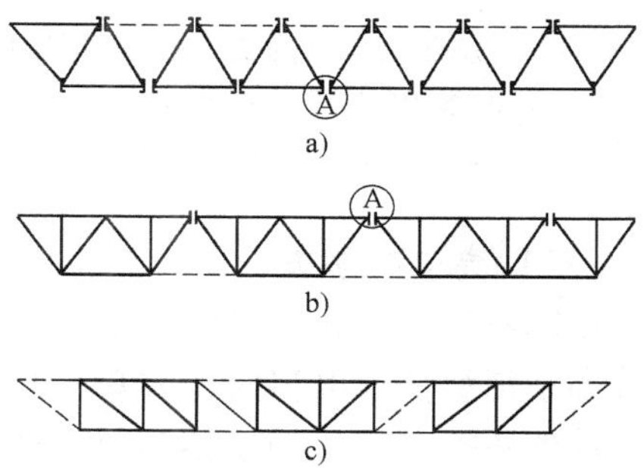

图7-21　分割方法示意图

3. 挠度控制

条状单元在吊装就位过程中的受力状态属平面结构体系，而网架是按空间结构设计的，因此条状单元在总拼前的挠度比形成整体网架后的挠度大，故在合拢前必须在中部用支撑顶起，调整其挠度使其与整体网架挠度符合。

4. 条（块）状单元几何尺寸控制

条（块）状单元尺寸、形状必须准确，以保证高空总拼时节点吻合及减少积累误差。

图 7-22 为一平面尺寸为 45m×36m 的斜放四角锥网架分块吊装实例。

图 7-23 为一平面尺寸为 45m×45m 的两向正交正放网架分条吊装实例。

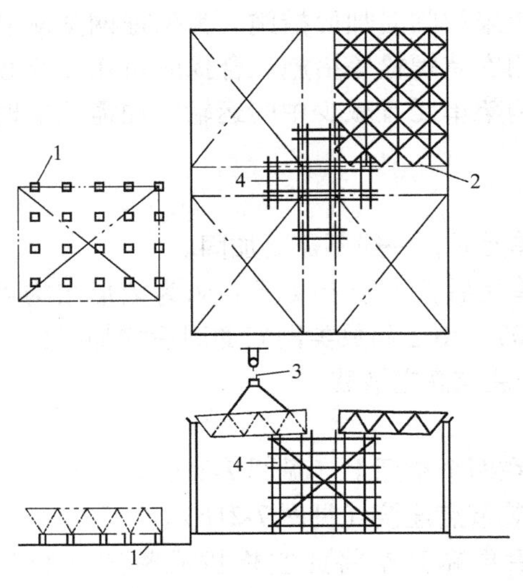

图 7-22 斜放四角锥网架分块吊装实例
1—单元拼装用的砖墩 1—临时封闭杆件
3—起重机吊钩 4—拼装支架

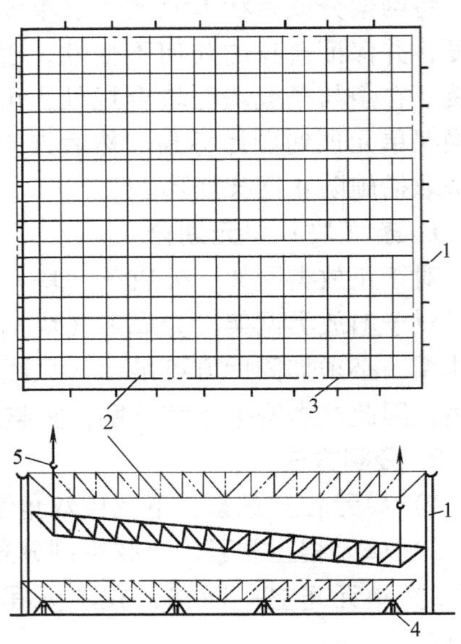

图 7-23 两向正交正放网架分条吊装实例
1—柱 2—网架 3—为吊装面拆去的杆件
4—拼装支架 5—起重机吊钩

（三）高空滑移法

将网架条状单元在建筑物上由一端滑移到另一端，就位后总拼成整体的方法称高空滑移法。滑移时滑移单元应保证成为几何不变体系。高空滑移法适用于正放四角锥、正放抽空四角锥、两向正交正放四角锥等网架。高空滑移法可利用已建结构物作为高空拼装平台。如无建筑物可供利用时，可在滑移开始端设置宽度约大于两个节间的拼装平台。有条件时，可以在地面拼成条或块状单元吊至拼装平台上进行拼装。

1. 工艺特点

（1）单条滑移法（见图 7-24a） 此种方法的特点是摩阻力小，如装上滚轮，当为小跨度时可不必用机械牵引，用撬棍即可撬动，但单元之间的连接需要脚手架。

（2）逐条积累滑移法（见图 7-24b） 此种方法的特点是在建筑物一端搭设支架，牵引力逐次加大，要求滑移速度较慢（约为 1m/min），一般需要多个滑轮组变速。

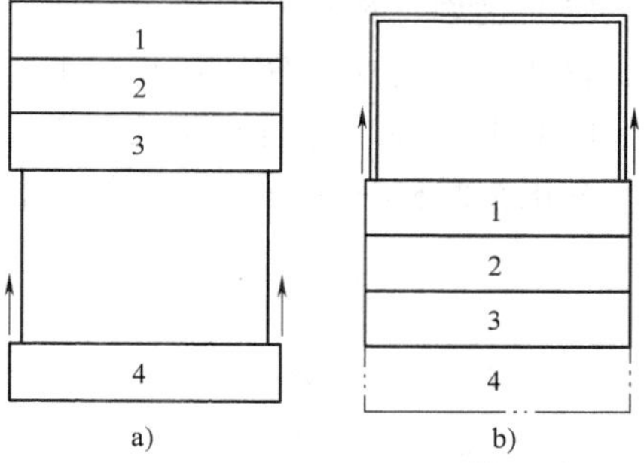

图 7-24 高空滑移法工艺特点
a）单条滑移法 b）逐条积累滑移法

高空滑移法按摩擦方式的不同可分为滚动摩擦式（即在网架上安装有滚轮）和滑动摩擦式两种。高空滑移法的主要优点是设备简单，不需大型起重设备，成本低。特别在场地狭小或跨越其他结构、设备等与起重机无法进入时更为合适。其次是网架的滑移可与其他土建工

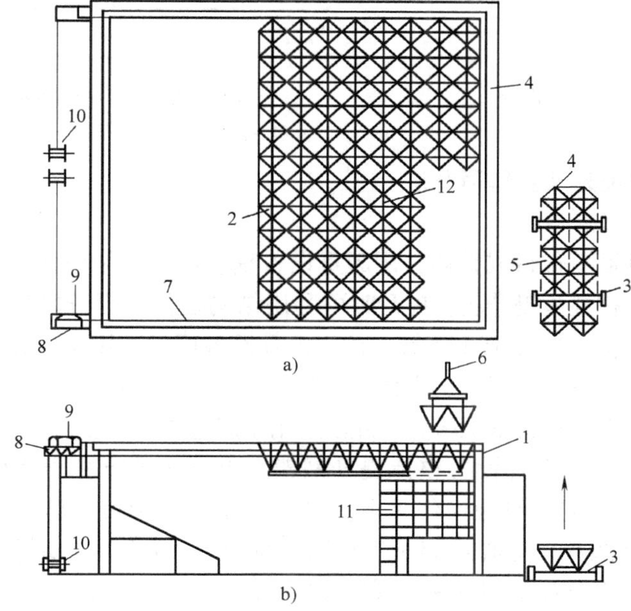

图 7-25 高空滑移法工程实例
a）平面图 b）剖面图
1—天钩梁 2—网架（临时加固杆件未示出） 3—拖车架 4—条状单元 5—临时加固杆件 6—起重机吊钩 7—牵引绳 8—反力架 9—牵引滑轮组 10—卷扬机 11—脚手架 12—剖分式安装节点

程平行作业，而使总工期缩短，如体育馆或剧场等土建、装修及设备安装等工程量较大的建筑，更能发挥其经济效益。图7-25为高空滑移法工程实例。

2. 滑移装置

（1）滑轨　滑移用轨道有各种形式（见图7-26），对于中小型网架可用圆钢、扁铁、角钢或小槽钢构成，对于大型网架可用钢轨、工字钢、槽钢等构成。

（2）导向轮　导向轮（见图7-27）为滑移安全保险装置，一般设在导轨内侧，在正常滑移时导向轮与导轨脱开，其间隙为10～20mm。

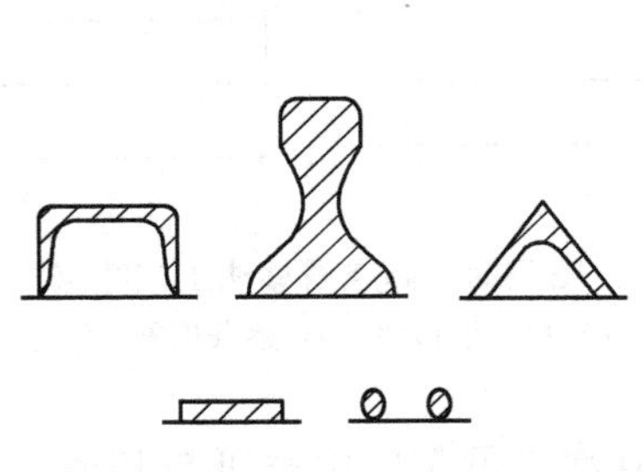

图7-26　滑轨

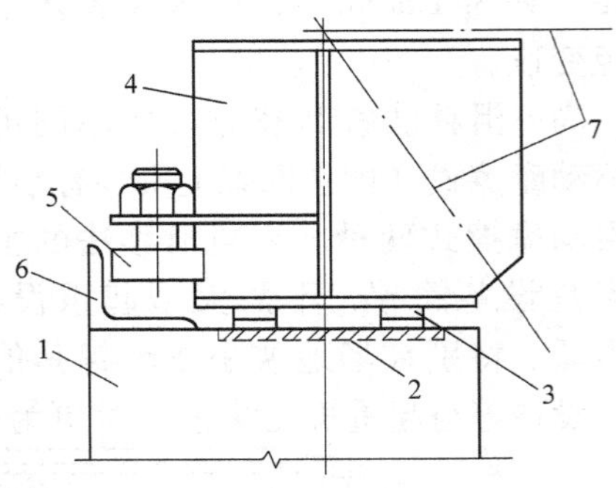

图7-27　导向轮
1—天钩梁　2—预埋钢板　3—滑轨
4—网架支架　5—导轮　6—导轨　7—网架

（四）整体提升及整体顶升法

1. 整体提升法

将网架在地面就位拼成整体，用起重设备垂直地将网架整体提升至设计标高并固定的方法，称整体提升法。提升时可利用结构柱作为提升网架的临时支承结构，也可另设格构式提升架或钢管支柱。提升设备可用通用千斤顶或升板机。对于大中型网架，提升点位置宜与网架支座相同或接近，中小型网架则可略变动，数量也可减少，但应进行施工验算。此法适用于周边支承及多点支承网架。

可在结构上安装提升设备整体提升网架，也可在进行柱子滑模施工的同时提升网架，此时网架可作为操作平台。提升设备的使用负荷能力，应将额定负荷能力乘以折减系数，穿心式液压千斤顶可取0.5～0.6，电动螺杆升板机可取0.7～0.8；其他设备应通过试验确定。网架提升时应保证做到同步。相邻两提升点和最高与最低两个点的提升允许升差值应通过验算确定。相邻两个提升点允许升差值：当用升板机时，应为相邻点距离的1/400，且不应大于15mm；当采用穿心式液压千斤顶时，应为相邻距离的1/250，且不应大于25mm。最高点与最低点允许升差值：当采用升板机时应为35mm，当采用穿心式液压千斤顶时应为50mm。提升设备的合力点应对准吊点，允许偏移值为10mm。整体提升法的下部支承柱应进行稳定性验算。

有时也可利用网架作为滑模平台，柱子用滑模方法施工，当柱子滑模施工到设计标高时，网架也随着提升到位，这种方法俗称升网滑模。

图7-28所示为用升板机整体提升网架的工程实例。

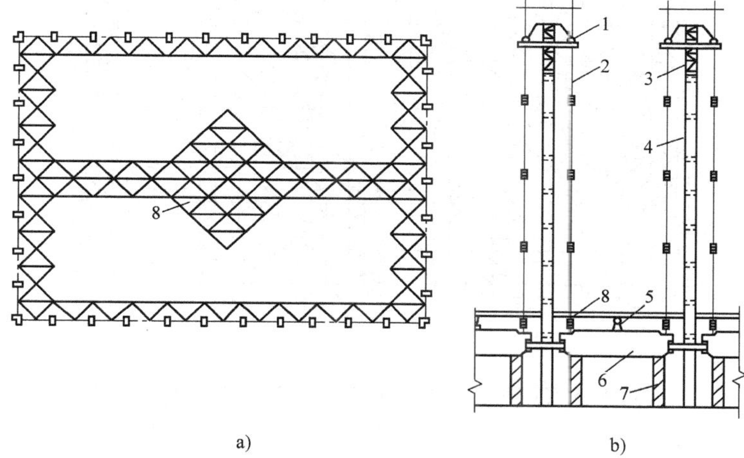

图7-28 用升板机整体提升网架的工程实例

a）平面图 b）局部侧面图

1—升板机 2—吊杆 3—小钢柱 4—结构柱

5—网架支架 6—框架梁 7—搁置砖墩 8—屋面板

2. 整体顶升法

将网架在地面就位拼成整体，用起重设备垂直地将网架整体顶升至设计标高并固定的方法，称整体顶升法。顶升的概念是千斤顶位于网架之下，一般是利用结构柱作为网架顶升的临时支承结构。此法适用于周边支承及多点支承的大跨度网架。

施工要点：

（1）提（顶）升设备布置及负荷能力 提升设备的布置原则是：

1）网架提（顶）升时的受力情况应尽量与设计的受力情况类似。

2）每个提（顶）升设备所承受的荷载尽可能接近。

（2）同步控制 因为顶升的升差不仅引起杆内力增加，更严重的是会引起网架随机性的偏移，一旦网架偏移较大时，就很难纠偏。因此，顶升时的同步控制主要是为了减少网架的偏移，其次才是为了避免引起过大的附加内力。

（3）柱的稳定性 提（顶）升时一般均用结构柱作为提（顶）升时临时支承结构。当原设计为独立柱或提（顶）升期间结构不能形成框架时，则需对柱进行稳定性验算。

图7-29所示为某六点支承的抽空四角锥网架，平面尺寸为59.4m×40.5m，网架重约45t，用6台起重能力为320kN的通用液压千斤顶，采用顶升法将网架顶升至8.7m高。

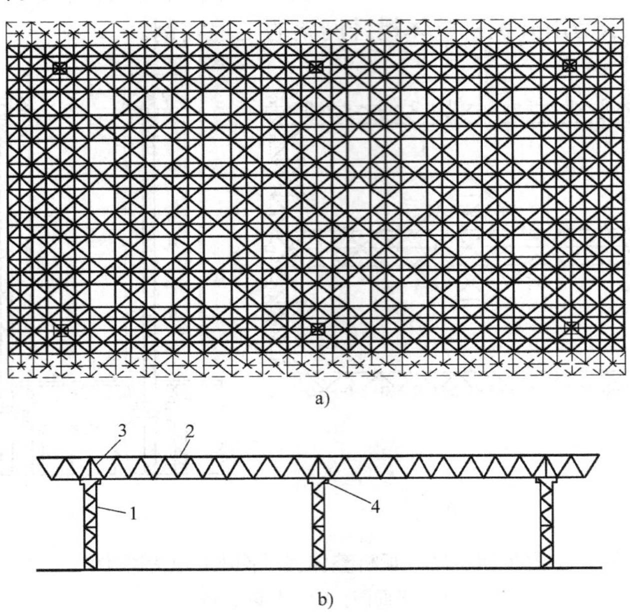

图7-29　某六点支承的抽空四角锥网架整体顶升法工程实例

a）平面图　b）立面图

1—柱　2—网架　3—柱帽　4—球支座

（五）整体吊装法

将网架在地面总拼成整体后，用起重设备将其吊装至设计位置的方法称为整体吊装法。用整体吊装法安装网架时，可以就地与柱错位总拼或在场外总拼，此法适用于各种网架，更适用于焊接连接网架（因地面总拼易于保证焊接质量和几何尺寸的准确性）。其缺点是需要较大的起重能力。

整体吊装法大致上可分为桅杆吊装法和多机抬吊法两类。当用桅杆吊装时，由于桅杆机动性差，网架只能就地与柱错位总拼，待网架抬吊至高空后，再进行旋转或平移至设计位置。由于桅杆的起重量大，故大型网架多用此法，但需大量的钢丝绳、大型卷扬机及劳动力，因而成本较高。如用多根中小型钢管桅杆整体吊装网架，则成本较低。此法适用于各种类型的网架。

整体吊装法往往由若干台桅杆或自行式起重机（履带式、汽车式等）进行抬吊。网架整体吊装可采用单根或多根拔杆起吊，也可采用一台或多台起重机起吊就位。因此大致上可分为多机抬吊法（见图7-30）和桅杆吊装法（见图7-31）两类。

当采用多根拔杆方案时，可利用每根拔杆两侧起重机滑轮组中产生水平分力不等的原理，推动网架移动或转动进行就位，如图 7-32 所示。

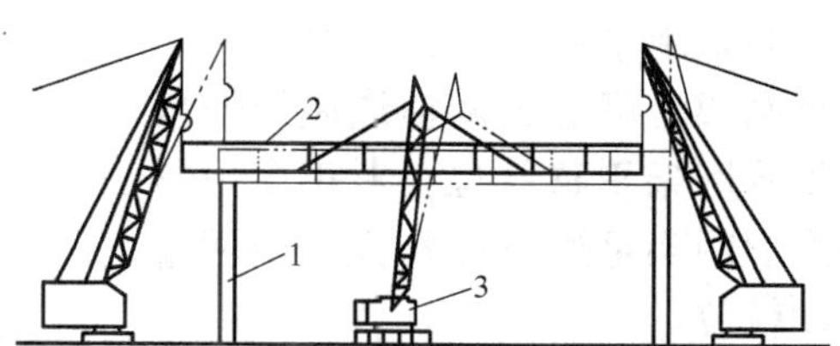

网架吊装设备可根据起重滑轮组的拉力进行受力分析。提升阶段或就位阶段，可分别按下列公式计算起重滑轮组的拉力。

提升阶段（见图 7-32a）：

$$F_{t1} = F_{t2} = \frac{G_1}{2\sin\alpha_1} \quad (7\text{-}1)$$

就位阶段（见图 7-32c）：

$$F_{t1}\sin\alpha_1 + F_{t2}\sin\alpha_2 = G_1 \quad (7\text{-}2)$$

式中 G_1——每根拔杆所担负的网架、索具等荷载；

F_{t1}、F_{t2}——起重滑轮组的拉力；

α_1、α_2——起重滑轮组钢丝绳与水平面的夹角。

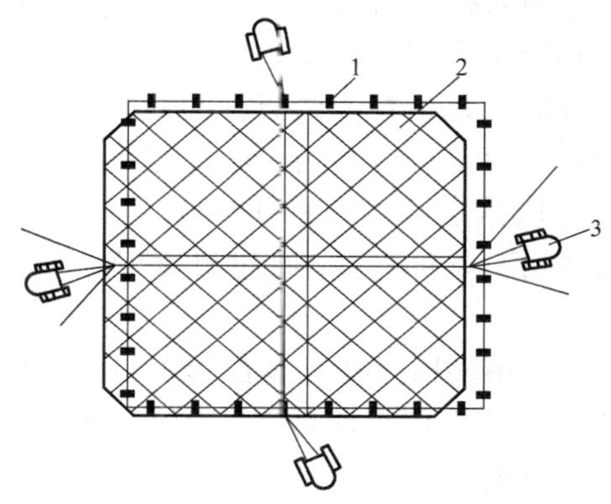

图 7-30 多机抬吊法

1—柱子 2—网架 3—起重机

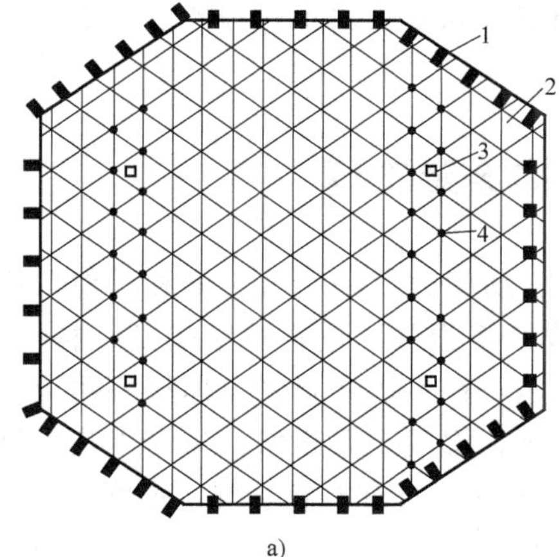

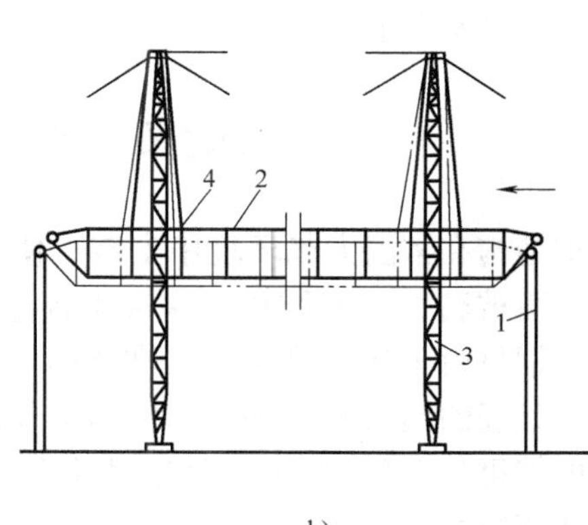

图 7-31 桅杆吊装法

a）平面图 b）立面图

1—柱 2—网架 3—机杆 4—吊点

网架移位距离或（旋转角度）与网架下降高度之间的关系，可用图解法或计算法确定。

当采用单根拔杆方案时，对于矩形网架，可通过调整缆风绳使拔杆吊着网架平移就位；对正多边形或圆形网架可通过旋转拔杆使网架转动就位。

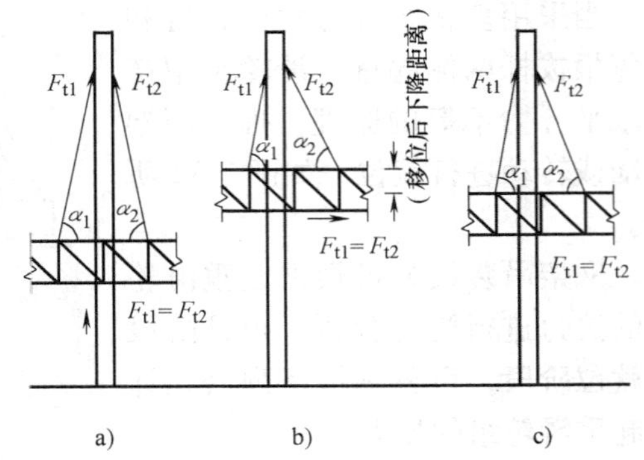

图7-32 网架空中移位示意图
a）提升阶段 b）移位阶段 c）就位阶段

在网架整体吊装时，应保证各吊点起升及下降的同步性。提升高差允许值（是指相邻两拔杆间或相邻两吊点组的合力点间的相对高差）可取吊点间距离的1/400，且不宜大于100mm，或通过计算确定。

当采用多根拔杆或多台起重机吊装网架时，宜将额定负荷能力乘以折减系数0.75，当采用4台起重机将吊点连通成两组或用3根拔杆吊装时，折减系数可适当放宽。

拔杆、缆风绳、索具、地锚、基础及起重滑轮组的穿法等，均应进行验算，必要时可进行试验检验。当采用多根拔杆吊装时，拔杆安装必须垂直，缆风绳的初始拉力值宜取吊装时缆风绳中拉力的60%。当采用单根拔杆吊装时，其底座应采用球形万向接头；当采用多根拔杆吊装时，在拔杆的起重平面内可采用单向铰接头。拔杆在最不利荷载组合作用下，其支承基础对地面的压力不应大于地基允许承载能力。

第七节 钢结构涂装工程

钢结构在常温大气环境中安装、使用，易受大气中水分、氧和其他污染物的作用而被腐蚀。钢结构的腐蚀不仅造成经济损失，还直接影响到结构安全。另外，钢材由于其导热快，比热容小，虽是一种不燃烧材料，但极不耐火。未加防火处理的钢结构构件在火灾温度作用下，温度上升很快，只需十几分钟自身温度就可达540℃以上，此时钢材的力学性能（如屈服点、抗拉强度、弹性模量及载荷能力等）都将急剧下降；达到600℃时，强度则几乎为零，钢构件不可避免地扭曲变形，最终导致整个结构的垮塌毁坏。

因此，根据钢结构所处的环境及工作性能采取相应的防腐与防火措施，是钢结构设计与施工的重要内容。目前国内外主要采用涂料涂装的方法进行钢结构的防腐与防火。

一、钢结构防腐涂装工程

（一）钢材表面除锈等级与除锈方法

钢结构构件制作完毕，经质量检验合格后应进行防腐涂料涂装。涂装前钢材表面应进行除锈处理，以提高底漆的附着力，保证涂层质量。除锈处理后，钢材表面不应有焊渣、焊疤、灰尘、油污、水和毛刺等。

《涂装前钢材表面锈蚀等级和除锈等级》（GB 8923—1988）将除锈等级分成喷射或抛射除锈、手工和动力工具除锈、火焰除锈三种类型。

喷射或抛射除锈采用的设备有空气压缩机、喷射或抛射机、油水分离器等，该方法能控制除锈质量、获得不同要求的表面粗糙度，但设备复杂、费用高、污染环境。手工和动力工具除锈采用的工具有砂布、钢丝刷、铲刀、尖锤、平面砂轮机、动力钢丝刷等，该方法工具简单、操作方便、费用低，但劳动强度大、效率低、质量差。

《钢结构工程施工质量验收规范》规定，钢材表面的除锈方法和除锈等级应与设计文件采用的涂料相适应。当设计无要求时，钢材表面除锈等级应符合表7-6的规定。

表7-6　各种底漆或防锈漆要求最低的除锈等级

涂料品种	除锈等级
油性酚醛、醇酸等底漆或防锈漆	St2
高氯化聚乙烯、氯化橡胶、氯磺化聚乙烯、环氧树脂、聚氨酯等底漆或防锈漆	Sa2
无机富锌、有机硅、过氧乙烯等底漆	Sa2 $\frac{1}{2}$

目前国内各大、中型钢结构加工企业一般都具备喷、抛射除锈的能力，所以应将喷、抛射除锈作为首选的除锈方法，而手工和电动工具除锈仅作为喷射除锈的补充手段。随着科学技术的不断发展，不少喷、抛射除锈设备已采用微机控制，具有较高的自动化水平，并配有效除尘器，消除粉尘污染。

（二）钢结构防腐涂料

钢结构防腐涂料是一种含油或不含油的胶体溶液，涂敷在钢材表面上，结成一层薄膜，使钢材与外界腐蚀介质隔绝。涂料分底漆和面漆两种。

底漆是直接涂在钢材表面上的漆。含粉料多，基料少，成膜粗糙，与钢材表面粘结力强，与面漆结合性好。

面漆是涂在底漆上的漆。含粉料少，基料多，成膜后有光泽，主要功能是保护下层底漆。面漆对大气和湿气有高度的不渗透性，并能抵抗有腐蚀介质、阳光紫外线所引起的风化分解。

钢结构的防腐涂层，可由几层不同的涂料组合而成。涂料的层数和总厚度

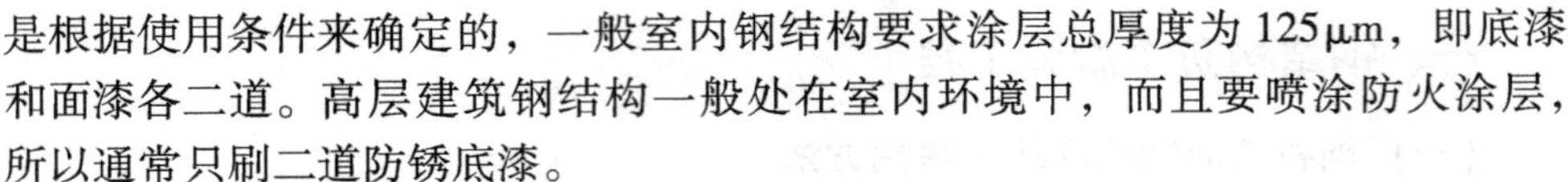

是根据使用条件来确定的，一般室内钢结构要求涂层总厚度为125μm，即底漆和面漆各二道。高层建筑钢结构一般处在室内环境中，而且要喷涂防火涂层，所以通常只刷二道防锈底漆。

（三）防腐涂装方法

钢结构防腐涂装，常用的施工方法有刷涂法和喷涂法两种。

1. 刷涂法

应用较广泛，适宜于油性基料刷涂。因为油性基料虽干燥得慢，但渗透性大，流平性好，不论面积大小，刷起来都会平滑流畅。一些形状复杂的构件，使用刷涂法也比较方便。

2. 喷涂法

施工工效高，适合于大面积施工，对于快干和挥发性强的涂料尤为适合。喷涂的漆膜较薄，为了达到设计要求的厚度，有时需要增加喷涂的次数。喷涂施工比刷涂施工涂料损耗大，一般要增加20%左右。

二、钢结构防火涂装工程

钢结构防火涂料能够起到防火作用，主要有三个方面的原因：一是涂层对钢材起屏蔽作用，隔离了火焰，使钢构件不至于直接暴露在火焰或高温之中；二是涂层吸热后，部分物质分解出水蒸气或其他不燃气体，起到消耗热量，降低火焰温度和燃烧速度，稀释氧气的作用；三是涂层本身多孔轻质或受热膨胀后形成炭化泡沫层，热导率均在0.233W/（m·K）以下，阻止了热量迅速向钢材传递，推迟了钢材受热温升到极限温度的时间，从而提高了钢结构的耐火极限。

（一）钢结构防火涂料

1. 防火涂料分类

钢结构防火涂料按涂层的厚度分为两类。

（1）B类　即薄涂型钢结构防火涂料，涂层厚度一般为2～7mm，有一定装饰效果，高温时涂层膨胀增厚，耐火极限一般为0.5～2h，故又称为钢结构膨胀防火涂料。

（2）H类　厚涂型钢结构防火涂料，涂层厚度一般为8～50mm，粒状表面，密度较小，热导率低，耐火极限可达0.5～3h，又称为钢结构防火隔热涂料。

2. 防火涂料选用

1）室内裸露钢结构、轻型屋盖钢结构及有装饰要求的钢结构，当规定其耐火极限在1.5及以下时，宜选用薄涂型钢结构防火涂料。

2）室内隐蔽钢结构、多层及高层全钢结构、多层厂房钢结构，当规定其耐火极限在2.0及以上时，宜选用厚涂型钢结构防火涂料。

3）露天钢结构，如石油化工企业、油（汽）罐支撑、石油钻井平台等钢结构，应选用符合室外钢结构防火涂料产品规定的厚涂型或薄涂型钢结构防火涂料。

选用防火涂料时，应注意不应把薄涂型钢结构防火涂料用于保护2h以上的钢结构；不得将室内钢结构防火涂料，未加改进和未采取有效的防火措施，直接用于喷涂保护室外的钢结构。

（二）防火涂料涂装的一般规定

1）防火涂料的涂装，应在钢结构安装就位，并经验收合格后进行。

2）钢结构防火涂料涂装前钢材表面应除锈，并根据设计要求涂装防腐底漆。防腐底漆与防火涂料不应发生化学反应。

3）防火涂料涂装基层不应有油污、灰尘和泥砂等污垢。钢构件连接处4～12mm宽的缝隙应采用防火涂料或其他防火材料，如硅酸铝纤维棉、防火堵料等填补堵平。

4）对大多数防火涂料而言，施工过程中和涂层干燥固化前，环境温度应保持在5～38℃之间，相对湿度不应大于85%，空气应流动。涂装时构件表面不应有结露；涂装后4h内应保护免受雨淋。

复 习 题

1. 钢结构构件加工制作前进行设计图审查的目的是什么？主要内容包括哪些？
2. 什么叫放样、划线？零件加工主要有哪些工序？
3. 钢构件组装的一般要求是什么？
4. 钢结构焊接的类型主要有哪些？简述钢结构焊接的工艺要点。
5. 高强度螺栓主要有哪两种类型？简述高强度螺栓联接的安装工艺和紧固方法。
6. 简述多层及高层钢结构安装施工流水段的划分原则及构件安装顺序。
7. 多层及高层钢结构构件是如何进行吊点设置与起吊？
8. 简述多层及高层钢结构构件安装与校正方法。
9. 简述多层及高层钢结构工程楼层压型钢板安装工序。
10. 简述门式刚架结构的安装工艺流程。
11. 简述彩板围护结构屋面板的安装工序。
12. 钢材表面除锈等级分为哪三种类型？防腐涂装主要采用哪两种施工方法？
13. 钢结构防火涂料按涂层的厚度分为哪两类？主要施工方法是什么？
14. 简述钢结构安装工程安全技术要求。
15. 简述钢结构防腐涂装安全技术措施。

8

第八章 防水工程

建筑防水技术在建筑工程施工中占有重要的地位。防水质量优劣直接影响到建筑物的使用功能和寿命。建筑工程防水质量的好坏与设计、材料、施工均有着密切的关系。所以，在防水工程施工中必须严格把好质量关，以保证结构的耐久性和正常使用。

建筑工程防水按其部位可分为屋面防水、地下防水、卫生间防水等。按其构造做法又可分为结构构件自防水和防水层防水。

第一节 屋面防水工程

屋面防水工程根据建筑物的性质、重要程度、使用功能要求及防水层耐用年限等，将屋面防水分为四个等级，并按不同的等级设防（见表8-1）。屋面防水工程按所用材料和构造做法分为卷材防水屋面、涂膜防水屋面、刚性防水屋面等。

表8-1 屋面防水等级和设防要求

项目	屋面防水等级			
	Ⅰ	Ⅱ	Ⅲ	Ⅳ
建筑物类别	特别重要或对防水有特殊要求的建筑	重要的建筑和高层建筑	一般的建筑	非永久性的建筑
防水层合理使用年限	25年	15年	10年	5年
防水层选用材料	宜选用合成高分子防水卷材、高聚物改性沥青防水卷材、金属板材、合成高分子防水涂料、细石混凝土等材料	宜选用高聚物改性沥青防水卷材、合成高分子防水卷材、金属板材、合成高分子防水涂料、高聚物改性沥青防水涂料、细石混凝土、平瓦、油毡瓦等材料	宜选用三毡四油沥青防水卷材、高聚物改性沥青防水卷材、合成高分子防水卷材、金属板材、高聚物改性沥青防水涂料、合成高分子防水涂料、细石混凝土、瓦、油毡瓦等材料	可选用二毡三油沥青防水卷材、高聚物改性沥青防水涂料等材料

（续）

项目	屋面防水等级			
	Ⅰ	Ⅱ	Ⅲ	Ⅳ
设防要求	三道或三道以上防水设防	二道防水设防	一道防水设防	一道防水设防

一、卷材防水屋面

卷材防水屋面是指利用胶结材料粘贴卷材进行防水的屋面。这种屋面具有重量轻、防水性能好，尤其是防水层的柔韧性好，能适应一定程度的结构振动和胀缩变形。其适用于防水等级为Ⅰ～Ⅳ级的屋面防水。

（一）卷材防水屋面构造

卷材防水屋面构造如图 8-1 所示。

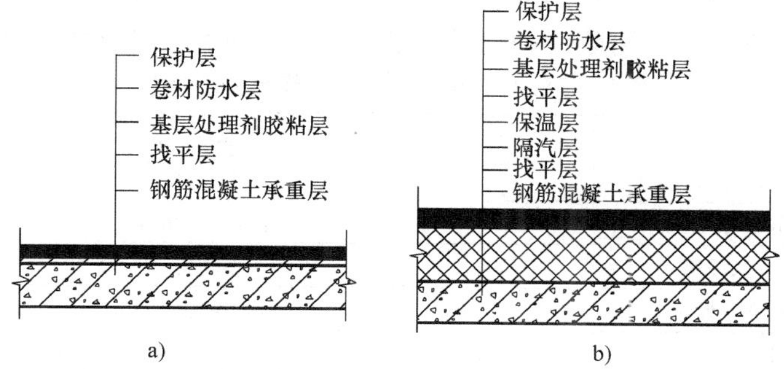

图 8-1 卷材屋面构造层次示意图

a）不保温卷材防水屋面 b）保温卷材防水屋面

（二）卷材防水屋面常用材料

1. 防水卷材

所用卷材有传统的沥青防水卷材、高聚物改性沥青防水卷材和合成高分子防水卷材等三大系列。

（1）沥青防水卷材 沥青防水卷材用原纸、纤维织物、纤维毡等胎体材料浸涂石油沥青，表面撒布一层粉状、粒状或片状隔离材料，制成可卷曲片状防水材料。常用的有纸胎沥青油毡、玻璃纤维胎沥青油毡和麻布胎沥青油毡等。沥青防水卷材的外观质量应符合表 8-2 的要求。

表 8-2 沥青防水卷材的外观质量

项 目	质量要求
孔洞、硌伤	不允许
露胎、涂盖不匀	不允许
折纹、皱折	距卷芯 1000mm 以外，长度不大于 100mm

（续）

项　目	质量要求
裂纹	距卷芯1000mm以外，长度不大于10mm
裂口、缺边	边缘裂口小于20mm，缺边长度小于50mm，深度小于20mm
每卷卷材的接头	不超过1处，较短的一段不应小于2500mm，接头处应加长150mm

（2）高聚物改性沥青防水卷材　高聚物改性沥青防水卷材以高聚合物改性沥青为涂盖层，聚酯毡、玻纤毡或聚酯纤维复合为胎体，细砂、矿物粉料或薄膜材料为隔离材料，制成可卷曲片状防水材料，属于中档的防水材料。高聚物改性沥青防水卷材克服了沥青防水卷材温度敏感性大，伸长率小的缺点，具有高温不流淌、低温不脆裂、抗拉强度高、伸长率大的特点，能够较好地适应基层开裂及伸缩变形的要求。工程中常用的高聚物改性沥青防水卷材有：SBS改性沥青防水卷材、APP改性沥青防水卷材、PVC改性沥青防水卷材、再生胶改性沥青防水卷材等。高聚物改性沥青防水卷材的外观质量应符合表8-3的要求。

表8-3　高聚物改性沥青防水卷材外观质量

项　目	质量要求
孔洞、缺边、裂口	不允许
边缘不整齐	不超过10mm
胎体露白、未浸透	不允许
撒布材料粒度、颜色	均匀
每卷卷材接头	不超过1处，较短的一段不应小于1000mm，接头处应加长150mm

（3）合成高分子防水卷材　合成高分子防水卷材以合成橡胶、合成树脂或两者的共混体为基料，加入适量的化学助剂和填充料等，经过混炼（塑炼）压延或挤出成型、定型、硫化等工序制成的可卷曲片状防水材料，属于高档的防水材料。工程中常用的合成高分子防水卷材主要有三元乙丙橡胶防水卷材（EPDM）、聚氯乙烯防水卷材（PVC卷材）、氯化聚乙烯防水卷材、氯化聚乙烯—橡胶共混防水卷材等。合成高分子防水卷材的外观质量应符合表8-4的要求。

表8-4　合成高分子防水卷材外观质量

项　目	质量要求
折痕	每卷不超过2处，总长度不超过2mm
杂质	大于0.5mm颗粒不允许，每$1m^2$不超过$9mm^2$
凹痕	每卷不超过6处，深度不超过本身厚度的30%，树脂深度不超过15%
胶块	每卷不超过6处，每处面积不大于$4mm^2$
每卷卷材接头	橡胶类每20m不超过1处，较短的一段不应小于3000mm，接头处应加长150mm，树脂类20m长度内不允许有接头

2. 基层处理剂

基层处理剂是为了增强防水材料与基层之间的粘结力，在防水层施工前，预先涂刷在基层上的涂料。其选择应与所用卷材的材性相容。沥青卷材防水屋面常用的基层处理剂是冷底子油；高聚物改性沥青卷材防水屋面常用的基层处理剂是氯丁胶沥青乳胶、橡胶改性沥青溶液、沥青溶液（即冷底子油）；合成高分子卷材防水屋面常用的基层处理剂是聚氨酯煤焦油系的二甲苯溶液、氯丁胶乳溶液、氯丁胶胶乳沥青等。

3. 胶粘剂

胶粘剂可分为基层与卷材粘贴的胶粘剂及卷材与卷材搭接的胶粘剂两种。胶粘剂选用应与所用卷材相适应。沥青防水卷材可选用沥青胶作为胶粘剂，沥青胶的标号应根据屋面坡度、当地历年室外极端最高气温选用。高聚物改性沥青防水卷材可选用橡胶或再生橡胶改性沥青的汽油溶液或水乳液作胶粘剂，粘结剥离强度应不小于8N/10mm。合成高分子防水卷材可选用以氯丁橡胶和丁基酚醛树脂为主要成分的胶粘剂或以氯丁橡胶乳液制成的胶粘剂，其粘结剥离强度应不小于15N/10mm。胶粘剂均由卷材生产厂家配套供应。

（三）卷材防水屋面施工

卷材防水施工工艺流程如图8-2所示。

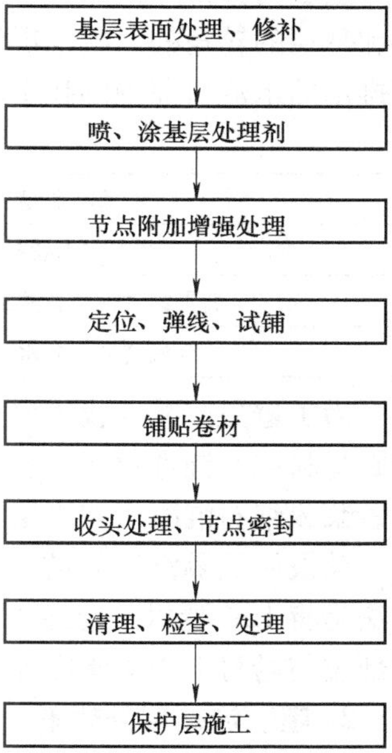

基层表面处理、修补
↓
喷、涂基层处理剂
↓
节点附加增强处理
↓
定位、弹线、试铺
↓
铺贴卷材
↓
收头处理、节点密封
↓
清理、检查、处理
↓
保护层施工

图8-2 卷材防水施工工艺流程

1. 基层表面处理

找平层是铺贴卷材防水层的基层，可采用水泥砂浆、细石混凝土或沥青砂浆。沥青砂浆找平层适合于冬期、雨期、采用水泥砂浆有困难和抢工期时采用。水泥砂浆找平层中宜掺膨胀剂，以提高找平层密实性，避免或减小因其裂缝而拉裂防水层。细石混凝土找平层尤其适用于松散保温层上，以增强找平层的刚度和强度。

找平层的厚度和技术要求应符合表8-5的规定。找平层的排水坡度应符合设计要求。平屋面采用结构找坡不应小于3%，采用材料找坡宜为2%。

表8-5 找平层的厚度和技术要求

类别	基层类型	厚度/mm	技术要求
水泥砂浆找平层	整体混凝土	15～20	1:2.5～1:3（水泥砂）体积比，水泥强度等级不低于32.5级
	整体或板状材料保温层	20～25	
	装配式混凝土板，松散材料保温层	20～30	

（续）

类别	基层类型	厚度/mm	技术要求
细石混凝土找平层	松散材料保温层	30～35	混凝土强度等级不低于C20
沥青砂浆找平层	整体混凝土	15～20	1∶8（沥青∶砂）质量比
	装配式混凝土板，整体或板状材料保温层	20～25	

基层与突出屋面结构（女儿墙、山墙、天窗壁、变形缝、烟囱等）的交接处和基层的转角处，找平层均应做成圆弧形，圆弧半径应符合表8-6的要求。内部排水的水落口周围的找平层应做成略低的凹坑。

表8-6　找平层圆弧半径　（单位：mm）

卷材类型	圆弧半径
沥青防水卷材	100～150
高聚物改性沥青防水卷材	50
合成高分子防水卷材	20

为了避免或减少找平层开裂，找平层宜留设分格缝，缝宽为20mm，并嵌填密封材料或空铺卷材条。分格缝应留设在板端缝处，其纵横缝的最大间距：水泥砂浆或细石混凝土找平层，不宜大于6m；沥青砂浆找平层，不宜大于4m。

铺设屋面隔汽层和防水层前，基层必须干净、干燥。干燥程度的简易检验方法是将1m^{2}卷材平坦地干铺在找平层上，静置3～4h后掀开检查，找平层覆盖部位与卷材上未见水印即可铺设。

2. 喷、涂基层处理剂

基层处理剂可采用喷涂法或涂刷法施工，喷、涂应均匀一致，待其干燥后应及时铺贴卷材。喷、涂基层处理剂之前，应用毛刷对屋面节点、周边、转角等处先行涂刷。

3. 节点附加层

为保证防水效果，在铺贴大面积防水卷材前，应在女儿墙、檐沟墙、天窗壁、变形缝、烟囱根、管道根与屋面的交接处及檐口、天沟、雨水口、屋脊等部位，按设计要求先作卷材附加层。

4. 卷材施工一般要求

（1）卷材铺贴方向　卷材铺贴方向应符合下列规定：

1）屋面坡度小于3%时，卷材宜平行屋脊铺贴。

2）屋面坡度在3%～15%时，卷材可平行或垂直屋脊铺贴。

3）屋面坡度大于15%或屋面受振动时，沥青防水卷材应垂直屋脊铺贴，高

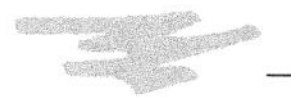

聚物改性沥青防水卷材和合成高分子防水卷材可平行或垂直屋脊铺贴。

4）上、下层卷材不得相互垂直铺贴。

（2）卷材铺贴顺序　屋面防水层施工时，应先做好节点、附加层和屋面排水比较集中等部位的处理，然后由屋面最低处向上进行。铺贴天沟、檐沟卷材时宜顺天沟、檐沟方向，减少卷材的搭接。铺贴多跨或有高低跨的屋面时，应按先高后低、先远后近的顺序进行。

（3）卷材搭接要求　铺贴卷材应采用搭接法。平行于屋脊的搭接缝，应顺流水方向搭接；垂直于屋脊的搭接缝，应顺主导风向搭接。叠层铺设的各层卷材，在天沟与屋面的连接处，应采用叉接法搭接，搭接缝应错开，搭接缝宜留在屋面或天沟侧面，不宜留在沟底。上、下层及相邻两幅卷材的搭接缝应错开。各种卷材搭接宽度应符合表8-7的要求。

表8-7　卷材搭接宽度　（单位：mm）

卷材种类 \ 铺贴方法		短边搭接		长边搭接	
		满铺法	空铺、点粘、条铺	满铺法	空铺、点粘、条铺
沥青防水卷材		100	150	70	100
高聚物改性沥青防水卷材		80	100	80	100
合成高分子防水卷材	胶粘剂	80	100	80	100
	胶粘带	50	60	50	60
	单缝焊	60，有效焊缝宽度不少于25			
	双缝焊	80，有效焊缝宽度10×2+空腔宽			

5. 卷材铺贴

卷材与基层的粘贴方法可分为满粘法、点粘法、条粘法和空铺法等形式。满粘法：铺贴防水卷材时，卷材与基层采用全部粘结的施工方法。点粘法：铺贴防水卷材时，卷材与基层采用点状粘结，每平方米粘结不少于5点，每点面积为100mm×100mm。条粘法：铺贴防水卷材时，卷材与基层采用条状粘结，粘结面不少于两条，每条宽度不小于150mm。空铺法：铺贴防水卷材时，卷材与基层在周边一定宽度内粘结，其余部分不粘结的施工方法。

通常多采用满粘法，而条粘法、点粘法和空铺法更适合于防水层上有重物覆盖或基层变形较大的场合，是一种克服基层变形拉裂卷材防水层的有效措施。设计中应明确规定、选择适用的工艺方法。

无论采用空铺法、条粘法还是点粘法，施工时都必须注意：距屋面周边800mm内的防水层应满粘，保证防水层四周与基层粘结牢固；卷材与卷材之间应满粘，保证搭接严密。

（1）沥青防水卷材施工方法　沥青防水卷材的铺贴方法有浇油法、刷油法、刮油法和洒油法四种，通常采用浇油法或刷油法。浇油法是采用有嘴油壶将沥青胶左右来回在油毡前浇油，其宽度比油毡每边少 10 ~ 20mm，速度不宜太快。浇洒量以油毡铺贴后，中间满粘沥青胶，并使两边稍有挤出为宜。刷油法一般用长柄棕刷（或滚刷等）将沥青胶均匀涂刷，宽度比油毡稍宽，不宜在同一地方反复多次涂刷，以免沥青胶很快冷却而影响粘结质量。还可在油壶浇油后采用长柄胶皮刮板进行刮油法涂布玛瑸脂。无论采用何种方法，应控制每层沥青胶的厚度。

铺贴沥青防水卷材时两手按住卷材，均匀地用力将卷材向前推滚，使卷材与下层紧密粘结。避免铺斜、扭曲和出现未粘结沥青胶之处。如铺贴卷材经验较少，为避免铺斜等情况，可以在基层或下层卷材上预先弹出灰线，按灰线推铺油毡。

推铺油毡时，操作的其他人员应将卷材边挤出的沥青胶及时刮去，并将卷材压紧粘住，刮平、赶出气泡。如出现粘结不良的地方，可用小刀将油毡划破，再用沥青胶贴紧、封死、赶平，最后在上面加贴一块卷材将缝盖住。

（2）高聚物改性沥青防水卷材施工方法　依据高聚物改性沥青防水卷材的特性，其施工方法有冷粘法、热粘法、热熔法和自粘法。在立面或大坡面铺贴高聚物改性沥青防水卷材时，应采用满粘法，并宜减少短边搭接。

1）冷粘法施工。冷粘法是利用毛刷将胶粘剂涂刷在基层或卷材上，然后直接铺贴卷材，使卷材与基层、卷材与卷材粘结的方法。施工时，胶粘剂涂刷应均匀、不露底、不堆积。铺贴卷材时应平整顺直，搭接尺寸准确，接缝应满涂胶粘剂，辊压粘结牢固，不得扭曲，破折溢出的胶粘剂随即刮平封口；也可采用热熔法接缝。接缝口应用密封材料封严，宽度不应小于 10mm。

2）热粘法施工。热粘法是热熔型改性沥青胶粘剂将卷材与基层或卷材之间粘结的方法。施工时熔化热熔型改性沥青胶时，宜采用专用的导热油炉加热，加热温度不应高于 200℃，使用温度不应低于 180℃；粘贴卷材的热熔改性沥青胶厚度宜为 1 ~ 1.5mm；铺贴卷材时，应随刮涂热熔改性沥青胶随滚铺卷材，并展平压实。

3）热熔法施工。热熔法是指利用火焰加热器熔化热熔型防水卷材底层的热熔胶进行粘贴的方法。施工时火焰加热器的喷嘴距卷材的距离应适中，一般为 0.5m 左右，幅宽内加热应均匀，以卷材表面熔融至光亮黑色为度，不得过分加热或烧穿卷材。卷材表面热熔后，应立即铺贴，滚铺时应排除卷材下面的空气，使之平展不得有折皱，并辊压粘结牢固。搭接缝处必须以溢出热熔的改性沥青胶为度，并应随即刮封接口。

采用热熔法施工可节省冷粘剂，降低防水工程造价，特别是当气温较低时或屋面基层略有潮气时尤为适合。但是厚度小于 3mm 的高聚物改性沥青防水卷材，严禁采用热熔法施工。

4）自粘法施工。自粘法是指采用带有自粘胶的防水卷材进行粘结的方法。铺贴前，基层表面应均匀涂刷基层处理剂，待干燥后及时铺贴卷材。铺贴时，应先将自粘胶底面隔离纸完全撕净，排除卷材下面的空气，并辊压粘结牢固，铺贴的卷材应平整顺直，搭接尺寸准确，不得扭曲、皱折。低温施工时，立面、大坡面及搭接部位宜采用热风机加热，加热后随即粘贴牢固。搭接缝口应采用材性相容的密封材料封严。

（3）合成高分子卷材防水施工　合成高分子卷材施工一般有冷粘法、自粘法、热风焊接法。

1）冷粘法。施工要求与高聚物改性沥青防水卷材基本相同，但冷粘法施工时搭接部位应采用与卷材配套的接缝专用胶粘剂，在搭接缝粘合面上涂刷均匀，不露底，不堆积。根据专用胶粘剂性能，应控制胶粘剂涂刷与粘合的间隔时间，并排出缝内空气，辊压粘贴牢固。搭接缝口应采用材性相容的密封材料封严。卷材搭接部位采用胶粘带粘结时，粘合面应清理干净，必要时可涂刷与卷材及胶粘带材性相容的基层胶粘剂，撕去胶粘带隔离纸后应及时粘合上层卷材，并辊压粘牢。

2）自粘法。施工要求与高聚物改性沥青防水卷材基本相同。

3）热风焊接法。热风焊接法是指采用热空气焊枪进行防水卷材搭接粘合的施工方法。焊接前卷材铺放应平整顺直，搭接尺寸正确；施工时焊接缝的结合面应清扫干净，应无水滴，油污及附着物。先焊长边搭接缝，后焊短边搭接缝，焊接处不得有漏焊、缺焊、焊焦或焊接不牢的现象，也不得损害非焊接部位的卷材。

6. 保护层施工

卷材铺设完毕，经检查合格后，应立即进行保护层的施工，及时保护防水层免受损伤，从而延长卷材防水层的使用年限。

（1）沥青防水卷材保护层施工　沥青防水卷材非上人屋面中使用较多的是绿豆砂保护层。沥青防水卷材上人屋面可用混凝土预制板材、水泥砂浆或细石混凝土做保护层。

绿豆砂保护层施工时在卷材表面涂刷最后一道沥青胶，趁热撒铺一层粒径为3~5mm的绿豆砂（或人工砂），绿豆砂应撒铺均匀，全部嵌入沥青胶中。为了嵌入牢固，绿豆砂须经预热至100℃左右干燥后使用。边撒砂边扫铺均匀，并用软辊轻轻压实。除此还可撒铺云母或蛭石做保护层。

用混凝土预制板做保护层，混凝土板的铺砌必须平整，并满足排水要求，结合层应选用1:2水泥砂浆。用水泥砂浆做保护层，水泥砂浆配合比一般为1:2.5~3（体积比）。保护层施工前应在防水层上铺设隔离层，并应根据结构情况每隔4~6m用木模设置纵、横分格缝。铺设水泥砂浆时应随铺随拍实，并将表面压光。排水坡度应符合设计要求。用细石混凝土做保护层，保护层施工前应在防水层上铺设隔离层，并按设计要求支设好分格缝木模，设计无要求时，每格面积不大于36m²，分格缝宽度为不宜小于20mm。一个分格内的混凝土应连续浇筑，不留施工缝。振捣宜采用铁辊滚压或人工拍实，以防破坏防水层。拍实后随即用刮尺按排水坡度刮平，初凝前用木抹子提浆抹平，初凝后及时取出分格缝木模，终凝前用铁抹子压光。细石混凝土保护层浇筑后应及时进行养护，养护时间不应少于7天。养护期满即将分格缝清理干净，待干燥后嵌填密封材料。

（2）高聚物改性沥青防水卷材保护层施工　高聚物改性沥青防水卷材非上人屋面多采用涂料做保护层。

保护层涂料一般在现场配制，常用的有铝基沥青悬浮液、丙烯酸浅色涂料或掺入铝粉的反射涂料。施工前防水层表面应干净无杂物。涂刷方法与用量按各种涂料使用说明书操作，涂刷应均匀、不漏涂。

高聚物改性沥青防水卷材上人屋面可用混凝土预制板材、水泥砂浆或细石混凝土做保护层。其做法及要求同沥青防水卷材屋面。

（3）合成高分子防水卷材保护层施工　合成高分子防水卷材保护层做法及要求同高聚物改性沥青防水卷材。

二、涂膜防水屋面

涂膜防水屋面是在屋面基层上涂刷防水涂料，经固化后形成一层有一定厚度和弹性的整体涂膜，从而达到防水目的的一种防水屋面形式。这种屋面具有施工操作简便，无污染，冷操作，无接缝，能适应复杂基层，防水性能好，温度适应性强，容易修补等特点。其适用于防水等级为Ⅲ级、Ⅳ级的屋面防水；也可作为Ⅰ级、Ⅱ级屋面多道防水设防中的一道防水层。

（一）涂膜防水屋面构造

涂膜防水屋面构造如图8-3所示。

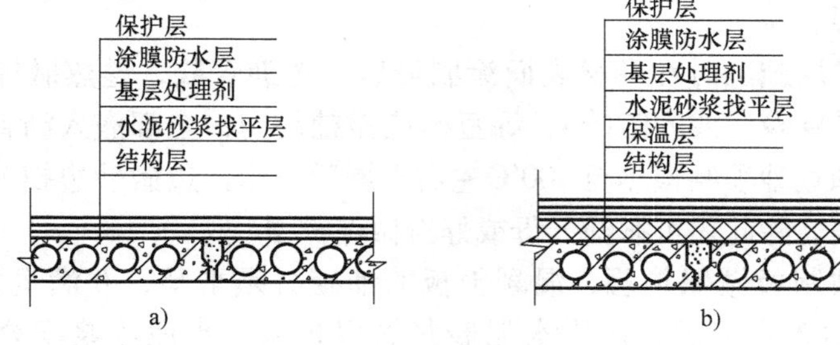

图8-3　涂膜防水屋面构造图

a）无保温层涂膜屋面　b）有保温层涂膜屋面

（二）涂膜防水屋面常用材料

1. 高聚物改性沥青防水涂料

高聚物改性沥青防水涂料以石油沥青为基料，用高分子聚合物进行改性配制成的水乳型或溶剂型防水涂料。高聚物改性沥青防水涂料具有较好的柔韧性、抗裂性、强度、耐高低温性能。常用的品种有氯丁橡胶改性沥青涂料、SBS 改性沥青涂料及 APP 改性沥青涂料等。其质量要求见表 8-8。

表 8-8 高聚物改性沥青防水涂料质量要求

项目		质量要求	
		水乳性	溶剂型
固体含量（%）		≥43	≥48
耐热性（80℃，5h）		无流淌、起泡和滑动	
低温柔性（2h）		-10℃，绕 ϕ20mm 圆棒无裂纹	-15℃，绕 ϕ10mm 圆棒无裂纹
不透水性	压力/MPa	≥0.1	≥0.2
	保持时间/min	≥30	≥30
延伸性（20℃ ±2℃拉伸）/mm		≥4.5	—
抗裂性		—	基层裂缝 0.3mm，涂膜无裂缝

2. 合成高分子防水涂料

合成高分子防水涂料以合成橡胶或合成树脂为主要成膜物质，配制成单组分或多组分防水涂料。由于合成高分子材料本身的优异性能，以此为原料制成的合成高分子防水涂料具有高弹性、防水性、耐久性和优良的耐高低温性能；常用的品种有聚氨酯防水涂料、丙烯酸酯防水涂料、有机硅防水涂料等，其质量要求见表 8-9、表 8-10。

表 8-9 合成高分子防水涂料（反应固化型）质量要求

项目		质量要求	
		Ⅰ类	Ⅱ类
抗拉强度/MPa		≥1.9（单、多组分）	≥2.45（单、多组分）
断后伸长率（%）		≥550（单组分） ≥450（多组分）	≥450（单、多组分）
低温柔性（2h）		-40℃（单组分），-35℃（多组分），弯折无裂纹	
不透水性	压力/MPa	≥0.3（单、多组分）	
	保持时间/min	≥30（单、多组分）	
固体含量（%）		≥80（单组分），≥92（多组分）	

注：产品按拉伸性能分为Ⅰ、Ⅱ两类。

表 8-10　合成高分子防水涂料（挥发固化型）质量要求

项　　目		质 量 要 求
抗拉强度/MPa		≥1.5
断后拉伸长率（%）		≥300
低温柔性（-20℃ 2h）		绕 ϕ10mm 圆棒无裂纹
不透水性	压力/MPa	≥0.3
	保持时间/min	≥30
固体含量（%）		≥65

3. 聚合物水泥防水涂料

聚合物水泥防水涂料以丙烯酸酯等聚合物乳液和水泥为主要原料，加入其他外加剂制得的双组分水性建筑防水涂料。该产品具有有机材料弹性高又有无机材料耐久性好的优点，涂覆后形成高强的防水涂膜，并可根据工程需要配置彩色涂层。可在潮湿或干燥的砖石、砂浆、混凝土、金属、木材、各种保温层、防水层上直接施工，涂层坚韧高强，耐水、耐候、耐久性强，无毒，无害，施工简单，在立面、斜面和顶面施工不流淌，耐高温，是目前工程上应用较广的一种新型材料。其适用于工业及民用建筑的屋面工程，厕浴间、厨房的防水防潮工程，地面、地下室、游泳池、罐槽的防水。其质量要求见表 8-11。

表 8-11　聚合物水泥防水涂料质量要求

项　　目		质 量 要 求
固体含量（%）		≥65
抗拉强度/MPa		≥1.2
断后拉伸长率（%）		≥200
低温柔性（-10℃，2h）		绕 ϕ10mm 圆棒无裂纹
不透水性	压力/MPa	≥0.3
	保持时间/min	≥30

4. 胎体增强材料

胎体增强材料是指用于涂膜防水层中的化纤无纺布、聚酯无纺布等，作为增强层的材料。其质量要求见表 8-12。

表 8-12　胎体增强材料质量要求

项　　目		质 量 要 求	
		聚酯无纺布	化纤无纺布
外观		均匀，无团状，平整无折皱	
拉力/（N/50mm）	纵向	≥150	≥45
	横向	≥100	≥35
伸长率（%）	纵向	≥10	≥20
	横向	≥20	≥125

5. 密封材料

密封材料是指能承受接缝位移以达到气密、水密目的并嵌入建筑接缝中的材料。目前，我国常用的屋面密封材料包括高聚物改性沥青密封材料和合成高分子密封材料两大类。

高聚物改性沥青密封材料是以石油沥青为基料，用聚合物进行改性，加入填充料和其他化学助剂配制而成的膏状密封材料。其适用于钢筋混凝土屋面板缝嵌填。合成高分子密封材料是以合成高分子材料为主体，加入适量的化学助剂、填充料和着色剂，经过特定的生产工艺加工而成的膏状密封材料。其主要有聚氯乙烯胶泥、聚氨酯弹性密封膏等。聚氯乙烯胶泥具有良好的耐热性、粘结性、弹塑性、防水性以及较好的的耐寒、耐腐蚀性和抗老化的能力，可用于各种坡度屋面嵌缝。聚氨酯弹性密封膏是一种新型密封材料，其伸长率大、弹性高、粘结性好、耐低温、耐水、耐油、耐酸碱、抗疲劳及使用年限长，并且价格适中，可用于防水要求中等或偏高的工程。

（三）涂膜防水屋面

涂膜防水施工一般工艺流程如图 8-4 所示。

1. 基层表面处理、修补

涂膜防水层要求基层的刚度大，找平层有一定的强度，表面平整、密实，不应有起砂、起壳、龟裂、爆皮等现象。表面平整度应用 2m 直尺检查，基层与直尺的最大间隙不应超过 5mm，间隙仅允许平缓变化。基层与凸出屋面结构连接处及基层转角处应做成圆弧形或钝角。按设计要求做好排水坡度，不得有积水现象。施工前应将分格缝清理干净，不得有异物和浮灰，并嵌填密封材料。屋面基层的干燥程度，应视选用的涂料特性而定。当采用溶剂型改性沥青防水涂料、合成高分子防水涂料时屋面基层应干燥、干净。

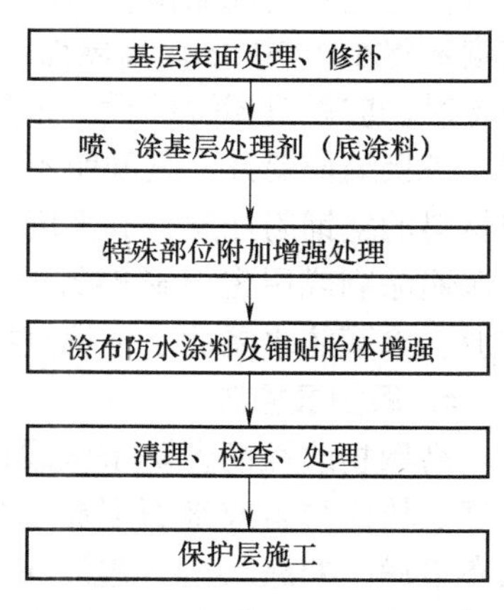

图 8-4　涂膜防水施工工艺流程图

2. 喷、涂基层处理剂

基层处理剂常用涂膜防水材料稀释后使用，其配合比应准确，充分搅拌，喷涂均匀，覆盖完全，干燥后方可进行涂膜施工。

3. 特殊部位附加增强处理

板面涂膜前，在天沟、檐口、檐沟、泛水等部位应先铺有胎体增强材料的附加层。水落口周围与屋面交接处，应作密封处理，并加铺两层有胎体增强材料的附加层。

4. 板面涂膜施工

涂料的涂布顺序为：先高跨后低跨，先远后近，先立面后平面。同一屋面上先涂布排水较集中的水落口、天沟、檐口等节点部位，再进行大面积涂布。涂层应厚薄均匀、表面平整，不得有露底、漏涂和堆积现象。

防水涂膜应多遍涂布，其总厚度应达到设计要求，每道涂膜防水层厚度选用应符合表8-13规定。

表8-13　涂膜厚度选用表

屋面防水等级	设防道数	高聚物改性沥青防水涂料	合成高分子防水涂料和聚合物水泥防水涂料
Ⅰ级	三道或三道以上设防	—	不应小于1.5mm
Ⅱ级	二道设防	不应小于3mm	不应小于1.5mm
Ⅲ级	一道设防	不应小于3mm	不应小于2mm
Ⅳ级	一道设防	不应小于2mm	—

两涂层施工间隔时间不宜过长，否则易形成分层现象。涂层中夹铺增强材料时，宜边涂边铺胎体。胎体增强材料长边搭接宽度不得小于50mm，短边搭接宽度不得小于70mm。当屋面坡度小于15%时，可平行屋脊铺设。屋面坡度大于15%时，应垂直屋脊铺设。采用二层胎体增强材料时，上下层不得互相垂直铺设，搭接缝应错开，其间距不应小于幅宽的1/3。找平层分格缝处应增设胎体增强材料的空铺附加层，其宽度以200~300mm为宜。涂膜防水层收头应用防水涂料多遍涂刷或用密封材料封严。在涂膜未干前，不得在防水层上进行其他施工作业。涂膜防水屋面上不得直接堆放物品。

5. 保护层施工

高聚物改性沥青防水涂膜屋面保护层材料可采用细砂、云母、蛭石、水泥砂浆、块体材料或细石混凝土等。当选用细砂、云母、蛭石做保护层时，应在涂布最后一遍涂料时，边涂布边撒布均匀，不得露底，然后进行辊压粘牢，待干燥后将多余的撒布材料清除。当采用水泥砂浆做保护层时，表面应抹平压光，并应设分格缝，每格面积宜为1m^2。当采用块体材料做保护层时，宜留设分格缝，其纵、横间距不宜大于10m，分格缝宽度不宜小于20mm。当采用细石混凝土做保护层时，混凝土应捣实，表面抹平压光，并应留设分格缝，其纵、横缝间距不宜大于6m。分格缝用密封材料嵌填严密。水泥砂浆、块体材料或细石混凝土保护层与涂膜层之间应设置隔离层。

合成高分子和聚合物水泥防水涂膜屋面保护层材料可采用浅色涂料、水泥砂浆、块体材料或细石混凝土等。当采用浅色涂料做保护层时，应在涂膜固化后进行喷涂。当采用水泥砂浆、块体材料或细石混凝土做保护层时，施工要求同高聚物改性沥青防水涂膜屋面。

三、刚性防水屋面

刚性防水屋面是指利用刚性防水材料作防水层的屋面。其主要有普通细石混凝土防水屋面、补偿收缩混凝土防水屋面、块体刚性防水屋面、预应力混凝土防水屋面等。刚性防水屋面所用材料易得，价格便宜，耐久性好，维修方便，但刚性防水层材料的表观密度大，抗拉强度低，易受混凝土或砂浆的干湿变形、温度变形和结构变位而产生裂缝。其主要适用于防水等级为Ⅲ级的屋面防水，也可用作Ⅰ、Ⅱ级屋面多道防水设防中的一道防水层，不适用于设有松散材料保温层的屋面以及受较大振动或冲击和坡度大于15%的建筑屋面。现重点介绍细石混凝土刚性防水屋面。

（一）刚性防水屋面构造

刚性防水屋面构造如图8-5所示。

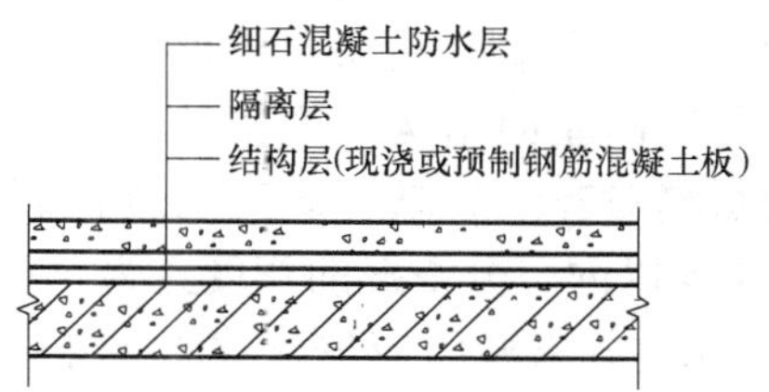

图8-5　刚性防水屋面

（二）刚性防水屋面常用材料

防水层的细石混凝土宜用普通硅酸盐水泥或硅酸盐水泥，不得使用火山灰质硅酸盐水泥，用矿渣硅酸盐水泥时应采取减少泌水性措施。水泥强度等级不宜低于32.5级。粗骨料的最大粒径不宜超过15mm，含泥量不应大于1%；细骨料应采用中砂或粗砂，含泥量不应大于2%；拌合用水应采用不含有害物质的洁净水。混凝土强度等级不得低于C20，水灰比不应大于0.55，每立方米混凝土水泥最小用量不应小于330kg，砂率宜为35%～40%，灰砂比应为1:2～1:2.5，并宜掺入外加剂。防水层的细石混凝土厚度不应小于40mm，并应配置直径4～6mm、间距为100～200mm的双向钢筋网片，且钢筋网片在分格缝处应断开，其保护层厚度不小于10mm。

（三）刚性防水屋面施工

1. 基层要求

刚性防水屋面的结构层宜为整体现浇的钢筋混凝土。当屋面结构层采用装配式钢筋混凝土板时，应用强度等级不小于C20的细石混凝土灌缝，灌缝的细石混凝土宜掺膨胀剂。当屋面板板缝宽度大于40mm或上窄下宽时，板缝内必须设置构造钢筋，板端缝应进行密封处理。

2. 设置隔离层

为了缓解及避免基层变形对刚性防水层的影响，在基层与防水层之间宜设置隔离层。依据设计可采用低强度等级砂浆、卷材、塑料薄膜等材料做隔离层。采用低强度等级的砂浆做隔离层时，砂浆以干稠为宜，铺抹的厚度为10～

20mm，要求厚薄一致、表面平整、压实、抹光，待砂浆基本干燥并具有一定的强度后，方可进行下道工序施工。采用卷材做隔离层时，先用1:3水泥砂浆将结构层找平，并压实抹光养护，再在干燥的找平层上铺一层3～8mm干细砂滑动层，在其上铺一层卷材，搭接缝用热沥青胶胶结；也可以在找平层上直接铺一层塑料薄膜。

做好隔离层继续施工时，要注意对隔离层加强保护。混凝土运输不能直接在隔离层表面进行，应采取垫板等措施；绑扎钢筋时不得扎破表面，浇捣混凝土时更不能振疏隔离层。

3. 分格缝设置

为了防止大面积的刚性防水层由于温度变化、混凝土收缩等影响而产生裂缝，应设计要求设置分格缝。分格缝应设在变形较大和较易变形的屋面板的支承端、屋面转折处、防水层与突出屋面结构的交接处，并应与板缝对齐。其纵、横间距应控制在6m以内。分格缝的宽度宜为5～30mm，分格缝内应嵌填密封材料，上部应设置保护层，如图8-6所示。

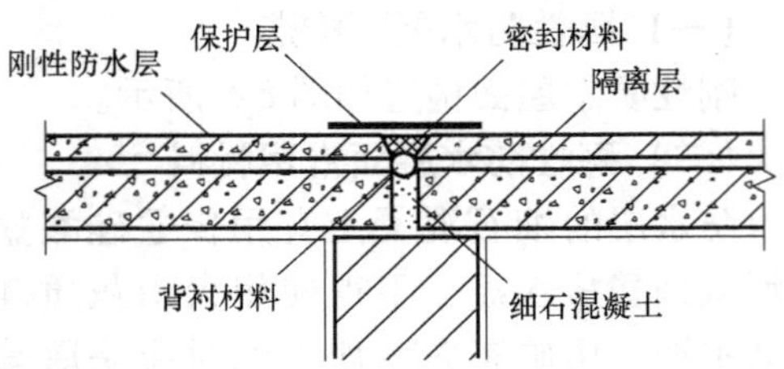

图8-6 屋面分格缝

分格缝的一般做法是在施工刚性防水层前，先在隔离层上定好分格缝位置，再安放分格条（木条、聚苯板或定型聚氯乙烯塑料条），然后按分隔板块浇筑混凝土，待混凝土初凝后，将分格条取出即可。分格缝处可采用嵌填密封材料并加贴防水卷材的办法进行处理，以增加防水的可靠性。

4. 防水层施工

混凝土浇筑应按先远后近、先高后低的原则进行，一个分格缝内的混凝土必须一次浇筑完毕，不得留施工缝。混凝土的质量要严格保证，加入外加剂时，应准确计量，投料顺序得当，搅拌均匀。混凝土搅拌应采用机械搅拌，搅拌时间不少于2min，混凝土运输过程中应防止漏浆和离析。混凝土浇筑时，先用平板振动器振实，再用辊筒滚压至表面平整、泛浆，然后用铁抹子压实抹平，并确保防水层的设计厚度和排水坡度。抹压时严禁在表面洒水、加水泥浆或撒干水泥。待混凝土初凝收水后，应进行二次表面压光，或在终凝前三次压光成活，以提高其抗渗性。混凝土浇筑12～24h后应进行养护，养护时间不应少于14天。养护初期屋面不得上人。施工时的气温宜在5～35℃，以保证防水层的施工质量。

四、复合防水屋面

屋面防水多道设防时，可将卷材、涂膜、细石防水混凝土、瓦等材料复合使用，也可使用卷材叠层。屋面防水设计采用多种材料复合时，耐老化、耐穿刺的防水层应放在最上面。卷材与涂膜复合使用时，涂膜宜放在下部；卷材、涂膜与刚性材料复合使用时，刚性材料应设置在柔性材料的上部。

第二节 地下防水工程

由于地下工程常年受到地表水、潜水、上层滞水、毛细管水等的作用，所以，对地下工程防水的处理比屋面防水工程要求更高，防水技术难度更大。而如何正确选择合理有效的防水方案就成为地下防水工程中的首要问题。

根据地下工程的重要性和使用中对防水的要求，将地下工程的防水等级分为 4 级。各级标准见表 8-14。各类地下工程的防水等级见表 8-15。

表 8-14 地下工程防水等级标准

防水等级	标准
1 级	不允许渗水，结构表面无湿渍
2 级	不允许漏水，结构表面可有少量湿渍 工业与民用建筑；湿渍总面积不大于总防水面积的 1‰，单个湿渍面积不大于 0.1m^2，任意 100m^2 防水面积不超过 1 处 其他地下工程：湿渍总面积不大于总防水面积的 6‰，单个湿渍面积不大于 0.2m^2，任意 100m^2 防水面积不超过 4 处
3 级	有少量漏水点，不得有线流和漏泥沙 单个湿渍面积不大于 0.3m^2，单个漏水点的漏水量不大于 2.5L/d，任意 100m^2 防水面积不超过 7 处
4 级	有漏水点，不得有线流和漏泥沙 整个工程平均漏水量不大于 2L/（m^2·d），任意 100m^2 防水面积的平均漏水量不大于 4L/（m^2·d）

表 8-15 各类地下工程的防水等级

防水等级工程	名称
一级	医院、餐厅、旅馆、影剧院、商场、冷库、粮库、金库、档案库、通信工程、计算机房、电站控制室、配电间、防水要求较高的车间、指挥工程、武器弹药库、防水要求较高的人员掩蔽部、铁路旅客站台、行李房、地铁车站、城市人行地道
二级	一般生产车间、空调机房、发电机房、燃料室、一般人员掩蔽工程电气化铁道隧道、地铁运行区间隧道、城市公路隧道、水泵房
三级	电缆隧道、水下隧道、非电气化铁路隧道、一般公路隧道
四级	取水隧道、污水排放隧道、人防疏散干道、涵洞

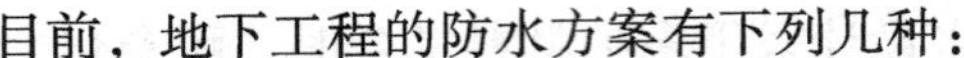

目前，地下工程的防水方案有下列几种：

1. 结构自防水

依靠防水混凝土本身的抗渗性和密实性来进行防水。它既是防水层，又是承重围护结构。因此，该方案具有施工简便、工期较短、改善劳动条件、造价低等优点，是解决地下防水的有效途径，从而被广泛采用。

2. 附加防水层

即在地下结构物的表面附加防水层，以达到防水的目的。常用的防水层有水泥砂浆、卷材、沥青胶结料和金属防水层等，可根据不同的工程对象、防水要求及施工条件选用。

3. 渗排水措施

利用盲沟、渗排水层等措施来排除附近的水源以达到防水的目的。适用于形状复杂、受高温影响、地下水为上层滞水且防水要求较高的地下建筑。

在进行地下工程防水设计时，应遵循“防排结合，刚柔并用，多道防水，综合治理”原则，并根据建筑物的使用功能及使用要求，结合地下工程的防水等级，选择合理的防水方案。

一、防水混凝土

防水混凝土是以调整混凝土配合比或掺外加剂等方法，来提高混凝土本身的密实性和抗渗性，使其具有一定防水能力的特殊混凝土。防水混凝土具有取材容易、施工简便、工期较短、耐久性好、工程造价低等优点，因此，在地下工程中得到了广泛的应用。目前常用的防水混凝土，主要有普通防水混凝土、外加剂防水混凝土等。

1. 防水混凝土的性能与配制

普通防水混凝土除满足设计强度要求外，还须根据设计抗渗等级来配制。在普通防水混凝土中，水泥砂浆除满足填充、粘结作用外，还要求在石子周围形成一定数量和质量良好的砂浆包裹层，减少混凝土内部毛细管、缝隙的形成，切断石子间相互连通的渗水通路，满足结构抗渗防水的要求。

普通防水混凝土宜采用普通硅酸盐水泥、火山灰质硅酸盐水泥、粉煤灰硅酸盐水泥，水泥强度等级应不低于42.5级。如掺外加剂，亦可用矿渣硅酸盐水泥。石子粒径不宜大于40mm，吸水率不大于1.5%，含泥量不大于1%。

普通防水混凝土的配合比应通过试验选定。选定配合比时，应按设计要求的抗渗等级提高0.2MPa，其他各项技术指标应符合下列规定：每立方米混凝土的水泥用量不少于320kg；砂率以35%～40%为宜；灰砂比应为1∶2～1∶2.5；水灰比不大于0.6；坍落度不大于60mm，如掺用外加剂或用泵送混凝土时，不受此限制。

外加剂防水混凝土是在混凝土中加入一定量的外加剂，如减水剂、加气剂、防水剂及膨胀剂等，以改善混凝土性能和结构的组成，提高其密实性和抗渗性，达到防水要求。

2. 防水混凝土施工

防水混凝土工程要注意控制施工中的各主要环节。如混凝土的搅拌、运输、浇筑振捣、养护等，均应严格遵循施工及验收规范和操作规程的规定进行施工，以保证防水混凝土工程的质量。

（1）施工要点 具体如下：

1）防水混凝土所用模板，除满足一般要求外，应特别注意模板拼缝严密，支撑牢固。如两侧模板需用对拉螺栓固定时，应在螺栓或套管中间加焊止水环，螺栓加堵头（见图8-7）。

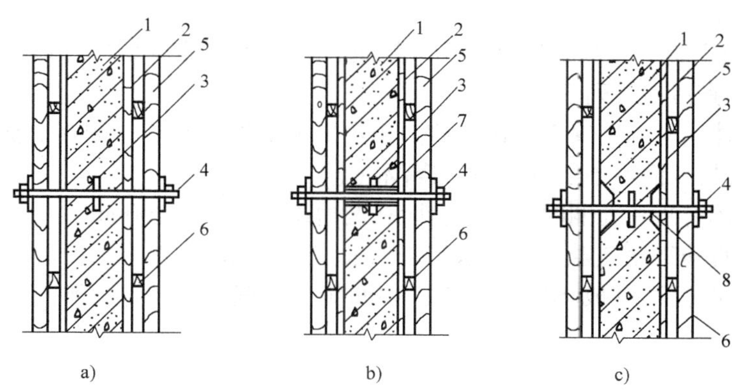

图8-7 螺栓穿墙止水措施

a）螺栓加焊止水环 b）套管加焊止水环 c）螺栓加堵头

1—防水建筑 2—模板 3—止水环 4—螺栓 5—水平加劲肋 6—垂直加劲肋

7—预埋套管（拆模后将螺栓拔出，套管内用膨胀水泥沙浆封堵）

8—堵头（拆模后将螺栓沿平凹坑底割去，再用膨胀水泥砂浆封堵）

2）为了阻止钢筋的引水作用，迎水面防水混凝土其钢筋保护层厚度不得小于50mm，底板钢筋均不能接触混凝土垫层。墙体的钢筋不能用铁钉或铁丝固定在模板上。严禁用钢筋充当保护层垫块，以防止水沿钢筋浸入。

3）防水混凝土应用机械搅拌。先将砂、石、水泥一次倒入搅拌筒内搅拌0.5～1.0min，再加水搅拌1.5～2.5min。如掺外加剂应最后加入。外加剂必须先用水稀释均匀，掺外加剂防水混凝土的搅拌时间应根据外加剂的技术要求确定。拌好的混凝土应在0.5h内运至现场，于初凝前浇筑完毕，如运距较远或气温较高时，宜掺缓凝减水剂。防水混凝土拌合物在运输后，如出现离折，必须进行二次搅拌，当坍落度损失后，不能满足施工要求时，应加入原水灰比的水泥浆或二次掺减水剂进行搅拌，严禁直接加水。混凝土浇筑时应分层连续进行，每层厚度不宜超过 300 ~ 400mm，其自由倾落高度不得大于 1.5m。混凝土应用机械振捣密实，振捣时间为 10 ~ 30s，以混凝土开始泛浆和不冒气泡为止，并避免漏振、欠振和超振。混凝土振捣后，须用铁锹拍实，等混凝土初凝后用铁抹子压光，以增加表面致密性。

4）防水混凝土终凝后（一般浇后 4 ~ 6h），即应开始覆盖浇水养护，养护时间应在 14 天以上。防水混凝土结构须在混凝土强度达到设计强度 40% 以上时方可在其上面继续施工，达到设计强度 70% 以上时方可拆模。拆模时，混凝土表面温度与环境温度之差，不得超过 15℃，以防混凝土表面出现裂缝。

5）防水混凝土浇筑后严禁打洞，因此，所有的预留孔和预埋件在混凝土浇筑前必须埋设准确。对防水混凝土结构内的预埋铁件、穿墙管道等防水薄弱之处，应采取措施，仔细施工。

（2）施工缝　防水混凝土应连续浇筑，尽量不留或少留施工缝。必须留设施工缝时，宜留在下列部位：

1）墙体水平施工缝不应留在剪力与弯矩最大处或底板与侧墙的交接处，应留在高出底板表面不小于 300mm 的墙体上。

2）墙体有预留孔洞时，施工缝距孔洞边缘不应小于 300mm。

3）垂直施工缝应避开地下水和裂隙水较多的地段，并宜与变形缝相结合。

施工缝断面可做成不同的形状，如凹缝、凸缝、阶梯缝、平直缝等，如图 8-8 所示。

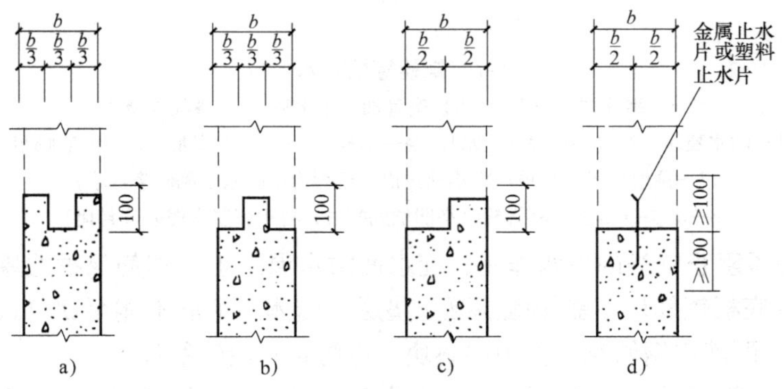

图 8-8　施工缝防水构造

a）凹缝　b）凸缝　c）阶梯缝　d）平直缝

施工缝浇灌混凝土前，应将其表面浮浆和杂物清除干净，先铺净浆，再铺 30 ~ 50mm 厚的 1:1 水泥砂或涂刷混凝土界面处理剂，并及时浇筑混凝土，垂直施工缝可不铺水泥砂浆，选用的遇水膨胀止水条，应牢固地安装在缝表面或预留槽内，且该止水条应具有缓胀性能，其7天的膨胀率不应大于最终膨胀率的60%，如采用中埋式止水带时，应位置准确，固定牢靠。

二、卷材防水层

卷材防水层是用胶结材料将卷材粘贴在地下结构基层表面上而形成防水层。其特点是具有良好的韧性和延伸性，能适应一定的结构振动和微小变形，对酸、碱、盐溶液具有良好的耐腐蚀性，是地下防水工程常用的施工方法。适用于地下防水工程的卷材主要有：SBS改性沥青柔性油毡、化纤胎改性沥青油毡、APP改性沥青油毡、塑性沥青聚酯油毡、三元乙丙橡胶防水卷材等品种。

地下防水工程一般把卷材防水层设置在建筑结构的外侧迎水面上称为外防水，这种防水层的铺贴法可以借助土压力压紧，并与结构一起抵抗有压地下水的渗透和侵蚀作用，防水效果良好，采用比较广泛。

外防水的卷材防水层铺贴方法，按其与地下防水结构施工的先后顺序分为外防外贴法和外防内贴法两种。

1. 外防外贴法

外防外贴法是在混凝土垫层上先铺贴好底板卷材防水层，再进行地下防水结构的混凝土底板与墙体施工，待墙体侧模拆除后，再将卷材防水层直接铺贴在墙面上，然后砌筑保护墙或粘贴软保护层（见图8-9）。

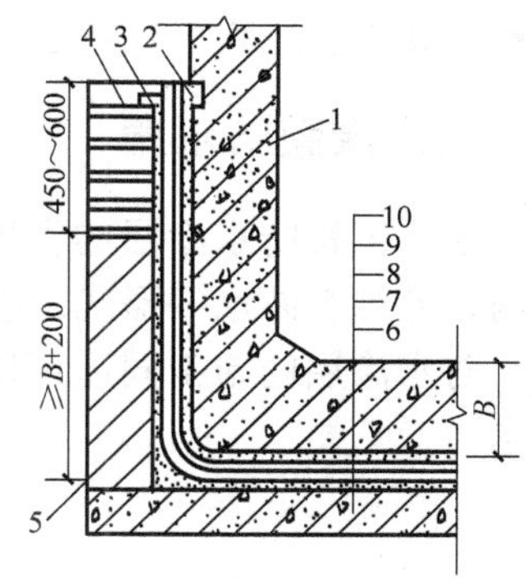

图8-9 外防外贴施工示意图
1—防水结构墙体 2—永久性木条 3—临时性木条 4—临时性保护墙 5—永久性保护墙 6—垫层 7—找平层 8—卷材防水层 9—保护层 10—底板

外防外贴法的施工顺序是先在混凝土垫层上做1:3的水泥砂浆找平层，待其干燥后，再铺贴底板卷材防水层，并在四周伸出，目的在于与墙身卷材防水层搭接。保护墙分为两部分，下部为永久性保护墙，高度不小于$B+200$mm（B为底板厚度）；上部为临时保护墙，高度一般为450~600mm，用石灰砂浆砌筑，以便拆除。保护墙砌筑完毕后，再将伸出的卷材搭接接头临时贴在保护墙上；然后进行混凝土底板与墙身施工；墙体拆模后，在墙面上抹水泥砂浆找平层并刷冷底子油，再将临时保护墙拆除，找出各层卷材搭接接头，并将其表面清理干净。防水层外侧可采用软保护层保护，即用胶粘剂花粘固定50~60mm聚苯乙烯泡沫塑料板，也可砌筑砖墙作永久性保护墙。

2. 外防内贴法

外防内贴法是在混凝土垫层四周先砌筑保护墙，然后将卷材防水层铺贴在垫层与保护墙上，最后进行地下需防水结构的混凝土底板与墙体施工。

外防内贴法的施工顺序是先在混凝土垫层上砌筑永久保护墙，然后在垫层及保护墙上抹1:3水泥砂浆找平层，待其基本干燥后满涂基层处理剂，沿保护墙与垫层铺贴防水层。卷材防水层铺贴完成后，在立面防水层上涂刷一层沥青胶，趁热粘上干净的热砂或散麻丝，待冷却后，随即抹一层10～20mm厚1:3水泥砂浆保护层。在平面上可铺设一层30～50mm厚1:3水泥砂浆或细石混凝土保护层。最后进行地下结构的施工（见图8-10）。

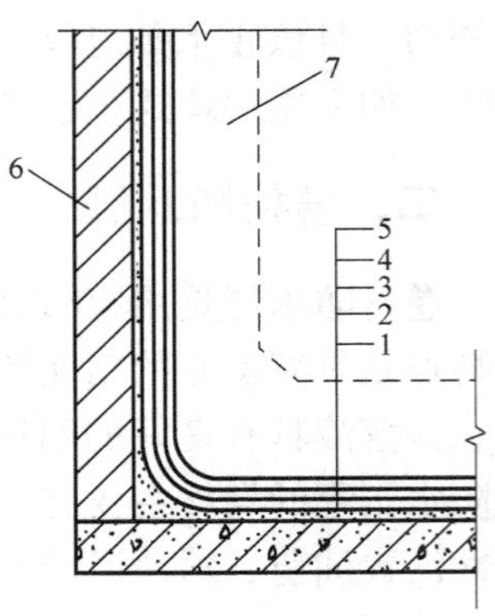

图8-10 外防内贴施工示意图
1—垫层 2—找平层 3—卷材防水层 4—保护层 5—底板 6—保护墙 7—防水结构墙体

内贴法与外贴法相比，其优点是：卷材防水层施工较简便，底板与墙体防水层可一次铺贴完，不必留接槎，施工占地面积较小。但也存在着结构不均匀沉降对防水层影响大，易出现渗漏水现象，以及竣工后出现渗漏水，修补较难等缺点。工程上只有当施工条件受限时，才采用内贴法施工。

三、涂膜防水层

地下工程防水涂层的设置，根据涂层所处的位置一般分为内防水、外防水和内、外结合防水等形式，应视工程具体条件及要求选定。

防水涂层的施工同屋面防水涂层施工，各种防水层的构造如图8-11～8-13所示。

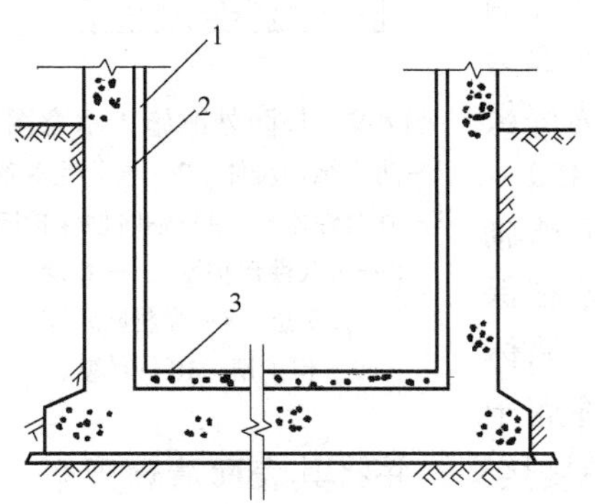

图8-11 地下工程内防水涂层构造
1—防水涂层 2—砂浆或饰面砖保护层 3—细石混凝土保护层

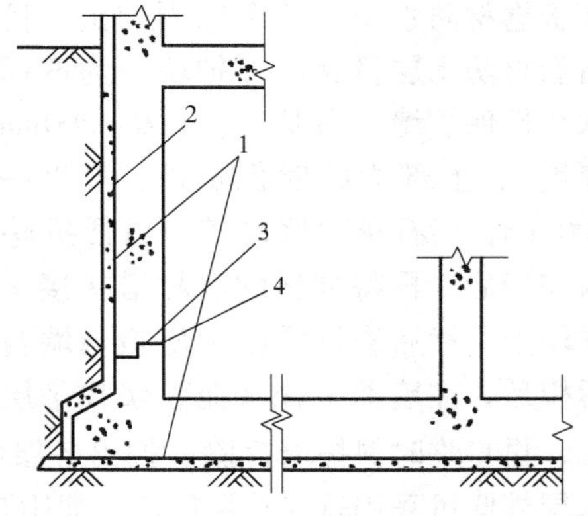

图8-12 地下工程外防水涂层构造
1—防水涂层 2—砂浆或砖保护层 3—施工缝 4—嵌缝材料

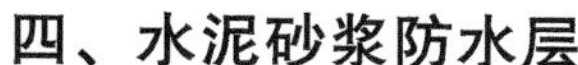

四、水泥砂浆防水层

水泥砂浆防水层根据所用材料及构造不同可分为两种：掺外加剂的水泥砂浆防水层与刚性多层抹面防水层，适用于结构主体的迎水面或背水面。

掺外加剂的水泥砂浆防水层，近年来已从掺用一般无机盐类防水剂发展至用聚合物外加剂改性水泥砂浆，从而提高水泥砂浆防水层的抗拉强度及韧性，有效地增强了防水层的抗渗性，可单独用于防水工程，获得较好的防水效果。

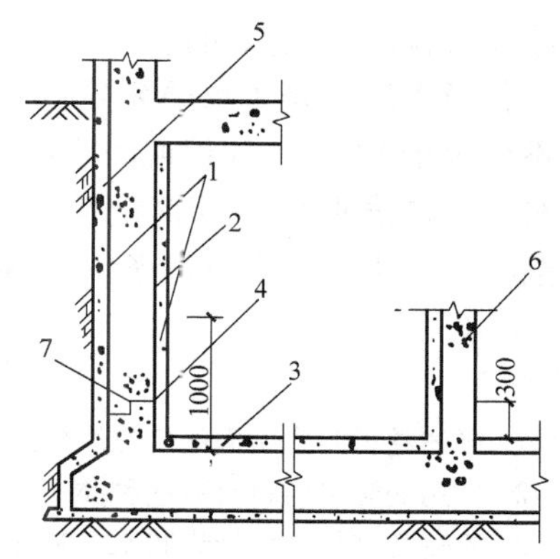

图 8-13 地下工程内、外防水涂层构造

1—防水涂层 2—砂浆保护层
3—细石混凝土保护层 4—嵌缝材料
5—砂浆或砖墙保护层 6—内隔墙、柱
7—施工缝

刚性多层抹面防水层主要是依靠特定的施工工艺要求来提高水泥砂浆的密实性，从而达到防水抗渗的目的，适用于埋深不大，不会因结构沉降、温度和湿度变化及受振动等产生有害裂缝的地下防水工程。

水泥砂浆防水层所采用的水泥强度等级不应低于 32.5 级，宜采用中砂，其粒径在 3mm 以下，外加剂的技术性能应符合国家或行业标准一等品及以上的质量要求。

刚性多层抹面防水层通常采用四层或五层抹面做法。一般在防水工程的迎水面采用五层抹面做法（见图 8-14），在背水面采用四层抹面做法（少一道水泥浆）。施工前基层表面要保持湿润、清洁、平整、坚实、粗糙，可增强防水层与结构层表面的粘结力。施工时应注意素灰层与砂浆层应在同一天完成。施工应连续进行，尽可能不留施工缝。一般顺序为先平面后立面。分层做法如下：第一层，在浇水湿润的基层上先抹 1mm 厚素灰（用铁板用力刮抹 5 ~ 6 遍），再抹 1mm 找平。第二层，在素灰层初凝后终凝前进行，使砂浆压入素灰层 0.5mm 并扫出横纹。第三层，在第二层凝固后进行，做法同第一层。第四层，同第二层做法，抹后在表面用铁板抹压 5 ~ 6 遍，最后压光。第五层，在第四层抹压二遍后刷水泥浆一遍，随第四层压光。水泥砂浆铺抹时，采用砂浆收水后二次抹光，使表面坚固密实。

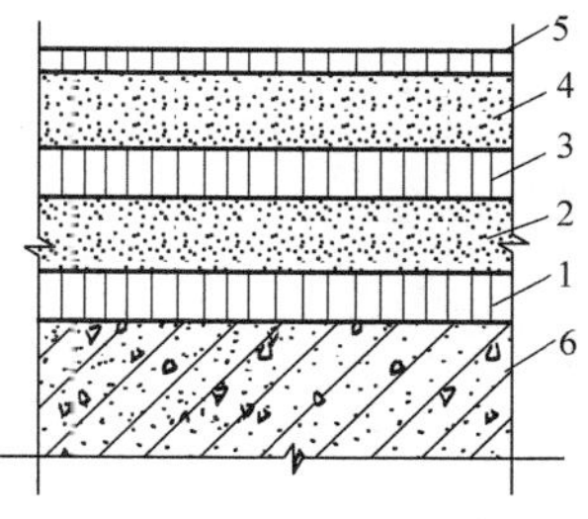

图 8-14 五层做法构造

1、3—素灰层 2mm
2、4—砂浆层 4 ~ 5mm
5—水泥浆 1mm
6—结构层

防水层的厚度应满足设计要求，一般为 18 ~ 20mm 厚，聚合物水泥砂浆防水

层厚度要视施工层数而定。

普通水泥砂浆防水层终凝后，应及时进行养护，温度不宜低于5℃，养护时间不得少于14天，养护期间应保持湿润。聚合物水泥砂浆防水层未达到硬化状态时，不得浇水养护或直接受雨水冲刷，硬化后应采用干湿交替的养护方法。在潮湿环境中，可在自然条件下养护。

复 习 题

1. 试述卷材防水屋面的构造组成及工艺流程。
2. 常用的防水卷材有哪些种类？
3. 简述高聚物改性沥青防水卷材铺贴方法。
4. 简述合成高分子防水卷材铺贴方法。
5. 卷材防水屋面保护层有哪些做法？
6. 刚性防水屋面的隔离层如何施工？设置隔离层的目的是什么？
7. 试述涂膜防水屋面施工工艺流程。
8. 地下防水工程有哪几种防水方案？
9. 简述地下防水工程卷材防水层铺贴方法。
10. 简述防水混凝土施工要点。

9

第九章 装饰工程

建筑装施工程的作用是保护建筑物的主体结构，减小外界有害物质对建筑物的腐蚀，完善建筑物的使用功能和美化建筑物，改善清洁卫生条件，美化城市和居住环境，还有隔热、隔声、防腐、防潮的功能。

建筑装饰工程根据建筑部位不同，可分为楼地面装饰工程、墙柱体装饰工程、天棚装饰工程、门窗工程等；根据使用的材料可分为抹灰工程，饰面工程、镶面工程、油漆工程、裱糊工程等。

装饰装修工程项目繁多，涉及面广，需要的工种多，施工工期长，机械化程度底。装修工程的工业化可以降低工程成本，加快工程进度，缩短工程工期，增强装修效果。

第一节 楼地面装饰施工工艺

地面是人们日常生活、工作、生产时必须接触到的部分，也是建筑中直接承受荷载、承受摩擦、清扫和冲洗的部分。因此，地面要求：

1）具有足够的坚固性。要求地面在外力作用下不易被磨损、破坏，且表面平整、光洁和不起灰。

2）保温性能要好。地面材料的热导率要小，以便冬季在上面接触时不至感觉到寒冷。

3）具有一定的弹性。有弹性的地面可以减少噪声，另外行走时不会感到过硬。

4）对于有水作用的房间要求地面能防潮湿、不透水。

5）对于有火源的房间要求地面防火、耐燃；对有酸、碱腐蚀的房间，地面应具有防腐蚀的能力。

地面的设计应根据房间使用的功能，选择有针对性的材料，提出适宜的构造措施。

根据面层所用的材料和施工工艺不同，地面的类型可分为以下几类：

1）整体类地面：包括水泥砂浆、水磨石地面等。

2）镶铺类地面：包括地板砖、人造石板、天然石板及木地板等。

3）粘贴类地面：包括油地毡、橡胶地毡、塑料地毡、无纺织地毯等地面。

4）涂料类地面：包括各种高分子合成涂料所形成的地面。

一、整体类地面

1. 水泥砂浆地面

水泥砂浆地面构造简单，坚固耐磨，防潮防水，造价低廉，是目前使用最普遍的一种低档地面。但是水泥砂浆地面热导率大，吸水性差，容易返潮，易起灰，不易清洁。

水泥砂浆地面有双层和单层。双层作法分为面层和底层，构造上常以15～20mm厚1:3水泥砂浆打底，找平，再以5～10mm厚1:1.5或1:2的水泥砂浆抹面。单层构造是在结构层上抹水泥砂浆结合层一道后，直接抹15～20mm厚1:2或1:2.5水泥砂浆，抹平后待其终凝前，再用铁板压光。

2. 水磨石地面

水磨石地面表面光洁，不易起灰，易返潮。常用作公共建筑的大厅、走廊、楼梯的地面。

水磨石地面系分层构造。在结构层上常用10～15mm厚1:3的水泥砂浆打底，10mm厚的1:1.5～1:2水泥、石子粉面。石子要求颜色美观，硬度中等，易磨光，多用白云石和彩色大理石，其粒径为3～20mm。水磨石有水泥本色和彩色两种，后者采用彩色水泥或白水泥加入颜料构成。颜料以水泥重的4%为好，不易太多，否则影响地面的强度。面层一般是先在底层上按图案嵌固玻璃条或铜条进行分格。分格可以把大面分成小块，以防面层开裂，另外如果局部损坏，方便维修；可按设计图案分区，定出不同颜色。

分格的形状有正方形、矩形及多边形。尺寸有400～800mm，分格条高10mm，用1:1水泥砂浆嵌固。然后将拌合好的石渣浆浇入，石渣浆比分格条高出2mm，浇水养护7天后用磨石机磨光，最后打蜡保护。

二、镶铺类地面

1. 预制水磨石、大瓷砖、花岗岩、大理石地面的铺设

先扫一层水泥浆，弹好横、竖“十”字线，铺30mm厚干硬性水泥砂浆；进行试铺，合格后，翻松砂浆，浇水，并刷水泥一层以干面；正式铺设，使横、竖缝对直，图案符合设计要求，并用木锤轻敲，使之平稳，粘结密实。铺好后，3天内不能上人，因为下面的水泥砂浆未凝固。交工时，先用草酸洗干净，后上

蜡保护。

2. 陶瓷锦砖地面的铺设

对于厕所、浴室地面，常铺设陶瓷锦砖。先清理好楼地面，作好泛水；用20mm厚1∶3水泥砂浆抹平，再撒上一层水泥面，弹出横、竖“十”字线，洒水；铺上锦砖，养护4天即可，交工时用草酸洗干净，后上蜡保护。铺设陶瓷锦砖，宜一天铺设一整间，如果铺不完，须将接槎切齐，余灰清理干净。

三、木地板地面的铺设

1. 空铺木地板

空铺木地板由木格栅、剪刀撑、垫木和企口板等组成。木格栅架置在垫木上，格栅上面铺设企口板，企口板与木格栅相互垂直。如果地垄墙或基础墙间距大于2000mm，则应在木格栅之间加剪刀撑，剪刀撑的截面一般为38mm×50mm或50mm×50mm。空铺木地面应通风良好，通风口设在地垄墙及外墙上，使空气保持对流。可以有效地防止木地板因受潮湿而腐朽。另外，木格栅、垫木和沿缘木等也都做防腐处理。空铺木地板一般采用松木或杉木，其宽度不大于120mm，厚度为20~30mm，拼缝可加工成企口或错口，直接铺钉在木龙骨上，并保证接头相互错开。木地板铺完后，经过一段时间木板变形稳定后，再进行刨光、清扫和刷地板漆。

空铺木地板的施工流程：弹线，找出地面设计标高，地垅墙砌筑，固定垫木，安装木格栅，固定剪刀撑，钉固毛地板，钉固面板。

2. 实铺木地板

实铺木地板的木格栅直接卧在垫层或楼面板上。木格栅的截面一般为梯形，宽面在下面，截面尺寸及间距（一般为400mm）应符合设计要求。企口板与木格栅相互垂直，并钉固在木格栅上。为了防潮、防腐，木地板面层底面和木格栅都应均匀涂刷两道焦油沥青。

实铺木地板的施工流程：设埋件，做防潮层，弹线，设木垫块和木格栅，填保温、隔声材料，钉毛板，做地面，刨平、刨光，油漆、打蜡。

在首层地面或钢筋混凝土楼板上埋设镀锌铁丝，用来将木格栅固定在楼板上，预埋件的中距为800mm。可满刷一层冷底子油或热沥青一道，防止潮气侵蚀面层木地板，以防止木格栅变形或腐蚀。

从四墙上的500mm线下返找出地面面层的标高控制线，作为垫木和木格栅的安装高度基准。格栅与格栅之间的空隙内，可填充一些轻质、保温、隔声材料，如干焦渣、炉渣或珍珠岩等，其厚度不得高出木格栅的上表面。实铺木地板一般都采取钉固法固定面板，它又分为单层板铺钉和双层板铺钉。双层板铺钉包括毛板铺钉和面板铺钉。

单层条形木地板面层钉接前，顶面先刨平，侧面加工好企口，板宽应不大于120mm。钉时条形木板要顺进门方向垂直地钉在木格栅上。接缝应留在木格栅的中心部位，并要间隔错开，板与板之间个别地方的空隙应不大于1mm。钉子的长度应为板厚的2~2.5倍，要从板的侧面斜向钉入，面板与格栅相交处至少要钉一枚钉子，不准漏钉。面板钉到最后一块，无法从板侧斜向着钉时，可将钉帽砸扁后明钉钉牢，但要用冲头将顶帽冲入板内3~5mm。面板铺钉完毕应立即清扫干净并进行刨光。刨光时要先按垂直木纹方向粗刨，后按顺木纹方向细刨，然后磨光。对刨、磨的要求是去掉的面层厚度应不超过1.5mm，刨、磨完毕后面层应无刨痕、磨迹。最后进行油漆和打蜡。

3. 木地板的质量要求和检验方法

木地板施工所选用木材的含水率应不大于18%；木格栅、毛板和垫木必须做防腐处理；木格栅（地龙骨）安装必须牢固、平直。在混凝土基层上铺设木格栅时，其间距和稳固方法必须符合设计要求。各种木质板面层必须铺钉牢固、无移动，粘结牢固、无空鼓。

木板面层接缝应严密，接头位置应错开；接缝应对齐，粘、钉严密，缝隙应宽窄均匀一致，表面清洁，无溢出胶迹。面层刨光或磨光后应不显刨痕、无毛刺；图案要清晰；油漆面层颜色应均匀一致。

第二节　墙柱体表面装饰施工工艺

墙柱体表面装饰根据所用的材料可分为抹灰工程、饰面工程等。所谓抹灰工程就是用砂浆涂抹在建筑物或构筑物的墙柱面的一种装修工程；饰面工程即用天然石材饰面板、人造石材饰面板或各种饰面板镶贴在墙柱面上的高级装饰。

一、抹灰工程

抹灰按照使用的材料和装修的效果，分为一般抹灰和装饰抹灰、特种抹灰。一般抹灰有石灰砂浆、水泥砂浆、纸筋灰、麻刀灰、石膏灰等；装饰抹灰有水刷石、斩假石、干粘石、拉毛灰、洒毛灰、喷砂、喷涂、滚涂等；按使用要求、质量标准、施工工序不同，一般抹灰分为普通抹灰和高级抹灰。

1. 一般抹灰工程的组成

抹灰工程的抹灰层一般由底层、中层和面层组成，一般抹灰工程应分层施工，有利于抹灰牢固、抹面平整。抹灰层的组成如图9-1所示。

（1）底层　底层主要起与基层的粘结和初步找平作用。底层使用的材料根据基层的材料选择，砌体墙面常采用石灰砂浆、混合砂浆、水泥砂浆；对混凝土基层一般先刷素水泥浆一道，用混合砂浆或水泥砂浆打底；木板条、钢丝网基层用混合砂浆和纸筋灰，并将灰浆挤入基层缝隙内，以加强拉结。在不同结构基层的交接处，应先铺钉一层金属网或丝绸纤维布（见图9-2），且与相交基层搭接宽度应不小于100mm，以防灰层因基层温度变化产生裂缝。在门口、墙、柱易受碰撞的阳角处，宜用1∶2的水泥砂浆抹出不低于1.5m高的护角。对于砖砌体的基层，应待砌体充分沉降后，才能进行底层抹灰，以防砌体沉降拉裂抹灰层。

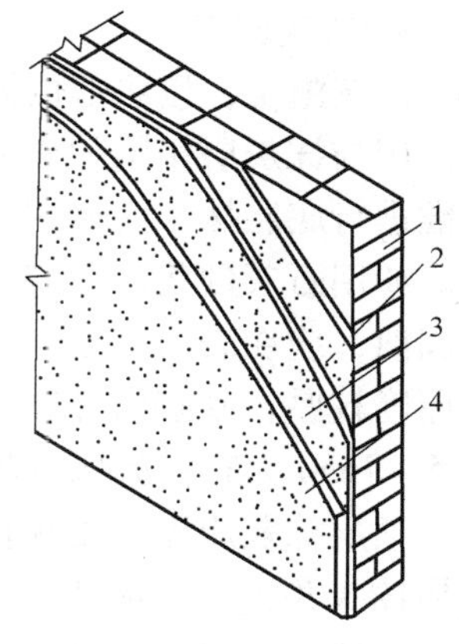

图9-1 抹灰层的组成
1—底层 2—中层 3—面层 4—基层

（2）中层 中层主要起找平的作用。使用砂浆的稠度为70～80mm，根据基层材料的不同，做法与底层的作法相同。按照施工质量要求可一次抹成，也可分遍进行。

（3）面层 面层主要起装饰作用，室内粉刷，还要起到反光作用，增加室内亮度，所用材料根据设计要求的装饰效果确定。

2. 一般抹灰分项工程施工顺序

为了保护好成品，施工之前应安排好抹灰的施工顺序。一般应遵循的施工顺序是先室外后室内、先上面后下面、先地面后墙面。先室外后室内是指先完成室外抹灰，拆除外脚手架，堵上脚手架眼再进行室内抹灰。先上面后下面指完成屋面工程后，室内外抹灰从上层往下层进行。先地面后墙面是指室内抹灰完成后再开始顶棚和墙面抹灰。

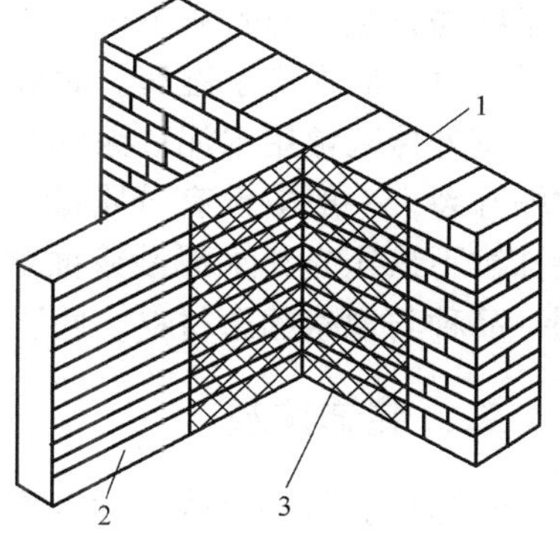

图9-2 不同基层接缝处的处理
1—砖墙 2—钢丝网 3—板条墙

3. 抹灰基层处理

抹灰层与基层之间应粘接牢固，不出现裂缝、空鼓、脱落等现象，抹灰前基层表面的灰土、污垢、油渍等应清除干净，基层表面凸凹明显的部位应事先剔平或用水泥砂浆补平。基层表面应具有一定的粗糙度。砖石基面层灰缝应砌成凹缝式，混凝土基层应在表面先刷一道水泥砂浆。不同结构的基层交界处，应先铺一层金属网或纤维布，防止抹灰层因基层温度变化而胀缩不一产生裂缝。门窗框与墙连接处的缝隙，用水泥砂浆嵌塞密实，防止振动而引起抹灰层剥落、开裂。内墙面的阳角和门洞口侧壁的阳角、柱角等易于碰撞的地方，应用强度较高的1∶2水泥砂浆制作护角，其高度应不低于50mm，高度不低于2m，每侧宽度不小于50mm。对于砖砌体基体，应待砌体充分沉实后再抹底层灰，以防砌体沉陷拉裂灰层。

4. 抹灰施工

抹灰施工，按照部位分墙面抹灰和顶棚抹灰。为控制抹灰厚度和墙面平直度，用与抹灰层相同的砂浆先做出灰饼和标筋，标筋稍干后以标筋为平整度的基准进行底层抹灰。如用水泥砂浆或混合砂浆，应待前一层抹灰凝结后再抹一层。如用石灰砂浆，则应待前一层达到七八成干后，方可抹后一层。中层砂浆凝固前，应在表面打毛以增强与面层的粘结。涂抹层应分层涂抹，以免一次涂抹厚度较厚，砂浆内外收缩不一致而导致开裂。一般涂抹水泥砂浆时每遍厚度以5~7mm为宜；涂抹石灰砂浆和水泥混合砂浆时，每遍厚度以7~8mm为宜。

顶层抹灰应先在墙顶四周弹出水平线，以控制抹灰层的厚度，然后沿顶棚四周抹灰并找平。顶棚要求表面平顺，无抹纹和接槎，与墙面交角成一直线。

面层又称罩面，厚度2~5mm，主要起装饰作用，表面应平整、光滑、无裂纹。室内常用的面层材料有麻刀石灰、纸筋石灰、石膏灰等。面层应分层涂抹，每遍厚度为1~2mm。经赶平压实后，面层总厚度对于麻刀石灰不得大于3mm，对于纸筋石灰、石膏灰不得大于2mm。罩面时应待底子灰五六成干后进行，如底子灰过干应先浇水湿润。面层纵、横两遍涂抹，然后用钢抹子压光。

室外抹灰常用水泥砂浆面层。由于面积较大，为了不显接槎，防止抹灰层收缩开裂，一般应设有分隔缝，留槎位置应留在分隔缝处。大面积抹灰时，面层抹纹不易压光，水泥砂浆面层宜用木抹子抹成毛面。为防止色泽不匀，应用同一品种与规格的原材料，底层浇水要匀，干燥程度要一致。

二、装饰抹灰

装饰抹灰与一般抹灰的区别在于两者具有不同的装饰面层，其底层和中层的做法基本相同。按装饰面层的不同，装饰抹灰的类型有水刷石、干粘石、斩假石、拉毛灰和洒毛灰，喷涂、滚涂等。

1. 水刷石

水刷石多用于外墙面。它的制作过程是：先将已硬化的水灰比为1:3厚为12mm的水泥砂浆底面浇水湿润，再刮水灰比为0.37~0.40，厚为1mm的水泥浆一层，随即用配合比为1:2.5、厚为8~12mm、稠度为50~70mm的水泥石渣抹平压实。当水泥石子砂浆开始凝固时，便可进行刷洗，用刷子自上而下蘸水刷掉石子间表层水泥浆，使石子表面完全外露为止。为使表面洁净，可用喷雾器自上而下喷水冲洗。水刷石的质量要求是石粒清晰、分布均匀、平整密实、色泽一致，不得有掉粒和接槎的痕迹。

2. 干粘石

干粘石即在水泥砂浆上面直接干粘石子。其做法为：先将已经硬化、厚度为12mm、水灰比为1:3的水泥砂浆底面浇水湿润，再抹一层厚度为6mm、配合

比为1∶2.5的水泥砂浆中层，随即紧跟再抹一层配合比为1∶0.5、厚度为2mm的水泥石膏浆粘结层，同时将配有不同颜色或同色的粒径4～6mm的石子甩粘拍平压实。拍时不得把砂浆拍出，以免影响美观，待有一定强度后洒水养护。亦可用喷枪将石子均匀有力地喷射于粘结层，用铁抹子轻轻压一遍，使表面搓平。如在粘结砂浆层中掺入108胶，可使粘结层砂浆抹得更薄更均匀，石子粘得更牢。

3. 斩假石

用配合比为1∶2的水泥砂浆打底，2h后浇水养护，硬化后在表面浇水湿润，刮素水泥浆一道，随即用配合比为1∶2.5、厚度为10mm的水泥石渣浆（内掺30%石膏）罩面，抹完后要注意防止日晒和冰冻，并养护2～3天，强度达到60%以上，用剁斧将面层斩毛，剁的方向要一致，剁纹深浅要均匀，一般两遍成活，分隔缝周边、墙角、柱子的棱角周边留15～20mm不剁，即可作出类似用石料砌成的装饰面。

4. 喷涂饰面

喷涂饰面具有机械化程度高，施工进度快，装饰效果好，广泛地应用于外墙面装饰工艺。先用1∶3的10mm水泥砂浆打底；再用1∶3的108胶水溶液喷刷一道，作为粘结层；然后用砂浆泵和喷枪将聚合物砂浆均匀地喷涂在粘结层上，通过调整砂浆的稠度和喷枪喷射时的压力，可喷成砂浆饱满、波纹起伏的"波面"，也可喷涂成细碎颗粒的"粒状"。面层干燥后，喷罩甲基硅酸钠憎水剂，提高涂层的耐久性和减少墙面的污染。喷涂砂浆的配合比见表9-1。

表9-1 喷涂砂浆配合比（质量比）

饰面作法	水泥	颜料	细骨料	108胶	六偏磷酸钠	石灰膏
波面	100	适量	100	20	0.1	
波面	100	适量	100	15	0.1	100
粒面	100	适量	100	10	0.1	
花点	100	适量	100	15	0.1	100

5. 滚涂饰面

滚涂饰面是将带颜色的聚合物砂浆涂抹在底层上，随即用平面或带有拉毛的橡胶、泡沫塑料辊子，滚出所需要的花纹和图案。其分层做法为：10mm厚水泥砂浆打底，3mm厚色浆罩面，随抹随用辊子滚出花纹，面层干燥后，喷涂有机硅水溶液。滚涂饰面砂浆配合比见表9-2。

表9-2 滚涂饰面砂浆配合比（质量比）

种类	白水泥	水泥	砂子	108胶	水	颜料
灰色	100	10	110	22	33	—
绿色	100	–	100	20	33	氧化铬绿

三、饰面工程

把饰面材料镶贴或安装到基体表面上以形成装饰层的过程称为饰面工程。饰面材料基本分为饰面砖和饰面板两大类。饰面板常用的有大理石、花岗岩等天然石材板；预制水磨石、人造大理石等人造饰面板和金属饰面板，采用构造连接的安装工艺为主。饰面砖常用的有瓷砖、外墙面砖等，采用直接镶贴工艺为主。

（一）饰面板工程

1. 饰面板（砖）材料的质量要求

（1）石材饰面板　常用的石材面板有大理石和花岗岩，要求棱角方正、表面平整、石质细密、光泽度好，不得有裂纹、色斑、风化等隐伤。使用前应检验大理石、花岗岩的放射性指标。人造石饰面板主要有预制水磨石、人造大理石饰面板，要求表面平整光滑，石粒均匀，色彩协调，无气孔、裂纹、露筋等现象。

（2）饰面砖　要求表面光洁、质地坚硬、色彩一致，不得有暗痕和裂纹，吸水率不得大于10%。

（3）金属构件　安装饰面板（砖）用的铁制锚固件，连接件应经防锈处理，镜面和光面大理石，花岗石饰面，应用铜连接件。

（4）金属面板　常用的金属面板有铝合金板、不锈钢板、镀锌板。金属面板应表面平整、光滑、无裂缝，颜色一致、边角整齐，镀层厚度均匀，无污染和伤痕。

2. 石材面板安装工艺

石材面板根据规格大小不同，安装方法主要有粘贴法、挂贴法和干挂法。

（1）粘贴法安装施工工艺

1）基层处理。清除墙、柱基体上的灰尘、污垢，保证基体的平整、粗糙和湿润。

2）抹底灰。用1∶3的水泥砂浆在基体上抹12mm厚的底灰，刮平、划毛。

3）弹线定位。按照设计图样和实际粘贴的部位，以及饰面板的规格及接缝宽度，在底灰上弹出水平线和垂直线。

4）粘贴饰面板。饰面板粘贴前用水浸泡，取出晾干。饰面板粘贴之前，底灰上刷一道素水泥砂浆。饰面砖粘贴时必须按弹线和标志进行，墙面的阴阳角、转角处均须拉垂直线，并进行兜方。粘贴第一层面砖时，应以房间内最低的地漏处或水平线为准，并在砖的下口用直尺托底。粘贴时在饰面背面抹上3mm厚的素水泥砂浆（可加入适量的108胶），贴上后用木锤或橡胶锤敲击，使之粘牢。

5）嵌缝。待整个墙面粘贴完毕，接缝处应用与饰面砖颜色相同的石膏浆或水泥浆进行嵌缝。勾缝材料硬化后，用盐酸溶液刷洗，再用清水冲洗干净。

（2）挂贴法安装施工工艺　安装前墙面应先抄平，进行预排。按设计要求在饰面板的四周侧面钻好绑扎铁丝的圆孔，以便将板材与基体表面的钢筋骨架绑扎固定。饰面板的安装自下而上进行，每层板由中间或一端开始。饰面板用铜丝或不锈钢丝绑扎在钢筋网片上，板材的平整度、垂直度和接缝宽度用木楔调整。板材就位后，上、下角的四角用石膏临时固定，确保板面平整。然后用1∶2的水泥砂浆分层灌缝，每层厚度为200mm。下层终凝后再灌上层，到离板材水平接缝以下10mm为止，安装好上一行板材后再继续灌缝，依次逐行往上操作。安装好的板材接缝处用与板材接近的水泥色浆嵌缝，使缝隙密实干净，颜色一致。挂贴法安装施工如图9-3所示。

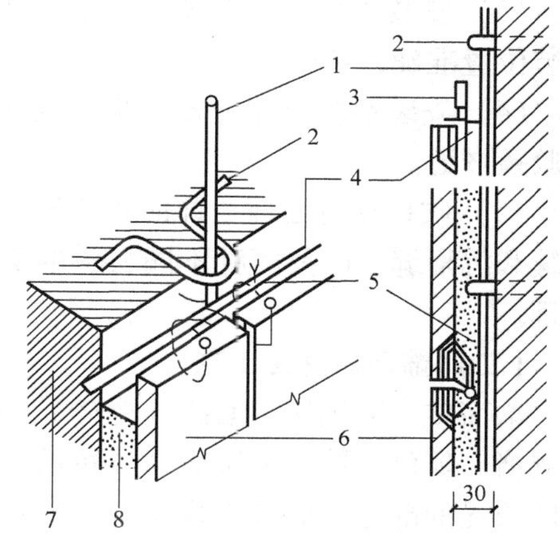

图9-3　挂贴法工艺构造示意图

1—立筋　2—铁环　3—定位木楔　4—横筋　5—铜丝　6—石材板　7—墙体　8—水泥砂浆

（3）干挂法安装施工工艺　剔除突出基体表面影响扣件安装的部分，在饰面板上打孔，然后用不锈钢连接器与埋在混凝土墙体内的膨胀螺栓联接。干挂板材应保证板材的水平度与垂直度满足有关规定，水平方向的相邻板材之间用$\phi5$不锈钢销钉固定，将板材固定在上、下连接件上，并用环氧树脂胶密封。安装无误后，清扫拼接缝，填入橡胶条，然后用硅胶涂封。干挂法工艺构造如图9-4所示。

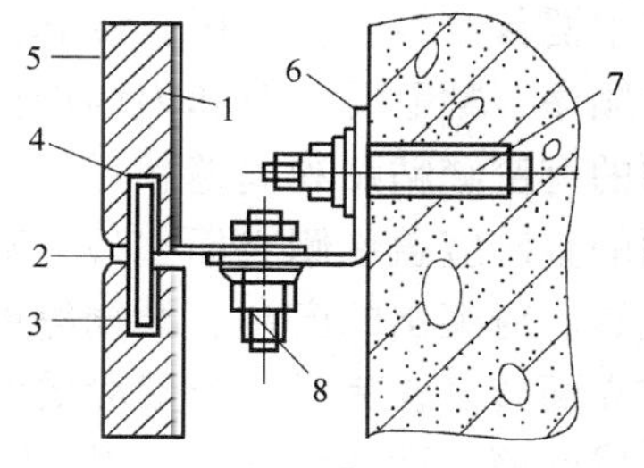

图9-4　干挂工艺构造示意图

1—玻璃布增强层　2—嵌缝剂　3—钢针　4—长孔（充填环氧树脂胶）　5—石材板　6—安装角钢　7—膨胀螺栓　8—紧固螺栓

3. 铝合金饰面板安装工艺

铝合金饰面板常用的固定方法有两大类型：一种是将板条用螺栓拧到型钢或木骨架上；另一种是将饰面板卡在特制的龙骨上。施工工艺为：放线，安装连接件，安装骨架，安装铝合金饰面板，收口构造处理。

（1）放线　将骨架的位置弹到基层上，保证骨架施工的正确性。放线最好一次完成，如有差错，可随时进行调整。

(2) 安装连接件　骨架的横竖杆通过连接件与基层固定，连接件与结构之间可以与结构的预埋件焊接，也可以打设膨胀螺栓。连接件应固定牢靠，位置准确，不易锈蚀。

(3) 安装骨架　骨架应先进行防腐处理，横杆标高一致，骨架表面平整，安装位置准确，结合牢靠。

(4) 安装铝合金饰面板　板的安装要牢固、平整、无翘起、卷边。板缝用橡胶条嵌缝。

(5) 收口构造处理　饰面板安装后，对水平部位的压顶、端部的收口、伸缩缝和沉降缝，以及两种不同材料的交接处，必须用特制的铝合金成型板进行处理。

(二) 饰面砖施工工艺

饰面砖一般包括彩面砖（瓷砖）、外墙面砖等。面砖镶贴前应挑选、预排，使规格、颜色一致。基层表面残留的砂浆、灰尘等用钢丝刷洗干净，基层表面凸凹明显的部分，应事先剔平，门窗口与墙交接处用水泥嵌填密实。基层表面用质量比为 1∶3 的水泥砂浆分层抹灰，抹灰时，注意找好檐口、腰线、窗台、雨篷等饰面的流水坡度和滴水线。

镶贴前按砖实际尺寸弹出控制线，定出水平标高和皮数，用水浸砖 3～5h。镶贴时先浇水湿润，根据弹线稳好平尺板。内墙面粘贴一般用质量比为 1∶2 的水泥砂浆做结合层，粘贴的顺序为：由下往上，由左往右，逐层粘贴。如有水池、镜框，应以水池、镜框为中心往两边分贴。如墙面有突出的管线、灯具、卫生器具支撑物，应用整砖套割吻合，不得用非整砖拼凑镶贴。外墙面砖的粘贴顺序、粘贴要求等和内墙面砖基本相同。外墙面砖的粘贴排列方式较多，常用的有密缝粘贴和离缝粘贴、齐缝粘贴和错缝粘贴。阳角部位应用整砖，正立面的整砖应盖住侧立面整砖；对大面积墙面的粘贴除不规则部分外，其他都不裁砖。对突出的窗台、腰线等部位，粘贴时要做出一定的排水坡度，台面砖盖住立面砖。在完成一个层段的墙并检查合格后，用 1∶1 的水泥砂浆勾缝，勾缝做成凹缝。面砖密缝处可用相同颜色的水泥擦缝，硬化后将表面清洗干净。

(三) 饰面板（砖）工程质量控制与检验

1. 饰面板安装工程

安装用的预埋件连接件的数量、规格、位置、连接方法和防腐处理必须符合设计要求，饰面板安装必须牢固。表面平整洁净，无泛碱污染。嵌缝密实、平直、色泽一致，宽度深度符合要求。饰面板允许的偏差和检验方法符合表 9-3 的要求。

2. 饰面砖粘贴工程

1) 饰面砖的品种、规格、图案、颜色和性能、粘贴的手法、勾缝材料等应符合设计要求及现行的标准及规范、粘贴牢固。

表 9-3 饰面板允许偏差与检验方法

<table>
<tr><th rowspan="3">项目</th><th colspan="7">允许偏差/mm</th><th rowspan="3">检验方法</th></tr>
<tr><th colspan="3">石材</th><th rowspan="2">瓷板</th><th rowspan="2">木材</th><th rowspan="2">塑料</th><th rowspan="2">金属</th></tr>
<tr><th>光面</th><th>剁斧石</th><th>蘑菇石</th></tr>
<tr><td>立面垂直度</td><td>2</td><td>3</td><td>3</td><td>2</td><td>1.5</td><td>2</td><td>2</td><td>用2m垂直检测尺检查</td></tr>
<tr><td>表面平整度</td><td>2</td><td>3</td><td>–</td><td>1.5</td><td>1</td><td>3</td><td>3</td><td>用2m靠尺和塞尺检查</td></tr>
<tr><td>阴阳角方正</td><td>2</td><td>4</td><td>4</td><td>2</td><td>1.5</td><td>3</td><td>3</td><td>用直角检测尺检查</td></tr>
<tr><td>接缝直线度</td><td>2</td><td>4</td><td>4</td><td>2</td><td>1</td><td>1</td><td>1</td><td>拉5m线，不足5m拉通线，用钢直尺检查</td></tr>
<tr><td>墙裙、勒脚上口直线度</td><td>2</td><td>3</td><td>3</td><td>2</td><td>2</td><td>2</td><td>2</td><td>拉5m线，不足5m拉通线，用钢直尺检查</td></tr>
<tr><td>接缝高低差</td><td>0.5</td><td>3</td><td>—</td><td>0.5</td><td>0.5</td><td>1</td><td>1</td><td>用钢直尺和塞尺检查</td></tr>
<tr><td>接缝宽度</td><td>1</td><td>2</td><td>2</td><td>1</td><td>1</td><td>1</td><td>1</td><td>用钢直尺检查</td></tr>
</table>

2）阴、阳角处搭接方式等应符合设计要求。

3）墙面突出物周围的饰面砖应整砖套割吻合，边缘整齐，墙裙、贴脸突出墙面的厚度应一致。

4）接缝平直、光滑，填嵌应连续、密实，宽度和深度一致。

5）允许偏差和检验方法应符合表 9-4 的规定。

表 9-4 饰面砖允许的偏差与检验方法

<table>
<tr><th rowspan="2">项目</th><th colspan="2">允许偏差/mm</th><th rowspan="2">检验方法</th></tr>
<tr><th>外墙面砖</th><th>内墙面砖</th></tr>
<tr><td>立面垂直度</td><td>3</td><td>2</td><td>用2m垂直检测尺检查</td></tr>
<tr><td>表面平整度</td><td>4</td><td>3</td><td>用2m靠尺和塞尺检查</td></tr>
<tr><td>阴阳角方正</td><td>3</td><td>3</td><td>用直角检测尺检查</td></tr>
<tr><td>接缝直线度</td><td>3</td><td>2</td><td>拉5m线，不足5m拉通线，用钢直尺检查</td></tr>
<tr><td>接缝高低差</td><td>1</td><td>0.5</td><td>用钢直尺和塞尺检查</td></tr>
<tr><td>接缝宽度</td><td>1</td><td>1</td><td>用钢直尺检查</td></tr>
</table>

第三节 天棚施工工艺

天棚又称为吊顶、顶棚、天花板、平顶，是室内装修工程的重要组成部分。是安装照明、暖卫、通风、防火、报警等设备的隐蔽层，同时具有保温、隔热、隔声和吸音的作用。其形式有直接式和悬吊式。

悬吊式吊顶分为活动式装配吊顶（铝合金吊顶）、隐蔽式装配吊顶、金属装饰板式吊顶、开敞式吊顶和整体吊顶。

铝合金吊顶由吊杆、龙骨、T形骨、铝角条、饰面板等组成。

吊杆又称吊筋，是连接楼板与龙骨的承重结构，它的形式与选用和楼板的形式、龙骨的形式与材料、吊顶的质量有关。龙骨是吊顶承上启下的构件，与吊顶连接，并为面层罩面板提供安装节点。普通不上人的吊顶一般用木龙骨、型钢或轻钢龙骨，上人顶棚的龙骨，因承载要求高，要用型钢或大断面木龙骨，然后在龙骨做人行通道。在吊顶上安装管道以及大型设备的龙骨要加强。饰面层分为湿抹灰面层和饰面板面层两大类，由于吊顶龙骨较高，湿抹灰施工不便，而且施工速度慢，实际工程当中利用各种饰面板面层的较多，既便于施工又便于管道安装和检修。

施工时，在结构基层上，按设计要求弹线，确定龙骨及吊顶的位置。一般上人的大龙骨的中距不大于1200mm，吊顶距离为900～1200mm，不上人大龙骨中距为1200mm，吊顶距离为1000～1500mm。在墙面和柱面上，按吊顶高度要求弹出标高线，然后在吊顶位置将龙骨与结构连接固定。在吊点位置处用射枪固定一枚带孔的钢钉，用铁丝将钢钉与龙骨固定；在吊点位置处预埋膨胀螺栓，用吊杆连接固定；在吊点位置预留吊钩或埋件，将吊杆一端直接与预留吊钩固定或预埋件连接，另一端连接固定龙骨。将大龙骨与吊杆固定后，按照标高线调整大龙骨的标高，使其在同一水平面上，用钢钉把铝角条钉在四周的墙面上。跨度较小的平顶，饰面板采用搁置式，在龙骨上逐块铺设；当跨度较大时，将铝合金条板按设计要求用射钉固定于龙骨上。铝合金吊顶龙骨必须牢固，并应互相交错拉牵。吊顶的水平面拱度要均匀、平整，T形骨纵横要平直，四周铝角应水平。

第四节　门窗工程施工工艺

门窗工程根据材料主要分为：木门窗、钢门窗、铝合金门窗、塑料门窗等。室内门多选用木门窗；室外门窗受日晒、风吹、雨淋，易发生膨胀干缩变形现象，不宜选用木门窗；钢门窗气密性、水密性较差，并且钢的热导率大。一般的建筑物宜选用钢门窗；对防尘、隔声、保温、隔热要求高的建筑物，以及多台风、多暴雨、多风沙地区的建筑物，宜选用铝合金门窗。

一、木门窗的制作安装

木门窗的制作是在专门的木制品加工厂内进行的，属于机械化大生产。木料的选用应按设计要求并符合木结构工程施工及其验收规范的规定。对于重要的公共建筑，木门窗制作时除了满足其装饰效果，还要注意其使用的耐久性。

1. 木门窗的制作

（1）选材、下料 根据设计要求，加工门窗的木材经选定后，下料时要计算准确，实行配套下料。不准大材小用、长材短用。要合理地确定加工余量，宽度和厚度的加工余量。一面刨光者留3mm，两面刨光者留5mm，构件长度在100mm以下，加工余量可留3～4mm。门窗框料有顺弯时，其弯度一般不应超过1mm，扭弯的框料一般不准使用青皮、倒楞。如在正面，裁门时能裁完者才准使用，如在背面且超过木料厚度的1/6和长度的1/5时，一般不准使用。所选用的木料为马尾松、木麻黄、桦木或杨木等易腐朽、易虫蛀的树种时，整个构件应做防腐防虫蛀的药剂处理。

（2）门窗框、门窗扇画线 画线前应仔细检查已刨好的木料，确认合格后将木料放到画线机或画线架上。画线时应严格按设计图要求进行，和样板样式、尺寸、规格必须完全一致，并先做出样品，经审核合格后，再正式画线。画线时要选光面作为表面，将有缺陷的面放在背面。画出的木榫、孔眼、厚、薄、宽、窄尺寸必须一致。用画线刀或线勒子画线时要用钝刀，以免因为画线过深而影响质量和美观。画好的线最粗不准超过0.3mm，保证线条均匀、清晰。不用的线应立即废除、以免发生混乱。画线的顺序应先画外皮横线，再画分格线，最后画顺线，同时用方尺画两端头线、冒头线和棂子线等。

门窗框及厚度大于50mm的门窗扇，应采取双夹榫连接，冒头料宽度大于180mm时，一般只画出上、下双榫。榫眼厚度一般为料厚的1/5～1/3，中冒头大面宽度大于100mm时，榫头必须大进小出。门窗棂子榫头厚度为料厚的1/3。半榫孔眼深度一般不大于料宽度的1/3，冒头拉肩应与榫吻合。门窗框的宽度超过120mm时，背面应推出凹槽，以防发生卷曲。

（3）凿眼 凿眼所用的凿刀要与眼的宽窄一致，凿出来的眼顺木纹两侧要直，不准错岔；凿通眼时应先打背面，后打正面；凿眼时，眼的一边线要凿半线，留半线；手工凿眼时，眼内上、下端中部宜稍突出些，以便拼装时加楔打紧，半眼深度应一致，并要比半榫深2mm左右。成批大量生产门窗时，应经常核对孔眼的位置、尺寸，以免出现大的误差。

（4）拉肩、开榫 拉肩、开榫时要留半个墨线，拉出来的肩和榫要保证直、平、正、方、光，不准变形；外出的榫要与眼的宽、窄、厚、薄一致，并在加楔处锯出楔子口，半榫的长度要比眼的深度短2mm，拉肩不准伤榫。

（5）裁口、起线 裁口刨、起线刨的刨底应平直，刨刀盖要严密，刨口不宜过大，刨刀要锋利。使用起线刨时应加导板，以保证线条平直，操作时要一次推完要求的线条。裁口遇有节疤时，不准用斧头去砍，用凿子剔平，然后刨光。阴角处不清时可以用举线刨清理。裁口、起线必须方正、平直、光滑，线条

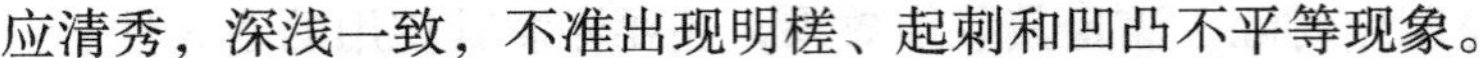

应清秀，深浅一致，不准出现明槎、起刺和凹凸不平等现象。

(6) 门窗成形的注意事项　门窗组装成形前先对部件进行核对、质量上要求部件方正、平直、线脚整齐分明，表面光滑，尺寸、规格、式样应符合设计要求。组装时，下面用木方子垫平，放好各部件，榫眼对正，用斧子轻轻敲击打入。加榫的要求是所有榫头都要加楔，楔宽和榫宽一样，门窗框每个榫加两个楔，且要求木楔打入前要粘鳔胶。

门窗扇组装完毕，构件的裁口应在同一个平面上。镶门心板的凹槽深度应在镶入后尚余2～3mm的间隙。制作胶合板门、纤维板门时，边框和横楞必须在同一平面上，面层与边框及横楞应加压胶结，还要在横楞和上、下冒头各钻2个以上的透气孔，以防因受潮造成脱胶或起鼓。普通双扇门窗刨光后应平放，刻刮错口（引迭），刨平后成对做出标记。门窗框嵌入建筑结构部分或靠贴墙面部分都要涂刷防腐涂料。组装好的门窗应在其明显处编号，用楞木四角垫起，离地高度为300mm左右，保证放置水平并加以覆盖。

2. 木门窗的安装

木门窗的安装方法有立口法和塞口法两种，建筑工业化施工门窗安装都采取塞口法，即在主体结构工程施工时。预留出门、窗洞口，进入装修（饰）工程施工时在预留洞口内根据设计要求安装门窗。

(1) 木门窗框的安装（塞口法）　具体如下：

1）门窗框安装前先检查门窗洞口的尺寸，洞口的垂直度、平整度误差太大或预埋件有问题应及时予以解决。

2）弹线、找基准安装门窗框前，在预留门窗洞口的墙面上，应先弹出安装基准线。从内墙500mm线往上返找出窗框下皮的安装标高，并拉出水平通线。确保该排窗框安装完毕后处于同一水平面；以水平通线为基准再统一量取进深线，以保证一排窗框处于同一立面；安装时在洞口用线坠吊垂直，有效地保证安装精度要求。

3）门窗框就位后，应留出门窗框走头（门窗框上、下坎两端伸出口外部分）的缺口，经调整后用木楔临时固定。砖墙有预埋木砖的用钉子固定门窗框；混凝土墙与预埋铁件焊接，每边固定点应不少于两处，其间距不大于1.2m。门窗框一面需镶贴脸板时，门窗框需凸出墙面，凸出的部分应等于抹灰的厚度。严寒地区门窗框与外墙间的空隙，应填塞保温材料，然后再用砂浆封缝。

(2) 木门窗扇的安装　木门窗扇安装前应认真检查门窗扇的型号、规格、质量是否符合设计要求。测量门窗框的高低、宽窄尺寸，然后在相应的扇边上画出高低、宽窄的位置线。双扇门要打迭（自由门除外），先在中间缝处画出中线，再画出边线，要保证梃宽一致，上、下冒头要画线刨直。画好高低、宽窄线后，用粗刨刨占线外部分，再用细刨刨至光滑、平整，使其满足设计尺寸的要求。将扇在框中就位试装合格后，按扇高的1/8～1/10，在框上按合页大小画线，并剔出合页槽。槽深要与合页厚度相适应，槽底要平整。

（3）木门窗小五金件的安装　凡在节子处或填补的节子处，一律不准安装小五金件。安装合页、插销、L形铁件、T形铁件等小五金时，可先用锤子将木螺丝打入1/3长度，然后用螺丝刀将木螺丝拧紧、拧平，不准歪斜、倾斜。严禁用锤子打入全部深度。若门窗框为硬木，可先钻出2/3螺钉长的探孔，孔径为木螺丝直径的0.9倍，然后再将木螺丝由孔中拧入。合页距门窗上、下端的距离宜取立梃高度的1/10，并避开上、下冒头，安装后应开关灵活。门窗拉手应位于门窗高度中点以下，窗拉手距地面以1.5～1.6 m为宜；门拉手距地面以0.9～1.05 m为宜，门拉手的高度应里外一致。门锁不宜安装在中冒头与立梃的结合处，以免伤榫，门锁位置一般以高出地面900～950mm为宜。上、下插锁要安装在梃宽的中间。若采用暗插销，则要在外梃上剔槽。门窗扇嵌L形铁、T形铁时，应加以隐蔽，做凹槽，安装完后应低于表面1mm左右。门窗扇为外开时，L形铁、T形铁安在内面；内开时则安在外面。

3. 木门窗的安装质量要求

1）木门窗框的安装位置应符合设计要求，安装必须牢固，固定点应合乎规范规定。

2）木门窗框与墙体间的缝隙应填嵌密实。

3）木门窗扇的安装要求裁口顺直，刨面平整光滑，开关灵活、稳定、无回弹和倒翘。

4）门窗上小五金件的安装位置要适宜，槽边应整齐，槽深要一致，尺寸要准确。小五金件要安装齐全，规格符合设计要求。木螺丝拧紧卧平，插销开启灵活。

5）木门窗披水、盖口条、压缝条和密封条的安装要求尺寸一致、平直光滑，与门窗结合牢固严密、无缝隙。

二、钢门窗的安装

1. 钢门窗的安装施工工艺

（1）弹线　以墙面500mm水平基准线为准，按门窗安装的标高、尺寸和开启方向，在墙体预留洞口的四周弹出门窗的落位线。若工程为多层或高层建筑，则应以顶层门窗的落位线为主，用线坠从顶层分出门窗线垂吊下来，每层按此垂线弹好引线，并弹好垂线。

（2）立钢门窗、校正　将钢门窗平稳地塞入预留洞口并摆正，用木楔在门窗框四角和框梃的端部临时固定，然后用水平尺并拉对角线将门窗框校正、找直。待同一墙面所有预留洞口的门窗安装后，再拉出水平通线，校正水平位置，

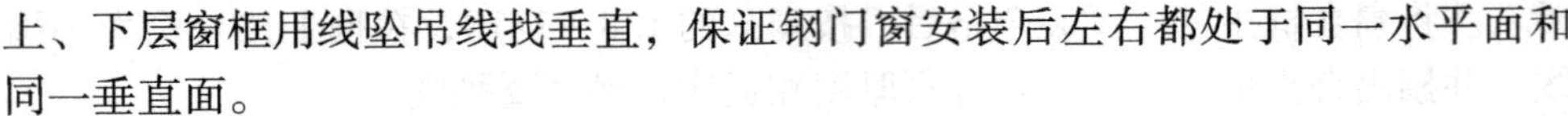

上、下层窗框用线坠吊线找垂直，保证钢门窗安装后左右都处于同一水平面和同一垂直面。

（3）固定门窗框　钢门窗框贴近墙体的面在规定的位置都焊接有开脚扁铁，安装时已插入墙体预留孔洞中，此时向孔洞内灌 1:3 的水泥砂浆或细石混凝土，并要灌塞密实，待其凝固后进行浇水养护，经过一段时间，洞内砂浆或混凝土具有了一定强度后，再用 1:2 的水泥砂浆嵌实门窗框四周的缝隙。

（4）安装窗扇　嵌缝砂浆经过 3 天的硬化后，取出木楔，填补水泥砂浆，然后借助于合页安装配套的窗扇。

（5）安装五金配件　五金配件安装之前，要检查门窗在洞口内的安装是否牢固、开闭是否灵活、关闭是否严密，确认无问题且已刷完交活漆后才能进行安装。密封条应在钢门窗最后一遍油漆成膜后按设计要求安装压实。在拐角处直条密封条必须裁成45°角，再粘成直角安装。装配五金配件的螺钉拧紧后不准松动，埋头螺丝拧紧后不准高于五金配件的表面。

（6）安装纱门窗　纱门窗扇安装前应进行检查，发现尺寸不合适者要更换，有变形的要进行校正。对于高度、宽度超过 1.4m 的纱扇，安装前要在纱扇中部加木条支撑，以防窗纱凹陷而影响使用。为已配套的窗扇和压纱条切纱时，要切出比其实际尺寸宽出 50mm 的窗纱。绷纱时先用机螺丝固定上、下压条，然后固定两侧压纱条，最后切去多余的纱头，再将机螺丝的丝扣用凿子剔平，钢板锉锉平。金属窗纱或尼龙窗纱安装完毕要集中刷油漆，交活前再将纱门窗安装在钢门窗框上，最后在纱门上安装护纱条和纱门窗拉手。

2. 钢门窗安装的质量要求及检测方法

1）钢门面及其附件的质量、安装位置、开启方向必须符合设计要求。

2）钢门窗的安装必须牢固、可靠，开关灵活，无阻滞、回弹和倒翘现象，关闭应严密。门窗框与墙体间的缝隙应填塞密实，表面应光滑、平整。

第五节　涂料、油漆和裱糊施工工艺

涂料、油漆工程包括涂料涂饰和油漆涂饰。涂料涂饰是将胶体的溶液涂在物体表面，油漆工程是将油质液体涂刷在木材、金属构件的表面上，使之与基层粘结，形成一层完整坚韧的薄膜，达到装饰、美观、免受外界侵蚀的目的。

一、涂料涂饰

建筑涂料按成膜物质的组成可分为油性涂料、有机高分子涂料、无机高分子涂料、有机无机复合涂料；按使用部位分为外墙涂料、内墙涂料、顶棚涂料、地面涂料、门窗涂料、屋面涂料等；按涂料的稀释剂可分为水溶型涂料、水乳型涂料、溶剂型涂料；按使用功能可分为防火涂料、防水涂料、防霉涂料等。

（一）新型内墙涂料

1. 乳胶漆

乳胶漆属乳液型涂料，以合成树脂乳液为主要成膜物质。常用的乳胶漆有聚氨酯乙烯乳胶漆、丙烯酸酯乳胶漆等。乳胶漆漆膜坚硬平整、表面无光，色彩明快柔和，附着力强，易清洗，安全无毒，操作方便，涂膜透气性和耐碱性好。适用于高级室内抹灰面，混凝土、水泥砂浆、石棉水泥板等各种基层。是一种性能良好的新型水性涂料。

2. JHN84-1 无机耐擦洗涂料

JHN84-1 无机耐擦洗涂料是粘结度较高又耐擦洗的内墙无机涂料，以硅酸钾为主要成膜物质，加入适量固化剂、填料、稀释剂搅拌而成的水溶性无机高分子涂料。这种涂料遮盖力强，耐酸碱、耐污染、耐水、耐擦洗，可用于各种基层外墙的建筑饰面。涂料使用前应搅拌均匀，使用中不得随意加水，施工时以喷涂效果最好，也可以刷涂和滚涂。

3. 喷塑涂料

喷塑涂层分为底油、骨架、面油。底油是涂布乙烯—丙烯酸酯共聚乳液，抗酸碱、耐水；骨架是主要构成部分，是喷塑涂料特有的成型层；面油是喷塑涂料的表面层，面油内可以加入色浆，使喷涂层色彩柔和。

（二）新型外墙涂料

1. 丙烯酸乳胶漆

这种涂料以有机高分子材料苯乙烯、丙烯酸酯乳液为主要胶粘剂，加上颜色、填料和集料而制成的薄质型和厚质型涂料。这种涂料具有良好的耐水性和耐酸碱性，遮盖力强，耐污染，耐老化。

2. JH80-1 无机高分子建筑涂料

该涂料主要用于外墙的涂刷，以金属硅酸钾为主要成膜物质，掺入适量的固化剂、填料、分散剂、着色剂等制成的无机水溶性涂料。遮盖力强，耐水、耐污染、附着力强、耐酸碱，适用于各种基层。涂料使用前应搅拌均匀，使用中不得随意加水稀释。

3. JH80-2 无机高分子建筑涂料

该涂料以胶态氧化硅为主要胶结剂，掺入适量的填充剂、着色剂、表面活性剂，单相组分水溶性高分子无机外墙涂料。耐酸碱、耐沸水、耐冻融、耐污染，涂刷性好。易于涂刷，也可喷涂。

二、油漆涂饰

（一）油漆的分类

建筑工程中常用的油漆有：

1. 清油

又称鱼油、熟油，漆膜柔软，易发粘。多用于稀释厚漆和防锈漆调配的油料。

2. 厚漆

又称铅油，有红、白、绿、黑等色，漆膜柔软，粘结性好，光亮度、坚硬性较差。使用时加清油稀释，广泛用作各种面漆前的涂层打底，调配腻子。

3. 清漆

不含颜料，分油质清漆和挥发性清漆。油质清漆又称凡立水，漆膜干燥快，光泽好，常用于物体表面的罩光。挥发性清漆是将漆片溶于酒精内制成，漆膜坚硬光亮，不耐水、耐热，易失光，多用于室内木材面层打底。

4. 调和漆

有大红、奶黄、白、绿、灰等色，质地均匀，稀稠适度，耐腐蚀、耐晒、遮盖力强。使用时，用松节油稀释，适用于一般建筑物的门窗涂刷。

5. 防锈漆

分为油性防锈漆和树脂防锈漆两种。常用的油性防锈漆有红丹油性防锈漆和红油性防锈漆，树脂防锈漆有红丹酚醛防锈漆和锌黄醇酸防锈漆，主要用于金属结构表面的涂刷，起防锈作用。

（二）油漆涂饰施工

1. 油漆涂饰施工工艺

油漆工程施工包括基层处理、打底子、抹腻子和涂刷油漆等工序。

（1）基层处理　为了使油漆与基层表面粘结牢固，必须对涂刷在木料、金属、抹灰层和混凝土基层的表面进行处理。木材基层表面油漆前清除灰尘污垢，表面上的缝隙、节疤修整后用腻子填补抹平。待腻子干燥后，用砂纸打磨光滑，打磨时不能磨穿油底，磨损棱角。金属基层表面油漆前应除去锈斑、尘土、油渍、焊渣等。混凝土基层和抹灰层表面油漆前，基层表面应干净、坚实，不得有脱皮、起壳、粉化等现象。表面的麻面、缝隙及凹陷处应用腻子填平。

（2）打底子　用清油刷底油一道，厚薄均匀，使基层表面具有均匀的吸色能力。

（3）满刮腻子　清油干透后，在基层上抹一层腻子或油灰，待其干燥后用砂纸打磨，然后再抹腻子，再打磨，直到表面平整光滑。腻子磨光后，表面清理干净，再涂刷一道清漆，以便节约油漆。

（4）涂刷油漆　涂刷的方法有刷涂、喷涂、揩涂、滚涂等。按施工的质量要求分为普通油漆、中级油漆和高级油漆。

1）刷涂。刷涂是用棕刷蘸油漆涂刷在物体表面，涂刷时设备简单，用油节

省，但功效低。

2）喷涂。喷涂是用喷雾器将油漆喷射在物体表面，喷射时需每层往复进行，单次不能喷得过厚，需分次喷涂，以达到厚而不流。喷涂功效高，漆膜分散均匀，平整光滑，但是油漆消耗量大，设备复杂。

3）揩涂。揩涂是用布或丝团浸油漆在物体表面上来回滚动，以达到漆膜均匀，主要适用于生漆的施工。

4）辊涂。辊涂是用羊毛辊子或橡皮辊子浸油漆在物体表面滚动，滚涂形成的漆膜均匀，可使用较稠的油料，适于墙面滚花涂饰。

2. 油漆涂饰的质量要求

一般松软木材面、金属面采用普通油漆或中级油漆；硬质木材面、抹灰面采用高级油漆或中级油漆。

油漆工程质量验收应待漆面结成牢固的漆膜后进行。清漆的质量要求见表9-5。混色油漆的质量要求见表9-6。油漆工程常见的质量通病及消除问题见表9-7。

表9-5 清漆表面质量要求

项次	项目	中级油漆	高级油漆
1	漏刷、脱皮、斑迹	不允许	不允许
2	木纹	棕眼刮平、木纹清楚	棕眼刮平、木纹清楚
3	光滑和光亮	光亮足、光滑	光亮柔和、光滑无挡手感
4	裹楞、流坠、皱皮	大面不允许、小面明显处不允许	不允许
5	颜色、刷纹	颜色基本一致，无刷纹	颜色一致，无刷纹
6	五金、玻璃等	洁净	洁净

表9-6 混色漆表面质量要求

项次	项目	普通漆	中级油漆	高级油漆
1	脱皮、漏刷、反锈	不允许	不允许	不允许
2	透底、流坠、皱皮	大面不允许	大面和小面明显处不允许	不允许
3	光亮和光滑	光亮均匀一致	光亮、光滑均匀一致	光亮足、光滑无挡手感
4	分色裹楞	大面不允许，小面允许偏差3mm	大面不允许，小面允许偏差2mm	不允许
5	装饰线、分色线平直（拉5m线检查，不足5m拉通线）	偏差不大于3mm	偏差不大于2mm	偏差不大于1mm

（续）

项次	项目	普通漆	中级油漆	高级油漆
6	颜色、刷纹	颜色一致	颜色一致，刷纹通顺	颜色一致，无刷纹
7	五金、玻璃等	洁净	洁净	洁净

表 9-7 油漆质量通病及消除方法

项次	病态	原因分析	消除方法
1	流淌（漆液下垂）	漆的粘度大，涂层厚；油刷毛长而软，掺入的稀释剂干性慢	做到少蘸油，勤蘸油，刷均匀
2	皱纹（失去光彩）	漆膜过厚或刷油不均；干性快和干性慢的漆掺和使用，或是催干剂加得过多，产生外干里湿；刷油后遇高温、暴晒或骤冷	加强操作控制；避免高温曝晒，适量加入催干剂
3	发粘（漆膜干后发粘或夏天发粘）	底层处理不当，物面沾有油、碱等残迹，底漆未干透便涂面漆或油漆涂刷过厚；加入松香油或催干剂过多，物面过潮；气温过低等	将基层杂质去净或用漆片封闭，并保持干燥，漆面避免水、煤气作用
4	露底（露底色）	漆料的颜料用量不足；掺入过量的稀释剂；漆料沉淀未经搅拌就使用	选遮盖力好的漆料，稀释剂要适量
5	脱皮	油料质量低劣；漆内松香成分太多或稀释过薄；物面沾有油质、蜡质或基层未干透，物面太光滑；水泥基层腻子油质被吸去	物面清洗干净，干后再刷漆；水泥基层先刷清油一遍
6	发笑（部分收缩成锯齿圆珠针孔状）	底漆内掺有不干性稀释剂（煤油、柴油）；底层沾有油污或刷后受烟熏；物面太光滑；底漆光泽太大或没有打磨好；施工潮湿	在涂刷中发生时，应用汽油或松香水擦净物面或用布包石灰粉擦物面
7	起泡	基层未干，腻子或底漆未干即刷二遍漆；刷漆遇雨或油漆内有水分；漆膜过厚；稀释剂来不及挥发	基层干燥，防止在潮湿环境中施工
8	花纹	漆纹未干时遇水、煤气等作用	避免水、煤气的作用
9	粗糙（手摸有颗粒感）	基层处理不彻底；颜料过粗；漆中有污物未过滤；漆刷不干净；施工时灰尘粘在漆面上	漆要用细钢筛过滤，施工工具环境要清洁
10	渗色（底漆颜色渗到面漆上来）	底漆未干或太稀，漆膜未牢固就涂上溶解性强（漆内含香蕉水）的面漆；底漆未清除干净；节疤没有用漆片封闭；在深色的底漆上刷浅色面漆	木材面可涂一遍洋干漆封闭，金属面可用洋干漆或铝粉漆封闭
11	泛白（发生浑浊或中乳色）	施工现场潮湿；物面上沾有酸性植物胶吸收水分；洋干漆中酒精含量多	喷漆可加防潮剂再喷一遍，洋干漆可用酒精擦除再涂，洋干漆和硝基漆施工温度宜在 15 ~ 20℃
12	褪色	墙漆内有碱或油漆内颜料起化学变化	抹灰面要干燥

（续）

项次	病态	原因分析	消除方法
13	倒光（表面无光泽或光泽不足）	物面吸油或物面不平；底漆未干透；面漆有较强的溶剂使底层回软；面漆掺入了较多的溶剂或施工时与煤气接触、烟熏	再刷一遍面漆；稀释剂不超过8%～10%，施工时避免烟、煤气
14	粉化（脱粉掉粉）	油漆中稀释剂或颜料、填充料过多，油分过少，漆膜过薄，高温下施工；油漆质量差；两种混用	油漆配合比要好；选用质量好的油漆
15	龟裂	油料质量不好，面漆性能比底漆差；涂刷过厚，底漆未干；旧漆膜已有裂缝；受较强紫外线照射	选用油质相同的油漆，旧漆膜裂缝要铲除
16	起霜	施工环境中有烟、煤气、潮气，醇酸漆中含钴催干剂	施工时要防潮；避免使用钴催干剂

三、裱糊工程

裱糊工程，是将普通壁纸、塑料壁纸、玻璃纤维布用胶粘剂裱糊在内墙面上的一种装饰工程。壁纸和墙布图案花纹丰富、耐用、美观、施工方便，裱糊饰面得到广泛应用。

（一）裱糊材料及要求

用于裱糊饰面的材料按其基材的不同分为壁纸和墙布两大类。壁纸按所用材料的特点分为纸面壁纸、纺织物壁纸、金属壁纸、塑料壁纸等。墙布按所用的基材不同分为玻璃纤维墙布、无纺墙布、装饰墙布等等。塑料壁纸、玻璃纤维墙布是应用广泛的内墙装饰材料，具有耐擦洗、耐老化、颜色稳定、无毒、施工方便的特点。

胶粘剂应具有防腐、防霉，并具有耐久性。使用时根据不同的墙纸和墙布选择不同的胶粘剂。

（二）裱糊施工

1. 基层处理

裱糊前应将基层表面的污垢、尘土、灰砂清除干净；泛碱部位用醋酸清洗；麻面、蜂窝满刮腻子抹平、磨光；石膏板基层的接缝处和不同材料基层相接处应糊条盖缝。待表面干燥后，涂刷108胶，目的是防止基层吸水快，引起胶粘剂脱水，影响粘接效果。

2. 弹垂直线

为了使壁纸粘贴的花纹、图案、线条纵横相连贯，在底胶干后，根据房间的大小、门窗的位置、壁纸的宽度和花纹图案的完整性进行弹线，从墙的阳角开始，以壁纸宽度弹垂直线，作为裱糊时的操作准线。

3. 裁纸

根据墙面尺寸及壁纸类型、图案、规格尺寸，规划分割裁纸。裁纸应纸幅垂直，花纹，图案纵横连贯一致，裁边平直整齐，无纸毛、飞刺。

4. 浸水和刷胶

塑料壁纸遇水膨胀，干后自行收缩，裁好的壁纸应放入水槽中浸泡3~5min，取出后抖掉明水，静置10min，使纸充分吸湿伸胀，然后在墙面和纸背面同时刷胶进行裱糊。

胶粘剂要求涂刷均匀，不漏刷。在基层表面涂刷胶粘剂应比壁纸宽20~30mm，涂刷一段裱糊一张，不应涂刷过厚。

5. 裱糊壁纸

以阴角处事先弹好的垂直线作为裱糊第一幅壁纸的基准，裱糊第二幅壁纸时，先上后下对称裱糊，对缝要严密，不显接槎，花纹图案的对缝必须端正吻合。拼缝对齐后，再用刮板由上往下抹平，挤出的多余胶粘剂，用湿棉丝及时擦干净，不得有气泡和斑污，上、下边多出的壁纸用刀切削整齐。每次裱糊2~3幅后，吊线检查垂直度。裁纸的一边可在阴角处搭接，搭缝宽5~10mm，要压实，无张嘴现象。阳角处只能包角压实，不能对接和搭接。裱糊到电灯开关、插座等处应剪口做标志，壁纸与挂镜线、贴脸板和踢脚板等部位的连接也应吻合，不得有缝隙，使接缝严密美观。

6. 裱糊工程的验收

裱糊工程质量标准及检验方法见表9-8。

表9-8 裱糊工程的质量标准和检验方法

<table>
<tr><td rowspan="2">保证项目</td><td colspan="4">质量要求</td><td>检验方法</td></tr>
<tr><td colspan="4">壁纸、墙布必须粘接牢固，无空鼓、翘边、皱折等缺陷</td><td>观察或用手触检查</td></tr>
<tr><td rowspan="7">基本项目</td><td>项次</td><td>项目</td><td>等级</td><td>质量要求</td><td rowspan="7">观察检查</td></tr>
<tr><td rowspan="2">1</td><td rowspan="2">裱糊表面</td><td>合格</td><td>色泽一致，无斑污</td></tr>
<tr><td>优良</td><td>色泽一致，无斑污，无胶痕</td></tr>
<tr><td rowspan="2">2</td><td rowspan="2">各幅拼接</td><td>合格</td><td>横平竖直，图案端正，拼缝处图案、花纹基本吻合，阳角处无接缝</td></tr>
<tr><td>优良</td><td>横平竖直，图案端正，拼缝处图案、花纹吻合，距墙1.5m处正视不显拼缝，阴角处搭接顺光，阳角处无接缝</td></tr>
<tr><td rowspan="2">3</td><td rowspan="2">裱糊与挂镜线、踢脚板交接</td><td>合格</td><td>交接紧密，无漏贴，不糊盖需拆卸的活动件</td></tr>
<tr><td>优良</td><td>交接紧密，无缝隙，无漏贴和补贴，不糊盖需拆卸的活动件</td></tr>
</table>

复 习 题

1. 试述装饰工程的作用、特点及发展方向。
2. 简述石材面板的干挂法施工工艺和湿挂法施工工艺。
3. 简述饰面砖的镶贴方法，需要注意哪些问题？
4. 简述铝合金天棚工程施工工艺，需要注意哪些事项？
5. 简述门窗的分类及选用的原则。
6. 试述门窗工程的施工工艺。
7. 常用的建筑涂料有哪些？采用何种施工方法？
8. 简述裱糊工程常用的材料、配制方法及施工要点。

10

第十章 冬期与雨期施工

第一节 概　　述

我国地域广阔，东西南北各地的气温相差很大，很多地区受内陆和海上高低压及季风交替影响，气候变化较大。在东北、华北、西北、青藏高原地区的许多省份处于亚温带地区，每年冬期持续时间长达 3 ~6 个月之久，在工程建设中，为加快工程进度，都不可避免地要进行冬期施工。东南、华南沿海一带，受海洋暖湿气流影响，雨水频繁，并伴有台风、暴雨和潮汛。冬期的低温和雨期的降水，给施工带来很大的困难，常规的施工方法已不能适应。只有选择合理的施工方案，周密的组织计划，才能保证工程质量，使工程顺利进行下去，取得较好的技术经济效果。

一、冬期施工的特点、原则和施工准备

根据当地多年气象资料统计，当室外日平均气温连续 5 天稳定低于 5℃，土木工程应采取冬期施工措施。

（一）冬期施工的特点

1. 冬期施工期是质量事故多发期

在冬期施工中，长时间的持续负低温、大的温差、强风、降雪和反复的冰冻，经常造成建筑施工的质量事故。据资料分析，有 2/3 的工程质量事故发生在冬期，尤其是混凝土工程。

2. 冬期施工质量事故发现滞后性

冬期发生质量事故往往不易觉察，到春天解冻时，一系列质量问题才暴露出来。这种事故的滞后性给处理解决质量事故带来很大的困难。

（二）冬期施工的原则

为了保证冬期施工的质量，在选择分项工程具体的施工方法和拟定施工措

施时，必须遵循下列原则：

确保工程质量；经济合理，使增加的措施费用最少；所需的热源及技术措施材料有可靠的来源，并使消耗的能源最少；工期能满足规定要求。

（三）冬期施工的准备工作

1. 搜集有关气象资料

搜集气象资料作为选择冬期施工技术措施的依据。

2. 编制好冬期施工技术文件

进入冬期施工前要编制好冬期施工技术文件，主要包括以下几项。

（1）冬期施工方案　具体如下：

1）冬期施工生产任务安排及部署。根据冬期施工项目、部位，明确冬期施工中前期、中期、后期的重点及进度计划安排。

2）根据冬期施工项目、部位列出可考虑的冬期施工方法及执行的国家有关技术标准文件。

3）热源、设备计划及供应部署。

4）施工材料（保温材料、外加剂等）计划进场数量及供应部署。

5）劳动力计划。

6）冬期施工人员的技术培训计划。

7）工程质量控制要点。

8）冬期施工安全生产及消防要点。

（2）施工组织设计或技术措施　具体如下：

1）工程任务概况及预期达到的生产指标。

2）工程项目的实物量和工作量，施工程序，进度安排。

3）分项工程在各冬期施工阶段的施工方法及施工技术措施。

4）施工现场准备方案及施工进度计划。

5）主要材料、设备、机具和仪表等需用量计划。

6）工程质量控制要点及检查项目、方法。

7）冬期安全生产和防火措施。

8）各项经济技术控制指标及节能、环保等措施。

3. 复核施工图

凡进行冬期施工的工程项目，必须会同设计单位复核施工图，核对其是否能适应冬期施工要求。如有问题应及时提出并修改设计。

4. 提前准备施工用品

根据冬期施工工程量提前准备好施工的设备、机具、材料及劳动防护用品。

5. 培训考核

冬期施工前对配制外加剂的人员、测温保温人员、锅炉工等，应专门组织

技术培训，经考试合格后方准上岗。

二、雨期施工的特点、要求和准备工作

雨期施工以防雨、防台风、防汛为对象，做好各项准备工作。

（一）雨期施工的特点

1）雨期施工的开始具有突然性。由于暴雨山洪等恶劣气象往往不期而至，这就需要及早进行雨期施工的准备工作和制定防范措施。

2）雨期施工带有突击性。因为雨水对建筑结构和地基基础的冲刷或浸泡具有严重的破坏性，必须迅速及时地防护，才能避免给工程造成损失。

3）雨期往往持续时间很长，阻碍了工程（主要包括土方工程、屋面工程等）顺利进行，拖延工期。对这一点应事先有充分估计并做好合理安排。

（二）雨期施工的准备工作

1. 编制施工组织计划

根据雨期施工的特点，将不宜在雨期施工的分项工程提前或拖后安排。对必须在雨期施工的工程，应制定有效的措施，进行突击施工。做到晴天抓紧室外工作，雨天安排室内工作，尽量减少雨天室外作业时间和工作面。

2. 现场排水

施工现场的道路、设施必须做到排水畅通，尽量做到雨停水干。要防止地面水排入地下室、基础、地沟内。要做好对危石的处理，防止滑坡和塌方。

3. 做好原材料、成品、半成品的防雨工作

水泥应按“先收先用”“后收后用”的原则，避免久存受潮而影响水泥的性能。木门窗等易受潮变形的半成品应在室内堆放，其他材料也应注意防雨及材料堆放场地四周排水。

4. 排水防雨措施

做好施工现场房屋、设备的排水防雨措施

5. 备足排水器材及防雨材料

备足排水需用的水泵及有关器材，准备适量的塑料布、油毡等防雨材料。

第二节 土方工程的冬期施工

在结冻时土的机械强度大大提高，使土方工程冬期施工造价增高，工效降低，故寒冷地区土方工程施工一般宜在入冬前完成。若必须在冬期施工时，其施工方法应根据本地区气候、土质和冻结情况并结合施工条件进行技术经济比

较后确定。施工前应周密计划，作好准备，做到连续施工。

一、冻土的定义、特性

当温度低于0℃，含有水分而冻结的各类土称为冻土。冬期土层冻结的厚度叫冻结深度。

土在冻结后，体积比冻前增大的现象称为冻胀。通常用冻胀量和冻胀率来表示冻胀的大小。

土的冻胀量反映了土冻结后平均体积的增量，用下式进行计算，即

$$\Delta V = V_i - V_0 \tag{10-1}$$

式中　ΔV——冻胀量（cm^3）；

V_i——冻后土的体积（cm^3）；

V_0——冻前土的体积（cm^3）。

土的冻胀率反映了土体冻胀后体积增大的百分率，用 K_α 表示：

$$K_\alpha = \frac{V_i - V_0}{V_0} \times 100\% = \frac{\Delta V}{V_0} \times 100\% \tag{10-2}$$

式中　K_α——冻胀率。

在冬期，土由于遭受冻结，挖掘起来非常困难，施工费用增加，回填质量难以保证，因此事先必须进行技术经济评价，选择合理方案方可进行。

二、地基土的保温防冻

地基土的保温防冻是在冬期来临时土层未冻结之前，采取一定的措施使基础土层免遭冻结或减少冻结的一种方法。在土方冬期开挖中，土的保温防冻法是最经济的方法之一。常用方法有松土防冻法、覆雪防冻法和隔热材料防冻法等。

1. 松土防冻法

松土防冻法是在土壤冻结之前，将预先确定的冬期土方作业地段上的表土翻松耙平，利用松土中充满空气的孔隙来降低土壤的导热性，达到防冻的目的。翻耕的深度一般在25～30cm。

2. 覆雪防冻法

在积雪量大的地方，可以利用雪的覆盖作保温层来方止土的冻结。覆雪防冻法可视土方作业的特点而定。对大面积的土方工程，可在地面上设篱笆，或筑雪堤，其高度为0.5～1.0m，其间距为高度的10～15倍，设置时应使其长边垂直于主导风向，如图10-1所示。对面积较小的基槽（坑）土方开挖，可在土冻结前、初次降雪后在地面上挖积雪沟，沟深30～50cm，宽与槽（坑）相同，在挖好的沟内，应很快用雪填满，以防止未挖土层的冻结，如图10-2所示。

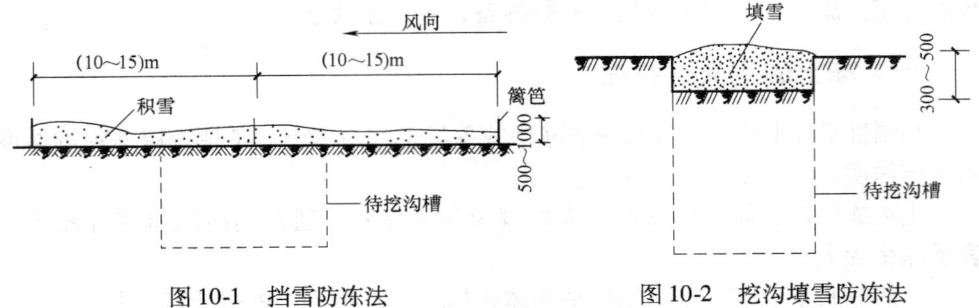

图 10-1　挡雪防冻法　　　　图 10-2　挖沟填雪防冻法

3. 隔热材料防冻法

面积较小的地面防冻，可以直接用保温材料（如：树叶、刨花、锯末、膨胀珍珠岩、草帘等）覆盖。保温层厚度必须一致。保温层铺出的宽度，应不小于最大的冻结深度。开挖完的地方，必须防止基槽（坑）的底部受冻或相邻建筑物的地基及其他设施受冻。如挖完后不能及时进行下道工序施工，应在基底标高上预留适当厚度的土层，并覆盖保温材料保温。

三、冻土的开挖

冻土的挖掘根据冻土深度可采用爆破法、机械法和人工法三种。

1. 爆破法开挖

爆破法适用于冻土层较厚、面积较大的土方工程。这种方法是将炸药放入直立爆破孔中或水平爆破孔中进行爆破，冻土破碎后用挖土机挖出，或借爆破的力量向四周崩出，做成需要的沟槽。

2. 机械法开挖

当冻土层厚度为 0.25m 以内时，可用推土机或中等动力的普通挖掘机施工开挖。

当冻土层厚度为 0.3m 以内时，可用拖拉机牵引的专用松土机破碎冻土层。

当冻土层厚度为 0.4m 以内时，可用大马力的挖土机（斗容量 $1m^3$）开挖土体。

当冻土层厚度为 0.4 ~ 1m 时，可用松碎冻土的打桩机进行破碎。

3. 人工法开挖

人工法开挖冻土适用开挖面积较小和场地狭窄，不具备用其他方法进行土方破碎、开挖的情况。开挖时一般用大铁锤和铁楔子劈冻土。施工中一人掌楔，2 ~ 3 人轮流打大锤，一个组常用几个铁楔，当一个铁楔打入土中而冻土尚未脱离时，再把第二个铁楔在旁边的裂缝上加进去，直至冻土剥离为止。为防止震手或误伤，铁楔宜用粗钢丝作把手。

施工时掌铁楔的人与掌锤的不能脸对着脸，必须互成 90°。同时要随时注意去掉楔头打出的飞刺，以免飞出伤人。

四、冻土的融解

冻土的融解是依靠外加的能量来完成的，所以费用较高，只有在面积不大的工程上采用。通常采用循环针法、电热法和烘烤法。

1. 循环针法

循环针分蒸汽循环针与热水循环针两种。其施工方法是一样的。先在冻土中按预定的位置钻孔，然后把循环针插到孔中，热量通过土传导，使冻土逐渐融解。通蒸汽循环的叫做蒸汽循环针，通热水的叫做热水循环针。

2. 电热法

电热法主要有垂直电极法和深电极法。此法是以通闭合电路的材料加热为基础，使冻土层受热逐渐融解。电热法耗电量相当大，成本较高。

3. 烘烤法

烘烤法就是利用燃料（如锯末、刨花、植物杆、树枝、工业废料等）燃烧释放的热量将冻土融解。冬天风大时需要专人值班，以防发生火灾。

五、冬期回填土施工

由于土冻结后即成为坚硬的土块，在回填过程中不易压实，土解冻后就会造成大量的下沉，所以对冻土回填应认真对待。为了确保冬期冻土回填的施工质量，必须按施工及验收规范中对冻土回填的规定组织施工。

冬期回填土应尽量选用未受冻的、不冻胀的土壤进行回填施工。填土前，应清除基础上的冰雪和保温材料；填方边坡表层1m以内，不得用冻土填筑；填方上层应用未冻的、不冻胀的或透水性好的土料填筑。冬期填方每层铺土厚度应比常温施工时减少20%～25%，预留沉降量应比常温施工时适当增加。用含有冻土块的土料作回填土时，冻土块粒径不得大于150mm；铺填时，冻土块应均匀分布、逐层压实。

冬期施工室外平均气温在－5℃以上时，填方高度不受限制；平均气温在－5℃以下时，填方高度不宜超过表10-1的规定。用石块和不含冰块的砂土（不包括粉砂）、碎石类土填筑时，填方高度不受限制。

表10-1　冬期填方的高度

平均气温/℃	填方高度/m
－5～－10	4.5
－11～－15	3.5
－16～－20	2.5

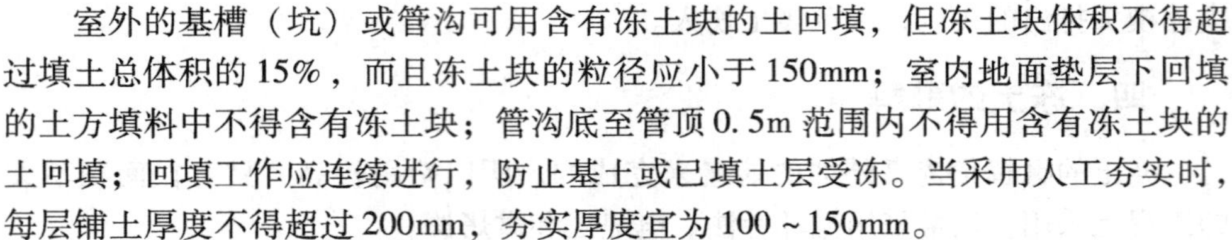

室外的基槽（坑）或管沟可用含有冻土块的土回填，但冻土块体积不得超过填土总体积的15%，而且冻土块的粒径应小于150mm；室内地面垫层下回填的土方填料中不得含有冻土块；管沟底至管顶0.5m范围内不得用含有冻土块的土回填；回填工作应连续进行，防止基土或已填土层受冻。当采用人工夯实时，每层铺土厚度不得超过200mm，夯实厚度宜为100～150mm。

第三节　砌筑工程的冬期施工

一、冬期施工特点

砌筑工程冬期施工时，砌体砂浆会在负温下冻结，停止水化作用，失去胶结作用。解冻后，砂浆的强度虽仍可继续增长，但其最终的强度将显著降低，而且由于在上层砌体的重压下，引起砌体的不均匀沉降。实践证明，砂浆的用水量越多，遭受冻结越早，冻结时间越长，灰缝厚度越厚，其冻结的危害程度越大；反之，越小。而当砂浆具有20%以上设计强度后再遭冻结，解冻后砂浆的强度降低很少。因此，砌体在冬期施工时，必须采取有效的措施，尽可能减少砌体的冻结程度。

二、冬期施工方法

砌筑工程冬期施工常用的方法有外加剂法、冻结法和暖棚法。

砌筑工程的冬期施工应以外加剂法为主。对保温、绝缘、装饰等方面有特殊要求的工程，可采用冻结法或其他施工方法。

1. 外加剂法

冬期砌筑采用外加剂法时，可使用氯盐或亚硝酸钠等盐类外加剂拌制砂浆。掺入盐类外加剂拌制的水泥砂浆、水泥混合砂浆等称为掺盐砂浆。采用这种砂浆砌筑的方法称为外加剂法。

（1）外加剂法的原理及适用范围　外加剂法就是在砌筑砂浆内掺入一定数量的抗冻剂，来降低水的冰点，以保证砂浆中有液态水存在，使水泥水化反应能在一定负温下进行，砂浆强度在负温下能够继续缓慢增长。同时，由于降低了砂浆中水的冰点，砌体的表面不会立即结冰而形成冰膜，故砂浆和砌体能较好地粘结。掺盐砂浆中的抗冻剂，目前主要是以氯化钠和氯化钙为主。其他还有亚硝酸钠、碳酸钾和硝酸钙等。

外加剂法施工方便、费用低，在砌体工程冬期施工中普遍使用掺盐砂浆法施工。但是，由于氯盐砂浆吸湿性大，使结构保温性能和绝缘性能下降，并有析盐现象等。对下列有特殊要求的工程不允许采用掺盐砂浆法施工。

1）对装饰工程有特殊要求的建筑物。

2）使用湿度大于80%的建筑物。

3）配筋、钢埋件无可靠的防腐处理措施的砌体。

4）接近高压电线的建筑物（如变电所、发电站等）。

5）经常处于地下水位变化范围内，以及在地下未设防水层的结构。

对于不能使用掺有氯盐砂浆的砌体，可选择亚硝酸钠、碳酸钾等盐类作为砌体冬期施工的抗冻剂。

（2）外加剂法施工　具体如下：

1）材料的要求。砌体在砌筑前，应清除冰霜；拌制砂浆所用的砂中，不得含有冰块和直径大于10mm的冻结块；石灰膏等应防止受冻，如遭冻结，应经融化后方可使用；水泥应选用普通硅酸盐水泥；拌制砂浆时，水的温度不得超过80℃，砂的温度不得超过40℃。

掺盐砂浆配制时，应按不同负温界限控制掺盐量。当砂浆中氯盐掺量过少，砂浆内会出现大量冻结晶体，水化反应极其缓慢，会降低早期强度。如果氯盐掺量大于10%，砂浆的后期强度会显著降低，同时导致砌体析盐量过大，增大吸湿性，降低保温性能。当气温过低时，可同时掺入氯化钠和氯化钙来提高砂浆的抗冻性。不同气温时掺盐砂浆规定的掺盐量见表10-2。

表10-2　氯盐外加剂掺量（占用水质量的百分比（%））

氯盐及砌体材料			日最低气温/℃			
			≥-10	-11～-15	-16～-20	-21～-25
氯化钠		砖、砌体	3	5	7	—
		砌　石	4	7	10	—
复盐	氯化钠	砖、砌石	—	—	5	7
	氯化钙		—	—	2	3

砌筑时掺盐砂浆使用温度不应低于5℃。当设计无要求，且最低气温等于或低于-15℃时，砌筑承重砌体砂浆强度等级应按常温施工提高一级，同时应以热水搅拌砂浆；当水温超60℃时，应先将水和砂拌合，然后再投放水泥。在氯盐砂浆中掺加微沫剂时，应先加氯盐溶液，后加微沫剂溶液。搅拌的时间应比常温季节增加一倍。拌合后砂浆应注意保温。

2）施工准备工作。由于氯盐对钢筋有腐蚀作用，掺氯盐法用于设有构造配筋的砌体时，钢筋可以涂樟丹2～3道或者涂沥青1～2道，以防钢筋锈蚀。普通砖和空心砖在正温度条件下砌筑时，应采用随浇水随砌筑的办法；负温度条件下，只要有可能应该尽量浇热水。当气温过低，浇水确有困难，则必须适当增大砂浆的稠度。抗震设防烈度为9度的建筑物，普通砖和空心砖无法浇水润湿时，无特殊措施，不得砌筑。

3）砌筑施工工艺。外加剂法砌筑砖砌体时，应采用“三一砌砖法”进行操作。使砂浆与砖的接触面能充分结合，提高砌体的抗压、抗剪强度。不得大面积铺灰，以减少砂浆温度的散失。砌筑时要求灰浆饱满，灰缝厚薄均匀，水平缝和垂直缝的厚度和宽度，应控制在 8 ~ 10mm。当必须留置临时间断处时应砌成斜槎。砌体表面不应铺设砂浆层，宜采用保温材料加以覆盖。继续施工前，应先用扫帚扫净砖表面，然后再施工。

氯盐砂浆砌体施工时，每日砌筑高度不宜超过 1.2m，墙体留置的洞口，距交接墙处不应小于 500mm。

2. 冻结法

冻结法是指采用不掺化学外加剂的普通水泥砂浆或水泥混合砂浆进行砌筑的一种冬期施工方法。

（1）冻结法的原理及适应范围　冻结法的砂浆内不掺任何抗冻化学剂，允许砂浆在铺砌完后就受冻。受冻的砂浆可以获得较大的冻结强度，而且冻结的强度随气温降低而增高。但当气温升高而砌体解冻时，砂浆强度仍然等于冻结前的强度。当气温转入正温后，水泥水化作用又重新进行，砂浆强度可继续增长。

冻结法允许砂浆在砌筑后遭受冻结，且在解冻后其强度仍可继续增长。所以对有保温、绝缘、装饰等特殊要求的工程和受力配筋砌体以及不受地震区条件限制的其他工程，均可采用冻结法施工。

冻结法施工的砂浆，经冻结、融化和硬化三个阶段后，砂浆强度，砂浆与砖石砌体间的粘结力都有不同程度的降低。砌体在融化阶段，由于砂浆强度接近于零，将会增加砌体的变形和沉降。所以对下列结构不宜选用：空斗墙、毛石墙、承受侧压力的砌体、在解冻期间可能受到振动或动荷载的砌体、在解冻期间不允许发生沉降的砌体。

（2）冻结法施工　具体如下：

1）砂浆的要求。冻结法施工砂浆的使用温度不应低于 10℃；当设计无要求时，且日最低气温高于 -25℃时，对砌筑承重砌体的砂浆强度等级应按常温施工时提高一级；当日最低气温等于或低于 -25℃时，则应提高二级；砂浆强度等级不得低于 M2.5，重要结构不得低于 M5。

2）砌筑施工工艺。砌体砌筑时，组砌形式一般应采用一顺一丁或梅花丁，并应按照“三一”砌砖法砌筑，对于房屋转角处和内、外墙交接处的灰缝应特别仔细砌合。水平灰缝厚度不宜大于 10mm，门窗框上部应预留不小于 5mm 的缝隙。墙砌体一般应在一个工作段的范围内，砌筑至一个施工层的高度，不得间断。每天砌筑高度和临时间断处的高度差均不得大于 1.2m。临时间断处砌体应留斜槎，并每隔 500mm 埋设 2ϕ6 的拉结钢筋，深入两边不小于 1m，接槎时应

仔细地清除冰雪和已经冻结的砂浆。

(3) 砌体的解冻 砌体解冻时，由于砂浆的强度接近于零，所以增加了砌体解冻期间的变形和沉降，其下沉量比常温施工增加 10% ~20%。解冻期间，由于砂浆遭冻后强度降低，砂浆与砌体之间的粘结力减弱，所以砌体在解冻期间的稳定性较差。用冻结法砌筑的砌体，在开冻前需进行检查，开冻过程中应组织观测。如发现裂缝、不均匀下沉等情况，应分析原因并立即采取加固措施。

为保证砖砌体在解冻期间能够均匀沉降不出现裂缝，应遵守下列要求：

1) 解冻前应清除房屋中剩余的建筑材料等临时荷载。

2) 解冻期内宜暂停施工。砌体上不得有人员任意走动，附近不得有振动的施工作业。

3) 解冻前应在未安装楼板或屋面板的墙体处、较高大的山墙处、跨度较大的梁及悬挑结构部位及独立的柱安设临时支撑。

4) 解冻期应经常注意检查和观测。在开冻前需进行检查，开冻过程中应组织观测。如发现裂缝、不均匀下沉等情况，应分析原因并立即采取加固措施。在解冻期进行观测时，应特别注意多层房屋的柱和窗间墙、梁端支撑处、墙交接处和过梁模板支承处。此外，还必须观测砌体沉降的大小、方向和均匀性及砌体灰缝内砂浆的硬化情况。观测一般需要 15 天左右。

3. 暖棚法

暖棚法是利用简易结构和廉价的保温材料，将需要砌筑的工作面临时封闭起来，使砌体在正温条件下砌筑和养护。

采用暖棚法施工，块材在砌筑时的温度不应低于 +5℃，距离所砌的结构底面 0.5m 处的棚内温度也不应低于 +5℃。

由于搭暖棚需要大量的材料、人工，加温时要消耗能源，所以暖棚法成本高、效率低，一般不宜多用。主要适用于地下室墙、挡土墙、局部性事故修复工程的砌筑工程。

第四节 混凝土结构工程的冬期施工

一、混凝土冬期施工原理

1. 温度与混凝土凝结硬化的关系

水泥的水化作用的速度在适合的湿度条件下主要取决于环境的温度，温度越高，水泥的水化作用就越迅速、完全，混凝土的硬化速度快，强度就越高。当温度降至 0℃以下时，混凝土中的水会结冰，水泥不能与冰发生化学反应，水化作用基本停止，强度无法提高。

2. 冻结对混凝土质量的影响

当温度降至混凝土冰点温度以下时，混凝土中的游离水开始结冻，结冰后的水体积膨胀约9%。在混凝土内部产生冰胀应力，使强度尚低的混凝土结构内部产生微裂隙，同时降低了水泥与砂石和钢筋的粘结力，导致结构强度降低。受冻的混凝土在解冻后，其强度虽能继续增长，但已不能达到原设计的强度等级。试验证明，混凝土的早期冻害是由于内部的水结冰所致。混凝土在浇筑后立即受冻，抗压强度约损失50%，抗拉强度约损失40%。受冻前混凝土养护时间越长，所达到的强度越高，水化物生成越多，能结冰的游离水就越少，强度损失就越低。

3. 混凝土受冻临界强度

试验证明，混凝土遭受冻结带来的危害与遭冻的时间早晚等有关。遭冻时间越早，则后期混凝土强度损失越多。当混凝土达到一定强度后，再遭受冻结，由于混凝土已具有的强度足以抵抗冰胀应力，其最终强度将不会受到损失。因此为避免混凝土遭受冻结带来危害，使混凝土在受冻前达到的这一强度称为混凝土受冻临界强度。我国现行规范规定，在受冻前混凝土受冻临界强度应达到：硅酸盐水泥或普通硅酸盐水泥配制的混凝土不得低于其设计强度标准值的30%；矿渣硅酸盐水泥配制的混凝土不得低于其设计强度标准值的40%，C10及以下的混凝土不得低于5.0MPa。冬期施工中，应尽量不让混凝土受冻，或让其受冻时，已经达到临界强度值而保证混凝土最终强度不受损失。

二、混凝土材料要求

冬期施工的混凝土，应优先选用硅酸盐水泥或普通硅酸盐水泥。水泥强度等级不应低于42.5等级，最小水泥用量不宜少于300kg/m^3，水灰比不应大于0.6。使用矿渣硅酸盐水泥，宜采用蒸汽养护；使用其他品种水泥，应注意其中掺合材料对混凝土抗冻、抗渗等性能的影响。冬期浇筑的混凝土，宜使用无氯盐类防冻剂。掺防冻剂的混凝土，严禁使用高铝水泥。

混凝土所用骨料必须清洁，不得含有冰、雪等冻结物及易冻裂的矿物质，在掺用含有钾、钠离子防冻剂的混凝土中，不得掺有活性骨料。

三、混凝土的拌制

为了加速混凝土强度的增长，尽早达到受冻临界强度，需要混凝土早期具备较高的温度。温度升高需要热量，一部分热量来源于水泥的水化热，另一部分则只有通过加热的方法获得。最简易也是最经济的方法是加热拌合水。水不但易于加热，而且水的比热容比砂石大，其热容量也大，约为骨料的5倍。但是加热温度不得超过表10-3所规定的数值，以防止水泥出现假凝，影响混凝土强度的增长。

表 10-3　拌合水及骨料的最高温度　　（单位：℃）

项　　目	拌合水	骨料
强度等级小于 52.5 的普通硅酸盐水泥、矿渣硅酸盐水泥	80	60
强度等级等于及大于 52.5 的普通硅酸盐水泥、硅酸盐水泥	60	40

当外界温度很低，只加热水而不能获得足够的热量时，才考虑加热骨料。加热骨料的方法，可以在骨料堆或容器中通入蒸汽或热空气，较长期使用的可安装暖气管路，也有用加热的铁板或火坑来加热骨料的，这种方法只适用于分散、用量小的地方。水泥应该储存在暖棚中，任何情况下都不得直接加热水泥，原因是加热不易均匀，加热的水泥遇水会导致水泥假凝。

拌制掺外加剂的混凝土时，如外加剂为粉剂，可直接撒在水泥上面和水泥同时投入，如外加剂为液体，使用时应先配制成规定浓度溶液，然后根据使用要求，用规定浓度溶液再配制成施工溶液。每班使用的外加剂应一次配成。混凝土拌制时间应取常温拌制时间的 1.5 倍。

混凝土拌合物的出机温度不宜低于 10℃，入模温度不得低于 5℃。

四、混凝土的运输与浇筑

混凝土搅拌完毕从搅拌机卸出后，尚需要经过运输才能入模浇筑，在这一过程中要防止混凝土的热量散失冻结。减少热量散失的措施：正确选择放置搅拌机的地点，尽量缩短运距，选择最佳的运输路线；正确选择运输容器的形式、大小和保温材料；尽量减少装卸次数并合理组织装入、运输和卸出混凝土的工作。

冬期不得在强冻胀性地基土上浇筑混凝土。当在弱冻胀性地基土上浇筑混凝土时，地基土应进行保温，以免遭冻。对加热养护的现浇混凝土结构，混凝土的浇筑程序和施工缝的位置，应能防止在加热养护时产生较大的温度应力。当分层浇筑厚大的整体结构时，已浇筑层的混凝土温度，在被上一层混凝土覆盖前，不得低于按热工计算的温度，且不得低于 2℃。冬期施工混凝土振捣应用机械振捣，振捣时间应比常温时有所增加。

五、混凝土冬期施工方法

混凝土冬期施工方法主要有三大类：第一类为正温养护方法，如蓄热法、暖棚法、蒸汽加热法和电热法等，这类冬期施工方法，实质是人为地创造一个正温环境，以保证新浇筑的混凝土强度能够正常地不间断地增长，甚至可以加速增长。第二类为负温混凝土法，这类冬期施工方法，实质是在拌制混凝土时，加入适量的外加剂，可以适当降低水的冰点，使混凝土中的水在负温下保持液

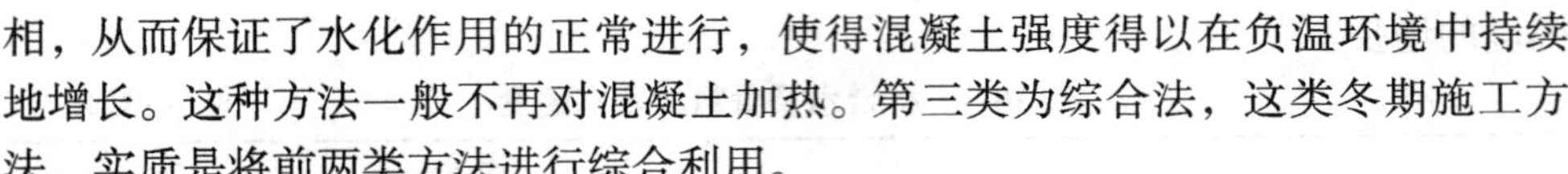

相，从而保证了水化作用的正常进行，使得混凝土强度得以在负温环境中持续地增长。这种方法一般不再对混凝土加热。第三类为综合法，这类冬期施工方法，实质是将前两类方法进行综合利用。

1. 正温养护法

（1）蓄热法　蓄热法是混凝土浇筑后，利用原材料加热及水泥水化热的热量，通过适当保温延缓混凝土冷却，使混凝土冷却到0℃以前达到预期要求强度的施工方法。

蓄热法施工方法简单，费用较低，较易保证质量。当室外最低温度不低于-15℃时，地面以下的工程或表面系数不大于15m^{-1}（结构冷却的表面积与其全部体积的比值）的结构，应优先采用蓄热法养护。

蓄热法为了确保原材料的加热温度，正确选择保温材料，使混凝土在冷却到0℃以下时，其强度达到或超过受冻临界强度，施工时必须进行热工计算。

（2）暖棚法　暖棚法是在被养护构件或建筑的四周搭设围护物，形成棚罩，内部安设散热器、热风机或火炉等作为热源，加热空气，从而使混凝土在正温环境下养护至临界强度或预定设计强度。用暖棚法养护混凝土时，要求暖棚内的温度不得低于5℃，并应保持混凝土表面湿润。

暖棚法施工操作与常温无异，劳动条件好，工作效率较高，同时混凝土质量有可靠保证，不易发生冻害。但是由于需要较多的搭盖材料和保温加热设施，施工费用较高。适用于严寒天气施工的地下室、人防工程或建筑面积不大而混凝土工程又很集中的工程。

（3）蒸汽加热法　蒸汽加热养护分为湿热养护和干热养护两类。湿热养护是让蒸汽与混凝土直接接触，利用蒸汽的湿热作用来养护混凝土，如棚罩法、蒸汽套法以及内部通汽法。而干热养护则是将蒸汽作为热载体，通过某种形式的散热器将热量传导给混凝土使其升温，如毛管法和热模法。

1）棚罩法。在现场结构物的周围制作能拆卸的蒸汽室，如在地槽上部盖简单的盖子或在预制构件周围用保温材料（木材、砖、篷布等）做成密闭的蒸汽室，通入蒸汽加热混凝土。此法设施灵活、施工简便、费用较小，但耗汽量大，温度不易控制。适用于加热地槽中的混凝土结构及地面上的小型预制构件。

2）蒸汽套法。在构件模板外再用一层紧密不透气的材料（如木板）做成蒸汽套，汽套与模板间的空隙约150mm，通入蒸汽加热混凝土。此法温度能适当控制，但设备复杂、费用大，可用于现浇柱、梁及肋形楼板等整体结构加热。

3）内部通汽法。在混凝土构件内部预留直径为13～50mm的孔道，再将蒸汽送入孔内加热混凝土。当混凝土达到要求的强度后，排除冷凝水，随即用砂浆灌入孔道内加以封闭。内部通汽法节省蒸汽、费用较低，但入汽端易过热产生裂缝。适用于梁柱、桁架等结构件。

4）毛管法。在模板内侧做成沟槽，间距200～250mm，在沟槽上盖以0.5～2mm厚的铁皮，使之成为通蒸汽的毛管，通入蒸汽进行加热。毛管法用汽少，但仅适用于以木模浇筑的结构，对于柱、墙等垂直构件加热效果好，而对于平放的构件，其加热不易均匀。

5）蒸汽热模法。利用钢模板加工成蒸汽散热器，通过蒸汽加热钢模板，再由模板传热给混凝土。

（4）电热法　电热法是利用电能作为热源来加热养护混凝土的方法。这种方法设备简单、操作方便、热损失少、能适应各种施工条件。但耗电量较大，冬期施工附加费用较高。按电能转换为热能的方式不同，电热法可分为：电极加热法、电热器加热法和电磁感应加热法。

1）电极加热法。它是在混凝土构件内安设电极（ϕ6～12mm钢筋），通以交流电，利用混凝土作为导体和本身的电阻，使电能转化为热能，对混凝土进行加热。为保证施工安全和防止热量损失，通电加热应在混凝土的外露表面覆盖后进行。所用的工作电压宜为50～110V。在养护过程中，应注意观察混凝土外露表面的湿度，防止干燥脱水。当表面开始干燥时，应先停电，然后浇温水湿润混凝土表面。电极加热法的优点是热效率较高，缺点是升温慢，热处理时间较长，电能消耗大，电极用钢量大。对密集钢筋的结构，由于钢筋对电热场的影响，使构件加热不均匀，故只宜用于少筋或无筋的结构。

2）电热器加热法。它是将电热器贴近于混凝土表面，靠电热元件发出的热量来加热混凝土。电热器可以用红外线电热元件或电阻丝电热元件制成，外形可成板状或棒状，置于混凝土表面或内部进行加热。由于它是一种间接加热法，故热效率不如电极加热法好，一般耗电量也大。但它不受构件中钢筋疏密与位置的影响，施工较简便。

3）电磁感应加热法。它是在结构模板的表面缠上连续的感应线圈，线圈中通入交流电后，即在钢模板及钢筋中都会有涡流循环磁场。感应加热就是利用在电磁场中铁质材料发热的原理，使钢模板及混凝土中的配筋发热，并将热量传至混凝土而达到养护的目的。用这种工艺加热混凝土，温度均匀，控制方便，热效率高，但需专用模板。

2. 负温混凝土法

（1）工艺特点　负温混凝土法是将拌合水预先加热，必要时砂子也加热，使经过搅拌后的混凝土于出机时具有一定的零上温度，在拌合物中加入防冻剂，混凝土浇筑后不再加热，仅作保护性覆盖以防止风雪侵袭。混凝土终凝前，其本身温度即已降至0℃并迅速与环境气温平衡。混凝土就在负温中硬化。

（2）混凝土中外加剂的应用　目前工程施工中常用的外加剂有早强剂、防冻剂、减水剂、加气剂等。

1）防冻剂和早强剂。防冻剂的作用是降低混凝土液相的冰点，使混凝土早期不受冻，并使水泥的水化能继续进行；早强剂是指能提高混凝土早期强度，并对后期强度无显著影响的外加剂。

常用的防冻剂有：氯化钠（$NaCl$）、亚硝酸钠（$NaNO_2$）、乙酸钠（CH_3COONa）等。

早强剂以无机盐类为主，如氯盐（$CaCl_2$，$NaCl$）、硫酸盐（Na_2SO_4，$CaSO_4$，K_2SO_4）、碳酸盐（K_2CO_3）、硅酸盐等。其中的氯盐使用历史悠久。有机类有：三乙醇胺［$N(C_2H_4OH)_3$］、甲醇（CH_3OH）、乙醇（C_2H_5OH）、尿素［$CO(NH_2)_2$］、乙酸钠（CH_3COONa）等。

氯盐的掺入效果随掺量而异，掺量过高，不但会降低混凝土的后期强度，而且将增大混凝土的收缩量。由于氯盐对钢筋有锈蚀作用，故规范对氯盐的使用及掺量有严格规定：在钢筋混凝土结构中，氯盐掺量按无水状态计算不得超过水泥质量的1%；经常处于高湿环境中的结构、预应力及使用冷拉钢筋或冷拔低碳钢丝的结构、具有薄细构件的结构或有外露钢筋预埋件而无防护的部位等，均不得掺入氯盐。

2）减水剂。混凝土中掺入减水剂，在混凝土和易性不变的情况下，可大量减少施工用水，因而混凝土孔隙中的游离水减少，混凝土冻结时承受的破坏力也明显减少。同时由于施工用水的减少，可提高混凝土中防冻剂和早强剂的溶液浓度，从而提高混凝土的抗冻能力。

常用的减水剂如木质素磺酸钙减水剂，用量为水泥用量的0.2%～0.3%，可减水10%～15%，提高强度10%～20%，此类减水剂价格较低，但减水效果不如高效减水剂。高效减水剂如NNO减水剂，用量为水泥用量的0.5%～0.8%，减水10%～25%，提高强度20%～25%，增加坍落度2～3倍，用于冬期施工，作用显著，但其价格较高。

3）加气剂。在混凝土中掺入加气剂，能在混凝土中产生大量微小的封闭气泡。混凝土受冻时，部分水被冰的膨胀压力挤入气泡中，缓解了冰的膨胀压力和破坏性，从而防止混凝土遭到破坏。常用加气剂为松香热聚物，其用量为水泥用量的0.005%～0.015%，使用时需将加气剂配成溶剂使用，其配合比为加气剂：氢氧化钠：热水=5：1：150，热水温度控制在70～80℃范围内。松香热聚物加气剂是用松香、石碳酸、硫酸、氢氧化钠等按一定比例配制而成的。

3. 综合法

综合法是在混凝土拌合物中掺有少量的外加剂，原材料预先加热，拌制和运输过程都要适当保温，拌合物浇筑后温度一般须达到10℃以上。通过蓄热保温或短期人工加热，使混凝土经过1～15天后才冷却至0℃。此时已经终凝，然后逐渐与环境气温相平衡，由于外加剂的作用，混凝土在负温中继续硬化。

综合法与负温混凝土工艺相比，外加剂用量可以减少，混凝土强度增长也较快。与蓄热养护和加热养护工艺相比，可以节约能耗，具有较好的技术经济效果。

适量的外加剂与蓄热保温相结合，而不进行人工加热的方法称为综合蓄热法。目前工程实践中，该方法应用较多。

六、混凝土的拆模

混凝土养护到规定时间，应根据同条件养护的试块试压结果，证明混凝土达到规定拆模强度后方可拆模。对加热法施工的构件模板和保温层，应在混凝土冷却到5℃后方可拆模。当混凝土和外界温差大于20℃时，拆模后的混凝土应注意覆盖，使其缓慢冷却。

在拆除模板过程中发现混凝土有冻害现象，应暂停拆模，经处理后方可拆模。

七、混凝土质量控制及检测

1. 混凝土的温度测量

冬期施工测温的项目与次数为：室外气温及环境温度每昼夜不少于4次；搅拌机棚温度，水、水泥、砂、石及外加剂溶液温度，混凝土出罐、浇筑、入模温度，每一工作班不少于4次；在冬期施工期间，还需测量每天的室外最高、最低气温。

混凝土养护期间的温度应进行定点定时测量：蓄热法或综合蓄热法养护从混凝土入模开始至混凝土达到受冻临界强度，或混凝土温度降到0℃或设计温度以前，应至少每隔6h测量一次。掺防冻剂的混凝土强度在未达到受冻临界强度前（当室外最低气温不低于－15℃时不得小于4.0MPa，当室外最低气温不低于－30℃时不得小于5.0MPa）的要求之前应每隔2h测量一次，达到受冻临界强度以后每隔6h测量一次。采用加热法养护混凝土时，升温和降温阶段应每隔1h测量一次，恒温阶段每隔2h测量一次。测温时，全部测温孔均应编号，并绘制布置图。测温孔应设在有代表性的结构部位和温度变化大易冷却的部位，孔深宜为10～15cm，也可为板厚的1/2或墙厚的1/2。测温时，测温仪表应采取与外界气温隔离的措施，并留置在测温孔内不少于3min。

2. 混凝土的质量检查

冬期施工时，混凝土的质量检查除应按现行国家标准《混凝土结构工程施工质量验收规范》（GB 50204—2002）规定留置试块外，尚应检查混凝土表面是否受冻、粘连，有无收缩裂缝，边角是否脱落，施工缝处有无受冻痕迹；检查同条件养护试块的养护条件是否与施工现场结构养护条件相一致。

混凝土试件的试块留置应较常规施工增加不少于两组与结构同条件养护的

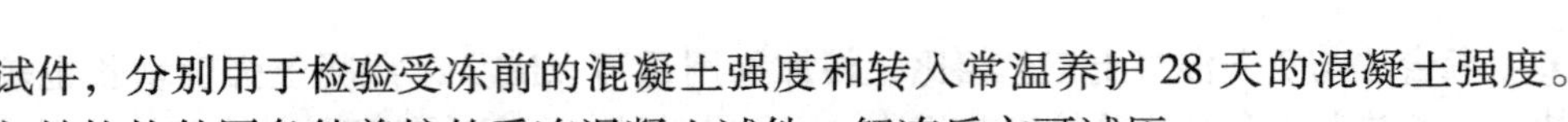

试件，分别用于检验受冻前的混凝土强度和转入常温养护28天的混凝土强度。与结构构件同条件养护的受冻混凝土试件，解冻后方可试压。

所有各项测量及检验结果，均应填写“混凝土工程施工记录”和“混凝土冬期施工日报”。

第五节 装饰工程的冬期施工

装饰工程应尽量在冬期施工前完成，或推迟在初春化冻后进行。必须在冬期施工的工程，应按冬期施工的有关规定组织施工。

一、抹灰冬期施工

一般拌灰冬期常用施工方法有两种，即热作法和冷作法。

1. 热作法施工

热作法施工是利用房屋的永久热源或临时热源来提高和保持操作环境的温度，使装饰工程在正温条件下进行。热作法一般用于室内抹灰。室内抹灰应在屋面已做好的情况下进行。

抹灰前应将门、窗封闭，脚手眼堵好，对抹灰砌体提前进行加热，使墙面温度保持在+5℃以上，以便湿润墙面不致结冰，使砂浆与墙面粘接牢固。冻结砌体应提前进行人工解冻，待解冻下沉完毕，砌体强度达设计强度的20%后方可抹灰。抹灰砂浆应在正温的室内或暖棚内制作，用热水搅拌，抹灰时砂浆的上墙温度不低于10℃。抹灰结束后，至少7天内保持+5℃的室温进行养护。在此期间，应随时检查抹灰层的湿度，当干燥过快时，应洒水湿润，以防产生裂纹，影响与基层的粘结，防止脱落。

2. 冷作法施工

冷作法施工是低温条件下在砂浆中掺入一定量的防冻剂（氯化钠、氯化钙、亚硝酸钠等)，在不采取采暖保温措施的情况下进行抹灰作业。冷作法施工适用于房屋装饰要求不高、小面积的外饰面工程。

冷作法抹灰前应对抹灰墙面进行清扫，墙面应保持干净，不得有浮土和冰霜，表面不洒水湿润；抗冻剂宜优先选用单掺氯化钠的方法，其次可用同时掺氯化钠和氯化钙复盐的方法或掺亚硝酸钠。其掺入量与室外气温有关，单盐掺入量可按表10-4选用，也可由试验确定。

表10-4 砂浆内氯化钠掺量（占用水质量的百分比（%））

室外气温/℃	0～-3	-4～-9	-10～-15	-16～-20
掺量（%）	1	3	5	8

当采用亚硝酸钠外加剂时，砂浆内亚硝酸钠掺量应符合表10-5规定。

表 10-5 砂浆内亚硝酸钠掺量（占用水质量的百分比（%））

项　目	室外气温/℃	
	0 ~ -5	-5 ~ -10
挑檐、阳台、雨罩、墙面等抹水泥砂浆	4	4 ~ 8
墙面为水刷石、干粘石水泥砂浆	5	5 ~ 10

防冻剂应由专人配制和使用。配制时可先配制20%浓度的标准溶液，然后根据气温再配制成使用溶液。

掺氯盐的抹灰严禁用于高压电源的部位；做涂料墙面的抹灰砂浆中，不得掺入氯盐防冻剂。氯盐砂浆应在正温下拌制使用；拌制时，先将水泥和砂干拌均匀，然后加入氯盐水溶液拌合，水泥可用硅酸盐水泥或矿渣硅酸盐水泥，严禁使用高铝水泥。砂浆应随拌随用，不允许停放。

当气温低于-25℃时，不得用冷作法进行抹灰施工。

二、其他装饰工程的冬期施工

冬期进行刷浆、油漆、裱糊、饰面工程，应采用热作法施工。应尽量利用永久性的采暖设施。室内温度应在5℃以上，并保持均衡，不得突然变化，否则不能保证工程质量。

室外刷浆应保持施工均衡，粉浆类料宜采用热水配制，随用随配，料浆使用温度宜保持15℃左右。冬期气温低，油漆会发粘不易涂刷，涂刷后漆膜不易干燥。为了便于施工，可在油漆中加一定量的催干剂，保证在24h内干燥。裱糊工程施工时，混凝土或抹灰基层含水率不应大于8%。施工中当室内温度高于20℃，且相对湿度大于80%时，应开窗换气，防止壁纸皱折起泡。玻璃工程冬期施工时，应将玻璃、镶嵌用合成橡胶等材料运到有采暖设备的室内，操作地点环境温度不应低于5℃。外墙铝合金、塑料框、大扇玻璃不宜在冬期安装。

第六节 雨 期 施 工

一般中等规模以上的工程项目均不可避免地要经历雨期，所以在场地平整时就应该做好防止山洪、雨水侵入场区的基本措施。雨期施工的注意事项：

一、土方和基础工程

1）雨期开挖基坑（槽）或管沟时，应注意边坡稳定。应放足边坡或架设支撑。

2）临近雨期开挖基坑（槽），工作面不宜过大，应分段进行。

3）已开挖基坑（槽）如不能及时砌（浇）筑基础时，应较设计基底标高

少挖5～10cm，待施工基础前再挖至设计标高，这样可避免雨水浸泡坑（槽）后，清理基底时超挖土方影响设计基底标高。

4）基础挖到设计标高后，及时验收并浇筑混凝土垫层。

5）为防止泡槽，开挖时要在坑内作好排水沟、集水井。

6）基础施工完毕，应抓紧进行基坑四周的回填工作。

二、砌筑工程

1）砌块在雨期应集中堆放，不宜浇水。砌块湿度大时不可上墙，每日砌筑高度不宜超过1.2m。

2）遇到大雨时必须停工。大雨过后受雨水冲刷的新砌墙体应翻砌最上面的两层砌块。

3）砌筑工程要有遮蔽或铺一层混合砂浆在砌体表面，雨后施工时应先清除雨淋的表层砂浆，重铺新浆。

4）内、外墙要尽量同时砌筑，转角及丁字墙间的连接要同时跟上。雨后继续施工，须复核已完工砌体的垂直度和标高。

三、混凝土工程

1）大雨天禁止浇筑混凝土，已浇筑部位要加以覆盖。现浇混凝土应根据结构情况，多考虑几道施工缝的留设位置。

2）模板涂刷隔离剂应避开雨天。

3）支撑模板的地基要密实，并在模板支撑和地基间加好垫板，雨后及时检查有无下沉。

4）雨期施工时，应加强对混凝土粗、细骨料含水量的测定，及时调整混凝土搅拌时的用水量，并须在有遮蔽的情况下运输、浇筑。雨后要排除模板内的积水，并将雨水冲掉砂浆部分的松散砂、石清除掉，然后按施工缝接槎处理。

5）大体积混凝土浇筑前，要了解2～3天的天气预报，尽量避开大雨。混凝土浇筑现场要预备大量的防雨材料，以备浇筑施工突然遇雨时可加以覆盖。

四、吊装工程

1）构件堆放地点要平整坚实，周围要做好排水工作，严禁构件堆放区积水、浸泡，防止泥土粘到预埋件上。

2）塔式起重机路基，必须高出自然地面15cm，严禁雨水浸泡路基。

3）雨后吊装时，要先做试吊，将构件吊至1m左右，往返上下数次稳定后再进行吊装工作。

五、屋面工程

1）卷材层面应尽量在雨期前施工，并同时安装屋面的落水管。

2）雨天严禁进行油毡屋面施工，油毡、保温材料不准淋雨。

3）雨天屋面工程宜采用“湿铺法”施工工艺。所谓“湿铺法”，就是在“潮湿”的基层上铺贴卷材，先喷刷1～2道冷底子油，喷刷工作宜在水泥砂浆凝结初期进行操作，以防基层浸水。如基层浸水，应在基层表面干燥后方可铺贴油毡。如基层潮湿且干燥有困难时，可采用排汽屋面。

六、抹灰工程

1）雨天不准进行室外抹灰，至少应能预计1～2天的大气变化情况。对已经施工的墙面，应注意防止雨水污染。

2）室内抹灰尽量在做完屋面后进行，至少做完屋面找平层，并铺一层油毡。

复 习 题

1. 冬期施工和雨期施工有哪些特点？
2. 地基土保温防冻的方法有哪些？
3. 砌体工程冬期施工方法有哪些？各自的技术要点有哪些？
4. 何谓混凝土冬期施工的临界强度？
5. 混凝土冬期施工的主要方法有哪些？其特点是什么？
6. 混凝土冬期施工中，常用的外加剂有哪些？各自的作用是什么？
7. 装饰工程冬期施工方法有哪些？各自的技术要点有哪些？
8. 雨期施工安全注意事项有哪些？

参考文献

[1] 建筑施工手册编写组．建筑施工手册［M］．4 版．北京：中国建筑工业出版社，2003.
[2] 实用建筑施工手册编写组．实用建筑施工手册［M］．北京：中国计划出版社，2005.
[3] 中国钢结构协会．建筑钢结构施工手册［M］．北京：中国计划出版社，2002.
[4] 王定一，王宇红，胡长．简明预应力混凝土工程施工手册［M］．北京：中国环境科学出版社，2003.
[5] 姚谨英．混凝土结构工程施工［M］．北京：中国建筑工业出版社，2005.
[6] 姚谨英．建筑施工技术［M］．北京：中国建筑工业出版社，2007.
[7] 费以原，孙震．土木工程施工技术［M］．北京：机械工业出版社，2006.
[8] 杨树清．建筑施工工艺［M］．北京：高等教育出版社，2003.
[9] 郭正兴．土木工程施工［M］．南京：东南大学出版社，2007.
[10] 李伟，王飞．建筑工程施工技术［M］．北京：机械工业出版社，2006.
[11] 宁仁岐，郑传明．土木工程施工［M］．北京：中国建筑工业出版社，2006.
[12] 李继业，邱秀梅．建筑装饰施工技术［M］．北京：化学工业出版社，2005.
[13] 赵志缙，应慧清．建筑施工［M］．上海：同济大学出版社，2004.
[14] 杨宗防．现代预应力施工［M］．北京：中国建筑工业出版社，2008.
[15] 廖代广．土木工程施工技术［M］．武汉：武汉理工大学出版社，2002.
[16] 方先和．建筑施工［M］．武汉：武汉大学出版社，2004.
[17] 毛鹤琴．土木工程施工［M］．武汉：武汉工业大学出版社，2003.

信 息 反 馈 表

尊敬的老师：

您好！感谢您对机械工业出版社的支持和厚爱！为了进一步提高我社教材的出版质量，更好地为我国高等教育发展服务，欢迎您对我社的教材多提宝贵意见和建议。另外，如果您在教学中选用了《建筑工程施工》（房树田主编），欢迎您提出修改建议和意见。索取课件的授课教师，请填写下面的信息，发送邮件即可。

一、基本信息

姓名：________ 性别：________ 职称：________ 职务：__________

单位：

邮编：_________ 地址：______________________________

任教课程：____________ 电话：_____—________（H）________（O）

电子邮件：______________________________ 手机：__________

二、您对本书的意见和建议

（欢迎您指出本书的疏误之处）

三、您对我们的其他意见和建议

请与我们联系：

100037 北京百万庄大街 22 号

机械工业出版社 · 高等教育分社 冷彬 收

Tel：010—8837 9720（O）

E-mail：myceladon@ yeah. net

http://www. cmpedu. com（机械工业出版社 · 教材服务网）

http://www. cmpbook. com（机械工业出版社 · 门户网）

http://www. golden-book. com（中国科技金书网 · 机械工业出版社旗下网站）